Die Fabrikation der Soda

nach dem Ammoniakverfahren.

Von

H. Schreib,

Fabrikdirektor.

Mit 104 Textfiguren und 3 lithograph. Tafeln.

Springer-Verlag Berlin Heidelberg GmbH

1905.

ISBN 978-3-642-90376-2   ISBN 978-3-642-92233-6 (eBook)
DOI 10.1007/978-3-642-92233-6

Softcover reprint of the hardcover 1st edition 1905

Vorwort.

Die Fabrikation der Ammoniaksoda bildet einen der wichtigsten Teile der chemischen Großindustrie. Es werden in Deutschland jährlich rund 300 000 tons Soda nach dem Ammoniakverfahren hergestellt; dieselben repräsentieren einen Wert von rund 30 000 000 Mark.

Das Fabrikationsverfahren ist im technischen Sinne ungemein interessant; das Studium desselben ist für den technischen Chemiker so lehrreich wie kaum ein zweites. Apparate und Verfahrungsweisen der Ammoniaksodafabrikation können vorbildlich für andere Industrien wirken.

Die Herausgabe einer größeren Monographie des Ammoniaksodaverfahrens erscheint aus obigen Gründen angezeigt; bisher ist eine solche nicht vorhanden. Allerdings ist im dritten Bande des ausgezeichneten Werkes von G. Lunge „Handbuch der Soda-Industrie und ihrer Nebenzweige" auch das Ammoniakverfahren ziemlich ausführlich behandelt; indessen enthält jener Band in der Hauptsache die Beschreibung anderer Materien. Die Ammoniaksoda nimmt nur den fünften Teil des Bandes ein.

Im vorliegenden Werke sind sowohl die Einzeloperationen wie auch der Betrieb im Zusammenhang genau beschrieben. Zu diesem Zwecke sind ausführliche Pläne ganzer Fabrikanlagen beigegeben.

Natürlich kann und soll das Werk nicht dazu dienen, jemand, der die Ammoniaksodafabrikation nicht aus der Praxis kennt, zum Bau und Inbetriebsetzung einer Anlage zu befähigen. So speziell kann man ein Werk kaum verfassen. Es muß hier stets im Auge behalten werden, daß bei jedem Neubau lokale Verhältnisse berücksichtigt werden müssen. Das gilt wie für alle Fabrikationen, so ganz besonders für die Ammoniaksoda. Es ist ferner auch sehr schwierig, eine Anlage in Betrieb zu setzen, selbst wenn sie tadellos angelegt ist. Dazu gehört stets ein praktisch erfahrener Fachmann.

Es ist versucht, bei jedem einzelnen Teile des Betriebes thermochemische Berechnungen durchzuführen, um den Wärme- bezw. Kraftverbrauch theoretisch festzustellen. Diese Berechnungen konnten selbstverständlich nur annähernd ausgeführt werden, da es an den nötigen Grundlagen vielfach noch fehlt. Ich muß in diesem Falle um gütige Nachsicht bitten. Aber wenn man sich auch auf die betreffenden Berechnungen nicht überall fest stützen kann, so haben dieselben doch immerhin einen gewissen Wert.

Über die Größe der Produktion einzelner Fabriken und auch der einzelnen Länder konnten solch genaue Mitteilungen, wie sie wünschenswert sind, leider nicht gegeben werden. Bestimmte statistische Angaben liegen nicht vor, man ist auf Notizen in der Literatur und Mitteilungen unter der Hand angewiesen. Es wird in der Ammoniaksoda-Industrie noch viel Geheimniskrämerei getrieben.

Bremen, Januar 1904.

H. Schreib.

Inhaltsverzeichnis.

Zweites Kapitel.

Herstellung der ammoniakalischen Salzlösung.

Drittes Kapitel.

Die Fällung des Natriumbikarbonats.

Viertes Kapitel.

Die Trennung des Natriumbikarbonates von der Mutterlauge oder Filtration.

Fünftes Kapitel.

Zerlegung des Natriumbikarbonates in Natriumkarbonat und Kohlensäure oder Kalzinieren 187

Sechstes Kapitel.

Regenerierung oder Destillation des Ammoniaks . . 209

Neuntes Kapitel.

Zehntes Kapitel.

Anhang.

Entwicklung der Ammoniaksodafabrikation.

In früheren Zeiten wurde Soda entweder aus der Asche von Seepflanzen (Barilla, Kelp, Varec) gewonnen oder in geringeren Mengen auch als Bodenausschwitzung bezw. aus den Ablagerungen einiger Seen (Trona, Urao) erhalten. Alle diese Präparate waren unrein. Viele enthielten nur 10—30 % Natriumkarbonat, einige allerdings bis 70 %, indessen hatte die Mehrzahl kaum einen böheren Gehalt als 30 %.

Zur technischen Verwendung gelangte namentlich die Soda aus Pflanzenasche, besonders die an der spanischen Küste gewonnene Barilla. Große Ausdehnung konnte die Gewinnung der Soda aus den Meerespflanzen naturgemäß nicht annehmen. Die Methode der Darstellung war sehr primitiv und daher teuer; Soda stand infolgedessen sehr hoch im Preise. Der Konsum war nur gering, die Hauptmenge wurde zur Seifendarstellung benutzt. Von der Barilla gelangten im Jahre 1834 noch 12 000 tons aus Spanien nach England[1]), 1850 nur 1744 tons, 1856 2730 tons und selbst 1864 noch 1262 tons. Seitdem scheint aber diese Industrie völlig eingegangen zu sein bis auf Darstellung für den lokalen Verbrauch. Im Anfang des 19. Jahrhunderts wurde Kelp mit ca. 10 % Gehalt an Natriumkarbonat zu 11 £ pro ton verkauft, Barilla mit 25 % Gehalt kostete 45 £ pro ton. Heute ist der Preis für 98 %ige Soda ca. 4 £ pro ton.

Gegen Ende des 18. Jahrhunderts gelang es in Frankreich, nach dem Verfahren des Arztes Leblanc Soda aus Natriumsulfat auf künstlichem Wege fabrikmäßig herzustellen, indes zuerst nur in kleinem Maßstabe. In England wurde das Verfahren 1816 eingeführt und gelangte hier sehr bald zu viel größerer Blüte als in Frankreich, dem Lande der Erfindung. Es entstanden in England zahlreiche Fabriken, in welchen rastlos an der Verbesserung des Verfahrens gearbeitet wurde.

---

[1]) Lunge, Handbuch der Sodaindustrie 1894. Braunschweig, Fr. Vieweg & Sohn. Bd. II, S. 70.

Die meisten wichtigen Verbesserungen, welche das Leblancverfahren erhalten hat, sind in England entstanden. Zwar breitete sich das Verfahren in den zwanziger Jahren fast in allen zivilisierten Ländern aus, indes dominierte England bei weitem bis in die neueste Zeit, sodaß es stets als das „klassische Land der Sodafabrikation" galt. Die Entwicklung zeigen folgende Zahlen, welche Lunge a. a. O. als Schätzung des englischen Sodaindustriellen Gossage angibt. In England wurden darnach produziert an Soda 1824 = 100 tons, 1850—1860 = 3000 tons und 1878 = 8000 tons pro Woche. Im letztgenannten Jahre betrug die Produktion aller übrigen Länder der Welt nur ca. 4000 tons pro Woche.

Außer dem Leblancverfahren gibt es eine Menge anderer Methoden, nach welchen man Soda herstellen kann. Es ist indes bis in die siebziger Jahre des vorigen Jahrhunderts hinein keiner Methode gelungen, dem Leblancverfahren einigermaßen ernsthafte Konkurrenz zu machen, obwohl viele Versuche mit Aufwand großer Kapitalien unternommen sind. Die Verfahren arbeiteten stets teurer als das Leblancverfahren; die meisten von ihnen sind völlig wieder aufgegeben.

In wirklich andauernden Betrieb, doch nur in verhältnismäßig kleinem Maßstabe, kam schon in früheren Jahren die Fabrikation von Soda aus Kryolith und zwar in Deutschland, Dänemark und Nordamerika. Diese Fabrikation war zwar rentabel, doch konnte sie einen größeren Umfang nicht annehmen, weil das Vorkommen des Rohmaterials nur ein sehr beschränktes ist. Kryolith wird in nennenswerten Mengen nur auf Grönland gefunden[1]). Heute existiert nur noch eine Fabrik von Kryolithsoda in Nord-Amerika. (Cf. Lunge, a. a. O., Bd. III, S. 150.)

Das einzige Verfahren, welches als bleibender ernsthafter Konkurrent gegen die Leblancsoda aufgetreten ist und dasselbe heute in den meisten Ländern, England allein ausgenommen, völlig in den Hintergrund gedrängt hat, ist das Ammoniaksodaverfahren. Dasselbe wurde zuerst in der Mitte der dreißiger Jahre des vorigen Jahrhunderts praktisch ausgeübt, jedoch ohne Erfolg. Erst seit etwa dreißig Jahren ist es zu größerer Ausdehnung gelangt und dann sehr schnell das herrschende Verfahren geworden. Es ist viel darüber gestritten, wer der eigentliche Entdecker des Verfahrens ist. A. Vogel[2]) hat mitgeteilt, daß er einen Hinweis auf die Hauptreaktion des Ammoniaksodaprozesses:

$$Na\,Cl + NH_3 + H_2O + CO_2 = Na\,H\,CO_3 + NH_4\,Cl$$

---

[1]) Vor einiger Zeit fand sich eine Mitteilung in verschiedenen Tageszeitungen, wonach in Nord-Amerika größere Kryolithlager entdeckt seien, indes ist Bestimmtes darüber nicht weiter bekannt geworden.

[2]) Chem. Zentralblatt 1874, 98.

in einem Notizbuch seines Vaters gefunden habe. Diese Notiz soll aus dem Jahre 1822 stammen. Damit wäre im besten Falle bewiesen, daß Vogel senior diese Reaktion gekannt hat. Da er jedoch über die Ausnutzung derselben für die Praxis nichts geäußert oder veröffentlicht hat, auch jedenfalls nie einen praktischen Versuch gemacht hat, so kann er unmöglich als einer der Entdecker des Ammoniaksodaverfahrens genannt werden.

In der Chemikerzeitung 1889, S. 627, teilt R. Lucion einige Stellen aus der Korrespondenz L. Merrimées an seinen Neffen Fresnel mit. Diese Stellen lauten:

Paris, 5 août 1811.

. . . . Mr. Vauquelin a paru flatté de ta confience en lui et va répéter tes expériences. Je suis allé le revoir avant hier. Il n'avait pas encore commencé. Je pense, moi indigne, que tu ne t'es pas trompé et ce qu'il y a de piquant, c'est qu'un très habile fabricant de Soude, Mr. Darcet, a essayé ton moyen . . .

31 octobre 1811.

. . . . Je rapporte encore de Mr. Vauquelin des promesses de vérifier tes expériences et l'opinion où il est qu'elles doivent réussir. Ce qui me donne un peu plus confiance dans ces nouvelles promesses, c'est qu'il doit charger son élève Mr. Chevreul de la besogne . . . . En attendant tu pourrais employer tes soirées à répéter un peu plus en grand ton expérience dans l'intention de déterminer ce que tu perds de carbonate d'ammoniaque.

Paris, 14 avril 1812.

. . . . Thenard m'a répondu que ton procédé est bon, mais il lui paraît plus dispendieux que celui qu'on suit . . . Cependant il le trouve susceptible d'être exécuté en grand, surtout dans une fabrique de muriate d'ammoniaque.

Hierzu bemerkt Lucion:

Vergleicht man diese Stellen mit einer Mitteilung L. Fresnels, nach welcher der berühmte Schöpfer der modernen Optik vor Aufnahme seiner optischen Studien sich besonders mit der billigen Herstellung von Soda aus Kochsalz beschäftigt habe, so gelangt man notwendigerweise zu der Folgerung, daß es sich hierbei um Gewinnung von Soda aus Kochsalz und Ammonkarbonat unter Bildung von Chlorammonium gehandelt hat.

1*

Diese Beweisführung scheint mir denn doch auf so schwachen Füßen zu stehen, daß man daraufhin Fresnel die Ehre der Entdeckung des Ammoniaksodaprozesses nicht zuschreiben kann. Ammonkarbonat genügt außerdem nicht zur Umsetzung, es muß Ammonbikarbonat sein.

Sehr wertvolle Beiträge zur Geschichte des Ammoniaksodaverfahrens hat L. Mond[1]) geliefert. Darnach ergibt sich, daß schon mehrere Jahre vor 1838, zu welcher Zeit Dyar & Hemming ihr erstes Patent nahmen, J. Thom das Ammoniaksodaverfahren praktisch ausgeübt hat. Mond sagt darüber folgendes:

„Ich verdanke Herrn Watson Smith genauere Angaben über Thoms frühere Arbeiten über diesen Gegenstand. Aus Briefen von Herrn Thom selbst, die durch einen Brief von Herrn William Henderson in Glasgow Bestätigung finden, geht zweifellos hervor, daß Herr Thom bereits im Jahre 1836 in der Fabrik der Herren Turnbull & Ramsay in Camlachie, wo er zur Zeit als Chemiker tätig war, Soda vermittelst Einwirkung von kohlensaurem Ammoniak[2]) fabriziert hat. Herr Thom mischte die beiden Salze innigst mit einer kleinen Menge Wasser und unterwarf das resultierende Magma in Säcken dem Druck einer Presse, um die Flüssigkeit von dem gebildeten Bikarbonat zu trennen. Dieses Bikarbonat wurde zur Herstellung von Sodakrystallen benutzt, von welchem ungefähr 200 Pfund pro Tag fabriziert wurden. Die Flüssigkeit wurde verdampft, mit Kreide gemischt und in eisernen Retorten erhitzt, um das kohlensaure Ammoniak wieder zu gewinnen. Nachdem dieser Prozeß etwa ein Jahr in Betrieb gewesen war, verließ Herr Thom die Fabrik in Camlachie und verfolgte die Sache nicht weiter.“

Aus diesen Mitteilungen geht meines Erachtens deutlich hervor, daß Thom als der erste industrielle Erfinder des Ammoniaksodaprozesses betrachtet werden muß. Mond, a. a. O., und Lunge, Handbuch der Sodaindustrie, Bd. III, S. 3, wollen Thom dies Verdienst zwar nicht zuerkennen, da die verschiedenen Phasen des Prozesses heute anders ausgeübt werden als damals von Thom. Lunge führt nament-

---

[1]) Chemische Industrie 1886, S. 8.

[2]) Einfach kohlensaures Ammoniak konnte natürlich kein Kochsalz in Natriumbikarbonat verwandeln. Aber das käufliche kohlensaure Ammoniak des Handels bestand damals noch mehr als heute aus Sesquikarbonat, welches bei der Reaktion jedenfalls wie ein Gemenge von Ammonkarbonat und Ammonbikarbonat wirkte. Lunge, a. a. O. S. 3, sagt übrigens auch, es stände fest, daß Thom in jener Fabrik Ammoniumbikarbonat mit Kochsalz und wenig Wasser mengte.

lich an, daß Thom selbst augenscheinlich nicht geglaubt hat, ein praktisch brauchbares oder gar wertvolles Verfahren gefunden zu haben. Letzteres gehe auch schon daraus hervor, daß Thom es nicht der Mühe für wert hielt, das Verfahren entweder zu patentieren oder aber sonst irgend Sorge zu tragen, daß es bekannt und ihm das Verdienst eines Erfinders zugesprochen würde. Seine Tätigkeit in dieser Beziehung sei also für die Welt vollkommen fruchtlos geblieben und könne das Verdienst der ohne jede Kenntnis von Thoms Versuchen arbeitenden Erfinder (Dyar & Hemming) in keiner Weise vermindern.

Ich kann dieser Ansicht Lunges nicht beitreten. Gewiß ist es richtig, daß es Thom nicht gelungen ist, seine Erfindung in die Praxis in großem Maßstabe dauernd einzuführen. Tatsache ist aber doch, daß Thom in Wirklichkeit Soda nach der Hauptreaktion des Ammoniaksodaprozesses praktisch dargestellt hat.

Daß Dyar & Hemming, welche von Mond und Lunge als die eigentlichen Erfinder des Ammoniaksodaverfahrens bezeichnet werden, von der Fabrikation Thoms nichts gewußt haben sollen, ist sehr unwahrscheinlich. Ferner hat aber auch die Fabrik von Dyar & Hemming keinen Erfolg gehabt, dieselbe ist, nachdem große Verluste entstanden waren, wieder eingegangen. Von demjenigen Techniker, welcher die Ammoniaksodafabrikation zuerst in andauernden guten und rentierenden Betrieb gebracht hat, Ernst Solvay, wird stets behauptet, daß er die Reaktion des Verfahrens neu entdeckt habe[1]), ohne jede Kenntnis anderer Erfinder, also auch ohne Kenntnis von Dyar & Hemmings Versuchen.

Wenn man Thom also nicht als Erfinder gelten lassen will, so müssen konsequenter Weise auch Dyar & Hemming ausscheiden. Einen dauernden praktischen Erfolg haben sie ebensowenig wie Thom gehabt.

Daß Thom kein Patent auf sein Verfahren genommen hat, beweist noch nicht, daß er den Wert seiner Erfindung verkannt hat. Ihm haben wahrscheinlich die Mittel gefehlt, denn nach Lunges[2]) Angaben hatte er ein jährliches Gehalt von nur 600 M.! Es liegt auch sonst kein. Beweis vor, daß Thom das Verfahren für wertlos gehalten hat. Wenn er dasselbe nicht weiter einführen konnte, so ist das sehr erklärlich, aus dem einfachen Grunde, weil es ihm nicht gelang, andere ebenfalls von dem Werte der Erfindung zu überzeugen. Aus diesem Grunde kann man ihm aber das Verdienst, die Erfindung gemacht zu haben, nicht aberkennen. Es ist schon häufig gesagt worden, daß es

---

[1]) Chemiker-Zeitung 1888, XII, S. 1573.
[2]) a. a. O. S. 3.

schwieriger ist, eine Erfindung in den Betrieb einzuführen als sie zu machen. Dieser Ausspruch enthält einen berechtigten Kern.

Wenn Thom die einzelnen Operationen des Prozesses nicht so ausgeführt hat, wie es später von Solvay und anderen geschah, so beweist dieser Umstand dagegen, daß er die Erfindung gemacht hat, nichts. Die Hauptreaktion, auf welcher der Ammoniaksodaprozeß beruht, hat Thom doch bestimmt angewandt, und zwar nicht nur als Laboratoriumsexperiment, sondern in der wirklichen Praxis. Es sind doch, wie Mond a. a. O. mitteilt, ca. 100 kg Sodakrystalle pro Tag etwa ein Jahr lang fabriziert. Das ist nach meiner Ansicht der entscheidende Punkt, und ich muß daher Thom für den ersten Entdecker des Ammoniaksodaverfahrens halten.

Dyar & Hemming nahmen ihr erstes Patent am 6. Oktober 1838. Das darin beschriebene Verfahren war genau dasselbe wie dasjenige, welches Thom praktisch ausgeführt hatte. Es sollte ebenfalls festes kohlensaures Ammoniak angewandt werden, die Salmiakflüssigkeit sollte verdampft und der Rückstand trocken mit Kreide in der Wärme zersetzt werden. Am 18. Mai 1840 nahmen sie sodann ein Zusatzpatent für Verbesserungen. Diese bestanden besonders darin, daß zur Ausfällung des Bikarbonates die Anwendung eines Stromes von kohlensaurem Gas vorgeschlagen wurde, und ferner sollte die vom Bikarbonat getrennte Flüssigkeit nicht mehr eingedampft, sondern direkt mit Kalk destilliert werden. Außerdem schlugen sie vor, die Kohlensäure einem Kalkofen zu entnehmen.

In diesem Patent von Dyar & Hemming sind die Grundzüge des Ammoniaksodaprozesses, so wie derselbe heute noch immer im großen ausgeführt wird, klar angegeben. Die heutigen Fabriken arbeiten im Prinzip nach dem Patent von Dyar & Hemming, nur Apparate und Betriebsführung sind außerordentlich verbessert. Es kommt also Dyar & Hemming das Verdienst zu, das Ammoniaksodaverfahren im technischen Sinne ganz bedeutend verbessert zu haben, aber in der praktischen Ausführung waren sie, wie oben schon bemerkt wurde, ebensowenig glücklich wie Thom. Ihre eigene Fabrik zu Whitechapel ging wieder ein; und auch eine größere Anlage nach ihrem System in der Fabrik von Muspratt zu Newton hatte dasselbe Schicksal, nachdem mehr als 160 000 M. dafür ausgegeben waren. Der Grund des Mißerfolges soll in dem zu großen Verlust an Ammoniak gelegen haben.

Jedenfalls hatten die Patente und die Fabrikationsversuche von Dyar & Hemming die Aufmerksamkeit auf das neue Verfahren gelenkt, denn es wurden in den folgenden Jahren allerorten weitere Versuche angestellt. Hier sind zu nennen Kunheim in Berlin, Seybel in Wien, Bower in Leeds, über deren Arbeitsweise wenig bekannt ist. L. Mond, a. a. O., führt ferner die Patente an von William Gossage, 21. Februar 1854, Türk, 26. Mai 1854, Schlösing, 11. Juni und Deacon, 8. Juli 1854; Erfolg haben diese Verfahren nicht gehabt. Größeres Aufsehen erregten die Versuche von Schlösing & Rolland in der Fabrik zu Puteaux bei Paris, auch diese Fabrik ging nach zweijährigem Bestehen wieder ein. Der für den Mißerfolg von Schlösing & Rolland angegebene Grund, die Salzsteuer sei damals in Frankreich zu hoch gewesen, ist nicht stichhaltig, wie Mond a. a. O. nachweist.

Wie es scheint, haben vom Jahre 1858 bis 1863 die Versuche zur Einführung des Ammoniaksodaverfahrens fast völlig geruht. Von 1863 datieren die ersten Versuche von Ernest Solvay zu Couillet in Belgien. Solvay ist der erste, welcher die Ammoniaksodafabrikation in dauernd rentablen Betrieb brachte, und er muß daher als der eigentliche industrielle Begründer der Ammoniaksodaindustrie betrachtet werden. Aber es ist entschieden nicht angängig, Solvay, wie es einige tun[1]), als den Entdecker des Verfahrens zu bezeichnen. Ein Verfahren, welches schon in einer ganzen Reihe von Fabriken praktisch ausgeübt ist, kann nicht noch einmal entdeckt werden.

Ich nannte vorhin Solvay den eigentlichen industriellen Begründer der Ammoniaksodaindustrie, als solchen bezeichnet ihn auch L. Mond a. a. O., indes kann auch dies nur mit Einschränkungen gelten. Es ist mehreren Technikern ganz unabhängig von Solvay und mit gänzlich anderen Apparaten, als von Solvay angewendet werden, gelungen, das Verfahren ebenfalls praktisch auszuführen. Hier ist namentlich Honigmann, der geniale Erfinder der feuerlosen Lokomotive, zu nennen. Honigmann hat schon anfangs der siebziger Jahre Ammoniaksoda fabrikmäßig auf rentablem Wege erzeugt, nach seinem System sind mehrere Fabriken in Deutschland erbaut. Der Ausspruch Monds, daß Solvay unstreitig die Ehre und das Verdienst gebührt, der Erfinder der Apparate zu sein, durch die allein dieser Prozeß dem allgemeinen

---

[1]) In einer Mitteilung der Chemiker-Zeitung vom 24. November 1888 heißt es als Auszug aus einer Festschrift zum 25 jährigen Jubiläum der Gesellschaft Solvay: „Im Laufe seiner Untersuchungen entdeckte er, unbekannt mit den Arbeiten früherer Forscher auf gleichem Gebiete, die grundlegende Reaktion des Ammoniaksodaverfahrens, auf welche er behufs industrieller Verwertung 1861 ein Patent nahm." — Diese Äußerung jener Festschrift muß wohl sehr cum grano salis aufgefaßt werden. Es ist mir jedenfalls nicht möglich, auf Grund jener Mitteilung glauben zu sollen, daß Solvay bei seinen Arbeiten garnichts von den früheren vielfachen Anstrengungen auf demselben Gebiete erfahren haben sollte.

Wohle zu gute kommen konnte, ist in dieser Ausdehnung demnach nicht aufrecht zu erhalten.

Allerdings muß man durchaus anerkennen, daß Solvay der erste gewesen ist, welcher die Rentabilität des Ammoniaksodaverfahrens in der Praxis bewies, und darin allein liegt ein sehr großes Verdienst. Solvays erste Versuche mißglückten übrigens ebenso wie die ersten Versuche anderer. „Es gehörten fünf Jahre unaufhörliche Arbeit unter den schwierigsten Verhältnissen, ein fortwährendes Erfinden und Ausarbeiten von neuen Apparaten dazu, um im großen Maßstabe die verschiedenen Operationen der schönen, leider unfruchtbaren Erfindung der Herren Dyar und Hemming zu verwirklichen." — So sagt Mond a. a. O. Zur Überwindung dieser Schwierigkeiten gehörte jedenfalls ein sehr großes Maß von Energie. Und durch die praktische Ausführung des Verfahrens im großen bewies Solvay eben die Rentabilität und zeigte dadurch anderen den Weg.

Diejenigen Techniker, welche, wie Honigmann und andere, das Verfahren ebenfalls fabrikmäßig eingeführt haben, wandten indes meist andere Apparate an als Solvay. Es geschah dies aus verschiedenen Gründen. Einige Solvaysche Apparate, wie z. B. der Absorptionsturm, sind nur für großen Betrieb möglich, andere waren durch Patente geschützt. Ferner war auch nicht genau bekannt, welche Apparate Solvay in Wirklichkeit anwandte. Patentiert sind so zahlreiche Apparate, daß niemand daraus ersehen konnte, welche Konstruktionen wirklich in Betrieb waren. Man hat vielfach angenommen, Solvay habe nur solche Verfahren und Apparate patentieren lassen, welche er wieder verworfen hatte.

Jedenfalls kann nicht behauptet werden, daß Solvays Apparatur im ganzen nachgeahmt ist, einige seiner Apparate haben indes wohl vorbildlich gewirkt.

Solvay war seinen Konkurrenten in der technischen Ausführung des Prozesses bedeutend überlegen, sowohl in der Zweckmäßigkeit der Apparate wie auch in der Art der Betriebsführung. Erst nach längeren Jahren ist es anderen Fabriken gelungen, dieselben Leistungen zu erzielen. Das hat namentlich daran gelegen, daß vielfach zu wenig Wert auf die chemische Seite des Verfahrens, richtige Zusammensetzung der ammoniakalischen Salzlösung, hochprozentige Kalkofengase etc. gelegt wurde. Solvay hat, wie seine Patente erweisen, diesen Punkten von Anfang an große Aufmerksamkeit geschenkt.

Aber die rein technische Seite des Ammoniaksodaprozesses ist es nicht allein gewesen, in welcher Solvay seinen Konkurrenten überlegen war. Die riesigen Erfolge, welche er errungen hat, sind zum großen Teil auch seinem geschäftlichen Scharfblick zuzuschreiben. Solvay hat sich nicht nur als genialer Techniker, sondern auch als vorzüglicher Kaufmann erwiesen, er ist also ein vollkommener Fabrikant. Das hat Solvay auch ganz besonders bei der Anlage seiner Fabriken gezeigt. Diese befinden sich nur an Orten, wo die Grundbedingungen für die Rentabilität, billige Roh- und Hilfsmaterialien, gute Verkehrsmittel und günstiges Absatzgebiet, vorhanden sind. Eigene Salzgewinnung, Kohlengruben und Kalksteinbrüche machen die Solvayschen Fabriken völlig unabhängig von den Preisschwankungen der betreffenden Materialien.

Die Gesellschaft Solvay in Brüssel beherrscht durch ihre eigenen und die mit ihr liierten Fabriken die Sodaindustrie der ganzen Welt. Etwa zwei Drittel der Gesamtproduktion an Soda wird in den nach Solvay arbeitenden Fabriken hergestellt. Das ist ein Erfolg, so glänzend, daß demselben kein zweites Beispiel in der chemischen Industrie an die Seite gestellt werden kann.

In England faßte die Ammoniaksoda durch die Verbindung Solvays mit L. Mond schon sehr früh Fuß, obwohl in diesem Lande die Konkurrenz mit der Leblancsodafabrikation sehr schwierig war; letztere stand in England auf einer sehr hohen Stufe. In Deutschland wurden zuerst nur kleinere Versuche von Honigmann gemacht; in Österreich geschah garnichts, obwohl daselbst gerade wie in Deutschland sehr günstige Örtlichkeiten für den Betrieb von Ammoniaksodafabriken sind.

In den maßgebenden Kreisen Deutschlands wurde damals die Ammoniaksodafabrikation als sehr wenig aussichtsvoll betrachtet, wie man aus vielen öffentlichen Äußerungen aus jener Zeit ersehen kann. Die falschen Ansichten, die in Deutschland über die Bedeutung der Ammoniaksoda herrschten, werden sehr gut illustriert durch eine Mitteilung in Wagners Jahresbericht 1878 S. 368. Ein Korrespondent gibt daselbst an, daß die Solvaysoda 1878 in folgendem Umfang produziert wurde:

Fabrik zu Couillet	7 500 000	kg
- - Dombasle	20 000 000	-
- in England	13 000 000	-
Summa . .	40 500 000	kg

Hierzu bemerkt der Korrespondent sehr scharf: „Wer angesichts solcher Erfolge nicht die Überzeugung gewinnen will, daß die Einführung der Solvaysoda eine Umwälzung herbeiführen wird, und noch immer einen Kreuzzug gegen dieselbe herbeiführen will, gleicht nicht Peter von Amiens, sondern seinem Langohre." —

Der in dieser Bemerkung liegende Vorwurf war damals sehr berechtigt. In den Berichten über die Fortschritte der chemischen Industrie wurde in den siebziger Jahren und fernerhin vor Neuanlagen in der chemischen Großindustrie (hierunter ist insbesondere die Fabrikation der Soda zu verstehen) geradezu gewarnt, da Deutschland in dieser Industrie nie mit England konkurrieren könne. Angeblich könne nur ein hoher Schutzzoll die Sodafabrikation in Deutschland möglich machen. Als 1879 die Schutzzölle für Soda erhöht wurden, stellte man, unter der Befürchtung, daß die Zölle wieder fallen könnten, Neuanlagen wiederum als sehr riskant hin. In der Tat geschah für die Einführung des Ammoniaksodaverfahrens sehr wenig, obwohl Honigmann durch seine Fabrik in Grevenberg bei Aachen die Rentabilität in Deutschland bewies. Es entstanden nur einige kleine Fabriken an sehr ungeeigneten Plätzen, wo die Rohmaterialien sehr teuer waren, wo also keine Aussicht auf Erfolg vorhanden war. Einen wirklichen Aufschwung nahm die Fabrikation der Ammoniaksóda in Deutschland erst, als Solvay daselbst Fabriken gründete. Seine erste Fabrik war das Werk in Whylen, in welchem vorher Bolley die Ammoniaksodafabrikation ohne Erfolg versucht hatte. Diese Fabrik, welche Solvay 1880 übernahm, war damals nicht von großer Bedeutung, da ihre Lage ganz im Süden Deutschlands eine ziemlich abgelegene ist. Umsomehr wurde aber die 1883 erfolgte Inbetriebsetzung der Fabrik in Bernburg in den Kreisen der deutschen Sodaindustrie empfunden. Diese Fabrik, welche außerordentlich günstig gelegen ist sowohl hinsichtlich der. Produktionsbedingungen als auch der Absatzverhältnisse, wurde eroffnet für eine Produktion von ca. 50 tons pro Tag. Es erfolgte dann sehr bald eine Vergrößerung auf ca. 100 tons per Tag und seit 1886 produziert die Fabrik ca. 200 tons per Tag, also ca. 70 000 tons per Jahr. Das ist eine Produktion, wie sie bis dahin für Deutschland ganz unerhört gewesen war. Maßgebende Fachleute hatten eine solch große Produktion überhaupt für unmöglich erklärt. Durch das Auftreten der Solvayschen Sodafabriken in Deutschland wurde binnen wenigen Jahren die Produktion verdoppelt und Deutschland wurde aus einem Soda importierenden Lande ein exportierendes. Nebenstehende Tabelle über Ein- und Ausfuhr von Soda in Deutschland zeigt den Umschwung, der in diesen Verháltnissen eingetreten ist.

Von einigen Ausnahmen abgesehen ist seit 1891 die Ausfuhrmenge so groß, wie die ganze Produktion an Soda in dem Anfang der siebziger Jahre in Deutschland betrug.

Man hat die große Steigerung der deutschen Sodaproduktion, welche in den achtziger Jahren stattfand, vielfach als die Wirkung der 1879 eingeführten Schutzzölle hingestellt. Das ist aber jedenfalls eine zu buchstäbliche Anwendung des Wortes: Post hoc, ergo propter hoc. — Die Vergrößerung ist in Wirklichkeit verursacht einmal

Tonnen à 1000 kg.

Jahr	Kalzinierte Soda			Kaustische Soda			Rohe, auch krystallisierte Soda			Natron, doppeltkohlensaures			Sämtliche Sodasorten auf Natriumkarbonat von 100% berechnet			
	Ein-fuhr	Aus-fuhr	Einfuhr mehr = − Ausfuhr mehr = +	Ein-fuhr	Aus-fuhr	Einfuhr mehr = − Ausfuhr mehr = +	Ein-fuhr	Aus-fuhr	Einfuhr mehr = − Ausfuhr mehr = +	Ein-fuhr	Aus-fuhr	Einfuhr mehr = − Ausfuhr mehr = +	Ein-fuhr	Aus-fuhr	Ein-fuhr mehr	Aus-fuhr mehr
1883	5470	4 490	− 970	5230	1270	− 3960	9330	3560	− 5770	420	135	− 285	15 960	7 450	8240	—
1884	3760	11 080	+ 7 320	3610	1640	− 1970	6680	4640	− 2040	457	207	− 250	11 050	14 850	—	3 800
1885	2020	11 980	+ 9 960	3260	1350	− 1910	6100	5320	− 780	470	315	− 155	8 940	15 740	—	6 800
1886	1320	11 480	+ 10 160	2030	1470	− 560	1220	6100	+ 4880	470	305	− 165	4 590	15 690	—	11 100
1887	1440	15 700	+ 14 260	1820	1790	− 30	530	5880	+ 5350	506	298	− 208	4 250	20 120	—	15 870
1888	1190	17 670	+ 16 480	1390	1300	− 90	230	5580	+ 5350	594	272	− 322	3 410	21 320	—	17 910
1889	400	19 530	+ 19 130	1160	1070	− 90	70	3360	+ 3290	726	200	− 526	2 300	21 930	—	19 630
1890	330	27 050	+ 26 720	710	1420	+ 710	80	5050	+ 4970	514	317	− 197	1 620	30 460	—	28 840
1891	200	35 300	+ 35 100	350	3190	+ 2840	90	7870	+ 7780	370	320	− 50	950	41 830	—	40 880
1892	150	34 850	+ 34 430	420	5820	+ 5400	290	3840	+ 3550	320	270	− 50	1 030	42 570	—	41 540
1893	420	30 430	+ 30 000	380	4910	+ 4530	250	2500	+ 2250	340	250	− 90	1 240	36 930	—	35 690
1894	750	33 560	+ 32 810	320	6550	+ 6230	320	1660	+ 1340	260	290	+ 30	1 460	41 660	—	40 200
1895	680	31 430	+ 30 750	450	3630	+ 3180	470	1570	+ 1100	328	340	+ 12	1 650	36 080	—	34 430
1896	1300	41 110	+ 39 810	620	5190	+ 4570	190	1700	+ 1510	380	370	− 10	2 390	47 500	—	45 110
1897	920	45 670	+ 44 750	910	4790	+ 3880	110	1790	+ 1680	320	680	+ 360	2 290	51 780	—	49 490
1898	520	37 100	+ 36 580	580	5120	+ 4540	220	1940	+ 1720	220	980	+ 760	1 480	44 100	—	42 620
1899	514	40 566	+ 40 052	1267	3885	+ 2618	92	1704	+ 1612	190	879	+ 689	2 213	45 811	—	43 598
1900	373	44 316	+ 43 943	4711	1913	− 2798	31	1392	+ 1361	203	1314	+ 1111	6 190	47 333	—	41 143
1901	178	45 967	+ 45 789	264	4926	+ 4662	37	1382	+ 1345	120	1086	+ 966	604	52 412	—	51 808
1902	103	33 109	+ 33 006	106	5650	+ 5544	61	2449	+ 2388	108	954	+ 846	342	41 091	—	40 749

durch den sehr stark anwachsenden Sodakonsum in Deutschland und dann hauptsächlich durch das Auftreten Solvays. Wenn behauptet wird, daß Solvay nur infolge der Schutzzölle in Deutschland gebaut habe, so trifft das durchaus nicht zu. Soda verträgt keine hohen Frachten, die Fabriken müssen dem Absatzgebiet nahe liegen. Daher mußte Solvay, um den deutschen Absatz zu gewinnen, daselbst Fabriken anlegen. Die Punkte, welche Solvay ausgesucht hat, sind vorzüglich gelegen, er hat bewiesen, daß sich Soda in Deutschland ebenso billig herstellen läßt, wenn nicht billiger, als in England. Wie die Verhältnisse sich geändert haben, zeigt eine Bemerkung des bekannten Technologen Rudolph von Wagner. Derselbe äußerte 1878 zu einem Prospekte der Firma Wegelin & Hübener, in welchem die Möglichkeit behauptet wurde, Soda aus Deutschland nach England zu exportieren: „Risum teneatis amici!" — Dieser Ausspruch war damals nicht auffallend; heute wird man über denjenigen lachen können, der ihn wiederholen würde. Denn tatsächlich geht seit mehreren Jahren Soda aus Deutschland nach England, wie statistische Mitteilungen, Handelskammerberichte etc. zeigen. Goldstein a. a. O. S. 106 gibt folgende Übersicht:

Jahr	nach Deutschland Einfuhr in 100 kg		aus Deutschland Ausfuhr in 100 kg	
	überhaupt	aus Großbritannien	überhaupt	nach Großbritannien
1886 . . .	13 200	10 800	114 800	1 200
1887 . . .	14 400	9 400	157 000	4 100
1888 . . .	11 900	4 000	176 700	2 600
1889 . . .	4 000	3 400	195 300	3 400
1890 . . .	3 300	2 600	270 500	6 200
1891 . . .	2 000	1 600	353 000	21 500
1892 . . .	1 500	1 000	345 800	7 100
1893 . . .	4 200	3 600	304 300	600
1894 . . .	7 500	7 000	335 600	23 200

Wenn wirklich die Ausdehnung der Solvaysoda in Deutschland auf die Schutzzölle zurückzuführen wäre, so würde das ein Erfolg der Schutzzölle sein, den die deutsche Sodaindustrie in keiner Weise gewünscht hat. Durch die Konkurrenz der Solvayschen Fabriken in Deutschland wurden die Sodapreise jahrelang auf einen so niedrigen Stand gedrückt, daß eine große Anzahl der damaligen deutschen Sodafabriken, die geschützt werden sollten, den Betrieb einstellen mußte. Die übrigen erlitten großen Schaden und konnten sich nur mit größter Mühe behaupten. Der Konkurrenzkampf endigte mit einem völligen Siege Solvays. Seine Forderung, die Hälfte der Gesamtproduktion an Soda in Deutschland ihm zu überlassen, wurde zugestanden.

Die deutsche Leblanc-Industrie, welche s. Zt. so lebhaft für die Schutzzölle eintrat, ist beinahe verschwunden. Während 1878 ca. 20 Fabriken Leblanc-Soda herstellten, beschäftigen sich heute nur noch 5 Fabriken damit, die anderen sind eingegangen.

Man sieht hieraus, daß auch Schutzzölle nicht Schutz gewähren, wenn man die Hände in den Schoß legt. Hätten die deutschen Soda-Industriellen in den siebziger Jahren die Ammoniaksodafabrikation energisch in die Hand genommen und Fabriken an den richtigen Plätzen angelegt, so würde heute nicht die ausländische Gesellschaft Solvay in Deutschland dominieren.

Nach ungefähren Schätzungen, wirklich genaue Angaben fehlen, werden jährlich in Deutschland 300 000 tons Soda (berechnet als Natriumkarbonat mit 98 % $Na_2 CO_3$) fabriziert; davon sind nur ca. 12 % Leblanc-Soda. Wenn Solvay die Hälfte des ganzen Quantums allein herstellt, so haben seine 3 Fabriken eine Leistungsfähigkeit von 150 000 tons[1]) pro Jahr.

In Österreich wurde das Ammoniaksodaverfahren im Jahre 1883 zuerst eingeführt auf der Fabrik der Gewerkschaft zu Sczcakowa in Galizien. Im Jahre 1884 errichtete Solvay in Gemeinschaft mit dem Verein für chemische und metallurgische Produktion zu Außig eine große Ammoniaksodafabrik in Ebensee. Neuerdings ist eine Fabrik in Bosnien zu Dolny-Tuszla mit ca. 15 000 tons Produktion erbaut und Solvay hat ein neues Werk in Siebenbürgen errichtet. Ferner ist in Österreich eine Fabrik nach meinen Plänen erbaut. Die Produktion an Ammoniaksoda in Österreich wird insgesamt auf rund 50 000 tons geschätzt.

In Frankreich wird die Ammoniaksodafabrikation relativ sehr stark betrieben. Solvay hat ein Werk in Dombasle bei Nancy; diese Fabrik gehört zu den größten der Welt.

In England hat die Leblanc-Sodafabrikation am längsten Widerstand geleistet, da dieselbe hier am stärksten entwickelt war und auch stets mit der Zeit fortgeschritten ist. Auch heute wird in England mehr Leblanc-Soda hergestellt als Ammoniaksoda; indes geht die Leblanc-Industrie langsam immer mehr zurück, während die Ammoniaksodaproduktion wächst. England besitzt die größte Ammoniaksodafabrik der Welt, nämlich die von Brunner, Mond & Co. in Northwich. Dieselbe produziert jährlich über 200 000 tons Soda (berechnet als Soda mit 98 % $Na_2 CO_3$), d. i. ein Quantum gleich zwei Drittel der Gesamtproduktion Deutschlands.

Außer in den genannten Ländern Europas wird auch in Belgien

---

[1]) Wahrscheinlich ist der Anteil der Solvaygesellschaft noch größer.

und Rußland Ammoniaksoda hergestellt und zwar hauptsächlich von
Fabriken der Gesellschaft Solvay. In den andern europäischen Ländern fehlt die Ammoniaksoda-Industrie gänzlich, obwohl in mehreren
derselben die Bedingungen für die Fabrikation günstig sind, so z. B.
Italien und Spanien. Von außereuropäischen Ländern haben Rußland
(in Sibirien) und die Vereinigten Staaten von Nord-Amerika eine bereits
gut entwickelte Ammoniaksoda-Industrie.

In beiden Ländern ist die Gesellschaft Solvay an der bestehenden
Fabrikation stark beteiligt.

Erstes Kapitel.

Das Brennen des Kalkes und die Gewinnung der dabei entwickelten Kohlensäure.

Das Brennen des Kalkes gehört zu den ältesten chemischen Operationen, welche im großen praktisch ausgeübt wurden. Früher geschah das Brennen nur, um Kalk zu gewinnen; die dabei entstehende Kohlensäure entwich in die Luft. Auf diese Weise verfährt man auch noch heute bei den meisten Kalköfen der Praxis. Im vorigen Jahrhundert trat nun bei verschiedenen Industrien das Bedürfnis nach Kohlensäure bezw. nach kohlensäurehaltigen Gasen auf. Man schlug zuerst den Weg ein, Holz, Kohlen oder Koks zu verbrennen und die Verbrenungsgase abzusaugen. Bei diesem Verfahren kann man indes, wie die theoretische Berechnung zeigt, im besten Falle ein Gas von nur 21,5 % Kohlensäureanhydrid erhalten; in der Praxis kommt man nur auf 15—18 %. Ferner geht bei einem solchen Verfahren fast stets die ganze Wärme des Brennmaterials verloren; die auf diese Art gewonnene Kohlensäure ist daher sehr teuer.

Beim Brennen des Kalkes erhält man leicht ein Gas mit durchschnittlich 30—33 Vol.-Proz. Kohlensäureanhydrid; bei sorgfältigem Betriebe und großen richtig gebauten Öfen kann man sogar einen noch höheren Gehalt erreichen. Ferner haben die Kalkofengase den großen Vorteil, daß man sie kostenlos erhält, sofern man Verwendung für den gebrannten Kalk hat. Letzteres ist verschiedentlich der Fall. Es sind solche Kalköfen, bei denen es sich um gleichzeitige Verwertung des Ätzkalkes wie auch der kohlensäurehaltigen Abgase handelt, zur ausgedehntesten Verwendung gekommen in der Rübenzucker- und in der Ammoniaksoda-Industrie.

Schon Dyar und Hemming schlugen, wie in der Einleitung bereits erwähnt ist, in einem Patente im Jahre 1840 vor, die Kohlensäure zur Ammoniaksodafabrikation einem Kalkofen zu entnehmen. Dieser Gedanke liegt ja sehr nahe, da man bei dem Ammoniaksodaprozeß die der nötigen Kohlensäure entsprechende Ätzkalkmenge völlig zur Zersetzung des Salmiaks gebraucht. Dennoch haben spätere Erfinder, welche das Ammoniaksodaverfahren praktisch einführen wollten, sich zur Herstellung der Kohlensäure eines Koksofens bedient[1]). Vielleicht erklärt sich dadurch zum Teil der Mißerfolg, den sie erlitten.

Das Brennen des Kalkes geschah früher in sehr primitiver Weise; es wurde namentlich viel Brennmaterial verschwendet. Die alten Kalköfen hatten intermittierenden Betrieb. Der Ofen wurde mit Kalksteinen gefüllt, dann wurde der Inhalt durch unten befindliche Feuerungen langsam angewärmt und darauf durch allmähliche Steigerung der Hitze gar gebrannt. Es mußte hierbei wahrend eines längeren Zeitraumes der ganze Ofeninhalt in Weißglut gehalten werden; in diesem Stadium gingen die Heizgase mit einer Temperatur von ca. 600° und mehr aus der Gicht hinaus ins Freie. Damit ging also sehr viel Wärme verloren. Der Verbrauch an Brennmaterial bei solchen Öfen ist auf ca. 40—60 Teile gute Steinkohlen auf 100 Teile gebrannten Kalk zu veranschlagen. Ist schon einmal die Verwendung eines intermittierend arbeitenden Kalkofens wegen der Brennmaterialverschwendung für industrielle Zwecke nicht angebracht, so kommt für den Fall, daß man die Abgase eines solchen Ofens ausnutzen will, noch erschwerend hinzu, daß die Zusammensetzung der Gase eine sehr unregelmäßige ist. Im Anfang des Brennens haben die Gase höchstens den Gehalt an Kohlensäure, wie ihn gewöhnliche Feuerungsgase besitzen, also ca. 10—12 %. Dieser Gehalt steigt während des Garbrennens auf etwa 30 % und fällt dann nach und nach wieder auf 10—12% zurück. Dadurch wird in der Praxis ein geregelter Betrieb der Ammoniaksodafabrikation unmöglich gemacht. Ferner tritt bei solchen intermittierend arbeitenden Öfen der Übelstand ein, daß der Ofenbetrieb während der Zeit der Entleerung und Neubeschickung überhaupt vollständig ruht, daß in dieser Zeit überhaupt keine Kohlensauregase zu erhalten sind. Man müßte also schon stets Öfen in Reserve haben.

Aus den angeführten Gründen erklärt es sich, daß in der Ammoniaksodaindustrie gerade wie in der Rübenzuckerfabrikation nur kontinuierlich arbeitende Kalköfen im Gebrauch sind. Alle derartigen Öfen arbeiten auf die Weise, daß in mehr oder weniger größeren Zwischenräumen der fertig gebrannte Kalk gezogen wird, während man zu gleicher Zeit frischen Kalkstein einfüllt. Man kann bei den kontinuierlichen Kalköfen drei Systeme unterscheiden:

---

[1]) In einem mir genau bekannten Falle noch im Jahre 1883.

1. **Schachtöfen mit Feuerungen.** Letztere können gewöhnliche Planrost-, Halbgas- oder Generatorfeuerungen sein. Diese Öfen heißen auch **Öfen mit langer Flamme.**

2. **Schachtöfen ohne Feuerungen.** Das Brennmaterial wird zwischen die zu brennenden Steine gestreut. Diese Öfen nennt man[1] auch **Öfen mit kurzer Flamme.**

3. **Ringöfen.**

I. Schachtöfen mit Feuerungen.

Die Figuren No. 1—1 c zeigen einen solchen Ofen im Aufriß und Querschnitt. Diese Konstruktion ist in mehrfachen Variationen früher sehr viel in Zuckerfabriken angewandt, vereinzelt auch in der Ammoniaksodaindustrie. Der Ofen besteht aus einem hohlen Kegel, der aus Schamotte aufgebaut ist.

Ch ist eine Schamotteschicht, die wieder aus zwei einzelnen Schichten besteht. Die innere, etwa 150—350 mm stark, ist aus hochfeuerfesten Steinen gemauert, die außere besteht aus geringerem Material und ist ca. 200—300 mm stark. Umgeben ist der Ofen mit einem schmiedeeisernen Mantel *M*. Zwischen diesem Mantel und der Schamotteschicht ist ein Raum von ca. 100 mm, der mit einer Isolierschicht *J* ausgefüllt ist. Am besten nimmt man als Isoliermaterial Kieselgur, sonst feine Kohlenschlacke. Sehr gut, aber nicht immer in genügender Menge zu haben, ist der Schlackenstaub aus den Füchsen der Dampfkesselfeuerungen. Der Ofen hat drei Feuerungen *F* und drei Ziehlöcher *Z*. Bei letzteren ist ein gußeiserner Kasten mit verschließbarer Klappe eingemauert.

Th ist die Feuertür, *R* die Rosten, *w* ein gußeißerner Kasten, mit Wasser gefullt, um die Rosten von unten zu kühlen. *s—s* sind Schaulöcher, um den Gang des Ofens beobachten zu können; sie dienen auch dazu, um den Kalk loszustoßen, wenn er sich etwa aufgehangen hat.

Man nimmt diese Öfen auch vielfach mit 4 Feuerungen und 4 Ziehlöchern; die Form ist dann im ganzen dieselbe. Die Öfen werden in sehr verschiedenen Dimensionen gebaut. Diese schwanken von 6—15 m Höhe, gemessen von der Feuerbrücke bis zur Gicht. Der Durchmesser beträgt im Lichten, in der Höhe der Feuerbrücke 3—5 m, am oberen Ende $1^1/_2$—$2^1/_2$ m. Der Betrieb eines Ofens mit langer Flamme geht in der Weise vor sich, daß in die Gicht in gewissen Zwischen-

---

[1] Der Gebrauch, Kalkstein in der Weise zu brennen, daß das Brennmaterial zwischen die zu brennenden Steine geworfen wird, ist an sich schon alt. Die alten Öfen waren aber sehr primitiv.

räumen Kalksteine eingestürzt werden, während man bei den Ziehlöchern
den garen Kalk auszieht. Die Feuerungen müssen ständig in gutem
Betrieb gehalten werden. Geheizt wird am besten mit Koks. Wie
man sieht, beruht ein solcher Ofenbetrieb auf dem bekannten Prinzip

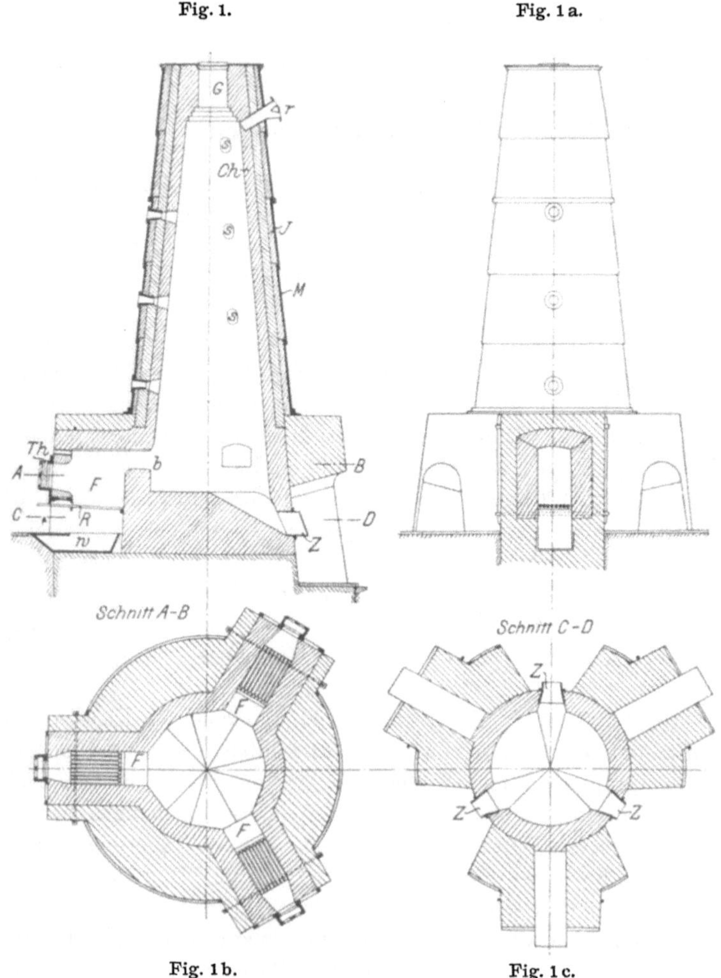

Fig. 1 b.   Fig. 1 c.

des Gegenstromes. Während die Heizgase nach oben strömen, begegnet
ihnen der Kalkstein, welcher sich nur von oben nach unten bewegt.
Der Stein wird in einer gewissen Zone des Ofens, welche je nach der
Größe des Ofens und nach der ganzen Konstruktion desselben verschieden
stark ist, bis zur Weißglut erhitzt und dadurch gar gebrannt. Die aus

dieser Zone entweichenden heißen Gase erhitzen den darüberliegenden Stein bis zur Rotglut, die dann folgenden Steine nehmen weiter die Wärme der Gase fort, bis diese mehr oder weniger abgekühlt oben entweichen. Je weniger warm die Gase aus dem Ofen entweichen, um so besser ist die Ausnutzung der Wärme gewesen. Die Größe der Ausnutzung wird namentlich durch die Höhe des Ofens bedingt. Denn je mächtiger die Kalksteinschicht ist, welche die Heizgase durchdringen müssen, je mehr Wärme geben sie ab. Daraus würde zu folgern sein, daß man derartige Öfen möglichst hoch bauen muß. Dieser Grundsatz ist im ganzen auch richtig, indessen erfährt derselbe eine Einschränkung durch praktische Rücksichten; namentlich steht im Wege, daß eine zu hohe Schicht Kalksteine sich leicht verstopfen kann, sodaß der Abzug der Gase erschwert wird. Man wird einen derartigen Schachtofen wohl selten höher als 15 m bauen, meistens ist das Maximum 12 m.

Es ist vorhin bemerkt worden, daß das Chargieren, also das Ziehen des Kalkes und Auffüllen des Kalksteines, in gewissen Zwischenräumen vor sich geht. Diese Zwischenräume sind von verschieden langer Dauer; letztere schwankt, namentlich nach der Größe des Ofens, zwischen 3—6 Stunden. Hieraus ergibt sich, daß der Betrieb eines solchen Ofens kein ganz kontinuierlicher ist. Wäre letzteres der Fall, so müßte fortwährend Kalk gezogen und Stein nachgefüllt werden. Das ist theoretisch unzweifelhaft richtig, indessen muß man berücksichtigen, daß im Kalkstein ein etwas schwierig zu behandelnder Stoff vorliegt. Im Vergleich zu den alten, oben erwähnten, intermittierend arbeitenden Öfen ist jedenfalls für diese Schachtöfen der Ausdruck „kontinuierlich gehende Öfen" völlig angebracht. Man erreicht in der Tat mit solchen Öfen eine sehr gleichmäßige Arbeit. Die Wärme wird recht gut ausgenutzt, sodaß die Gase durchschnittlich mit nicht mehr als 100—150° entweichen. Der Gehalt der Gase an Kohlensäure hält sich meistens auf rund 28—30 %, er steigt direkt nach dem Chargieren kurze Zeit auf etwa 35 % und sinkt höchstens auf 25 %. Ich denke hierbei nur an gut gebaute Öfen, welche mindestens 8—10000 kg gebrannten Kalk per 24 Stunden liefern können. Bei solchen Öfen findet ein Chargieren zweckmäßig alle 3—4 Stunden statt. Man hat diese Art Öfen in der Ammoniaksodafabrikation, soweit mir bekannt geworden ist, bis zur Leistungsfähigkeit von 15000 kg gebrannten Kalk per 24 Stunden verwendet.

Als Brennmaterial verwendet man, wie erwähnt, für diese Schachtöfen fast ausschließlich Koks. Mit Steinkohlen läßt sich eine so gleichmäßige Hitze, wie sie zum guten Betriebe nötig ist, nicht, oder nur sehr schwer erreichen. Der Verbrauch an Koks ist je nach Größe und Konstruktion des Ofens 25—35 kg pro 100 kg gebrannten Kalk. Derselbe ist also wesentlich niedriger als bei den alten, intermittierend arbeitenden Öfen, bei welchen 40—60 kg Kohlen oder Koks pro 100 kg Kalk gerechnet werden müssen, cf. S. 16.

Ein weiterer Vorteil, den die Schachtöfen gegenüber den alten Öfen besitzen, liegt in der größeren Leistungsfähigkeit. Infolge des kontinuierlichen Betriebes wird der vorhandene Ofenraum bedeutend besser ausgenutzt. Während bei den alten, intermittierend arbeitenden Öfen pro 24 Stunden durchschnittlich nur ca. 100 kg gebrannter Kalk per cbm Ofenraum gerechnet werden können, erhält man im kontinuierlich gehenden Schachtofen per cbm Ofenraum 3—400 kg. Angenommen ist ein guter Kalkstein, die genannte Zahl ist nur relativ gültig.

Die Schachtöfen mit gewöhnlicher Feuerung haben indes einen großen Fehler, es geht der größte Teil der im gezogenen Kalk enthaltenen Wärme verloren, da der fertige Kalk in fast weißglühendem Zustande aus den Ziehlöchern herausfällt. Man hat zwar Versuche gemacht, die Wärme des gezogenen Kalkes zu gewinnen durch Benutzung des Kalkes zur Vorwärmung der Verbrennungsluft. Diese Versuche sind jedoch, da die Anwärmung der Luft nur indirekt möglich ist, schlecht gelungen. Nun ist aber das Wärmequantum, welches in dem gezogenen Kalk steckt, ein ziemlich bedeutendes. Wenn man rechnet, daß der gezogene Kalk mit durchschnittlich 900^0 aus dem Ofen kommt und sich dann auf 50^0 abkühlt, bis er zur Verwendung gelangt, so gehen damit pro 100 kg Kalk

$$850 \times 100 \times 0{,}236 [1])$$
$$= \text{rund } 20\,000 \text{ Kalorien}$$
$$= \text{rund } 4 \text{ kg Koks verloren.}$$

Dieser Fehler kann durch die Anwendung von Halbgas- oder besser noch Generatorfeuerung zum Teil vermieden werden. Bei einer solchen Feuerung wird das Brennmaterial mit einer zur Verbrennung ungenügenden Luftmenge verbrannt, es bildet sich also zum großen Teil Kohlenoxyd. Die zum Verbrennen dieses Gases nötige Luft, die sogenannte Sekundärluft, wird durch besondere Öffnungen in den Ofen derart eingeführt, daß sie den gar gebrannten glühenden Kalk durchstreichen muß. Sie kühlt also den heißen Kalk ab und wärmt sich selbst dadurch an. Diese Sekundärluft trifft dann im Innern des Ofens mit den Feuerungsgasen zusammen und es erfolgt dann völlige Verbrennung der letzteren.

In Fig. 2 ist ein Schachtofen mit Generatorfeuerung schematisch dargestellt, der Unterschied zwischen diesen Öfen und der gewöhnlichen Konstruktion liegt nur in der Feuerung. Das Brennmaterial wird durch die Öffnung *a* eingeführt, die Sekundärluft tritt durch regulierbare

---

[1]) Spezifische Wärme des Kalkes.

Schieber ein, welche sich in den Ziehlöchern befinden. ii sind Schaulöcher, welche den auf S. 17 beschriebenen Zweck haben. Selbstverständlich lassen sich nach diesem System eine Menge Variationen einrichten, der Raum verbietet, näher darauf einzugehen; es muß dieserhalb
auf Spezialwerke verwiesen werden[1]).

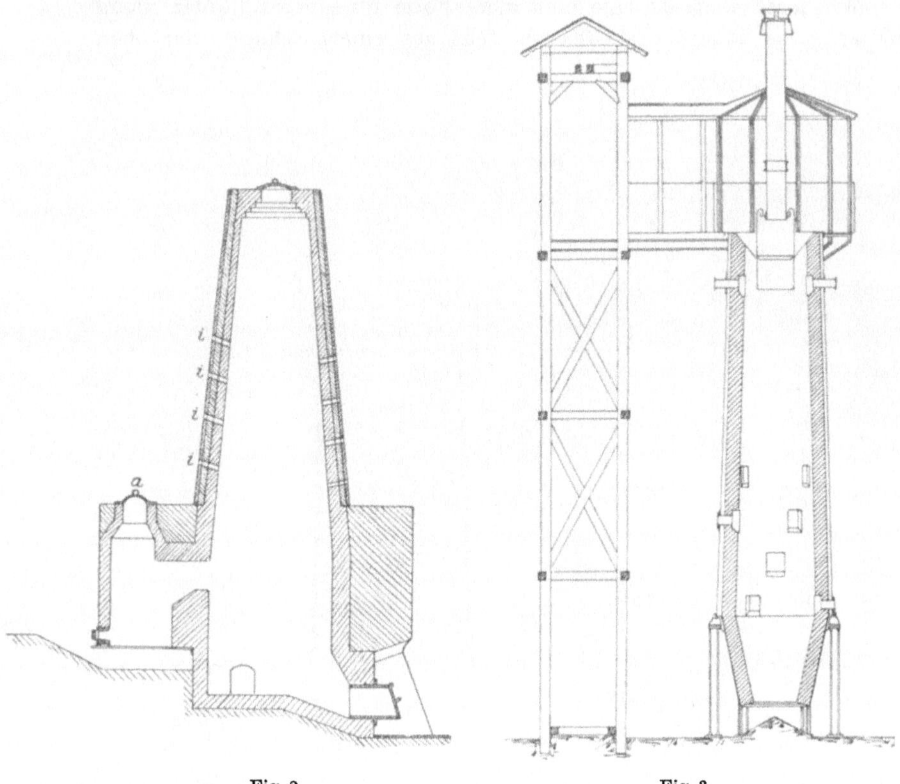

Fig. 2. Fig. 3.

II. Schachtöfen mit kurzer Flamme.

Das Hauptmerkmal dieser Öfen besteht darin, daß das Brennmaterial zwischen den Steinen verbrennt, besondere Feuerungen sind
nicht vorhanden.

Die Einrichtung dieser Öfen ist äußerst einfach, wie Fig. 3 zeigt.
Dieselbe stellt diejenige Form der Schachtöfen mit kurzer Flamme dar,
welche man gewöhnlich als belgische Schachtöfen bezeichnet. Diese

---

[1]) Schmatolla, Die Brennöfen. Hannover, Gebr. Jänecke, 1903.

Form ist, soviel mir bekannt wurde, zuerst durch Solvay in die Ammoniaksodaindustrie eingeführt und hat hier ausgedehnte Verwendung gefunden[1]).

In Fig. 4 sind zwei Öfen miteinander verbunden dargestellt, der eine in Ansicht, der andere im Querschnitt.

Wie man sieht, ist eine einfachere Form für einen Kalkofen kaum denkbar. Das Innere des Ofens besteht aus einem Schacht, der oben

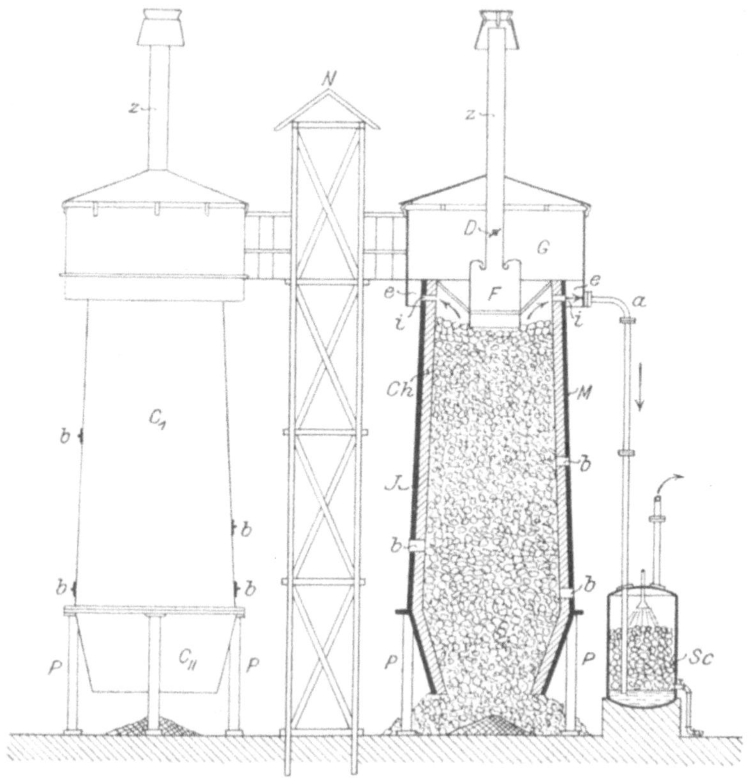

Fig. 4.

und unten sich verjüngt. Das Ganze ist eigentlich nur ein schmiedeeiserner, innen ausgemauerter Mantel, aus zwei Kegeln, C, und $C_{,,}$, bestehend, der auf den Säulen $P, P \ldots$ aufgehängt ist. Die Ausmauerung bilden, ebenso wie beim Ofen Fig. 1, zwei Schichten Schamotte Ch, von denen die innere aus bestem, die äußere aus geringerem Material besteht; die Schichten sind ca. 250 mm bezw. 300 mm, die Isolierschicht J

---

[1]) Ebenso in der Rübenzuckerindustrie.

ca. 100 mm stark. Die Stärke des schmiedeeisernen Mantels M muß hier natürlich erheblich größer sein als beim Ofen Fig. 1, da der Mantel das ganze Ofengewicht zu tragen hat.

Bei G werden Kalksteine und Koks eingeworfen; gezogen wird unten auf die einfachste Weise. F ist eine Vorrichtung, um die Füllung so vorzunehmen, daß dabei so wenig falsche Luft wie möglich in das Ofeninnere gelangen kann. Im Schornstein Z befindet sich eine Drosselklappe D, durch welche der Zug reguliert werden kann. e ist ein den oberen Ofenteil umschließender Raum, in welchen vom Ofeninnern aus 6—8 Öffnungen $i\,i$ münden. Durch letztere tritt das Kalkofengas aus dem Ofeninnern, sammelt sich im Raum e und wird durch Rohrleitung a abgesaugt. Sc ist ein Scrubber, wie ein solcher in größerem Maßstabe in Fig. 7 dargestellt ist; b—b sind die Schaulöcher. N deutet einen Aufzug an, der für mehrere Öfen zugleich dient.

Zum Brennen des Kalkes in Schachtöfen mit kurzer Flamme kann man nur Koks verwenden. Steinkohlen würden mehr oder weniger stark (je nach der Art des Ofens) der trockenen Destillation unterliegen. Die flüchtigen Produkte dieser Destillation würden unverbrannt entweichen, wodurch starke Wärmeverluste entstehen müssen. Auch würden Rohrleitungen, Ventile und Luftpumpe durch teerige Ausscheidungen verschmiert werden.

Die verwendeten Koks müssen kleinstückig sein. Sehr gut eignen sich zum Brennen in Schachtöfen mit kurzer Flamme die Gaskoks; sie sind auch meistens billiger zu erhalten als Zechenkoks.

Man kann den Brennprozeß in der Weise leiten, daß man die Koks vollständig mit den Steinen mischt, das geschieht aber wohl nur bei kleineren Öfen. Richtiger ist es, abwechselnd Steine und Koks für sich einzuschütten, also in der Weise, daß man auf 10—12 Teile Kalkstein einen Teil Koks schüttet. Man verfährt beispielsweise so, daß auf sieben Körbe Kalkstein, $=$ ca. 1500 kg, ein Korb Koks, $=$ ca. 120 kg, eingeworfen wird. Die relativen Mengen wechseln je nach der Beschaffenheit der Öfen, Qualität der Materialien und der Art der Betriebsführung.

Zu dem System der Öfen ohne Feuerungen ist auch der Etagenofen von Dietzsch zu rechnen. Derselbe wird zum Zwecke des Kalkbrennens unter gleichzeitiger Gewinnung hochprozentiger Kohlensäuregase sehr empfohlen. Fig. 5 zeigt einen Dietzschschen Doppelofen. Die Kammer A dient zum Vorwärmen des Kalksteines durch die abziehenden Gase, während in C das Garbrennen erfolgt. Das Brennmaterial wird durch F eingeworfen, und in D kühlt sich der gebrannte Kalk durch die aufsteigende Verbrennungsluft ab, wobei sich letztere anwärmt. Das Ziehen des auf den Rosten H ruhenden Kalkes findet durch besondere Türen statt, die in der Zeichnung nicht vorhanden sind.

Wie man sieht, ist das Prinzip des Dietzschschen Etagenofens dasselbe wie bei dem belgischen Schachtofen mit kurzer Flamme. Das Brennmaterial wird zwischen den Steinen verbrannt, und die Wärme des glühenden Kalkes wird zum Vorwärmen der Verbrennungsluft ausgenutzt.

Einen Vorteil hat der Etagenofen vor dem belgischen Schachtofen. Da das Brennmaterial erst an derjenigen Stelle zugefügt wird, wo die Verbrennung stattfindet, so kann man auch Kohle verwenden und ist nicht an Koks gebunden. Es kann, wie leicht ersichtlich ist, eine trockene Destillation der Kohle nicht vorkommen. Die Heizkraft in der Kohle ist fast überall billiger als in Koks.

Auf der anderen Seite ergibt sich aber, daß der Dietzsch-Ofen in der Anlage teurer ist als der belgische Schachtofen und daß der Betrieb viel komplizierter ist. Es ist jedenfalls mehr Handarbeit beim Dietzsch-Ofen vorhanden als beim einfachen Schachtofen. Dadurch kann der Vorteil des billigen Brennmaterials reichlich wieder ausgeglichen werden. Schmatolla[1]) gibt an, daß die Arbeiter, welche an den Arbeitstüren F das Einschütten und die Verteilung des Brennmaterials besorgen, stark unter der Hitze zu leiden haben. Aus diesem Grunde ist nach Schmatollas Mitteilung von H. Schmidt eine Änderung an den Öfen eingeführt, welche darin besteht, daß während des Arbeitens die heißen Gase direkt in die Esse geleitet werden können.

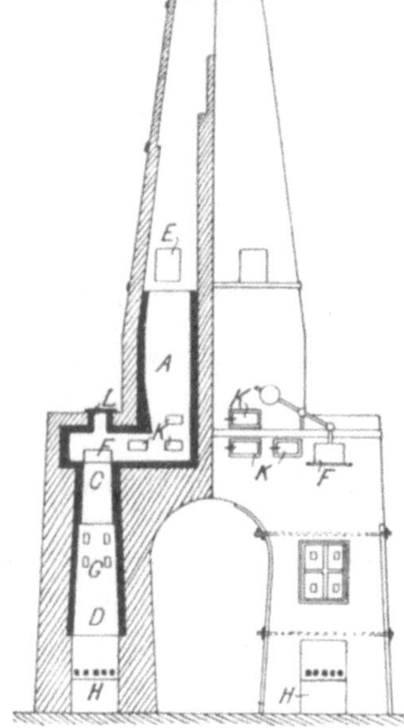

Fig. 5

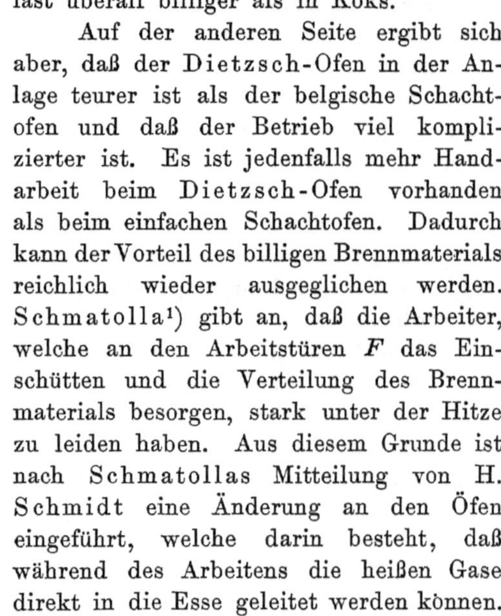

Es wird angegeben, daß bei Dietzschschen Etagenöfen (Doppelöfen, welche ca. 15—20 tons gebrannten Kalk in 24 Stunden liefern) nur 15 kg feine Kohle oder Koks auf 100 kg gebrannten Kalk verbraucht werden. Die Gase sollen 30—37% Kohlensäureanhydrid enthalten.

In die Kategorie der Öfen mit kurzer Flamme gehört ferner auch ein von Solvay konstruierter Ofen D.R.P. No. 43 901 und Engl. Patent 1887 No. 133 222. Diese nur für ganz großen Betrieb passende Konstruktion ist jedenfalls interessant, da die Verwendung mechanischer Kraft hier soweit getrieben ist wie nur möglich; auch die Entleerung soll maschinell geschehen. Die Figuren 6—6c zeigen diesen Ofen. Ein

---

[1]) Schmatolla, a. a. O. S. 53.

von unten in den Brennschacht hineinragender Kegel *M* (Fig. 6) drängt
den ununterbrochen nachsinkenden Kalk seitwärts, wo der gare Kalk
von den Leisten *N* der auf Rollen *G* ruhenden Scheibe *D* auf eine äußere,
gleichzeitig mit *D* kreisende Scheibe *P* geschoben wird, von welcher ein
Abstreicher *L* den Kalk in den Absturz *V* bezw. Wagen *W* befördert.
Statt des Kegels *M* und der kreisenden Scheibe *D* kann auch eine
schneckenartige Vorrichtung *S* (Fig. 6b) verwendet werden. Zur Auf-

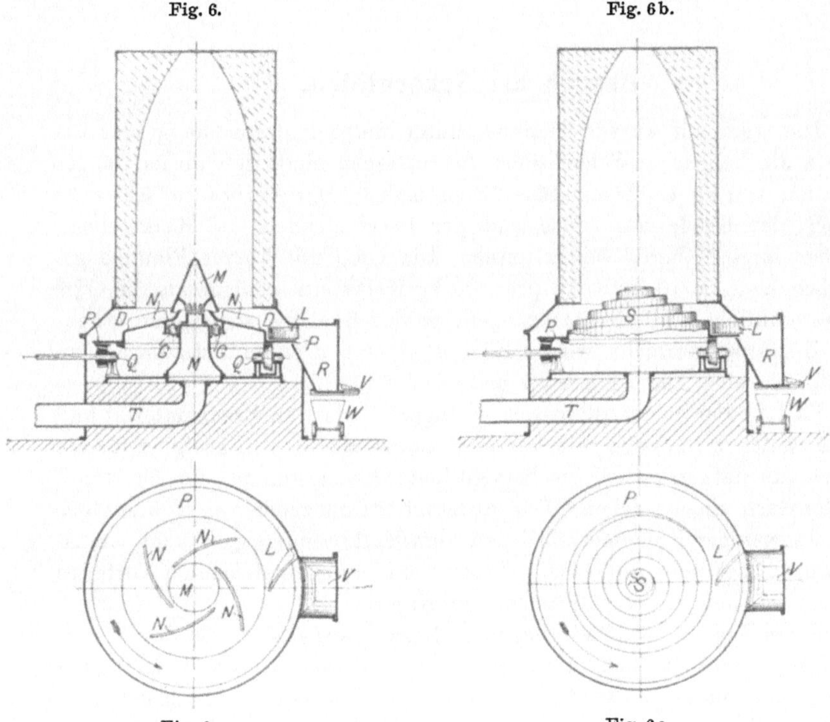

nahme dieser Ausziehvorrichtung für den garen Kalk dient ein allseitig
geschlossener Raum unterhalb des Brennschachtes. Die zur Verbrennung
nötige Luft wird durch Rohr *T* eingepreßt.

Es muß fraglich erscheinen, ob die Führung dieses Betriebes ohne
Störung vor sich geht. Man möchte glauben, daß die Beweglichkeit der
Scheibe *D* leicht unterbrochen wird; es lastet ein sehr großes Gewicht
auf dieser Scheibe, und ferner ist ein Festklemmen des Kalkes zu befürchten. Es ist leicht möglich, daß die zum mechanischen Betriebe und
zur Einpressung der Luft nötige Maschinenkraft die Ersparnis an Arbeitslohn wieder aufwiegt.

III. Ringöfen

werden vielfach zum Kalkbrennen benutzt und geben auch ein sehr gutes Resultat bezüglich des Verbrauches an Brennmaterial. Sie sind aber in der Anlage komplizierter und teurer als die belgischen Schachtöfen, auch verlangen sie mehr Arbeit. Es soll aus diesen Gründen hier nicht näher auf die Ringöfen eingegangen werden.

Betrieb der Schachtöfen.

Die Öfen mit kurzer Flamme, unter welcher Bezeichnung hier besonders die belgischen Schachtöfen zu verstehen sind, gebrauchen in der Regel auf 100 kg Kalk nur 16—25 kg Koks. Der Verbrauch schwankt je nach der Größe des Ofens und der Beschaffenheit des Kalksteines; hierüber folgt Näheres weiter unten. Die Öfen mit kurzer Flamme gebrauchen also ca. 10 kg Koks pro 100 kg Kalkstein weniger als die Öfen mit gewöhnlichen Planrostfeuerungen, wodurch allein schon eine erhebliche Ersparnis erreicht wird. Hierzu kommt noch eine Ersparnis an Arbeit, da keine Feuerungen zu bedienen sind.

Es ist aber nicht allein der geringere Bedarf an Brennmaterial und Arbeit, welcher die Öfen mit kurzer Flamme als so sehr geeignet für die Ammoniaksodafabrikation erscheinen läßt; hinzu kommt der Umstand, daß die Gase eines solchen Ofens durchschnittlich reicher an Kohlensäure sind. Je weniger Brennmaterial man zum Kalkbrennen gebraucht, um so hochprozentiger sind die Gase. Wegen des hieraus entstehenden Vorteiles verweise ich auf die Ausführungen im Kapitel III.

Einen kleinen Nachteil besitzen diese Öfen; die Asche des Brennmaterials vermischt sich mit dem Kalk. Dieser Umstand kann bei einigen Verwendungen des Kalkes stören; für die Zwecke der Ammoniaksodafabrikation ist derselbe indes ganz belanglos. Grobe Teile der Schlacken aus dem Brennmaterial, welche in den Apparaten und Rohrleitungen verstopfend wirken könnten, bleiben beim Löschen und Abziehen der Kalkmilch zurück, und wenn feine Teile mit in die Destillierapparate gelangen, so macht das nichts aus.

Die belgischen Schachtöfen werden in der Ammoniaksodaindustrie in bedeutenden Größen, bis zur Leistungsfähigkeit von ca. 20000 kg gebranntem Kalk pro 24 Stunden, angewendet. Darüber hinaus wird man wohl nicht gehen; man stellt dann besser mehr Öfen auf. So gibt Bradburne[1]) in der Beschreibung eines großen amerikanischen Werkes

---

[1]) Zeitschrift für angew. Chemie 1898, 58.

an, daß daselbst 10 belgische Schachtöfen mit je einer Verarbeitung von 34 t Kalkstein pro 24 Stunden im Betrieb sind.

Der Betrieb eines Kalkofens für die Ammoniaksodafabrikation unterscheidet sich, wie schon oben bemerkt wurde, von dem gewöhnlichen Kalkofenbetriebe dadurch, daß bei letzterem die Gase einfach in die Luft entweichen, während sie bei ersterem durch eine Luftpumpe abgesaugt werden. Es ist selbstverständlich nicht möglich, Kalkofen und Luftpumpenleistung genau so zu regulieren, daß die Luftpumpe gerade dasjenige Quantum Gase absaugt, welches der Kalkofen bei völlig richtigem Gange liefert. Wenn der Kalkofen völlig richtig gehen soll, so darf in denselben nicht mehr und nicht weniger Luft gelangen, als zur Verbrennung der Koks nötig ist. Tritt zu wenig Luft ein, so entsteht Kohlenoxyd, infolgedessen wird das Brennmaterial nicht genügend ausgenutzt, und ebenso entstehen ungenügende Mengen der für die Fabrikation nötigen Kohlensäure. Kommt zu viel Luft in den Ofen, so erhält man eine verdünnte Kohlensäure, und es entstehen ebenfalls Wärmeverluste, und zwar nun durch die überschüssige Luft. Da man die genaue Mitte nicht einhalten kann, so tut man hier am besten, daß man den ersteren Fehler vermeidet, also den Luftmangel. Bei der ungenügenden Verbrennung, also bei der Entstehung von viel Kohlenoxyd, werden die Verluste an Wärme leicht größer sein, als wenn etwas überschüssige Luft miterwärmt werden muß.

In den allermeisten Fallen liegt die Sache praktisch für die Ammoniaksodafabriken so, daß sie ein größeres Quantum Kalk brennen, als sie zum Zersetzen des Salmiaks gebrauchen. Man erhält in diesem Falle auch mehr Kalkofengase, als man im Betriebe der Karbonisierung (siehe Kapitel III) nötig hat. Dadurch ergibt sich die Regulierung des Kalkofenbetriebes und der dazu gehörenden Luftpumpe von selbst. Man stellt die Luftpumpe so ein, daß sie das Quantum Gase absaugt, welches für die Karbonisierung erforderlich ist. Den Überschuß der Kalkofengase läßt man durch einen auf dem Ofen angebrachten Schornstein ins Freie entweichen. Den Zug dieses Schornsteins reguliert man durch eine Drosselklappe.

Die Führung des Kalkofenbetriebes ist, soweit es sich um gleichmäßige Gewinnung möglichst hochprozentiger Gase handelt, bei größeren Öfen, also von ca. 10 000 kg Tagesleistung, leichter als bei kleineren Öfen. Wenn die den Ofen bedienenden Leute. erst eingearbeitet sind, so macht es keine Schwierigkeiten, die Gase mit einem durchschnittlichen Gehalt von ca. 32% Kohlensäureanhydrid zu halten. Die Schwankungen können allerdings je nach den Umständen bis zu 10% betragen, das heißt, der Gehalt sinkt beim Chargieren bis auf 25% und steigt dann wieder bis zu 35%. Diese Schwankungen treten aber bei sorgfältiger Betriebsführung nur auf ganz kurze Zeit ein, jedesmal nach dem Ziehen und Füllen.

Die Beschaffenheit der Kalksteine spielt selbstverständlich beim Ammoniaksodabetriebe eine große Rolle. Es kommt hier nicht nur die chemische Zusammensetzung, sondern auch die physikalische Beschaffenheit der Steine in Betracht. Während der erstere Punkt besonders wichtig ist für den Gebrauch des Kalkes zur Salmiakzersetzung, ist der letztere von großer Bedeutung für den Brennprozeß. Wenn der Kalkstein schieferig und kleinstückig ist, so legen sich die einzelnen Stücke im Ofen sehr dicht aneinander, und der Zug wird gehemmt. Kalksteine von sehr feinkörniger Struktur brennen sich, wie man zu sagen pflegt, schlecht; sie verlangen mehr Brennmaterial als grobkörnige Steine. Es liegt dies wohl daran, daß die Kohlensäure aus diesen Steinen schwieriger entweichen kann als aus den großkrystallinischen Gesteinen. Einige Arten Kalkstein sind für den kontinuierlichen Kalkofenbetrieb geradezu gefährlich; sie zerspringen nämlich in der Hitze in unzählige kleine Stücke, sodaß der Zug im Ofen vollständig verhindert wird. Solche Steine lassen sich nur dann in kontinuierlich gehenden Öfen brennen, wenn sie ganz langsam vorgewärmt werden. Das ist jedoch meist mit Umständlichkeit verbunden. In sehr hohen Öfen wird allerdings von selbst eine solche Vorwärmung eintreten. Ein derartiger Kalkstein ist mir z. B. in den Inoceramusschichten des Plänerkalkes aus dem Teutoburgerwalde begegnet. Ein solcher Stein läßt sich nur in den alten, intermittierend gehenden Öfen, bei denen ein langsames Anschmauchen stattfindet, ohne Störung brennen. Sehr gut brennen sich z. B. die Kalksteine der Muschelkalkformation aus der Zone, welche man geologisch als Kalk von Friedrichshall bezeichnet, ferner sind auch Korallenkalke aus dem Jura ein gutes Material.

Hinsichtlich der chemischen Zusammensetzung ist ein ganz reiner Kalkstein, also z. B. Marmor, das Ideal. Man wird jedoch nur ganz selten einen Stein zur Verfügung haben, der mehr als 98 % Kalziumkarbonat enthält. Für gewöhnlich handelt es sich um Steine, welche 90—96 % Karbonat enthalten. Es ist nicht angenehm, mit niedrigprozentigen Steinen arbeiten zu müssen. Einmal erhöhen sich die Brennkosten, und dann erhält man selbstverständlich die Beimengungen des Steines, welche meist toniger Natur sind, als lästigen Schlamm in den Destilliergefäßen wieder. Wenn der Preisunterschied zwischen zwei Kalksteinsorten nicht sehr hoch ist, sollte man immer den höherprozentigen Stein nehmen.

Wie oben schon erwähnt ist, gebrauchen die Schachtöfen mit kurzer Flamme 16—25 kg Koks auf 100 kg Kalk. Der Verbrauch wird beeinflußt durch die Größe und Konstruktion des Ofens, durch die Qualität

der Koks, die Beschaffenheit der Kalksteine und die mehr oder weniger
genaue Aufsicht. Die Zahl 16 kg ist sehr niedrig. Ich selbst habe
in der Praxis einen so niedrigen Verbrauch nicht erlebt; daß er erreicht
wurde, ist mir indes von ganz zuverlässiger Seite versichert.

Verbrauch an Brennmaterial zum Kalkbrennen.

Es ist interessant, hier eine Berechnung darüber anzustellen, wieviel Wärme theoretisch zum Garbrennen des Kalkes erforderlich ist. Die
Umsetzung, welche beim Kalkbrennen vor sich geht, wird ausgedrückt
durch die Formel:

$$CaCO_3 = CaO + CO_2.$$
$$\text{Kalkstein} \quad \text{Kalk} \quad \text{Kohlensäure}$$

Diese Zersetzung erfordert für 100 kg $CaCO_3 = 42\,490$ c.[1]), hierbei werden gebildet 44 kg CO_2 und 56 kg CaO. Um 100 kg des letzteren
zu erhalten, sind demnach 178,57 oder rund 178 kg $CaCO_3$ erforderlich;
dabei entstehen rund 78 kg CO_2. Das spezifische Gewicht der letzteren
beträgt bei 0^0 und 760 mm Druck $= 1,9772$; jene 78 kg CO_2 entsprechen
demnach 39,45 oder rund 40 cbm. Das Gas entweicht mit rund 150^0.
Die spezifische Wärme des Kohlensäureanhydrids kann bei den in Betracht kommenden Temperaturen für praktische Zwecke[2]) mit 0,217 für
1 kg und 0,427 für 1 cbm angenommen werden. Daraus berechnet sich
der Wärmeverlust zu:

$$78 \cdot 0,217 \cdot 150 = 2538 \text{ c.}$$
oder
$$40 \cdot 0,427 \cdot 150 = 2562 \text{ c.}$$
oder rund
$$2550 \text{ c.}$$

Man kann ferner praktisch rechnen, daß auf 100 kg Kalk rund
14 qm Ofenoberfläche kommen, deren Wärmeverlust durch Abkühlung
und Ausstrahlung mit rund 300 c. anzunehmen ist, also in Summa
$= 4200$ c.

Außerdem geht mit dem gezogenen Kalk Wärme verloren, da derselbe sich abkühlt, bis er zum Verbrauch gelangt. Rechnet man die
Differenz zu 40^0, so ergibt sich ein Verlust von:

$$100 \cdot 0,236 \cdot 40 = 944 \text{ c.}$$
oder rund
$$1000 \text{ c.}$$

---

[1]) Naumann, Thermochemie, Braunschweig 1882, S. 484. — Nach
Thomsen, Thermochemische Untersuchungen, Leipzig 1883, Bd. III, S. 444, beträgt die Zahl $= 42\,520$ c. und nach Chem. Kalender, Beilage, J. Springer, Berlin
1904, S. 197 $= 44\,700$ c.

[2]) Naumann, a. a. O. S. 80.

Für die Fertigstellung von 100 kg Ca O werden demnach an Wärme insgesamt verlangt:

Zersetzung von 178 kg Ca CO$_3$ = 1,78 . 42,490 = 75 632 c.
Verlust durch die Wärme der abgehenden CO$_2$ =   2 550 c.
Verlust durch Abkühlung des Ofens . . . . =   4 200 c.
Verloren gehende Wärme im gezogenen Kalk =   1 000 c.

Summa 83 382 c.

Wenn man rechnet, daß die zum Brennen benutzten Koks einen Brennwert von 7200 c. haben und davon durch unvollständige Verbrennung und mit der Wärme der Verbrennungsgase 10 % verloren gehen, so bleiben nutzbar rund 6500 c. pro 1 kg Koks. Um die obigen 83 382 c. zu erzeugen, hat man also rund 12,8[1]) kg Koks nötig.

Bei dieser Berechnung ist reines Kalziumkarbonat (Ca CO$_3$) als Rohmaterial angenommen. Der Kalkstein der Praxis stellt ein solches Material natürlich nie dar; es muß daher die obige Zahl für praktische Verhältnisse je nach der chemischen Zusammensetzung des Steines korrigiert werden.

Je geringer der Gehalt eines Steines an Kalziumkarbonat ist, um so weniger Wärme ist zum Fertigbrennen von 100 kg Kalkstein erforderlich aber um so geringer ist auch der erhaltene gebrannte Kalk, und um so weniger Kohlensäure erhält man. Das für den vorliegenden Zweck allein wirksame Kalziumoxyd kann sich daher beim Brennen eines geringwertigen Steines teurer stellen als bei reinem Stein, wenn auch pro 100 kg des fertigen Kalkes weniger Brennmaterial gebraucht wird.

Die fremden Bestandteile des Kalksteines[2]) üben beim Brennen des Steines in Öfen mit kurzer Flamme auf einen Mehrverbrauch an Brennmaterial meistens keinen Einfluß aus. Sie werden mit auf Weißglut erhitzt, geben aber die hierzu verbrauchte Wärme fast völlig wieder an die unten in den Ofen eintretende Verbrennungsluft ab. Das gilt namentlich von den Silikaten. Nur bei Vorhandensein größerer Mengen könnte ein irgendwie in Betracht kommender Wärmeverlust entstehen.

Silikate wirken aber in anderer Hinsicht schädlich; sie verhindern unter gewissen Umständen das Garbrennen des Kalksteines. Wenn ein größerer Prozentsatz von Silikaten vorhanden ist, so tritt leicht eine Sinterung des Steines an der Oberfläche ein, welche man auch bei An-

---

[1]) Wendet man für obige Rechnung die Zahl des Chem. Kalenders (cf. S. 29) für die Zersetzungswärme des Kalksteins = 44 700 c. an, so ergeben sich 87 316 c., woraus sich 13,4 kg Koks berechnen.

[2]) Magnesiumkarbonat wirkt ganz analog wie Kalziumkarbonat; cf. weiter unten.

wendung großer Vorsicht nicht verhindern kann. Diese Erscheinung bezeichnet man auch als das sogenannte „Totbrennen". Es kann infolge der gesinterten Oberfläche des Steines die Kohlensäure aus dem Innern nicht genügend entweichen; es bleiben unzersetzte Kerne in den größeren Stücken der Kalksteine zurück. Solcher Kalk löscht sich sehr schwer und hinterläßt viel „Steine". Man soll daher die Anwendung solcher unreinen Kalksteine für die Ammoniaksodafabrikation möglichst vermeiden und nur im Notfall dazu greifen.

Eine bestimmte Grenze für denjenigen Gehalt an Kieselsäure anzugeben, bei welchem ein Kalkstein unbrauchbar wird, ist nicht möglich. Es kommt nicht allein die prozentische Menge in Betracht, sondern auch die Art der Verteilung der Silikate im Stein spielt dabei eine Rolle. Man probiert einen Stein am besten praktisch durch einen Probebrand aus.

Das Vorkommen von Magnesiumkarbonat im Kalkstein schadet nicht, da diese Verbindung beim Brennen sich leicht in Magnesiumoxyd verwandelt, welches in der Destillation den Salmiak ebensogut zersetzt wie der Kalk. Magnesiumkarbonat hat sogar den Vorteil, daß es relativ weniger Wärme zur Zersetzung gebraucht als Kalziumkarbonat.

Für die Umsetzung $MgCO_3 = MgO + CO_2$ ist der Wärmeverbrauch $+ 28,9$ c.[1]. Für 100 kg werden also 34 400 c. verlangt. 84 kg Magnesiumkarbonat, welche 100 kg Kalziumkarbonat äquivalent sind, gebrauchen demnach zur Zersetzung nur 28 900 c. gegenüber 42 490 c. beim Kalkstein.

Dolomitische Kalksteine bezw. reine Dolomite müssen sich sehr gut für die Kalköfen der Ammoniaksodafabriken eignen, da sie jedenfalls weniger Brennmaterial verlangen. Eigene Erfahrungen habe ich indes darüber in der Praxis nicht machen können.

Organische Beimengungen im Kalkstein können einen schädlichen Einfluß nicht haben, im Gegenteil müssen sie sogar etwas nützliche Wärme entwickeln. Indes ist ihre Menge meistens so gering, daß sie nicht weiter in Betracht kommen.

Ein Wassergehalt der Steine ist mehr oder weniger schädlich. Die Steine springen dann leicht. Aber wenn das auch nicht immer geschieht, so nimmt das verdampfende Wasser doch stets Wärme fort. Man soll daher stets auf trockene Steine sehen.

Es soll nun der Wärmeverbrauch für einen Kalkstein berechnet werden, wie er in der Praxis vorkommt, also z. B. von der Zusammensetzung:

---

[1] Chemiker-Kalender 1904, S. 197.

95 % Kalziumkarbonat,
4 - Silikate, Eisen, Tonerde etc.
1 - Wasser.

Ein solcher Stein gibt einen Kalk, welcher besteht aus rund:

91 % Ca O,
2 - Ca CO$_3$,
7 - Silikate etc.

Um 100 kg rohen Kalk zu erhalten, sind von diesem Stein erforderlich 176 kg, worin 167 kg Ca CO$_3$. Wir haben dann die Rechnung:

167 kg Ca CO$_3$ verlangen . . . 70 958 c.
1,7 kg H$_2$ O verlangen . . . . 1 100 c.
Verlorene Wärme wie oben   =   7 750 c.
                    Summa   79 808 c.

Dazu sind erforderlich an Koks, wenn dieselben wie oben mit 6500 nutzbaren Kalorien gerechnet werden, 12,3 kg. Das ist weniger, als oben berechnet ist, indessen ging die erste Rechnung auf 100 kg reinen Kalk, während bei letzterer Berechnung nur 91 kg reines Kalziumoxyd erhalten wurden.

In der Praxis wird nun ein solch niedriger Koksverbrauch nicht erreicht, daran tragen verschiedene Umstände die Schuld. Zunächst muß in Betracht gezogen werden, daß nur selten die angewendeten Koks so guter Qualität sind, daß 1 kg 6500 c. abgibt. Für gewöhnlich wird man für 1 kg Koks nur rund 5500 c. rechnen dürfen. Setzt man diese Zahl in die oben angeführten Rechnungen ein, so ergibt sich für das Brennen des Steines im zweiten Beispiel ein Verbrauch von rund 14,5 kg Koks.

Weiter ist zu bedenken, daß die Verluste durch Abkühlung und Ausstrahlung des Ofens häufig wohl größer sind als oben angenommen ist, wodurch ein weiterer Verbrauch von Brennmaterial entsteht. Die Menge dieser Verluste wird stark beeinflußt dadurch, ob die Öfen ganz oder zum Teil frei stehen, oder ob sie völlig mit einem Gebäude umgeben sind. Ferner schwanken die Verluste selbstverständlich stark mit der Jahreszeit.

Aus den vorstehenden beiden Gründen erklärt es sich schon allein, wenn der Minimalverbrauch an Brennmaterial in der Praxis größer ist, als die theoretische Berechnung ergibt. Man wird einen Verbrauch von 16 kg Koks pro 100 kg gebrannten Kalk als sehr gering bezeichnen müssen. Wenn in der Praxis wirklich weniger gebraucht ist, so müssen ganz besondere Umstände vorgelegen haben, z. B. sehr gutes Brennmaterial, vorzügliche Öfen, sehr großer Betrieb, scharfe Kontrolle und dolomitischer bezw. auch niedrigprozentiger Kalkstein (cf. S. 31). Meistens wird in der Praxis die Zahl von 16 kg Koks überschritten. Bei guten Öfen dürfte der Hauptgrund dieser Erscheinung darin zu suchen sein, daß man mehr als die normale Menge der Verbrennungsluft gebraucht hat.

Aus dem Verbrauch an Koks und dem Gehalt des Kalksteines im Karbonat lassen sich annähernd die Mengen der entstehenden Kalkofengase und deren Gehalt an Kohlensäureanhydrid berechnen, d. h. nur dann, wenn man den Luftverbrauch kennt.

Berechnungen über den Gehalt der Kalkofengase an Kohlensäureanhydrid.

Im folgenden sollen einige Beispiele gegeben werden, bei denen die Mengen der verbrauchten Koks und der Verbrennungsluft verschieden groß eingesetzt sind, um den Einfluß zu zeigen, den wechselnde Mengen dieser Stoffe auf die Zusammensetzung der Kalkofengase ausüben.

Es soll angenommen werden, daß ein Kalkstein vorliegt, welcher 98% $CaCO_3$ enthält und daß 96,5% $CaCO_3$ zersetzt werden. Außerdem enthält der Stein $1\frac{1}{2}$% Silikate, Eisen etc. und $\frac{1}{2}$% Feuchtigkeit. 10 000 kg dieses Kalksteines liefern demnach rund 5700 kg Rohkalk, 4250 kg Kohlensäureanhydrid und 50 kg Wasser. Zur Herstellung von 10 000 kg Rohkalk sind 17 540 kg Kalksteine erforderlich, der Rohkalk hat folgende Zusammensetzung:

$$94,8\% \quad CaO,$$
$$2,6 \ - \quad CaCO_3,$$
$$2,6 \ - \quad \text{Eisen, Silikate etc.}$$

Die obigen 17 540 kg Kalksteine liefern außer den 10 000 kg Rohkalk rund 7450 kg CO_2 und 90 kg Wasserdampf; letzterer wird nicht weiter berücksichtigt. 1 cbm CO_2 wiegt bei 15° und 760 mm Druck 1,833 kg, die berechneten 7450 kg entsprechen also rund 4060 cbm CO_2.

Es soll angenommen werden, daß die zum Brennen verwendeten Koks 80%[1] C enthalten, welcher in CO_2 verwandelt wird. 1 kg Koks liefert dann 2933 g CO_2, entsprechend 1,6 cbm CO_2.

1 kg Koks mit 80% nutzbarem C verlangt zur Verbrennung theo-

---

[1] Koks können mit einem Gesamtgehalt von 85% C gerechnet werden. Wenn 80% C in CO_2 übergehen, so gehen also rund 6% des Gesamt-C in Verlust, teils als unverbrannter C, teils als Kohlenoxyd.

Schreib.   3

retisch rund 7,4 cbm Luft bei 15° und 760 mm Druck. Mit diesem Quantum kommt man in der Praxis selbstverständlich nie aus, die geringste Menge dürften 9 cbm Luft auf 1 kg Koks sein.

I. Beispiel.

Zur Herstellung von 10 000 kg gebranntem Kalk (Rohkalk) sollen erforderlich sein:

17 540 kg Kalkstein,

1 600 kg Koks,

9 cbm Verbrennungsluft auf 1 kg Koks.

17 540 kg Kalksteine liefern wie oben berechnet

$$7450 \text{ kg} = 4060 \text{ cbm } CO_2$$
$$1\,600 \text{ - Koks} \ldots \ldots 4693 \text{ - } = 2560 \text{ - } \text{ -}$$
$$\text{Summa} \quad 6620 \text{ cbm } CO_2$$

Auf 1600 kg Koks wurden verbraucht $9 \times 1600 = 14\,400$ cbm Verbrennungsluft. Wenn diese Luft aus dem Ofen entweicht, so ist an Stelle des größten Teiles ihres Sauerstoffes das aus dem Koks entstandene Kohlensäureanhydrid getreten, wodurch indes das Volumen der Luft nicht geändert ist. Als das Volumen vergrößernd ist zu den Verbrennungsgasen jedoch das aus dem Kalkstein entwickelte Kohlensäureanhydrid gekommen.

An Gasen sind also insgesamt vorhanden:

$$14\,400 \text{ cbm Verbrennungsgase, darin aus den}$$
$$\text{Koks} \ldots \ldots \ldots \ldots = 2560 \text{ cbm } CO_2$$
$$4\,060 \text{ - } CO_2 \text{ aus dem Kalkstein} \ldots = 4060 \text{ - } \text{ -}$$
$$\text{Summa } 18\,460 \text{ cbm Kalkofengas, darin} \ldots \ldots = 6620 \text{ cbm } CO_2$$

Daraus berechnet sich der Gehalt der Kalkofengase zu durchschnittlich $= 35,86$ Volumprozent CO_2.

Das ist eine Durchschnittszahl, wie dieselbe bisher in der Praxis kaum erzielt sein dürfte, wenn ein solches Resultat auch möglich erscheint. Mit 16 % Koks (auf gebrannten Kalk berechnet) und 9 cbm Luft auf 1 kg Koks in der Praxis andauernd auszukommen, ist äußerst schwierig.

II. Beispiel.

Zur Herstellung von 10 000 kg gebranntem Kalk sollen erforderlich sein:

17 540 kg Kalksteine,

1 800 - Koks,

9 cbm Luft auf 1 kg Koks.

$$17\,540 \text{ kg Kalksteine, wie oben} = 4060 \text{ cbm } CO_2$$
$$1\,800 \text{ - Koks} = 5280 \text{ kg} = 2880 \text{ - -}$$
$$\text{Summa} \quad 6940 \text{ cbm } CO_2$$

$$9 \times 1800 = 16\,200 \text{ cbm Verbrennungsgase}$$
$$\text{dazu} = 4\,060 \text{ - } CO_2 \text{ aus dem Kalkstein}$$
$$\text{Summa} \quad 20\,260 \text{ cbm Kalkofengase.}$$

Daraus berechnet sich der Gehalt der Kalkofengase zu durchschnittlich *34,25* % CO_2.

Auch dies ist ein Resultat, welches nur selten erreicht sein dürfte. Man wird, wenn man vielfach auch mit den Koks auskommt, mehr Verbrennungsluft verbrauchen.

III. Beispiel.

Zur Herstellung von 10 000 kg gebranntem Kalk sollen erforderlich sein:

$$17\,540 \text{ kg Kalksteine,}$$
$$1\,800 \text{ - Koks,}$$
$$10 \text{ cbm Luft auf 1 kg Koks.}$$

$$17\,540 \text{ kg Kalksteine, wie oben} = 4060 \text{ cbm } CO_2$$
$$1\,800 \text{ - Koks} \ldots \ldots = 2880 \text{ - -}$$
$$\text{Summa} \quad 6940 \text{ cbm } CO_2$$

$$10 \times 1800 = 18\,000 \text{ cbm Verbrennungsgase}$$
$$\text{dazu} = 4\,060 \text{ - } CO_2 \text{ aus dem Kalkstein}$$
$$\text{Summa} \quad 22\,060 \text{ cbm Kalkofengase.}$$

Daraus berechnet sich der Gehalt der Kalkofengase durchschnittlich zu *31,45* % CO_2.

Ein solches Resultat ist jedenfalls mehrfach in der Praxis erreicht, indes nur bei Öfen von großen Dimensionen und guter Aufsicht. Häufig werden mehr Koks gebraucht.

IV. Beispiel.

Zur Herstellung von 10 000 kg gebranntem Kalk sollen erforderlich sein:

$$17\,540 \text{ kg Kalksteine,}$$
$$2\,000 \text{ - Koks,}$$
$$10 \text{ cbm Luft auf 1 kg Koks.}$$

$$17\,540 \text{ kg Kalksteine, wie oben} = 4060 \text{ cbm } CO_2$$
$$2\,000 \text{ - Koks,} = 5866 \text{ kg} \qquad = 3200 \text{ - -}$$
$$\text{Summa} \qquad 7260 \text{ cbm } CO_2$$

$$10 \times 2000 = 20\,000 \text{ cbm Verbrennungsgase}$$
$$\text{dazu} = \underline{4\,060 \text{ - } CO_2 \text{ aus dem Kalkstein}}$$
$$\text{Summa} \qquad 24\,060 \text{ cbm Kalkofengase.}$$

Daraus berechnet sich der Gehalt der Kalkofengase zu durchschnittlich *30,17* % CO_2.

Diese Zahl entspricht noch immer einem normalen, guten Betriebe. Bei kleineren Öfen, welche in größeren Pausen chargieren, ist eine solche Durchschnittszahl als sehr gut zu bezeichnen.

V. Beispiel.

Zur Herstellung von 10 000 kg gebranntem Kalk sollen erforderlich sein:

$$17\,540 \text{ kg Kalksteine,}$$
$$2\,500 \text{ - Koks,}$$
$$10 \text{ cbm Luft auf 1 kg Koks.}$$

$$17\,540 \text{ kg Kalksteine, wie oben} = 4060 \text{ cbm } CO_2$$
$$2\,500 \text{ - Koks} = 7333 \text{ kg} \qquad = 4000 \text{ - -}$$
$$\text{Summa} \qquad 8060 \text{ cbm } CO_2$$

$$10 \times 2500 = 25\,000 \text{ cbm Verbrennungsgase}$$
$$\text{dazu} = \underline{4\,060 \text{ - } CO_2 \text{ aus dem Kalkstein}}$$
$$\text{Summa} \qquad 29\,060 \text{ cbm Kalkofengase.}$$

Daraus berechnet sich der Gehalt der Kalkofengase zu durchschnittlich *27,73* % CO_2.

Ein solcher Durchschnittsgehalt konnte früher bei kleineren Öfen noch als gut gelten. Jedenfalls verbrauchten früher die Öfen mit langer Flamme mehr Koks.

VI. Beispiel.

Zur Herstellung von 10 000 kg gebranntem Kalk sollen erforderlich sein:

$$17\,540 \text{ kg Kalksteine,}$$
$$3\,000 \text{ - Koks,}$$
$$10 \text{ cbm Luft auf 1 kg Koks.}$$

$$17\,540 \text{ kg Kalksteine, wie oben} = 4060 \text{ cbm } CO_2$$
$$3\,000 \text{ - Koks} = 8799 \text{ kg} = 4800 \text{ - -}$$
$$\text{Summa} \quad 8860 \text{ cbm } CO_2$$

$$10 \times 3000 = 30\,000 \text{ cbm Verbrennungsgase}$$
$$\text{dazu} = 4\,060 \text{ - } CO_2 \text{ aus dem Kalkstein}$$
$$\text{Summa} \quad 34\,060 \text{ cbm Kalkofengase.}$$

Daraus berechnet sich der Gehalt der Kalkofengase zu durchschnittlich $26{,}04\,\%$ CO_2.

Weit stärker als ein größerer Verbrauch an Koks wirkt auf den Gehalt der Kalkofengase an Kohlensäureanhydrid die Vermehrung der Verbrennungsluft ein, wie aus folgendem Beispiel zu ersehen ist.

VII. Beispiel.

Zur Herstellung von 10 000 kg gebranntem Kalk sollen erforderlich sein:

$$17\,540 \text{ kg Kalksteine,}$$
$$3\,000 \text{ - Koks,}$$
$$12 \text{ cbm Luft auf 1 kg Koks.}$$

$$17\,540 \text{ kg Kalksteine, wie oben} = 4060 \text{ cbm } CO_2$$
$$3\,000 \text{ - Koks} \ldots \ldots = 4800 \text{ - -}$$
$$\text{Summa} \quad 8860 \text{ cbm } CO_2$$

$$12 \times 3000 = 36\,000 \text{ cbm Verbrennungsgase}$$
$$\text{dazu} = 4\,060 \text{ - } CO_2 \text{ aus dem Kalkstein}$$
$$\text{Summa} \quad 40\,060 \text{ cbm Kalkofengase.}$$

Daraus berechnet sich der Gehalt der Kalkofengase zu durchschnittlich $22{,}11\,\%$ CO_2.

Diese Beispiele zeigen, wie groß der Einfluß der Kalkofenarbeit auf den Betrieb der Ammoniaksodafabrikation ist. Wenn man annimmt, daß die Kalkofengase aus den Absorptionsapparaten mit einem Gehalt von $5\,\%$ CO_2 entweichen, so würden beim Beispiel VII rund 6 cbm Kalkofengas gebraucht werden, um dieselbe Kohlensäuremenge zu liefern wie 4 cbm im Beispiel III. Der Kalkofenkompressor müßte also im ersteren Falle um die Hälfte größer sein als im zweiten. Ebenso müßten Absorber, Rohrleitungen, Waschapparate etc. entsprechend größer sein. Noch ungünstiger würde sich der Einfluß der geringhaltigeren Gase stellen, wenn dieselben etwa mit $8{-}10\,\%$ CO_2 die Absorber verlassen würden. Das Verhältnis stellt sich dann in dem eben gewählten Beispiel wie $7:4$.

Die Verbesserung der Kalkofenarbeit hat in mehreren Fabriken nicht wenig dazu beigetragen, die Leistungsfähigkeit der Apparate zu erhöhen.

Die Ursachen für die so sehr verschiedenen Resultate bei den obigen Beispielen (von denen die No. III—VII wirklichen Zuständen in der Praxis entsprechen) liegen zum Teil in der verschiedenen Konstruktion der Öfen. Sehr viel Einfluß hat aber auch die Handhabung der Betriebskontrolle. Am schädlichsten wirkt das Eindringen von Nebenluft; hierdurch wird der Wärmeverbrauch vergrößert und der Gehalt der Gase an Kohlensäureanhydrid heruntergesetzt.

Außerdem kann die Leistung des Kalkofens beeinflußt werden durch die Qualität der Materialien. Auch bei sorgfältigster Betriebsführung und bester Ofenkonstruktion verursachen ungeeignete Kalksteine einen Mehrverbrauch an Koks. Schlechte Koks verbrauchen gewöhnlich mehr Verbrennungsluft als gute.

Das Absaugen und Waschen der Kalkofengase.

Die Art des Absaugens der Kalkofengase aus den Öfen ist aus Fig. 4 auf S. 22 ersichtlich und auf S. 23 kurz beschrieben.

Die Weite der Rohrleitung berechnet sich aus der Menge der Gase, welche die Luftpumpe absaugen muß. Man darf hierbei als Geschwindigkeit der Gase in den Rohren höchstens 10 m pro Sekunde rechnen. Die Weite der Leitungen wird gewöhnlich von dem Lieferanten der Luftpumpe angegeben und schon durch die Größe der Anschlußflantschen bedingt. Man muß indes hier berücksichtigen, daß die Kalkofengase in der Rohrleitung vom Ofen bis zum Scrubber infolge ihrer höheren Wärme ein größeres Volumen besitzen als die Luftpumpe wirklich ansaugt. Im Scrubber tritt durch die Abkühlung eine Verdichtung des Volumens ein, sodaß die Luftpumpe nur verdichtete Gase erhält. Man nimmt daher die Leitung vom Ofen bis zum Scrubber um etwa 15—20 % weiter als die dann folgende Leitung bis zur Luftpumpe.

Das Waschen der Kalkofengase im Scrubber mit kaltem Wasser muß stattfinden, einmal, um die Gase zu reinigen, und zweitens, um sie zu kühlen. Im Kompressor wird durch die Verdichtung so wie so ein großes Quantum latenter Wärme frei; da ist es nötig, dem Kompressor die Gase möglichst abgekühlt zuzuführen.

Als Scrubber benutzte man vielfach ganz einfache Gefäße, wie aus Fig. 7 ersichtlich ist. Der Scrubber besteht aus einem schmiedeeisernen zylindrischen Kessel mit halbrunden Böden. S ist ein Siebboden, auf welchem kopfgroße Kalksteinstücke aufgepackt sind, dieselben werden durch die Brause *d* ständig mit Wasser begossen. Durch das Rohr *a* treten die Kalkofengase in den Scrubber ein, das Rohr geht durch den Siebboden, sodaß die Gase unter letzterem austreten müssen. Das durch die Brause eingespritzte Wasser sammelt sich unten am Boden und läuft durch Rohre *l* wieder ab. Da dieser Ablauf 50 mm uber dem Sieb- boden liegt, so wird stets eine ebenso starke Schicht Wasser letzteren bedecken. Die Kalkofengase treten demnach stets unter Wasser aus und müssen, durch den Siebboden fein verteilt, eine Wasserschicht von 100—150 mm Höhe passieren. Hierbei werden sie vollständig gewaschen und eine weitere Wirkung wird noch erzielt beim Durchstreichen der Gase durch die nassen Kalksteine. Ein Waschen durch eine Schicht

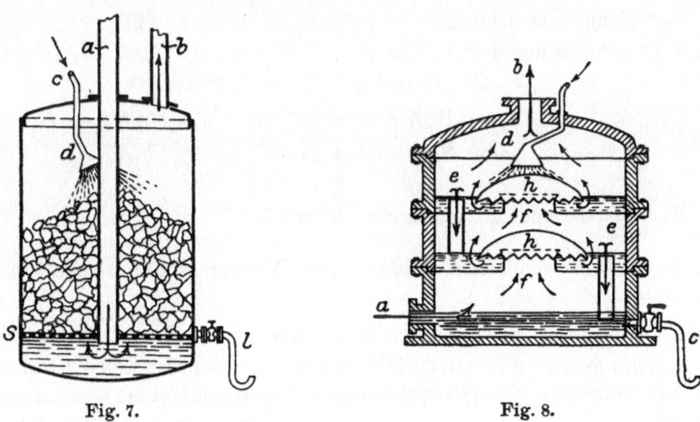

Fig. 7.   Fig. 8.

benetzter Steine allein genügt in den meisten Fallen nicht, die Gase müssen eine Wasserschicht durchstreichen[1]). Beim ungenugenden Waschen gelangen Unreinheiten in die Luftpumpe und verursachen Verstopfungen und Beschädigungen. Durch das Rohr *b* werden die Gase nach der Luftpumpe abgesaugt.

Schon seit längerer Zeit hat man mehr und mehr zum Waschen der Kalkofengase Scrubber eingeführt, welche nach dem Kolonnensystem gebaut sind. Diese Scrubber haben sich vorzüglich bewährt und sind der einfachen Konstruktion, wie No. 7, vorzuziehen. Sie nehmen weniger Raum ein und das Kühlwasser wird in ihnen besser ausgenutzt. Solvay hat derartige Kolonnenscrubber schon früh angewandt; im deutschen Patent vom 27. November 1877 ist ein solcher Scrubber abgebildet.

Einen anderen Kolonnenscrubber zeigt Fig. 8, derselbe besteht aus drei Ringen und einem Deckel. *a* ist das Eintritts- und *b* das Austritts-

---

[1]) Das gibt auch Lunge a. a. O. S. 43 an. Ich kann diese Erfahrung aus der Praxis bestätigen.

rohr für die Kalkofengase. Das bei *a* eintretende Gas kommt hier schon gleich mit dem Wasser in Berührung, es steigt durch das zentrale Rohr *f* nach oben und wird durch die, dieses Rohr bedeckende Haube *h* gezwungen, durch das Wasser zu streichen, wobei es durch die Schlitze der Haube fein verteilt wird. Das durch die Brause *d* eingespritzte Wasser passiert von oben nach unten vermittelst der Überlaufrohre *e*.

Der Kolonnenscrubber eines Kalkofens, welcher für die Produktion einer Ammoniaksodafabrik von 10000 kg Soda pro 24 Stunden bestimmt ist und in welchem rund 10 cbm Kalkofengase pro Minute gewaschen werden sollen, muß folgende Dimensionen haben:

Durchmesser der Kolonne im Lichten . . .	= 1250 mm
Höhe der Ringe im Lichten	= 300 -
Lichter Durchmesser der Rohre *f*	= 250 -
- - - Haube *h*	= 500 -
- - - Rohre *e*	= 65 -
- - des Stutzens *a* . . .	= 175 -
- - - - *b* . . .	= 150 -
Höhe der Wasserschicht in jedem Ringe . .	= 75 -

Die Gase sollen in jedem Ringe eine Wasserschicht von 30 mm passieren.

Das Zuleitungsrohr für die Kalkofengase zum Scrubber ist mit 175 mm Dtr. anzunehmen; das entspricht einem Querschnitt von 240 qcm. Bewegt sich nun das Gas im Rohre mit einer Geschwindigkeit von einem Meter pro Sekunde, so passieren 24 Liter pro Sekunde = 1440 Liter pro Minute. Um 10 cbm pro Minute zu befördern, muß demnach die Geschwindigkeit rund 7 Sekundenmeter betragen.

Im Scrubber kühlen sich die 10 cbm Kalkofengase so weit ab, daß ihr Volumen auf 8—9 cbm zurückgeht. Die Leitung kann hier also enger sein, wie schon oben erwähnt wurde. Bei dem angenommenen lichten Durchmesser von 150 mm ist der Querschnitt = 176 qcm. Bei einer Geschwindigkeit von 1 m pro Sekunde würden 1056 Liter passieren. Wenn 8000 Liter passieren sollen, muß demnach die Geschwindigkeit rund 7,5 m pro Sekunde betragen.

Berechnung der nötigen Größe der Öfen.

Um festzustellen, wie groß ein Kalkofen für eine Anlage von 10000 kg Soda pro 24 Stunden sein muß, geben folgende Rechnungen einen Anhalt. Für 10000 kg Soda werden 4150 kg CO_2 verlangt, dieselbe Menge ist ferner nötig, um das entsprechende Quantum Natriumbikarbonat zu bilden, also sind insgesamt 8300 kg CO_2 erforderlich. Die eine Hälfte wird stets durch die Zersetzung des Bikarbonats geliefert, es muß also nur die eine Hälfte neu in den Betrieb eintreten. Dazu kommt jedoch der unvermeidliche Verlust, derselbe ist nicht allenthalben überein, soll jedoch ca. 12 % der Gesamtkohlensäure nicht übersteigen, das sind rund 1000 kg CO_2. Es sind also im ganzen vom Kalkofen zu liefern 5150 kg CO_2. Bei 15 ⁰ und 760 mm Druck wiegt 1 cbm 1,833 kg, obige 5150 kg entsprechen demnach 2800 cbm CO_2, welche, wenn die Kalkofenluft 30 Vol.-Proz. davon enthalt, rund 9300 cbm Kalkofengas ergeben. Um dieses Quantum zu liefern, müssen rund 7000 kg Kalkstein[1]) mit Hilfe von rund 750 kg Koks gebrannt werden. Man erhält dann folgende Mengen an Kalk und Kalkofengas:

$$7000 \text{ kg Kalksteine mit } 96\tfrac{1}{2}\% \text{ nutzbarem Ca } CO_3 = 2970 \text{ kg } CO_2$$
$$750 \text{ - Koks} \qquad - 80 \text{ - } \qquad - \quad C \quad\quad = 2200 \text{ - -}$$
$$\overline{\qquad\qquad\qquad\qquad\qquad\qquad\qquad\qquad 5170 \text{ kg } CO_2}$$

entsprechend = rund *2800* cbm CO_2.

An Verbrennungsluft sind zu rechnen 10 cbm auf
1 kg Koks, in Summa also 10×750 . . . . . = 7500 cbm
Dazu kommen die obigen 2970 kg CO_2 aus dem Kalkstein . . . . = 1620 -
$$\overline{\qquad\qquad \text{Summa} \quad 9120 \text{ cbm.}}$$

Es entstehen also im vorliegenden Falle 9120 cbm Kalkofengase, welche rund 30,5 % CO_2 enthalten.

Das ist also dasjenige Quantum Kalkofengase, welches theoretisch ausreichen könnte, um die Kohlensäure für 10000 kg Soda zu liefern.

In Wirklichkeit genügt dasselbe jedoch nicht, denn es ist praktisch nicht durchführbar, alles Gas abzusaugen, welches der Ofen liefert. Wäre man darauf angewiesen, die sämtliche Kohlensaure, welche sich im Kalkofen entwickelt, absaugen zu müssen, so könnte man nicht anders verfahren, als daß man die Pumpe mehr Gase saugen ließe, als der Ofen in gutem Betriebe liefert. Dann würde man also eine mehr oder weniger große Menge falsche Luft mit einsaugen, wodurch der Kalkofenbetrieb verschlechtert und das Gas verdünnt wird. Wenn man die Menge der Kalksteine allein nach dem nötigen Kohlensäurequantum bemessen will, so muß man schon, um das Absaugen hochprozentiger Gase regelmäßig und leicht durchführen zu können, einen großen Überschuß an Kalkstein brennen, also etwa 10000 kg.

---

[1]) Kalksteine von der Zusammensetzung wie in den Beispielen S. 34 ff.

Dieses Quantum würde dann aber noch nicht genügen, um den auf 10 000 kg Soda entstehenden Salmiak zu zersetzen. Hierzu sind 5600 kg reiner Ätzkalk CaO theoretisch erforderlich, also etwa 5900 kg gewöhnlicher Rohkalk mit 95,0 % CaO. Um diese Mengen zu erhalten, müssen ca. 11000 kg Kalkstein gebrannt werden. Nun kommt aber ferner in Betracht, daß mehr Salmiak bezw. Ammoniumsulfat zersetzt werden muß, als 10000 kg Soda entspricht, da außer dem Salmiak, welcher durch die Natriumbikarbonatlösung entsteht, auch aus den Unreinheiten der angewendeten Sole oder des Steinsalzes sich Ammonchlorid und Sulfat bilden[1]). Es ist ferner zu beachten, daß ein Teil des Ätzkalkes verloren geht durch Karbonatbildung in der Destillation und daß man der Sicherheit des Betriebes wegen beim Destillieren der Salmiaklaugen einen größeren Überschuß von Ätzkalk zusetzt. Das geschieht besonders bei der Destillation in Kolonnen. Man will lieber Kalk verlieren als das viel teurere Ammoniak.

In der Tat brennen die Ammoniaksodafabriken 150—200 Teile Kalksteine, entsprechend rund 80—110 kg Kalk auf 100 Teile Soda. Nach L u n g e, Handbuch der Sodaindustrie, S. 37, soll man heute 120 bis 130 Teile Kalkstein als ausnahmsweise gute Arbeit, 150—170 Teile als das Gewöhnliche ansehen dürfen. Auf S. 125 eben daselbst wird angegeben, daß 1894 bei einer gut arbeitenden Fabrik 110 kg Kalkstein (98 %) auf 100 kg Soda gerechnet werden konnten. Diese Zahl erscheint mir sehr gering, wenn man auch die Möglichkeit zugeben muß. Jedenfalls ist ein solch geringer Verbrauch nur bei ganz scharfer Kontrolle möglich und kann nur als eine ganz besondere Ausnahme betrachtet werden. Auch die Zahl 120—130 kg erscheint mir sehr niedrig. Eine Fabrik, die 160 kg Steine brennt und den daraus erhaltenen Kalk in der Destillation verbraucht[2]), kann als eine gut arbeitende gelten. Früher war der Verbrauch weit höher.

Übrigens macht es für kleinere Fabriken nicht viel aus, wenn sie einen Überschuß an gebranntem Kalk erhalten. Kalk läßt sich in den meisten Gegenden, sei es für Bauzwecke oder als Düngekalk, leicht verkaufen. Diejenigen Ammoniaksodafabriken, welche kaustische Soda herstellen, müssen natürlich so wie so für die Kaustisierung eine größere Menge Kalk brennen, als sie für die eigentliche Sodafabrikation nötig haben.

Bei der Annahme, daß auf 10000 kg Soda 16000 kg Kalksteine = 9100 kg Rohkalk gebrannt werden sollen, ist ein Ofen erforderlich (nach Fig. 4) von etwa folgenden Dimensionen:

---

[1]) Siehe hierüber Kapitel 2.

[2]) Hier kommt in Betracht, ob durch die Unreinheiten des Salzes Ammonsalze in größerer Menge gebildet sind.

Höhe des unteren Konus . . . . = 2500 mm
- - oberen - . . . . = 5500 -
Lichter Durchm. des Ofens an der Rast . . . . = 1800 -
- - - - - - Gicht . . . . = 2000 -
- - - - - - weitesten Stelle . = 2600 -

Dann hat der obere Konus einen Inhalt von rund 24 cbm und der untere einen solchen von rund 8 cbm, zusammen 32 cbm. Auf den Kubikmeter Ofenraum kann man bei derartigen Öfen rund die Produktion von 300 kg gebranntem Kalk pro 24 Stunden rechnen. Es ergeben sich demnach rund 9600 kg Kalk.

Kalkulation des Betriebes.

Eine Kalkulation des Kalkofenbetriebes ergibt folgende Zahlen. Oben waren für 100 kg Kalk 175 kg Kalkstein berechnet; für praktische Verhältnisse rechnet man besser 190 kg, da der Kalkstein nicht immer 98 % Kalziumkarbonat enthält und durch Entstehung von Grus, Feuchtigkeit der Steine etc. immer Verluste auftreten.

Zur Herstellung von 10000 kg Kalk sind dann erforderlich:

19000 kg Kalkstein à 20 Pf. per 100 kg = 38,00 M.
1800 - Koks à 1,50 M. - 100 - = 27,00 -
Arbeit 4 Mann à 3,00 M. . . . . . = 12,00 -
Reparaturen Amortisation etc. . . . . = 4,00 -

Summa: 81,00 M.

Also kosten 100 kg Kalk 81 Pf.

An manchen Stellen, beim Besitz eigener Steinbrüche, ist der Kalkstein noch billiger, etwa 10 Pf. pro 100 kg, es würden sich dann die 100 kg Kalk auf ca. 56 Pf. stellen. Anderseits müssen Fabriken auch 40—50 Pf. pro 100 kg Kalkstein geben, sodaß ihnen der Kalk 1 M. bis 1,30 Mk. pro 100 kg kostet. Es ergibt sich daraus, wie wichtig es ist, billigen Kalkstein zu haben, für 100 kg Soda entstehen dadurch Differenzen von 30—75 Pf., eine solche Differenz wiegt unter den heutigen Verhältnissen sehr schwer.

Besondere Arten des Kalkbrennens.

Wie die oben mitgeteilten Rechnungen deutlich zeigen, wird man auf dem gewöhnlichen Wege des Kalkbrennens nie einen höheren Durchschnittsgehalt als 35 % Kohlensäureanhydrid in den Kalkofengasen erhalten können. Wenn man höherprozentige Gase haben will, so muß man schon andere Wege einschlagen.

Es kann keinem Zweifel unterliegen, daß es an sich möglich ist, beim Kalkbrennen ganz hochprozentige Gase zu erhalten, nämlich dann, wenn man den Stein durch indirekte Hitze brennt. In diesem Falle geschieht die Übertragung der Wärme aus den Feuerungsgasen nicht direkt durch ihre Berührung mit dem Stein, sondern man erhitzt eine Zwischenwand, welche die Wärme auf den Stein überträgt. Letzterer darf hierbei allerdings nicht in dicken Schichten liegen, da sonst die Übertragung der Wärme sehr schwierig ist. Es sind auf die Erzeugung von reiner Kohlensäure durch indirektes Brennen von Kalk verschiedentlich Patente genommen, so von Knop[1]) und von Schütz[2]). Dieselben wollen pulverigen Kalkstein brennen, die Kohlensäure soll in diesen Fällen allerdings nicht zur Ammoniaksodafabrikation, sondern zur Herstellung von flüssiger Kohlensäure dienen. Ob zu diesem Zwecke nach den erwähnten Verfahren bereits Kohlensäure praktisch hergestellt wurde, ist mir nicht bekannt geworden. Jedenfalls ist der Brennprozeß auf diesem Wege sehr schwierig auszuführen, da sehr hohe Hitzegrade übertragen werden müssen. Für die Zwecke der Ammoniaksodafabrikation ist ein derartiges Verfahren heute jedenfalls noch viel zu teuer. Es ist aber nicht ausgeschlossen, daß es gelingen wird, das Verfahren zu vervollkommnen. Das Brennen auf diese Art darf ja mehr kosten, als das gewöhnliche Verfahren, denn durch die Gewinnung von reiner Kohlensäure würde man erheblich bei dem Karbonisierprozesse an Kohlen sparen, man würde nur ein Drittel des jetzigen Kraftverbrauchs nötig haben.

Solvay hat früher vorgeschlagen, durch Einleiten von stark überhitztem Wasserdampf in den Kalkofen höherprozentige Gase als gewöhnlich zu erhalten. Es ist denkbar, dies Verfahren auszuführen und auch den gewünschten Effekt zu erzielen. Der Wasserdampf müßte in diesem Falle so stark überhitzt sein, daß er genügend Wärme an den Kalkstein abgeben kann, um die Dissoziation desselben zu bewirken, und er muß dann noch so viel Wärme behalten, wie die Temperatur des glühenden Kalksteins beträgt, also etwa 900—1000°. Dieser noch immer überhitzte Wasserdampf würde dann beim Entweichen seine überschüssige Wärme an die oberen Schichten der Kalksteine abgeben und sich schließlich kondensieren. Diese Kondensation darf aber nicht im Ofen eintreten, da sich sonst in demselben Wasser ansammeln würde, welches wieder verdampft werden müßte. Der Dampf darf sich erst in

---

[1]) D.R.P. No. 79407 vom 4. Februar 1894.
[2]) D.R.P. No. 79311 vom 28. März 1893.

den Rohrleitungen bezw. in dem Scrubber verdichten, es geht somit die ganze latente Wärme des Dampfes verloren. Da diese sehr bedeutend ist, so erscheint es als wenig vorteilhaft, Wasserdampf als Träger der zur Zersetzung des Kalksteines nötigen Wärme zu benutzen. Außerdem darf nicht außer acht gelassen werden, daß die Überhitzung des Wasserdampfes auf die nötige hohe Temperatur (1000—1200 °) eine schwierige und teuere Operation ist. Es scheint auch nicht, daß Solvay seinen Vorschlag je praktisch ausgeführt hat. Auch Lunge a. a. O. ist der Ansicht, daß das nicht geschehen ist.

Man würde das Ziel, beim Kalkbrennen reine Kohlensäure zu erhalten, sehr leicht erreichen können, wenn man zur Verbrennung statt Luft reinen Sauerstoff anwendete. Der letztere ist indes heute noch viel zu teuer, als daß man ernsthaft in Erwägung ziehen kann, ihn hier technisch zu verwenden.

Gewinnung reiner Kohlensäure.

Auch andere Darstellungen von reiner Kohlensäure sind heute noch viel zu teuer, als daß man an ihre technische Verwendung denken könnte. Das Verfahren, welches hier am meisten Aussicht hätte, ist dasjenige, welches gewöhnlich nach Ozouf benannt wird. Dasselbe besteht darin, daß man die Kohlensäure aus geringprozentigen Gasen, also z. B. aus Feuerluft in eine ziemlich konzentrierte Sodalösung leitet. Es entsteht dann eine Flüssigkeit, welche mit Natriumbikarbonat gesättigt ist und außerdem einen dicken Niederschlag dieses Salzes suspendiert enthält. Erhitzt man diese Flüssigkeit bis zum Sieden, so wird die Soda regeneriert, indem aus zwei Molekülen Bikarbonat ein Molekül Kohlensäureanhydrid entweicht. Die Sodalösung wird abgekühlt und zur weiteren Absorption von Kohlensäure benutzt. Nach erfolgter Bikarbonatbildung wird sie dann wieder erhitzt. Wie man sieht, läßt sich auf diese Weise das Verfahren ganz kontinuierlich gestalten. Die Sodalösung passiert nacheinander zuerst einen Kohlensäureabsorptionsapparat, dann einen Erhitzer, hierauf einen Kühlapparat und gelangt dann wieder in den Kohlensäureabsorber. Bei diesem Verfahren wird ein kontinuierlicher Strom von reiner Kohlensäure erhalten. Insofern ist das Verfahren also ganz brauchbar; jedoch die Wärmeverluste dabei sind sehr groß. Dieselben entstehen namentlich dadurch, daß fast die ganze Wärme, welche die bei der Bikarbonatbildung sich verdichtende Kohlensäure abgibt, verloren geht. Diese Wärme muß ja durch Kühlung zum großen Teil weggenommen und nachher beim Freiwerden der Kohlensäure wieder ersetzt werden, um die Kohlensäure wieder zu vergasen. Ebenso geht die Flüssigkeitswärme verloren. Ich hatte selbst Gelegenheit, das Ozoufsche Verfahren in der Praxis zu erproben, dasselbe stellte sich aber viel zu teuer.

Man hat versucht, das Ozoufsche Verfahren in der Weise billiger zu gestalten, daß man die Zersetzung des Bikarbonats durch Erhitzung in einem geschlossenen Kessel vornimmt, um die Spannung der entwickelten Dämpfe zuerst als Triebkraft für einen Motor zu verwenden, ehe die Kohlensäure dem anderen Zwecke zugeführt wird[1]). Vielleicht gelingt es später einmal, auf diesem Wege das Verfahren praktisch brauchbar zu machen. Im vorliegenden Falle würde man die Spannung der Kohlensäure benutzen können, um letztere direkt, ohne Luftpumpe, in die Absorptionsapparate zu treiben. Man würde also hier die Luftpumpe sparen, indes darf nicht vergessen werden, daß man vorher schon eine Luftpumpe gebraucht hat, um vermittelst der dünnen kohlensäurehaltigen Gase das Bikarbonat zu bilden. Allerdings war bei letzterem Verfahren weniger Druck zu überwinden, als in den Fällapparaten vorhanden ist. In dem von mir schon erwähnten Falle, wo ich in der Praxis mit dem Verfahren zu tun hatte, sollten die beim Kochen entwickelten Kohlensäuredämpfe direkt in die ammoniakalische Sole gepreßt werden. Dies Verfahren hat sich damals durchaus nicht bewährt, indes kann die Schuld größtenteils an den unvollkommenen Apparaten gelegen haben. Jedenfalls würde es aber noch mancher Versuche bedürfen, um das Verfahren praktisch auszubauen.

Vielleicht findet natürliche reine Kohlensäure noch einmal Anwendung zur Ammoniaksodafabrikation, freie Kohlensäure von großer Reinheit kommt in der Natur stellenweise in Mengen vor, so z. B. in Deutschland bei Burgbrohl, Hönningen, Pyrmont. Sehr ergiebige Kohlensäurequellen finden sich bei Driburg (Westfalen), dieselben liefern rund 40000 cbm Kohlensäure per 24 Stunden. Ferner wurde nach einer Mitteilung Schnabels[2]) beim Niederstoßen eines Bohrloches bei Sondra (Sachsen-Koburg) eine Kohlensäurequelle erschlossen, welche ein Gas mit dem Gehalt von 99 % Kohlensaureanhydrid liefert. Die Spannung im Bohrloch betrug nach der Abdichtung 17 Atm. und es ergab sich die Möglichkeit, im Mittel stündlich 1000 cbm des Gases unter Druck von 10 Atm. zu entnehmen. Druck und Menge schwanken etwas. Das Gas wird benutzt zur Herstellung flüssiger Kohlensäure und zum Betriebe von Kompressoren und elektrischen Maschinen. Mit dem genannten Quantum Kohlensäure würde man ca. 100 tons Ammoniaksoda per Tag fabrizieren können, zugleich hätte man die ganze Triebkraft umsonst. Allerdings würde man Kalk dennoch brennen oder

---

[1]) Windhausen, D.R.P. No. 77137 vom 27. Januar 1894.

[2]) Chem.-Ztg., Repert. 1899, 47; nach Berg- und Hüttenm. Ztg. 1898, 57, 14.

denselben zukaufen müssen, und an den Kohlen könnte man nicht allzuviel sparen. Der Vorteil würde besonders in geringeren Anlagekosten liegen. Die teueren Kompressoren könnten wegfallen und die Anlage zur Fällung des Bikarbonates könnte bedeutend kleiner sein als bei der gewöhnlichen Arbeit, da reine Kohlensäure doch schneller wirkt als die verdünnten Gase des Kalkofens.

Theoretisches über Kalkbrennen.

Wie hoch die Temperatur im Innern des Kalkofens an den verschiedenen Stellen ist, darüber liegen genauere Beobachtungen nicht vor. In der Praxis weiß man, daß die Erhitzung bis zur Weißglut geführt werden muß.

Die Anfangstemperatur beim Verbrennen von Steinkohlen oder Koks kann man bei gut geleiteter Verbrennung, also beim Zutritt von Luft in geringem Überschusse, auf etwa 2000—2500° annehmen. Mit dieser Temperatur treten also die Gase aus der Feuerung in den Ofen oder entwickeln sich bei den Öfen mit kurzer Flamme zwischen den Steinen. Nun wird ein großer Teil der Wärme sogleich fortgenommen durch die sich abspaltende und entweichende Kohlensäure, sodaß der zu brennende Stein nie annähernd die Temperatur der Gase erhalten kann. Der fertige Kalk könnte allerdings die Temperatur von 2000° und darüber erhalten, nämlich dann, wenn längere Zeit kein Kalk gezogen wird. Diese hohe Erhitzung muß vermieden werden, denn sie kann schädlich wirken. Nach Versuchen von Herzfeld[1] schmilzt reiner gebrannter Kalk bei 1600—1650° zu einer glasigen Masse. Diese Erscheinung kann sich im Kalkofen so äußern, daß die großen Stücke nur an der Oberfläche schmelzen, sodaß der Kalk förmlich glasiert erscheint. Bei den Versuchen Herzfelds zeigte sich, daß die geschmolzenen Stücke reinen Ätzkalkes von porzellanartigem Ansehen sich erst nach 8 tägigem Liegen im kalten Wasser löschten. Auch von Salzsäure wurden solche Stücke nur langsam angegriffen. Es bestätigt sich somit die Vermutung, daß der geschmolzene Kalk, weil er der Poren entbehrt, durch welche das Wasser in das Innere eindringen kann, sich nur sehr schwer löscht. Es erscheint darnach möglich, daß man auch aus reinem Kalkstein ohne Kieselsäuregehalt tot gebrannten Kalk erhalten kann. Indes sind bei Herzfelds Versuchen die kleinen Stücke 8 Stunden lang auf der hohen Temperatur erhalten, das kann in der Praxis nicht vorkommen, besonders nicht bei kontinuierlich arbeitenden Öfen. Jedenfalls sollte man aber die Temperatur nicht zu

[1] Zeitschrift f. Zuckerind. 1897. — Zeitschrift f. angew. Chemie 1898, 91.

hoch kommen lassen, denn jene Erscheinung (das langsame Ablöschen) kann möglicherweise schon eintreten, wenn die Steine nur eben mit einer Glasur überzogen sind.

Die Dissoziationsspannung des Kalziumkarbonates ist nach Chatelier[1]):

Temperatur	Druck:
610°	46 mm
740	255
810	678
812	763
865	1333

Da bei 812° die Dissoziationsspannung dem Atmosphärendruck gleich ist, so müßte bei dieser Temperatur die Zersetzung stattfinden. Ferd. Fischer bemerkt indes a. a. O. dazu, daß beim raschen Erhitzen des Kalkes eine Temperatur von 900° erforderlich ist, um das Kohlensäureanhydrid völlig auszutreiben. Nach Herzfeld, a. a. O., ist die Brenntemperatur des kohlensauren Kalkes 900—950°. Diese Angabe stimmt mit derjenigen von Ferd. Fischer also gut überein.

Herzfeld gibt ferner noch an, daß nach seinen Versuchen Marmor im Kohlensäurestrom bei 900° nicht zersetzt, bei 1000° aber völlig gar gebrannt wurde.

Nach Elsasser betragen die Temperaturen beim Kalkbrennen im Kalkofen 1200—1300°, dieselben wurden durch Anwendung von Metalllegierungen bestimmt. Die Angaben von Ferd. Fischer und Herzfeld beziehen sich auf die Temperatur, bei welcher Kalziumkarbonat völlig zersetzt werden kann. Dieselben stehen daher mit den Messungen von Elsasser nicht im Widerspruch, denn im Kalkofen können ja die Temperaturen höher sein als durchaus erforderlich ist. Berücksichtigen muß man stets, daß in verschiedenen Kalköfen auch die Temperatur verschieden sein wird, ja, daß in ein und demselben Ofen bei verschieden gehandhabtem Betriebe und auch bei verschiedenem Material stets andere Temperaturen herrschen können.

Bei zu niedriger Temperatur im Kalkofen wird der Kalk nicht gar gebrannt, es bleiben im Innern der Stücke unzersetzte Kerne des ursprünglichen Steines. Es ist auch die Ansicht ausgesprochen, daß durch zu niedrige Temperatur ebenfalls ein Totbrennen eintreten könne. Es soll dann basisch kohlensaurer Kalk entstehen, welcher sich schlecht löscht. Herzfelds Versuche (a. a. O.) bestätigen diese Ansicht nicht.

---

[1]) Ferd. Fischer, Taschenbuch für Feuerungstechniker, S. 88.

Herzfeld meint, daß nur bei sehr schlechten Kalksteinen infolge ungenügenden Brennens hydraulische Produkte gebildet werden können. Diese würden dann allerdings bei mangelndem Rühren im Löschgefäß zu hydraulischen Zementen erstarren können.

Jedenfalls ist die Erscheinung des Totbrennens noch nicht ganz aufgeklärt, indes wird dieselbe meistens auf den Gehalt an Kieselsäure zurückzuführen sein.

Zweites Kapitel

Herstellung der ammoniakalischen Salzlösung.

Das zur Fabrikation nötige Natriumchlorid kann in die Ammoniaksodafabrik eintreten in gelöster Form als Sole oder als festes Salz. Aus letzterem stellt man dann im Betriebe eine künstliche Sole her. Bei dem gewöhnlichen Verfahren kann man stets mit einer konzentrierten Sole allein auskommen; nur bei einigen besonderen Modifikationen des Verfahrens ist festes Salz durchaus nötig. Diese kommen vorläufig nicht in Betracht, Näheres darüber ist im dritten Kapitel enthalten. In vielen Fällen in der Praxis wird neben konzentrierter Sole noch Salz in festem Zustande gebraucht.

Bei der Herstellung der ammoniakalischen Salzlösung kann man ganz verschieden verfahren. Die Art des Verfahrens wird bedingt dadurch, ob konzentrierte Sole, verdünnte Sole oder nur festes Salz am Orte der Fabrikation vorliegt. Außerdem kommen noch andere Umstände, z. B. Beschaffenheit des Salzes, in Betracht.

1. Es wird nur konzentrierte Sole verarbeitet und kein festes Salz verbraucht. Das geschieht da, wo natürliche konzentrierte Sole billig vorhanden ist. Man muß den Betrieb dann so einrichten, daß die Ammoniakdämpfe genügend getrocknet werden, ehe sie in die Sole eintreten, damit letztere konzentriert bleibt.

2. Konzentrierte natürliche Sole wird verarbeitet und nach der Sättigung mit Ammoniak noch durch Zugabe von festem Salz verstärkt. Das muß geschehen, wenn die Sole bei der Sättigung mit Ammoniak verdünnt wurde. Da festes Salz überall teurer ist als das Salz in der natürlichen Sole, sollte dies Verfahren prinzipiell nirgends vorkommen. Ausnahmsweise mag es aber gerechtfertigt sein.

3. Es wird konzentrierte Sole künstlich hergestellt und dann verfahren wie in 1. oder 2. In diesem Falle würde 2. meistens vorzuziehen sein.

4. Es wird natürliche dünne Sole durch Salzzusatz konzentriert und dann verfahren wie in 1. oder 2.

5. Natürliche verdünnte Sole wird zuerst mit Ammoniak und dann mit Salz gesättigt.

6. Wasser wird zuerst mit Ammoniak und dann mit Salz gesättigt.

In den natürlichen Solen ist das Salz stets am billigsten zu erhalten, da die Förderung desselben in Gestalt von Sole aus Quellen, Bohrlöchern oder Solschächten die geringsten Betriebskosten verursacht. Das Vorkommen von Solen ist, daher mehrfach der ausschlaggebende Punkt für die Wahl des Ortes einer Ammoniaksodafabrik gewesen, und eine solche Wahl ist auch richtig. Eine Einschränkung dieses Satzes tritt allerdings insofern ein, als derselbe nur für konzentrierte Sole volle Gültigkeit hat. Dünne Solen von 6—10 % haben natürlich weniger Wert. Dieselben müssen entweder durch Gradieren oder durch Auflösung von festem Salz konzentriert werden. Ob unter solchen Umständen der Platz des Solevorkommens bestimmend für die Auswahl sein kann, hängt dann von verschiedenen anderen Umständen ab. Billiges Salz ist für die rentable Ausführung der Ammoniaksodafabrikation sehr wichtig. Das Salz spielt hier eine weit größere Rolle als beim Leblancverfahren, da man beim Ammoniaksodaverfahren ca. 200 Teile Salz auf 100 Teile Soda verbraucht gegen nur ca. 120 Teile beim Leblancprozeß. Würde der möglichst billige Preis des Salzes allein maßgebend sein, so müßte das Vorkommen von konzentrierter Sole allein den Ausschlag für die Wahl des Platzes geben. Indessen werden außer Salz so große Mengen anderer Materialien gebraucht, daß auch diese für die auszuwählende Örtlichkeit, mitbestimmend sind. Wir finden daher mehrere Ammoniaksodafabriken an Orten, wo weder Salz noch Sole vorhanden ist, wohingegen sich daselbst andere Vorteile, wie z. B. billige Kohlen oder Kalksteine, bieten. Es sind das jedoch nur Ausnahmen, im Prinzip muß eine Ammoniaksodafabrik konzentrierte Sole oder festes Salz zu billigem Preise am Platze zur Verfügung haben und lieber ein anderes Rohmaterial transportieren.

Eine gut arbeitende Fabrik gebraucht an Roh- bezw. Hilfsmaterialien:

180—200 kg Salz auf	100 kg Soda
150—170 - Kalkstein auf	100 - -
90—110 - Kohle u. Koks auf	100 - -

Da die Frachtsätze für diese Materialien die gleichen sind, so ergibt sich, daß die Frachtkosten für Salz beim Bezuge von weiter her die Soda am meisten verteuern würden; dann kommt Kalkstein; Kohle kann die Fracht am leichtesten ertragen.

4*

Festes Salz wird, wenn es gekauft werden muß, mindestens 25 bis 40 Pf. pro 100 kg am Gewinnungsorte kosten. So wird z. B. das Steinsalz ab Staßfurt nicht unter diesem Preise verkauft. Siedesalz ist jedenfalls viel teurer und kann daher nicht in Betracht kommen; es sei denn der Ausnahmefall, daß es sich um Abfallsalz handelt, welches als Nebenprodukt gewonnen wird. Solches Abfallsalz entsteht bei verschiedenen Fabrikationen, z. B. in der Kaliindustrie, in Salpeterfabriken etc. Nach mir vorliegenden Kalkulationen von Salinen, welche konzentrierte Sole aus Steinsalz verarbeiten, stellen sich 100 kg Siedesalz auf 1,30 M. bis 1,80 M.[1]) bei einem Kohlenpreise, der *1,30* M. pro 100 kg guter Kesselkohle entspricht. In der natürlichen Sole stellt sich unter Umständen das Salz nur auf ca. 2 Pf. per 100 kg, nämlich dann, wenn ein Bohrloch schon für die Zwecke einer Saline vorhanden ist und ohne weitere Anlagen stärker ausgenutzt werden kann. Die alten Solquellen in Deutschland und auch in vielen anderen Ländern sind meistens nicht ganz konzentriert. In Deutschland haben nur zwei oder drei der alten Salinen eine ganz konzentrierte Sole, meistens ist der Gehalt nur 15 bis 20 %, vielfach nur 6—12 %. Mit Leichtigkeit lassen sich jedoch ganz konzentrierte Solen aus Steinsalzlagern erhalten, welche in den letzten Jahrzehnten in Deutschland in so großer Ausdehnung erschlossen sind. Die meisten großen Ammoniaksodafabriken in Deutschland, Österreich, Frankreich und England verarbeiten eine konzentrierte Sole aus Bohrlöchern oder Schächten, die im Steinsalz stehen, in Deutschland z. B. die Fabriken in Bernburg, Heilbronn, Staßfurt und Montwy; in Österreich die Fabrik Ebensee; in Frankreich Varangéville und in England Northwich und Middlewich.

Wenn eine Fabrik ein derartiges Bohrloch im Selbstbesitz hat, so kann ihr bei größerer Produktion das Salz kaum mehr als 5 Pf. per 100 kg in der Sole kosten, unter besonderen Umständen mag der Preis bis 10 Pf. per 100 kg betragen, nämlich dann, wenn eine teure Anlage zu verzinsen ist oder das Bohrloch sich nicht nahe bei der Fabrik befindet, sodaß die Sole durch eine längere Rohrleitung befördert werden muß.

In Deutschland haben meines Wissens nur die Solvay-Werke eigene Sole- bezw. Salzgewinnung, die übrigen Ammoniaksodafabriken kaufen Sole oder Salz. Den Solvay-Werken in Bernburg dürfte das Salz nicht höher als 5—10 Pf. per 100 kg kommen. Die Fabriken, welche Sole von einer benachbarten Saline bezw. einem Steinsalzschacht beziehen,

---

[1]) Nach Kerl, „Grundriß der Salinenkunde", betragen die Selbstkosten auf preußischen Salinen sogar 90—140 Pf. per 50 kg Salz exkl. Verwaltungskosten.

zahlen 20—40 Pf. per 100 kg[1]). In Österreich sind die Verhältnisse ganz ähnlich.

Wie Hasenclever in der Chem. Industrie mitteilte, soll in England und Frankreich das Salz in der Sole nicht mehr als 1 M. per ton kosten, das sind 10 Pf. per 100 kg. Lunge, Handbuch der Sodaindustrie Bd. III, S. 21, gibt für Varangéville den Wert von 16 Pf. per 100 kg Salz in Sole an, für Cheshire 5 Pf. per 100 kg; beides einschließlich des Gewinns des Salzwerksbesitzers und der Pumpkosten.

Wenn man auf 100 kg Soda einen Verbrauch von 200 kg Salz rechnet, so entsteht dadurch für die im Besitz des billigsten Salzes befindlichen Fabriken eine Ausgabe von ca. 10 Pf. per 100 kg Soda. Für die demnächst folgenden Werke beträgt dieser Satz 20—40 Pf. und Fabriken, welche festes Steinsalz verarbeiten, müssen, wenn sie nicht im Besitze eines eigenen Schachtes sind, 60—80 Pf. per 100 kg Soda rechnen. Wenn die Fabriken Steinsalz weither beziehen, wie z. B. in Deutschland Fabriken am Rhein, so kostet ihnen das Salz 1—1,40 M. per 100 kg, das macht für 100 kg Soda 2—2,80 M.

Solquellen sind bekanntlich fast in allen Ländern verbreitet. Diese natürlichen Solen sind fast durchweg unreiner als die Solen, welche man aus Bohrlöchern gewinnt, die im Steinsalz stehen; das heißt also unreiner im chemischen Sinne, wenn unter reiner Sole eine Lösung von Natriumchlorid verstanden wird. Für manche Zwecke, z. B. fur Heilzwecke (Solbäder und Trinkbrunnen), sind bekanntlich diejenigen Bestandteile, welche die natürlichen Solen außer Kochsalz enthalten, die wertvollsten. Für Salinen, die Kochsalz gewinnen wollen, ist jedoch nur das Natriumchlorid erwünscht, und ebenso verhält es sich mit den Sodafabriken. Wenn Solquellen eingedampft werden, so scheiden sich einige fremde Bestandteile vorher ab, ehe Kochsalz ausfällt, z. B. Eisen, Kalziumkarbonat und teilweise Kalziumsulfat, andere bleiben in den Mutterlaugen, wie Kalzium- und Magnesiumchlorid. Das gewonnene Kochsalz ist ziemlich rein, es hat trocken einen Gehalt von 97—98 % Natriumchlorid und könnte also auch für Sodafabrikation gut verwendet werden. Siedesalz wird auch für die Leblancsodafabrikation viel verbraucht, für Ammoniaksodafabrikation würde es sich indes, wie oben schon erwähnt wurde, meistens viel zu teuer stellen. Das Salz der Solen kann nur dann beim Ammoniakverfahren Verwendung finden, wenn die Sole direkt als solche in den Betrieb geht.

Ein zu hoher Gehalt der Sole an fremden Bestandteilen ist stets unangenehm und kann bewirken, daß die betreffende Sole für die Zwecke

---

[1]) Das sind die mir bekannt gewordenen Preise, dieselben sind natürlich Schwankungen unterworfen.

der Ammoniaksodafabrikation unbrauchbar wird. Das ist namentlich dann der Fall, wenn die fremden Bestandteile hauptsächlich aus den Salzen der alkalischen Erden (Kalzium und Magnesium) bestehen. Letzteres ist wohl die Regel.

Aus Bohrlöchern, welche im Steinsalz stehen, kann man auch unreine Sole erhalten. Das tritt ein, wenn das Bohrloch schlecht verrohrt ist, sodaß wilde Wasser Zugang haben. Diese lösen aus den über dem Steinsalz stehenden Schichten fremde Salze und bringen diese dann in die aufsteigende Sole.

Nebenstehende Tabelle zeigt Analysen von Solen. Die meisten derselben sind dem Werke von Kerl, Grundriß der Salinenkunde, entnommen.

Wie ersichtlich ist, sind die Solen nicht nur verschieden durch das Verhältnis der einzelnen Bestandteile zueinander, sondern auch durch den Grad der Konzentration, derselbe schwankt von rund 6 % bis 26 % an Gesamtsalzen. Die ganz dünnen Solen sind sehr selten mit einigem Vorteil zu verwenden, da sie fast immer relativ viel Salze der alkalischen Erden enthalten. Hierber gehören z. B. die meisten westfälischen Solen, welche nach Kerl durchschnittlich nur 7—8 % Natriumchlorid enthalten. Neusalzwerk bei Oeynhausen hat $10^1/_2$ %, Rheine und Königsborn enthalten nur 3 bezw. 5 %.

In der Tabelle sind einige Bestandteile, die in nur ganz geringen Mengen vorhanden sind, nicht mit aufgeführt. Von den aufgezählten Bestandteilen sind nicht störend die Kalisalze und Natriumsulfat[1]). Diese löslichen Salze verhalten sich im Betriebe bei der Karbonisierung ganz indifferent, sie tragen aber ebensogut zur Konzentration bei, wie Chlornatrium, wirken also gerade so wie dasjenige Chlornatrium, welches sich der Umsetzung entzieht und verloren geht. Dies gilt natürlich nur für Mengen bis zu gewissen Grenzen, sagen wir bis zu 10 % vom Gesamtsalz. Solch große Mengen sind übrigens wohl nur sehr selten in Solen vorhanden. Meistens betragen dieselben nur bis zu 5 %.

Stets unangenehm und häufig sehr störend im Betriebe wirken, wie oben schon erwähnt wurde, die Salze der alkalischen Erden und Eisenverbindungen. Dieselben setzen sich mit dem in die Sole geleiteten Ammoniak bezw. Ammonkarbonat in der Weise um, daß die Hydroxyde bezw. Karbonate der Erden etc. ausgefällt werden, während sich andererseits Sulfat und Chlorid des Ammoniaks bildet. Unschuldiger sind die sauren Karbonate der Erden, da diese nur Schlamm bilden,

---

[1]) Wenigstens im Betriebe der Herstellung der ammoniakalischen Sole und in der Fällung. In der Destillation können jedoch größere Mengen von Sulfaten durch die stattfindende Gipsausscheidung unangenehm wirken.

Tabelle I.

No.	Herkunft der Sole	Na Cl	Ca SO$_4$	Ca Cl$_2$	Ca CO$_3$	Mg SO$_4$	Mg Cl$_2$	Mg CO$_3$	Na$_2$ SO$_4$	K$_2$ SO$_4$
1	Wilhelmshall, Württemberg	25,279	0,455	0,028	0,029	—	—	—	—	—
2	Schwäbisch Hall, -	25,718	0,170	—	0,004	—	—	—	0,029	—
3	Friedrichshall, -	25,562	0,437	—	0,010	0,022	0,006	—	—	—
4	Sulz, -	23,473	0,508	—	0,016	—	—	—	—	—
5	Rappenau, Baden	25,850	0,413	0,085	0,001	—	0,042	—	—	—
6	Kaiseroda, Weimar . . .	24,395	0,524	—	Spur	0,392	—	—	—	—
7	Artern, Prov. Sachsen . .	23,652	0,375	0,112	0,042	—	0,395	—	—	0,272
8	Halle, - - . .	17,718	0,466	0,134	—	—	0,406	—	0,412	0,004
9	Schönebeck, Bohrlochsole ..	10,404	0,284	—	0,049	0,130	0,073	0,006	—	0,148
10	- dreimal gradiert	23,540	0,380	—	—	0,230	0,190	—	—	0,360
11	Dürrenberg	21,980	0,470	—	0,05	0,160	—	—	—	0,160
12	Lüneburg, Prov. Hannover	24,665	0,341	—	0,007	0,246	0,130	—	—	0,038
13	Salzderhelden, -	25,540	0,385	—	0,013	0,262	0,189	0,016	—	—
14	Rothenfelde, -	5,615	0,311	—	0,228	0,119	0,023	0,046	0,02	—
15	Königsborn, Westfalen . .	6,338	0,223	0,148	0,101	—	0,118	0,003	—	—
16	Sülbeck, Schaumburg . .	25,216	0,326	—	0,008	—	0,451	0,001	—	0,412
17	Hallstadt, Salzkammergut .	25,378	0,340	—	—	—	0,605	—	0,325	0,349
										K Cl
18	Hallein, - .	24,720	1,505	—	0,302	—	1,650	—	0,140	0,092
19	Kalusz, Galizien	25,701	1,820	—	—	—	0,905	—	0,624	0,350
20	Dieuze	24,583	0,259	—	—	0,429	0,377	—	0,086	—
21	Bex St. Hélène	22,916	0,150	—	—	0,032	1,956	—	0,035	—
22	Middlesborough	23,105	0,393	—	—	0,012	—	0,017	0,111	—=

aber kein Ammoniak in solcher Weise binden, daß es für den Prozeß unbrauchbar gemacht wird, wie es mit dem Ammonsulfat und Chlorid der Fall ist. Letztere Salze gehen ganz nutzlos durch den Betrieb und verlangen dennoch eine bestimmte Menge Kalk zur Regenerierung. Das Ammoniumsulfat bewirkt außerdem noch durch Gipsbildung Vermehrung des Schlammes in der Destillation.

Das Vorkommen des Steinsalzes ist sehr verbreitet. Steinsalzlager finden sich in fast allen Ländern und Gegenden der Erde, nur sind dieselben nicht allerwärts aufgeschlossen oder durch Solquellen nachgewiesen. In Europa ist Steinsalz bis jetzt nur in Skandinavien und in den Niederlanden nicht angetroffen.

Die sämtlichen Steinsalzlagerstätten[1]) des mittleren Europas, namentlich Deutschlands, bilden drei Zonen. Die erste umfaßt die Steinsalzlager, welche sich in der paläozoischen Periode gebildet haben und unter dem Buntsandstein lagern (Erfurt, Artern, Heinrichshall, Staßfurt, Salzungen u. s. w.). Die zweite Zone begreift die in der mesozoischen Periode entstandenen Steinsalzlager in zwei mächtigen Zügen, von denen der eine nordwärts von dem Mittelgebirgsbogen vorherrschend in den Formationen der Trias vorkommt, von den Karpaten aus nordwärts zieht, unter anderem den mächtigen Salzstock von Wieliczka bildet und die bedeutenden Salzablagerungen zusammensetzt, welche vom Thüringer Triasgebiete aus über Erfurt und Halle bis Schönebeck reichen. Der zweite Zug zeigt sich in den Ketten der nördlichen Kalkalpen, hauptsächlich im Liasgebiete, bildet die mächtigen Salzstöcke des Salzkammergutes und zieht sich mit Unterbrechungen westwärts bis tief in die Schweiz hinein. Die dritte, der neozoischen Periode angehörige Zone umfaßt die Steinsalzlager unter, zwischen und über dem Braunkohlengebiete, wie sie in dem Tieflande Rußlands und denjenigen Beckenländern vorkommen, welche aus ehemaligen Binnenseen hervorgetreten sind.

An einigen Punkten tritt das Steinsalz zu Tage, und zwar in meist mit zackigen Spitzen und Kämmen versehenen Felsmassen in Höhen bis zu mehreren hundert Metern, so z. B. zu Cardona in Catalonien in Spanien, wo es aus Nummulitenkalk hervortritt. Es ist dies eins der ältest bekannten Vorkommen von Steinsalz. Schon die Romer haben hier vor 2000 Jahren Salz gewonnen. Ferner kommen Steinsalzberge vor in Siebenbürgen bei Szovata und Parayd, am Toten Meere, in der Kirgisensteppe und auf einigen persischen Inseln.

In Deutschland ist in den letzten Jahren Steinsalz vielerorts neu erbohrt, namentlich in Nordwestdeutschland. Es sind ausgedehnte Lager von reinem Steinsalz, teils überlagert von Kalisalzen, aufgeschlossen in

---

[1]) cf. Kerl a. a. O. S. 220.

verschiedenen thüringischen Staaten, in Braunschweig, Provinz Hannover, Mecklenburg und Holstein; neuerdings auch im Rheinland. Die aufgeschlossenen Lager sind vielfach von ganz bedeutender Mächtigkeit. Bei Bohrungen, die vom preußischen Fiskus in der Nähe von Unseburg vorgenommen wurden, traf man das unter den Kalisalzen auftretende Steinsalz in einer Teufe von 80 m und erreichte bei 1250 m das Liegende. Die Mächtigkeit des Steinsalzes an dieser Stelle ist bei einem Einfallswinkel von 35—45 % vertikal zur Ablagerung gemessen auf 900 m zu schätzen. Bei Sperenberg[1]) südlich von Berlin ist das Steinsalz in einer Mächtigkeit von 1194 m nachgewiesen, ohne das Liegende zu erreichen. Steinsalzschichten von mehreren hundert Metern Mächtigkeit sind an vielen Stellen in Deutschland erbohrt. Wenn die Steinsalzlager des Magdeburg-Halberstädter Beckens in ihrer ganzen Mächtigkeit über Tage lägen, so würden sie ein Gebirge etwa wie der Harz darstellen.

In Norddeutschland sind zwei Vorkommen des Steinsalzes zu unterscheiden: das ältere Steinsalz, welches häufig von Kalisalzen überlagert ist, und das jüngere Steinsalz. Das letztere unterscheidet sich durch die größere Reinheit wesentlich von dem älteren. Dasselbe enthält durchschnittlich 97,5—98,5 % Chlornatrium und die aus Polyhalit bestehenden kaum sichtbaren Jahresringe liegen bis zu 30 cm voneinander entfernt.[2])

Die umstehende Tabelle zeigt einige Analysen von Steinsalz verschiedenen Herkommens. Die meisten dieser Analysen dürfen nicht als Durchschnittsanalyse für Steinsalz des Handels gelten, einen so hohen Reinheitsgrad wie die No. 2, 4 und 6 findet man nicht häufig. Diesen Analysen haben wohl kaum Durchschnittsproben zu Grunde gelegen, sondern ausgesuchte Stücke. Bestimmt ist das der Fall bei den Analysen No. 14—16. Die Analyse des Staßfurter Salzes (No. 3) bezieht sich wohl nicht auf eigentliches Steinsalz, sondern auf Salzproben aus der Kieseritregion. Die dann folgenden Analysen entsprechen auch nicht dem gewöhnlichen Staßfurter Handelssalz. Das letztere hat nach durchschnittlichen Feststellungen in einem Zeitraum von mehreren Jahren ca. 97,0 % Chlornatrium, $1^1/_2$ % Anhydrid, $^1/_2$ % andere Salze und 1 % Wasser. Das ausgesuchte reinere Krystallsalz von Staßfurt hat durchschnittlich 99 % Chlornatrium, dasselbe steht jedoch in wesentlich höherem Preise als das gewöhnliche Handelssalz.

Im Steinsalz wirken die Beimengungen, die aus Chloriden oder Sulfaten der Erden bestehen, eben so unangenehm, wie es oben bei der Besprechung der Solen angegeben ist. Anhydrid ist nicht so sehr schäd-

---

1) Precht, Die Salzindustrie von Staßfurt und Umgegend S. 7.
2) Precht, a. a. O. S. 10.

Tabelle II.

No.	Herkunft des Salzes	Na Cl	$MgCl_2$	$CaCl_2$	$Ca SO_4$	$Ca CO_3$	$Mg CO_3$	$Mg SO_4$	Unlös- liches	Ton und Bitumen	Analytiker
1	Erfurt	98,04	0,06	0,41	1,49	—	—	—	—	—	Söchting
2	Wilhelmsglück	98,36	—	—	0,55	0,52	0,13	—	—	0,58	Fehling
3	Staßfurt	25,09 bis 94,57	0,0 bis 5,02	Na_2SO_4 0,0 bis 1,57	0,89 bis 7,04	—	—	0,0 bis 42,07	0 bis 2,23	—	Heine & Grund
4	-	98,42	0,24	0,53	0,99	—	—	—	—	—	Benemann
5	-	98,12	0,24	0,04	0,35	—	—	—	—	—	Scholz
6	Kaiseroda, Weimar	98,86	—	0,144	—	—	0,58	Spuren	0,25	—	—
7	Dieuze	93,12	—	—	2,73	0,62	H_2O 1,46	—	2,09	—	Scheurer-Kestner
8	Vic	97,80	—	—	0,30	—	—	—	—	1,9	Berthier
9	Chester	98,3	0,05	—	0,65	—	—	—	1,00	—	Henry
10	Norwich	98,3	0,20	0,20	0,02	—	—	0,23	—	0,31	Dufrenoy
11	Saltville, Nord-Amerika	90,55	—	—	0,45	—	—	—	9,0	—	Stieren
12	Velicka, Galizien	90,23	0,45	K_2SO_4 1,35	0,72	—	—	0,61	5,88	H_2O 0,86	Stolba
13	Hall, Tyrol	91,78	0,09	K_2SO_4 1,35	1,19	—	—	1,21	2,49	H_2O 1,89	-
14	-	99,43	0,12	0,25	0,20	—	—	—	—	—	G. Bischof
15	Berchtesgaden	99,85	0,15	—	—	—	—	—	—	—	-
16	Wieliczka	99,92	0,07	—	—	—	—	—	—	—	-

lich, da derselbe sich nur zum Teil löst. Am unschädlichsten sind unlösliche Beimengungen, wie Ton etc. Letztere sollen allerdings unter gewissen Umständen ebenfalls sehr störend sein. So wird in der Chem.-Ztg. 1896, XX, S. 149 angegeben, daß die Fabrik zu Sczcakowa in Galizien ein 86—88 %iges Salz verarbeiten müsse, welches ca. 10 % Tegel und Ton enthalte, sodaß die Lösung nur mit mechanischen Mitteln möglich sei und sich die 100 kg Salz in Lösung dadurch auf ca. 1,50 M. stellen. Das erscheint mir allerdings stark übertrieben, aber daß durch sehr große Beimengungen von Ton etc. die Verarbeitungskosten vergrößert werden müssen, liegt auf der Hand.

Die verschiedenen Möglichkeiten, die ammoniakalische Sole aus Sole oder aus festem Salz herzustellen, sind schon im Anfang dieses Kapitels angegeben. Der generelle Unterschied wird durch folgende beiden Wege bezeichnet:

1. Man leitet Ammoniakgas in Sole und verstärkt diese, wenn sie durch mitgerissenen Wasserdampf verdünnt wurde, durch Behandlung mit festem Salz.
2. Man stellt eine wäßrige Ammoniaklösung her und sättigt diese dann mit Salz.

Beide Verfahren sind gut und leicht ausführbar. Der erste Weg ist der gebräuchlichste und wird natürlich stets gewählt, wenn eine fertige Sole zu Gebote steht. Er wird aber auch in den meisten Fällen eingeschlagen, wenn nur festes Salz vorhanden ist.

Herstellung und Reinigung der einfachen Sole.

Um das Verfahren 1. auszuführen, muß man, wenn nur festes Salz zur Verfügung steht, zuerst eine Sole herstellen. Auch hier kann man wieder verschieden verfahren; die Sole kann ohne weiteres mit Ammoniak behandelt und dadurch zugleich gereinigt werden, oder man reinigt sie vorher. Es läßt sich darüber, ob diese vorherige Reinigung besser ist oder nicht, keine bestimmte, allgemein gültige Regel aufstellen. Die Entscheidung muß nach den lokalen Verhältnissen in jedem einzelnen Falle getroffen werden. Aus den unten angeführten Beispielen läßt sich am besten ersehen, wann man den einen oder anderen Weg zu wählen hat.

Im allgemeinen wird es weniger der Fall sein, daß man eine natürliche Sole direkt ohne vorherige Reinigung in die Apparate bringt, in denen sie mit Ammoniak gesättigt werden soll; meistens wird man umgekehrt verfahren. Ersteres findet z. B. statt, wenn die Sole sehr rein ist, also namentlich nur Spuren der Salze von Erdalkalien enthält. Bei komplizierten Apparaten, die sich durch Schlammbildung leicht verstopfen können, muß man indes stets vorher reinigen. Die Reinigung der Sole nimmt man da, wo es angeht, in offenen Gefäßen einfachster Natur vor.

Zweck der Reinigung ist stets, die Sole von den Erdalkalien und von Eisen zu befreien, hierzu sind verschiedene Mittel verwendbar, z. B. Kalk, Soda und Ammon bezw. Ammonkarbonat.

Nach einem englischen Patent vom 4. Dezember 1874[1]) will L. Mond in Northwich auf 1000 Gallonen == ca. $4^{1}/_{2}$ cbm Sole 40 kg Soda und 10 kg Kalk anwenden. Das Eisen soll dadurch ausgefällt werden, daß man später beim Sättigen mit Ammoniak das Schwefelammonium haltende Destillat von rohem Gaswasser mit einleitet. Ob die Reinigung in dieser Weise ausgeführt wird, ist mir nicht bekannt geworden. Es scheint mir richtiger, das Eisen direkt mit anderen Unreinheiten auf einmal auszufällen, um nicht in den Sättigungsapparaten den Niederschlag von Schwefeleisen zu haben, auch dürfte der überschüssige Schwefelwasserstoff bezw. das Schwefelammonium die Apparate stark angreifen.

Solvay[2]) schlägt nach einem französischen Patent vom 7. Mai 1879 vor, die Sole einfach durch Soda in der Wärme in großen Massen auf einmal zu reinigen; er setzt bei eisenhaltigen Solen etwas Chlorkalk zu. Solvay wird in Wirklichkeit wohl nicht so verfahren haben; den Chlorkalk und die Soda kann man sparen, ebenso die unnötige Erwärmung. Solvays Verfahren wird stets ähnlich demjenigen gewesen sein, wie es weiter unten beschrieben ist.

In einem amerikanischen Patent schlägt Collins[3]) vor, Salzsole durch elektrischen Strom zu reinigen. Hierbei sollen die Verunreinigungen sich zersetzen und unlöslich werden. Ich kann mir nicht vorstellen, daß dies Verfahren seinen Zweck erfüllen soll, und glaube auch nicht, daß es je ausgeführt ist.

Die Anwendung des Kalkes als Reinigungsmittel bezweckt die Ausfällung der Magnesia[4]). Letztere kann im späteren Betriebe sehr nachteilig wirken, da dieselbe sich sowohl direkt als Karbonat abscheidet als sie auch mit Natriumkarbonat, Ammonkarbonat und Chlornatrium unlösliche Doppelsalze bildet, welche die Sieblöcher der Kolonnen und die Rohrleitungen verstopfen, namentlich die Rohrleitungen der Kühler. Durch den Sodazusatz sollen dann wieder die Kalksalze zersetzt und der Kalk als Karbonat ausgefallt werden.

---

[1]) Wagner, Jahresbericht XXII, 338.
[2]) Lunge, Sodafabrikation III, 22.
[3]) Chem.-Ztg. 1891, 1470.
[4]) Der Vorschlag von Wigg, Liverpool, Engl. Patent 3125 (cf. Wagner, Jahresbericht 1882, S. 13), die Magnesia mit arsensaurem Natron auszufällen, soll nur als Kuriosum erwähnt werden.

Die Reinigung der Solen geschieht zuweilen in offenen einfachen Gefäßen, und da mag die Reinigung mit Kalk und Soda angebracht sein, obwohl dieselbe immer einige Kosten verursacht und der Schlamm dadurch vermehrt wird. Viel einfacher und an sich billiger ist die Reinigung mit Ammon bezw. mit Ammonkarbonat, da man diese Verbindungen so wie so in die Sole hineinbringen muß und sie nachher wieder gewinnt. In diesem Falle entstehen aber bei Anwendung von offenen Gefäßen Ammoniakverluste und man muß daher geschlossene Gefäße anwenden, welche teurer sind als die einfachen offenen Bassins. Trotzdem bietet aber die Reinigung mit Ammoniak und Ammonkarbonat so große Vorteile, daß heute auf allen gut eingerichteten Fabriken wohl nur noch dies Verfahren angewendet wird.

Man ist übrigens nicht immer ganz frei in der Wahl der Reinigungsmittel, nämlich dann nicht, wenn die Steuerbehörde Vorschriften hinsichtlich der Denaturierung macht. Es wird zuweilen verlangt, daß auch die Sole denaturiert werden muß, und zwar dann mit einem so hohen Prozentsatz von Soda oder Ammoniak, daß man in diesem Falle lieber das letztere nimmt, welches man ja doch wieder gewinnt, während die Soda zum großen Teil verloren gehen würde. Eine genügende Menge Ammoniak und Ammonkarbonat fällt die Magnesia vollständig aus. Um diese Ammoniakverbindungen in die Sole zu bringen, verfährt man zweckmäßig derart, daß man einen Teil der Sole zum Waschen der ammonbikarbonathaltigen Gase aus dem Kalzinierofen verwendet und dann mit der andern Sole wieder vereinigt. Wenn nötig, läßt man dann noch etwas von der fertigen ammoniakalischen Sole zulaufen, um den vorgeschriebenen Ammoniakgehalt zu erreichen.

Den Schlamm, welcher sich bei der Reinigung absetzt, wäscht man, um keine Ammoniakverluste zu erleiden, gut aus oder man bringt ihn in die Destillierapparate und treibt auf diese Art das Ammoniak aus. Wenn keine natürliche Sole, sondern nur festes Salz zur Verfügung steht, so verbindet man vorteilhaft die Reinigung mit der Auflösung des Salzes. Man setzt dem zur Auflösung dienenden Wasser Ammoniak zu bezw. man nimmt dazu Wasser, welches zum Waschen von abgehenden Gasen gedient hat, also z. B. das Wasser vom Waschen der Kalzinierofengase. Statt des Wassers nimmt man auch dünne Sole, wenn diese zur Verfügung steht.

Unter Umständen wird es jedoch auch vorkommen, daß man zuerst eine künstliche Sole durch Auflösung von Steinsalz herstellt ohne gleichzeitige Reinigung. In diesem Falle bedient man sich einfacher offener Kästen, die mit Salz gefüllt in bestimmter Reihe von der Lösung durchflossen werden, aus dem letzten Kasten fließt die konzentrierte Sole ab. Diese Auslaugung entspricht dem bekannten System von

Shank[1]), welches in der Leblanc-Sodafabrikation zum Lösen der Rohsoda angewandt wird. Die Kasten nimmt man am besten von Holz. Auf diese Art lösen auch wohl Salinen, welche Steinsalzschächte besitzen, ihr Salz, um sich die zum Versieden nötige Sole herzustellen. Solche Lösevorrichtungen werden zuweilen unten im Schachte aufgestellt; die konzentrierte geklärte Sole wird dann nach oben gepumpt.

Fig. 9.

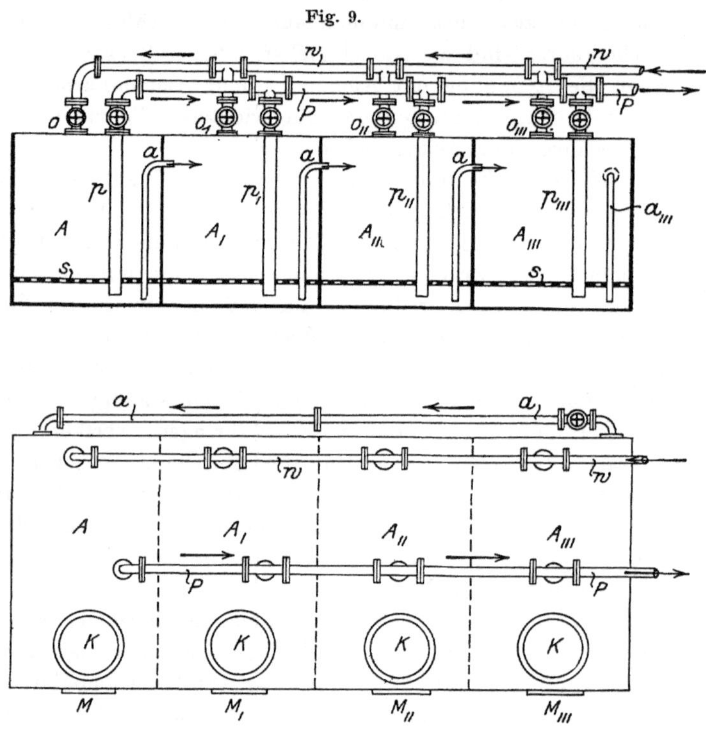

Fig. 10.

Falls zum Auflösen von Salz ammoniakhaltige Flüssigkeiten verwendet werden, so nimmt man, wie schon erwähnt wurde, geschlossene Gefäße, die dann aus Eisen bestehen.

Fig. 9 und 10 zeigen einen aus vier Abteilungen $A—A_{\prime\prime\prime}$ bestehenden eisernen Kasten. Derselbe enthält den mit einem Filtertuch bedeckten Siebboden s, auf welchem das Salz aufruht. Durch die Rohrleitung w kann mittels der Ventile $o—o_{\prime\prime\prime}$ Wasser bezw. dünne Sole in jede der

---

[1]) Eigentlich stammt das Verfahren von dem bekannten deutschen Physiker Buff her.

Abteilungen eingelassen werden. $a—a_{,,,}$ sind die Überlaufrohre, durch welche die Sole aus einer Abteilung in die andere geleitet wird. Die mit einer Pumpe verbundene Rohrleitung P mit ihren 4 Abzweigungen $p—p_{,,,}$ dient dazu, die fertige Sole aus dem Kasten abzuziehen. Wie man sieht, kann jede der vier Abteilungen als erste, zweite, dritte und vierte fungieren, jedoch nur nach einer bestimmten Richtung, also nach der Reihenfolge $A\,A,\,A_{,,}\,A_{,,,}$. Wenn z. B. in A Wasser einläuft, so durchdringt dasselbe das Salz von oben nach unten, sinkt durch den Siebboden, um dann durch Rohr a in $A_{,}$ auszufließen, hier ebenfalls den Siebboden zu durchdringen und durch $a_{,}$ nach $A_{,,}$ überzulaufen. Hier wiederholt sich dasselbe Spiel und die Losung tritt nach der letzten Abteilung $A_{,,,}$, um von hier durch das Pumpenrohr $p_{,,,}$ abgesaugt zu werden. $K—K$ sind verschließbare Klappen, um das Salz einwerfen zu können, $M—M_{,,,}$ sind Mannlöcher zur Herausschaffung des auf dem Siebboden s sich ansammelnden Schlammes. Eine andere Form eines Lösekastens für Salz zeigen die Figuren 11—12. Die Einrichtung desselben ist nach der Beschreibung zum vorigen Gefäß ohne weiteres zu verstehen. Die Buchstaben sind für dieselben Teile die nämlichen wie in Fig. 9—10.

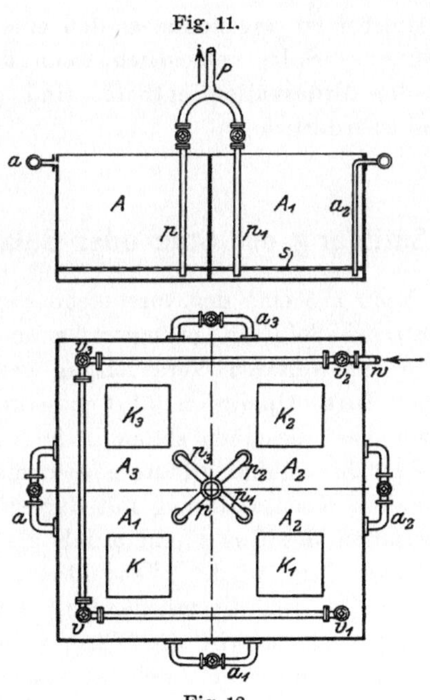

Bei Berechnung der Größe des Salzlöseapparats für eine Produktion von 10 000 kg Soda sollen für das Gefaß nach Fig. 9—10 folgende Dimensionen angenommen werden: Länge 8 m, Breite 3 m, Höhe im ganzen $1\frac{1}{5}$ m und vom Boden bis zum Siebboden 200 mm. Dann bleibt eine Höhe über dem Siebboden von 1000 mm. Der Inhalt des Gefäßes beträgt demnach über dem Siebboden $8 \times 3 \times 1 = 24$ cbm. Wenn dieser Raum zu $\frac{2}{3}$ mit Salz ausgefüllt ist und 1 cbm Salz zu 1100 kg gerechnet wird, so faßt der Kasten $16 \times 1100 = 17\,600$ kg oder jede Abteilung 4400 kg. Um 10 000 kg Soda herzustellen, sind rund 65 cbm gesättigte Salzlösung erforderlich, welche rund 20 000 kg Salz enthalten. Es müssen sich also in einer Stunde 2700 Liter Sole bilden, oder per Minute 45 Liter. An Salz müssen sich lösen stündlich 840, pro Minute 14 kg.

Diese Leistung kann ein Gefäß von den genannten Dimensionen leicht bewältigen, auch wenn eine Abteilung der Reinigung wegen ausgeschaltet ist und nur drei im Betriebe sind. Wenn man annimmt, daß sich im ganzen Gefäße neben dem Salze noch rund 15 cbm Lösung befinden, so ergibt sich durch die Rechnung, daß das einlaufende Wasser 5—6 Stunden mit dem Salz in Berührung bleiben kann, ehe es zum Ablauf gelangt.

Die Dimensionen für den Löseapparat in Fig. 11—12 würden sein $5 \times 5 \times 1^1/_5$ m, entsprechend einem Inhalt von 30 cbm insgesamt und 25 cbm über dem Siebboden.

Hierbei ist angenommen, daß ein Steinsalz guter Qualität vorliegt. Für unreines Salz, namentlich wenn dasselbe, wie z. B. Seesalz, viel Salze der Erdalkalien enthält, sind größere Dimensionen des Lösegefäßes erforderlich.

Sättigung der Sole oder Salzlösung mit Ammoniak.

Wenn auf eine der vorstehend beschriebenen Arten eine gereinigte konzentrierte Sole mit geringem Ammoniakgehalt hergestellt ist, so muß dieselbe zur weiteren Verarbeitung genügend mit Ammoniak gesättigt werden. Diese Operation führt man in Apparaten verschiedenster Konstruktion aus, dieselben sollen in folgendem beschrieben werden.

Zunächst einige erläuternde Bemerkungen. Ammoniak wird von einer kalten Kochsalzlösung mit Begierde aufgenommen, wobei durch die Kondensation des Gases und durch die Verbindung des NH_3 zu $NH_4 OH$ viel Wärme frei wird. Wenn die eingeleiteten Ammoniakdämpfe in den Kühlapparaten, die mit der Destillation verbunden sind, nicht gut getrocknet werden, so wird die Wärmeentwicklung in den Ammoniakabsorptionsapparaten durch den sich kondensierenden Wasserdampf noch größer.

Die Sole erhitzt sich durch die Ammoniakaufnahme stark und ihre Temperatur würde beim Einleiten von viel Ammoniak, wenn es sich also um Lösungen von 6—8 % NH_3 handelt, so hoch steigen, daß ein großer Teil des Ammoniaks sich garnicht kondensieren, sondern direkt wieder verflüchtigen würde. Eine weitere Erhitzung der Sole entsteht dadurch, daß aus der Destillation neben dem Ammoniak eine mehr oder weniger größere Menge von Kohlensäure mit herüber kommt und sich in der Sole mit einem Teile des Ammoniaks zu Ammonkarbonat verbindet. Auch hierdurch wird eine größere Wärmemenge frei. Berechnungen über die Gesamtmenge der freiwerdenden Wärme finden sich weiter unten. Um diese Wärme wegzunehmen, müssen die Apparate, in welchen die Sättigung der Sole mit Ammoniak vor sich geht, mit genügenden Kühlvorrichtungen versehen sein.

Wenn völlig trockenes Ammoniak von einer Kochsalzlösung aufgenommen wird, so vergrößert sich deren Volumen und es fällt Chlornatrium aus, da letzteres in einer wäßrigen Ammoniumlösung weniger löslich ist als in reinem Wasser. Aus diesem Grunde darf man kein völlig trocknes Ammoniak in konzentrierte Sole leiten, es würden sich sonst leicht die angewendeten Apparate voll Salz setzen, namentlich die Siebböden der Kolonnen, wenn solche benutzt werden, und die Röhren der Kühler. Man verfährt daher auch meistens in der Praxis so, daß man sich nicht die Mühe gibt, das Ammoniak völlig zu trocknen, die Sole wird dann in der Regel durch das mitgerissene Wasser verdünnt, sodaß sie dem betreffenden Ammoniakgehalt entsprechend sämtliches Salz in Lösung behalten kann. Die Feuchtigkeit des Ammoniakgases gerade so abzumessen, daß die entstandene ammoniakalische Salzlösung völlig mit Salz gesättigt bleibt, ist in der Praxis kaum ausführbar, so wünschenswert ein derartiges Verfahren auch für diejenigen Fabriken sein würde, welche im Besitz von viel billiger konzentrierter Sole sind, festes Salz aber relativ teuer bezahlen müssen. Solche Fabriken verfahren am besten in der Weise, daß sie das Ammoniakgas so weit trocknen, daß nur eine ganz schwache Verdünnung der Sole stattfindet; letztere wird dann mit Salz nachgesättigt. Will man durchaus kein festes Salz gebrauchen, so müßte man schon das Ammoniakgas fast völlig getrocknet in konzentrierte Sole einleiten, man erhält dann noch festes Salz, welches hierbei ausfällt, als Nebenprodukt.

Es haben manche Fabriken früher wenig Wert darauf gelegt, daß die ammoniakalische Salzlösung völlig mit Salz gesättigt wurde. Man dürfte heute allgemein anders denken, indes mag es immer noch vorkommen, daß in einem oder anderen Betriebe die ammoniakalische Sole nur so weit mit Salz gesättigt ist, daß noch einige Prozente Chlornatrium an der völligen Konzentration fehlen. Ich kann ein derartiges Verfahren nicht für richtig halten, man sollte in der Regel nur ganz konzentrierte Lösungen verarbeiten. Verdünnte ammoniakalische Solen sollten nur dann in die Karbonisation gelangen, wenn während des Karbonisierens noch festes Kochsalz zugesetzt wird. cf. Kapitel III.

Die meisten Fabriken arbeiten auch wohl derart, daß sie zuerst eine ammoniakalische Salzlösung herstellen, welche noch mehrere Prozente Kochsalz aufnehmen kann. Die aus den Sättigungsapparaten ablaufende Lösung wird dann in besonderen Gefäßen mit Chlornatrium verstärkt und gelangt hierauf erst in die Reservoirs, aus welchen sie in die Karbonisierungsapparate gepumpt wird.

Aus dem Vorstehenden ergibt sich, daß man auf die verschiedenste Weise verfahren kann, es lassen sich eine Menge Kombinationen aufstellen, je nachdem man die Sole zuerst reinigt und dann mit Am-

moniak sättigt, oder ob man Reinigung und Sättigung in einem Apparate
auf einmal zugleich vornimmt. Weitere Änderungen entstehen dadurch,
daß man die fertige ammoniakalische Sole noch weiter mit Salz sättigt
oder nicht, und ferner wird durch die Verarbeitung festen Salzes allein
oder in Verbindung mit dünner Sole die Ausführung des Verfahrens
geändert.

Es sollen Apparate der verschiedenen Verfahrungsweisen beschrieben
werden, um an Beispielen aus der Praxis die Vorgänge anschaulich zu
machen.

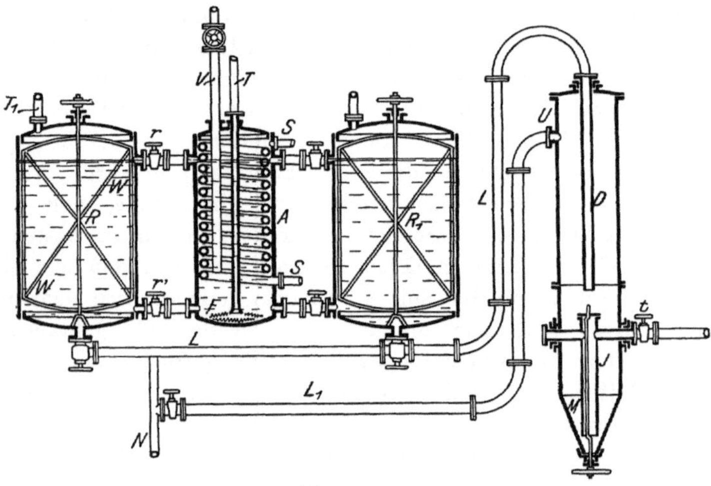

Fig. 13.

In Figur 13—15 sind die Apparate dargestellt, welche Solvay
nach dem deutschen Patent No. 1733 vom 27. November 1877 zur Her-
stellung der ammoniakalischen Sole benutzen wollte. Die Reinigung der
Sole soll hierbei zugleich mit der Sättigung durch Ammoniak in einer
Operation erfolgen. Die mit Ammoniak zu sättigende Sole ist in einem
der Gefäße R oder R_1 enthalten. A ist der Apparat zum Auflösen des
Ammoniaks (Dissolveur). Angenommen, daß man die in R enthaltene
Sole mit Ammoniak sattigen will, so bringt man R in Verbindung mit
A durch Öffnen der Hahne r und r_1. Das Ammoniak kommt von der
Destillation durch das Rohr T in den Dissolveur A, und dieses Rohr
mündet in einen perforierten Zwischenboden F. Es entsteht eine Strö-
mung in dem Apparat, sodaß nach einiger Zeit die ganze Flüssigkeit
aus dem Gefäße R nach A übergeht und das Ammoniak absorbiert. T_1 ist
ein Rohr zum Abgang der mit Ammoniak geschwängerten Gase, welche
sich während der Operation entwickeln und in einem Waschgefäße auf-
gesammelt werden. Die nötige Bewegung der Flüssigkeit wird sowohl

durch die Absorption des Ammoniaks als durch den Agitator W herbei-
geführt. Wenn die Tätigkeit des letzteren eingestellt wird, bildet sich
der Niederschlag am Boden des Gefäßes. Man kann auch die erforderliche Zirkulation durch die Einrichtung, welche in Figur 14 dargestellt
ist, bewerkstelligen, indem man die Schraube H in Tätigkeit setzt, die
sich mit einer Schnelligkeit von mehreren hundert Umdrehungen in der
Minute im Zylinder C bewegt, welcher mit dem Absorptionsapparat Fig. 13
und dem die Sole enthaltenden Gefäße durch die Mündung t und t_1 in Verbindung steht. Die nötige Wärme wird durch die Absorption des Ammoniaks, sowie durch die Schlange S in Fig. 13 hervorgebracht[1]). Sodann
wird der erforderliche Sättigungsgrad der Sole wieder hergestellt. V ist
ein Rohr, durch welches man gereinigtes Kochsalz in den Absorptionsapparat während der Operation bringt. Zufuhr und Maß desselben werden
durch ein in Fächer geteiltes Rad geregelt und die Auflösung wird durch

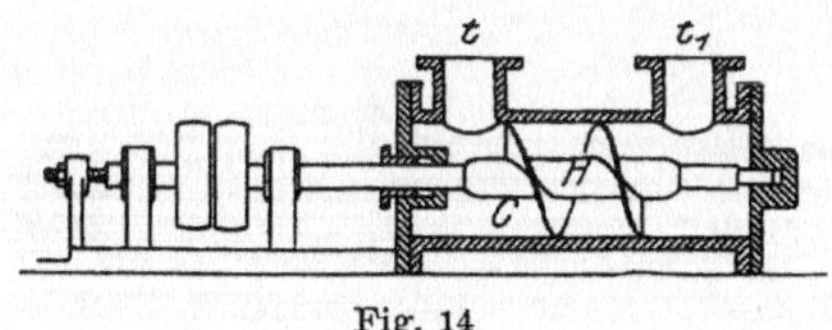

Fig. 14

die Bewegung der Flüssigkeit gefördert. Bei der soeben beschriebenen
Einrichtung zum richtigen Dosieren des Ammoniaks ist es nötig, daß
die Hähne oder Ventile jedesmal geschlossen werden, wenn der Inhalt
eines der Behälter R oder R_1 mit Ammoniak gesättigt ist, um die
Sättigung des anderen fortsetzen zu können. Die Operation des Am-
moniakdosierens kann auch automatisch durchgeführt werden, in welchem
Falle die Konstruktion des Apparates auf die Volumenzunahme der Sole
basiert wird. Ein solcher Apparat ist in der Patentschrift näher beschrieben. Wenn die Sole in einem der Gefäße R oder R_1 mit Ammoniak
gesättigt ist und die Niederschläge sich am Boden abgelagert haben, so
wird der noch flüssige Bodensatz durch das Rohr L in das Klärungsgefäß D abgelassen. Die abgeklärte Flüssigkeit läuft in Rohr U ab. Der
Niederschlag, durch die Wirkung des Kratzers M von dem trichter-
förmigen Boden gelöst, steigt in dem Rohr J auf und wird durch den
Hahn t abgezogen, um weiter in einer Destillierblase das Ammoniak

---

[1]) Hier muß ein Fehler vorliegen, der wahrscheinlich durch falsche Ubersetzung entstanden ist. Wärme hält Solvay zur Ausfällung der Unreinheiten
für nötig, und daß diese Wärme durch die Absorption hervorgebracht wird, ist
richtig; aber eine Schlange zur weiteren Erwärmung ist keinesfalls erforderlich.
Die gezeichnete Schlange S soll wohl eine Kühlschlange sein?

daraus zu gewinnen. Die ammoniakalische Lauge kann von dem Gefäße R oder von dem automatisch wirkenden Meß- und Dosierapparat in
das Klärungsgefäß D und von da durch das Rohr L_1 in das Filter B
(Fig. 15) getrieben werden, oder man kann bloß die untere Flüssigkeit in
das Klärungsgefäß und die obere durch das Rohr N in das Filter leiten.
Nach beendeter Abklärung ist es immer anzuraten, die ammoniakalische
Flüssigkeit durch dichte Stoffe und unter einem Drucke von mehreren
Atmosphären zu filtrieren, um die suspendierten feinsten Teilchen zu
beseitigen. In Figur 15 ist ein zylindrisches Filter B abgebildet, dessen
Rohr N man sich als verbunden mit Rohr N in Figur 13 denken muß.
Im Innern desselben befindet sich in einem zweiten durchlochten
Zylinder O ein dichter Sack, der entfernt und durch einen anderen er-
setzt wird, sobald er mit Bodensatz gefüllt ist. Von dem Filter wird
die ammoniakalische Flüssigkeit in den Refrigerator C geleitet. Dieser

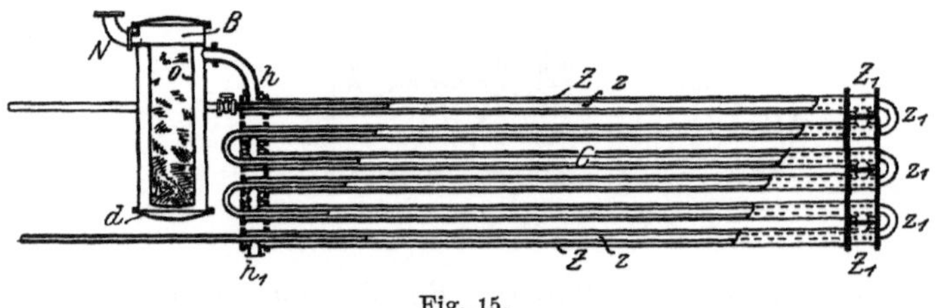

Fig. 15.

besteht aus zwei Schlangenröhren, die eine in der anderen angeordnet.
Man kann das Kühlwasser ebensowohl durch die inneren Rohre, als
durch den ringförmigen Zwischenraum zirkulieren lassen.

In dem in Figur 15 dargestellten Falle tritt die ammoniakalische
Flüssigkeit durch die Mündung h ein und durch die Mündung h_1 aus,
wobei sie den ganzen Kreislauf in dem ringformigen Zwischenraum
durchlauft, während das Kuhlwasser durch das innere Eisen- oder Blei-
rohr z fließt. Es ist ersichtlich, daß die Röhrenkrümmungen z_1 dazu
dienen, die inneren Rohre z miteinander zu verbinden, was fur die
äußeren Rohre Z die T-Stücke Z_1 bewirken.

Ob Solvay die oben beschriebenen Apparate wirklich längere Zeit
in Betrieb gehabt hat bezw. noch in Betrieb hat, ist mir nicht bekannt
geworden. Die Konstruktion der Apparate ist geistreich erdacht und
bis in die Einzelheiten hinein ist alles klar ausgearbeitet. Indessen
erscheint die ganze Einrichtung sehr kompliziert, und ich möchte daher
nicht glauben, daß dieselbe in allen Teilen noch im Betriebe ist. Namentlich glaube ich das nicht von dem automatischen Dosierungsapparat;
derselbe dürfte sehr unzuverlassig gearbeitet haben. Ebenso zweifle ich
daran, daß die Filtration der Sole in der beschriebenen Weise erfolgt ist.

Bei der großen Produktion der Solvayschen Fabriken würde ein solches Sackfilter viel zu klein gewesen sein; dies Einsetzen und Herausnehmen des Filtersackes erscheint recht umständlich, wie auch die Entleerung des Schlammes. Da man bei der gezeichneten Einrichtung den Schlamm auf dem Filter nicht auswaschen kann, so würden beim Entfernen des Filtersackes auch Ammoniakverluste vorgekommen sein[1]).

Aus der Zeichnung lassen sich die Größenverhältnisse des Apparates nicht erkennen; auch ist aus der Beschreibung nicht zu ersehen, für welche Produktion der Apparat angewandt werden soll. Es läßt sich nur soviel erkennen, daß man sagen kann, eine rationelle Absorption des Ammoniaks findet nicht statt. Ferner könnte die Kraft für die Rührwerke gespart werden, da die Ammoniakgase die Flussigkeit genügend umrühren können.

Sehr anzuerkennen ist das genau durchgeführte Prinzip, in einer Operation reine, geklärte und mit Salz gesättigte ammoniakalische Sole zu erhalten. Die Zeichnung ist wohl nur ein Schema dieses Prinzipes, während Solvay in der Praxis die Ausführung etwas anders, wahrscheinlich einfacher, ausgeführt hat.

In der Zeitschrift für angewandte Chemie[2]) hat Faßbender verschiedene Apparate zur Ammoniaksodafabrikation beschrieben. Zur Herstellung der ammoniakalischen Sole bringt derselbe die gereinigte, konzentrierte Sole in einem Ammoniakabsorber genannten Apparat mit Ammoniak zusammen.

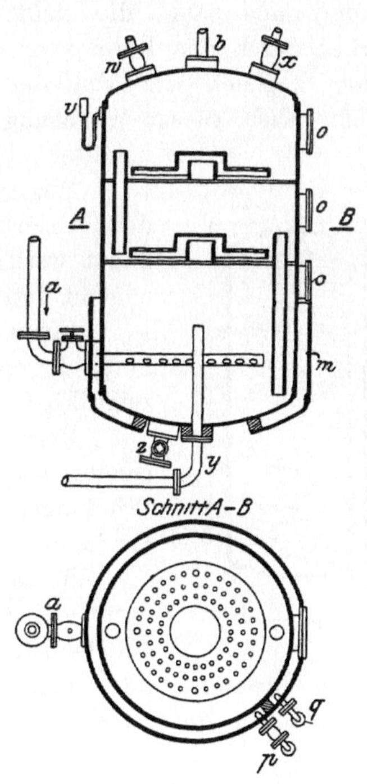

Fig. 16.

Der Ammoniakabsorber Figur 16, in welchem die Absorption des Ammoniakgases durch Sole stattfindet, ist aus Schmiedeeisen konstruiert; er zeigt die bekannte Kolonnenkonstruktion. Um die durch die Absorption des Ammoniaks freiwerdende Wärme teilweise wegzuführen, ist der untere Teil des Apparates mit dem Kuhlwasserbehälter m umgeben, dessen Zu- und Abflußrohre p und q im Grundrisse dargestellt sind. Durch a tritt das Ammoniakgas in den Apparat; durch b ver-

---

[1]) Lunge, a. a. O., meint auch, daß diese Apparate nicht beibehalten sind.
[2]) Zeitschrift für angew. Chemie 1893, 139, 165, 224, 256.

lassen die nicht absorbierten Gase denselben. x ist der Eintrittsstutzen für die (vorher gereinigte) Sole, y der Austrittsstutzen; z dient zum Leerlaufen der unteren Abteilung. Jede Apparatenabteilung ist mit dem Mannloche o versehen; ferner hat jede Apparatenabteilung noch 3 Probenehmer zum Untersuchen der Lauge und Erkennung der Standhöhe. Die oberste Abteilung trägt das Manometer v und einen Wasserstutzen w. Die Probenehmer sind in der Zeichnung weggelassen. Der Apparat ruht auf gußeisernen Tatzen, welche gleichfalls weggelassen wurden. Eine Vakuumpumpe saugt die nicht absorbierten Gase aus dem Ammoniakabsorber durch das Rohr b ab und drückt sie in einen Waschapparat, welcher zugleich die von der Bikarbonatfällung weggehenden Gase wäscht. Nach dieser Waschung durchstreichen sie noch einen Säurebehälter und gelangen ins Freie.

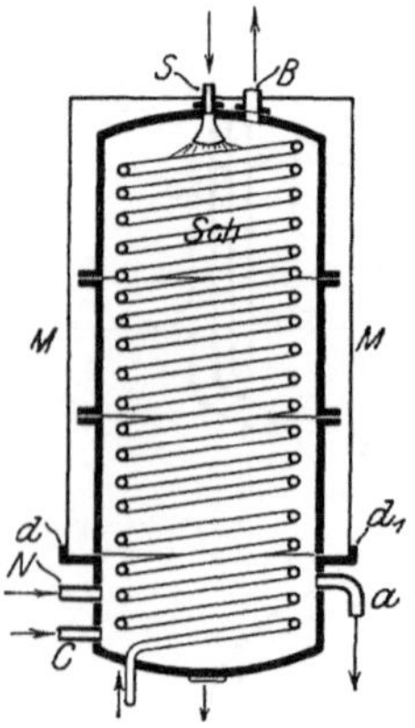

Die ammoniakalische Sole ist, wenn sie aus dem Absorber tritt, fertig. Eine Sättigung mit Salz findet weiter nicht statt, da das Ammoniakgas genügend getrocknet in die Sole eingeleitet wird.

Einen sehr einfachen Sättigungsapparat für Sole, der in der Praxis Verwendung gefunden hat, zeigt Figur 17.

Derselbe ist ein aus 4 Ringen bestehendes Gefäß, welches die Kühlschlange *Sch* enthält; die Windungen derselben können auch zahlreicher sein, als in der Skizze angegeben ist.

N ist der Eintritt für die ammoniakalischen, C für die kohlensäurehaltigen Gase und bei a befindet sich der Ablauf der gesättigten ammoniakalischen Lösung. Da dieser Ablauf 50—100 cm über dem Boden liegt, steht in dem unteren Teile stets eine dementsprechend hohe Flüssigkeit.

Fig. 17.

Die Sole tritt durch das Brauserohr S ein und wird auf diese Weise gut über die Kühlschlange verteilt, an der sie dann herabrieselt. Durch Rohr B entweichen die nicht absorbierten Gase. An den Flantschen $d—d'$ des zweiten Ringes von unten ist ein Blechmantel M angeschraubt; hierdurch entsteht zwischen dem Mantel und dem Kühler ein Raum, der mit Kühlwasser angefüllt ist.

Ein derartiger Kühler darf nicht zu große Dimensionen haben; im Falle es nötig ist, stellt man zwei oder drei Kühler hintereinander auf, sodaß die Gase nacheinander durch dieselben gehen. Die Soleabläufe kann man dann miteinander verbinden.

Die abfließende Sole passiert, wenn es nötig ist, noch einen besonderen Kühler und fließt dann in Kessel, die mit Salz gefüllt sind, um sich wieder völlig mit Salz zu sättigen. Die weitere Behandlung der Sole geschieht geradeso, wie es weiter unten, S. 76, beschrieben ist.

In einem derartigen Apparat kann man die Reinigung der Sole zugleich mit der Sättigung durch Ammoniak vornehmen. Es ist dann jedoch richtiger, den unteren Boden des Kühlers konisch zu gestalten, damit der sich abscheidende Schlamm leichter ablaufen kann. Man läßt den Schlamm mit in die Gefäße laufen, in welche die Sole einfließt, um sich mit Salz zu sättigen. Aus diesen wird der Schlamm dann periodisch mit dem aus der Lösung des festen Salzes entstehenden Schlamme fortgeschafft.

Der vorstehend beschriebene Apparat hat zwar in einer kleinen Fabrik befriedigende Dienste geleistet, indes ist derselbe von einer ziemlich primitiven Konstruktion; man wird sich meistens vollkommenerer Apparate bedienen, wie solche weiter unten beschrieben sind.

In der Beschreibung zu Fig. 17 ist gesagt, daß außer den Ammoniakgasen auch kohlensäurehaltige Gase mit in den Sättigungsapparat eingeleitet werden sollen. Es ist das wohl in einigen Fabriken geschehen, und ich halte es auch unter gewissen Umständen für sehr praktisch. Namentlich ist es dann zu empfehlen, wenn die Kohlensäuregase in den zur Bikarbonatfällung dienenden Apparaten nicht ordentlich ausgenutzt werden. Wenn die aus den Fällapparaten entweichenden Gase noch mehrere Prozente Kohlensäure (5—10 %) enthalten, so findet in den Ammoniaksättigern noch eine weitere gute Absorption statt. Es ist indes richtiger, in diesem Falle als Ammoniaksättiger nicht so einfache Apparate zu nehmen wie Fig. 17, sondern richtige Kolonnenapparate, es ist das auch für die Absorption des Ammoniaks wichtig. Der Apparat Faßbenders, Fig. 16, stellt ebenfalls eine kleine Kolonne vor.

Wenn Kohlensäuregase mit in die Ammoniaksättigungskolonne geleitet werden, so muß die Kolonne größer sein als sonst, auch muß die Kühlung stärker sein, da durch die Absorption der Kohlensäure Wärme frei wird; die Anlage ist dann teurer, aber man muß dabei bedenken, daß durch dieses Verfahren die Apparate der Bikarbonatfällung entlastet werden.

Die in Fig. 18 dargestellte Kolonne besteht aus 8 Absorptionsringen, hinzu kommt der Bodenring, der Deckelring und zwei Kühlringe K und K_1. Die Sole tritt ein durch den Stutzen S, sie breitet sich auf den Siebeinsätzen $s, s \ldots$ aus und läuft durch die Überfallrohre $\ddot{u}, \ddot{u} \ldots$ nach unten. Die ammoniakalischen Dämpfe aus der Destillation treten durch Rohr N unten in die Kolonne ein, durch Rohr C werden die aus der Absorption abgehenden kohlensäurehaltigen Gase eingeführt. Sämtliche Gase steigen durch die in der Mitte eines jeden Ringes befindlichen Öffnungen O nach oben, sie stoßen hier gegen die darüber liegenden Hauben *H* und werden dadurch gezwungen, in den Raum unter den Siebböden zu treten, von wo sie durch die Siebbodenlöcher fein verteilt durch die darüber befindliche Sole nach oben entweichen. Derselbe Vorgang wiederholt sich in jedem Ringe, die Gase werden also vielfach in feinverteiltem Zustande durch die Sole gepreßt und hierbei natürlich sehr gut gewaschen. Bei *G* ist der Austritt der Gase. Die Wärmeent-

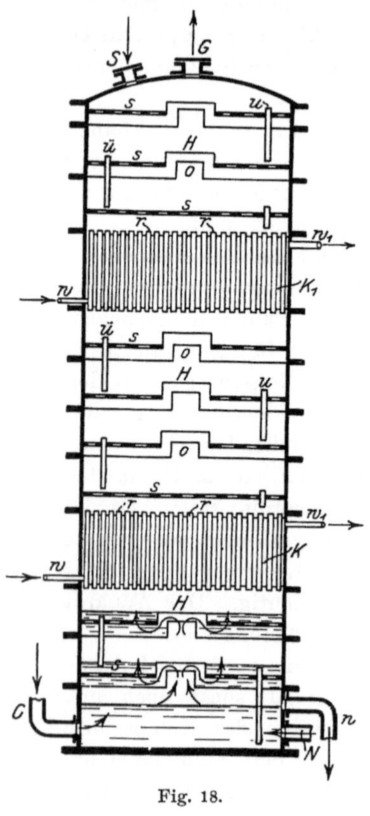

Fig. 18.

wicklung, welche durch die Absorption der Gase in der Sole entsteht, ist, wie schon erwähnt wurde, eine ziemlich starke; eine gute Kühlung ist daher erforderlich. Es sind zu diesem Zwecke die beiden Kühlringe *K* und K_1 vorgesehen.

Dieselben sind konstruiert wie die Heizkörper der Verdampfapparate in den Zuckerfabriken. Die oben und unten offenen Rohre *r* sind in den Böden völlig dampfdicht eingewalzt. Die Gase steigen in den Rohren nach oben, während die Lösung an den Wandungen der Rohre herunterläuft. Der Querschnitt der Rohre muß natürlich so gewählt werden, daß Gase und Flüssigkeit nebeneinander passieren können. Da die Rohre einige Zenti- meter über den Böden herausstehen, befindet sich immer eine sich stets er- neuernde Flüssigkeitsschicht in dieser Höhe auf den Böden der Kühlringe. Die Böden wirken also auch als Kühl- fläche. Bei *w* ist der Zufluß des Kühl- wassers, bei w_1 der Ablauf desselben in jedem Kuhlringe.

Durch Rohr *n* soll die ammoniakalische Salzlösung aus der Kolonne ablaufen.

Die größte Wärmeentwicklung entsteht selbstverständlich in den unteren Teilen der Kolonne, da hier die stärkste Absorption stattfindet. Der Wasserdampf wird hier völlig kondensiert und auch die Vereinigung von Kohlensäure und Ammoniak findet hauptsächlich hier statt. Es ist daher der Kühlring *K* ziemlich unten in der Kolonne eingesetzt. Die nicht absorbierten Gase nehmen jedoch auch viel Wärme mit nach oben und würden so die Salzlösung noch in den obersten Ringen anwärmen.

Es muß daher noch eine weitere Kühlung stattfinden, zu diesem Zwecke ist oben der zweite Kühlring K_1 eingeschaltet. In den Ringen über dem zweiten Röhrenkühler findet nur noch eine ganz schwache Absorption und daher nur eine geringe Wärmeentwicklung statt. Eine weitere Kühlung ist daher nicht erforderlich. Wenn die Sole möglichst kalt eingepumpt wird, so entweichen die Gase mit einer Temperatur, die ganz wenig diejenige der Sole übersteigt. Die Röhrenkühler sind in ihrer Wirkung ganz vorzüglich. Sie haben indes einen Fehler: sie rosten, weil von Schmiedeeisen, leicht.

Ebenso wie durch die beschriebenen Röhrenkühler kann man auch durch Kühlschlangen in den Kolonnen kühlen. Solche Kühlschlangen nehmen aber verhältnismäßig viel Raum weg, sie sind nicht so kompendiös wie zusammengesetzte Röhrenkuhler. Wenn die Schlange gut wirken soll, so muß sie entweder in der Flüssigkeit liegen oder letztere muß an den Wandungen der Schlange herunterrieseln. Das ist schwierig auszuführen, wenn bei einer Kühlschlange mehrere Windungen übereinander liegen. Wenn die Windungen nur in einer Ebene liegen, so kann die Schlange wohl wegen der geringen Höhe ganz von der Flüssigkeit bedeckt sein, doch wird eine solche Schlange nicht viel Windungen haben. Wenn man dann die nötige Kühlfläche beschaffen will, so muß man schon in eine große Anzahl, wenn nicht in alle Ringe je eine Schlange legen. Soll dann aber jede Schlange ihren eigenen Wasser-Zu- und -Ablauf haben, so würde das eine sehr komplizierte Anlage geben; man muß in solchem Falle besser die Einzelschlangen miteinander verbinden. Dies Prinzip ist durchgefuhrt von Cogswell in der ihm patentierten Kühlvorrichtung, D.R.P. No. 41 989 vom 8. 2. 1887. Wie Lunge[1]) mitteilt, ist diese Konstruktion in den Solvayschen Fabriken allgemein eingeführt. Allerdings bemerkt Lunge dies nur hinsichtlich der zur Bikarbonatfällung dienenden Kolonnen, aber selbstverständlich muß sich das System auch fur andere Kolonnen eignen, wenn es an sich praktisch ist. Fig. 19—22 zeigt Cogswells System in einer Solvayschen Fällkolonne.

Die Kolonnenelemente A sind an zwei gegenüberliegenden Seiten mit rechteckigen Öffnungen versehen, welche durch entsprechende Stutzen B eingeschlossen werden. Die vorn gerade abgeglichenen Stutzen B sind hier mit einem gelochten Flantsch versehen, auf welchem eine am Rande ebenso gelochte Platte C befestigt wird. Diese Platte C ist im mittleren Teil mit Löchern versehen, in welchen die durch das Element hindurchreichenden Kühlrohre D in irgend einer geeigneten Weise abgedichtet werden.

Die Rohrenden liegen in Behältern, welche nach innen zu durch

____

[1]) Handbuch der Sodaindustrie, Bd. III, S. 53.

die Platten C, nach außen hin durch die Deckel E bezw. E' abgeschlossen werden.   Der Deckel E ist mit zwei Stegen b versehen, welche bis auf die Platte C reichen und den Deckelraum derart in drei Abteilungen 1, 2, 3 teilen, daß in den Endräumen 1 und 3 sich je zwei und in dem mittleren Raum 2 sich vier Rohrmündungen befinden.

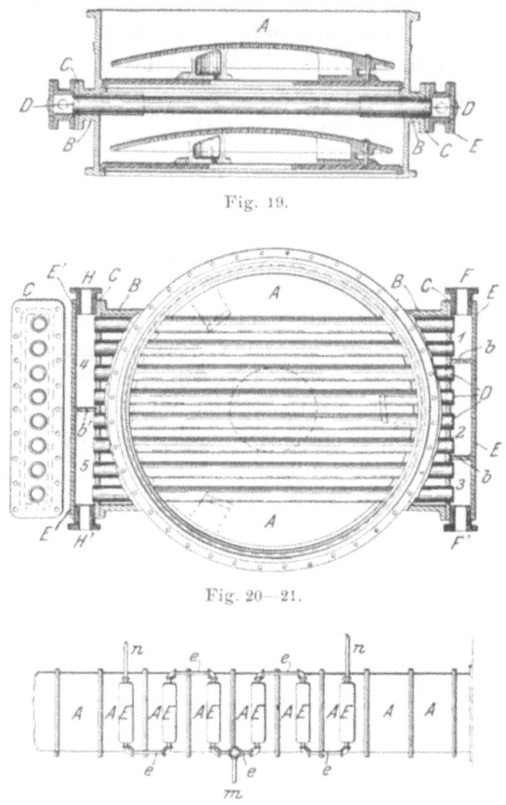

Fig. 19.

Fig. 20—21.

Fig. 22.

Der an den gegenüberliegenden Rohrenden befindliche Deckel E' ist nur in der Mitte mit einem Steg b' versehen, sodaß in jede der hier entstehenden beiden Abteilungen 4 und 5 vier Rohre ausmünden.   Das Kühlwasser fließt durch den Anschlußstutzen F in die Abteilung 1 ein, fließt durch die beiden hier einmündenden Rohre D in die auf der gegenüberliegenden Seite des Elements befindliche Abteilung 4, tritt in die beiden benachbarten Rohre D über und gelangt nach der Abteilung 2, aus welcher es durch die beiden nächsten Rohre nach der Abteilung 5 fließt, um durch die beiden letzten Rohre schließlich nach der Abteilung 3 zu kommen. Aus dieser fließt es durch den Stutzen F' und ein Verbindungsrohr nach der Kühlvorrichtung des nächsten Elements über. Nachdem das Kühlwasser mehrere Elemente passiert hat, fließt es wieder ab.

An den Abteilungen 4 und 5 sind ebenfalls Rohrstutzen H bezw. H' angebracht, welche ebenfalls zur Verbindung der Kühlvorrichtung der einzelnen Elemente dienen können. Die Elemente selbst werden in der bei solchen Kolonnen üblichen Weise aufeinander befestigt.

Bei der dargestellten Einrichtung treten die Rohre D je paarweise in Wirkung, die Anzahl derselben, sowie die Anordnung der Stege kann aber auch so getroffen werden, daß die Kühlflüssigkeit durch nur je ein Rohr oder aber auch durch mehr als zwei Rohre gleichzeitig zirkuliert.

Bei Cogswells System wird jedenfalls eine sehr gute Kühlung erreicht und auch das Kühlwasser gut ausgenutzt, die Einrichtung ist jedoch reichlich kompliziert; es sind eine Menge Verschraubungen und Dichtungen erforderlich.

Ich möchte glauben, daß man dasselbe Prinzip einfacher durchführen kann, etwa in der Weise, wie es Fig. 23 schematisch zeigt. Bei dieser Einrichtung liegt in jedem Ringe der Kolonne eine aus ca. fünf Windungen bestehende Schlange $B, B_{,}, B_{,,} \ldots$ und jede Schlange ist mit der darunter resp darüber liegenden Schlange fest verbunden. Mit anderen Worten: durch die ganze innere Kolonne geht eine geschlossene Rohrleitung, welche in jedem Ringe der Kolonne sich zu einer spiralförmig aufgerollten Schlange ausdehnt. Beim Aufstellen der Kolonne lassen sich die Verbindungen der einzelnen Schlangen durch Verschraubungen miteinander leicht bewerkstelligen. Wenn man die Schlangen von Blei nimmt, so kann man sie auch direkt verlöten und bei einer etwaigen Demontierung der Kolonne leicht wieder auseinander schneiden.

Selbstverständlich kann man auch statt einer einzigen Schlange für die ganze Kolonne 2 oder 3 Schlangen nehmen, also für je 4 bis 5 Ringe 1 Schlange. Das muß sich nach den näheren Umständen richten. Nur selten wird die ammoniakalische Sole in den Sättigungsgefäßen soweit gekühlt, wie es zur weiteren Verarbeitung nötig ist. Für ge-

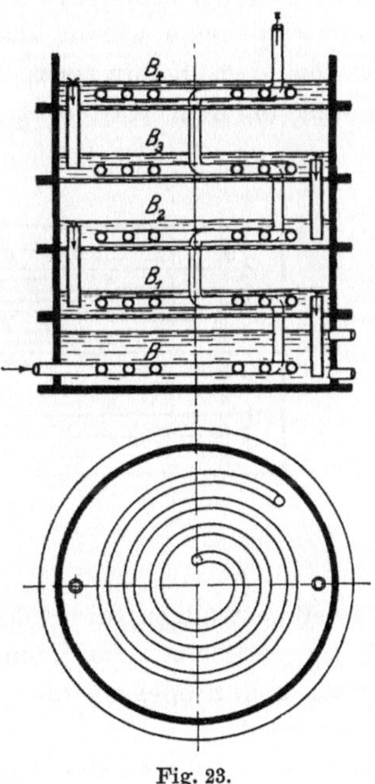

Fig. 23.

wöhnlich wird die Sole mit einer Temperatur von 30—40⁰ aus den
Apparaten ablaufen; zuweilen auch mit 50—60⁰. Man verfährt dann
entweder so, daß man die Sole erst einen Kühler durchfließen läßt, ehe
sie in die Gefäße mit Salz bezw. in die Reservoirs gelangt, oder man
kühlt in letzteren.

In Fig. 24 ist ein bewährter Kühler von sehr einfacher, leicht zugänglicher Konstruktion abgebildet, der nach dem Prinzip des Gegenstromes funktioniert. Die zu kühlende Sole tritt bei a ein und durchläuft die in einem schmiedeeisernen Kasten A liegenden Rohre $r, r_{,}, r_{,,}$,
$r_{,,,}$ und tritt bei b wieder aus. Die Rohre $r—r_{,,,}$ werden völlig um-
strömt von dem Kühlwasser, welches bei f eintritt und bei g abläuft.
Durch die in dem Kasten A angebrachten Scheidewände s, s_1, s_2 wird

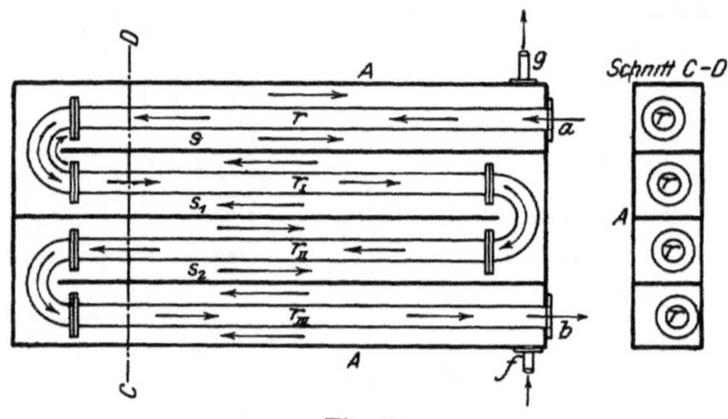

Fig. 24.

das Wasser gezwungen, die Rohre $r—r_{,,,}$ der Länge nach in einer Richtung, entgegengesetzt dem Laufe der Sole, zu umspülen. Rohrleitung r
kann auch aus Rippenrohr hergestellt werden, wodurch die Kühlfläche
vergrößert wird.

Wenn die ammoniakalische Sole aus den Sättigungs- bezw. Kühlapparaten abläuft, so muß sie in der Regel noch weiter mit Salz gesättigt werden, wie oben schon näher auseinandergesetzt ist. Man kann
sich hierzu ganz einfacher Kessel bedienen, die Konstruktion eines
solchen ist aus der Fig. 25 zu ersehen. Die Sole läuft aus der Kolonne
in den Kühler K und von hier durch Leitung k in den mit Kochsalz
gefüllten Salzkessel S ein. s ist ein Siebboden, der mit einem Filter-
tuche bedeckt ist, um die ausgefallten Unreinheiten der Sole zurückzuhalten. Aus dem Kessel S fließt die filtrierte Sole nach dem Reservoir R. Wie aus der Skizze ersichtlich, ist dasselbe mit drei vertikalen Scheidewänden versehen, die abwechselnd oben und unten eine
Öffnung haben. Die Sole ist dadurch gezwungen, im Reservoir auf dem
Wege vom Einlauf zum Ablauf in der Richtung der Pfeile einen auf-
und absteigenden Lauf zu nehmen. Es werden hierdurch suspendierte

Stoffe, die etwa noch vorhanden sind, abgeschieden, und die Sole gelangt völlig klar zum Ablauf nach *p*.

Man kann unter Umständen auch den Kühler hinter den Sättigungsapparaten ganz vermeiden, indem man die Nachkühlung der Sole in den Salzkesseln vornimmt. Dies kann in der Weise geschehen, daß in die Salzkessel eine Kühlschlange gelegt wird, oder man kühlt durch Berieselung von außen. Bei Gefäßen von nicht zu großem Durchmesser ist letztere Kühlung sehr wirksam. Dieselbe ist überhaupt die einfachste und billigste Art der Kühlung, sie hat nur den Nachteil, daß das Wasser umherspritzt und sich viel feuchte Dämpfe im Fabrikraume entwickeln.

Das Reservoir *R* in Fig. 25 kann entbehrt werden, wenn man die Salzkessel von einem solchen Inhalt nimmt, daß dieselben zugleich als Vorratsgefäße für ammoniakalische Lauge dienen. Wenn ein Kessel von der Lauge entleert werden soll, so wird er gegen den Einlauf aus den Ammoniaksättigungsapparaten abgesperrt und die Sole durch eine Flüssigkeitspumpe abgezogen oder durch Luftdruck abgedrückt. Letzteres wendet man namentlich dann an, wenn man mit Gefäßabsorbern in der Karbonisation

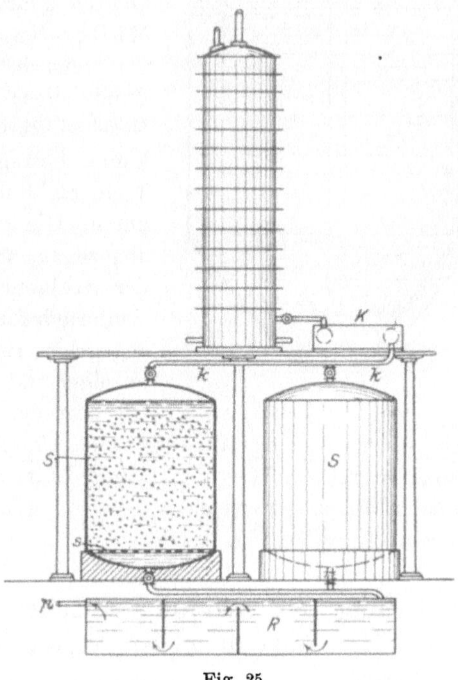

Fig. 25.

arbeitet. Man kann dann die Größe eines Salzkessels so bemessen, daß sein Inhalt an Sole stets für die Füllung eines Absorbers ausreicht.

Wenn bei der Darstellung der ammoniakalischen Sole in der Weise gearbeitet wird, daß man die Sole konzentriert genug erhält, um nicht nachher noch eine Sättigung mit Salz vornehmen zu müssen, so würde die Lösung aus den Ammoniaksättigungsapparaten direkt in ein Reservoir laufen, aus welchem sie dann in die Absorption gepumpt werden soll. Da die Sole meist noch etwas geklärt werden muß, so empfiehlt es sich, das Reservoir zugleich als Klärapparat zu konstruieren. Die Form des Reservoirs *R* in Fig. 25 wirkt zwar gut klärend und gestattet auch eine kontinuierliche Klärung, aber der abgesetzte Schlamm ist schlecht zu entfernen.

Eine sehr praktische Form eines Klärbassins mit kontinuierlichem Betriebe und auch kontinuierlicher Schlammentfernung zeigt Fig. 26. Das Prinzip dieses Apparates ist dasselbe, wie es Solvay bei der in Fig. 13 abgebildeten Konstruktion gewählt hat, nur ist der Betrieb ein anderer. In derselben Weise funktionieren verschiedene Apparate, die zur Wasserklärung angewandt werden, z. B. wird ganz ähnlich gearbeitet bei dem Verfahren von Müller-Nahnsen.

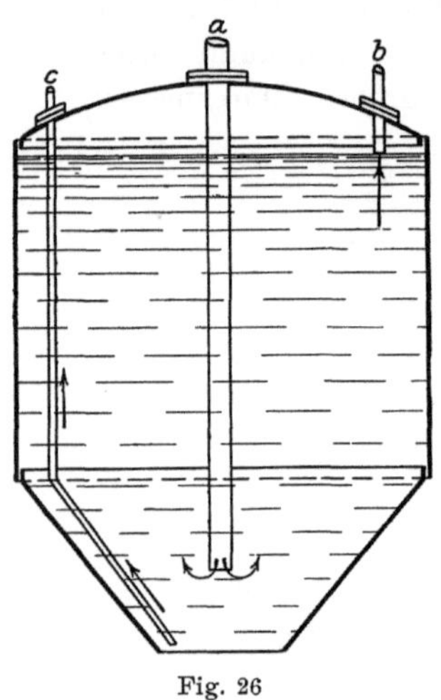
Fig. 26

Durch Rohr *a* läuft die Sole ein. Beim langsamen Aufsteigen nach oben, die Geschwindigkeit soll 5—10 mm pro Sekunde betragen, werden die suspendierten Teile nicht mitgenommen und sinken nach unten. Die geklärte Sole wird durch Rohr *b* abgezogen, während durch die Rohrleitung *c* der Schlamm unten aus dem Kessel kontinuierlich fortgepumpt werden kann. Nicht angegeben in der Skizze ist Wasserstandsanzeiger und eine Rohrleitung, durch welche die Luft des Kessels beim Einlauf der Sole nach einem Waschgefäß entweichen kann. Ferner ist ein Ventil vorhanden, durch welches der Kessel Luft ansaugen kann, falls Sole oder Schlamm abgezogen wird.

Herstellung der ammoniakalischen Sole durch Lösung von Salz in wäßriger Ammoniumlösung.

Die Schilderungen der Apparate bisher beziehen sich auf das unter 1 auf S. 59 bezeichnete Verfahren der Herstellung einer ammoniakalischen Salzlösung, indem man Sole mit Ammoniak sättigt. Als zweites Verfahren ist daselbst angegeben, daß man auch zuerst eine wäßrige Lösung von Ammoniak herstellen kann, welche nachher mit Salz gesättigt wird. Zu diesem Verfahren kann man dieselben Sättigungsapparate anwenden, welche oben beschrieben sind, statt Sole läßt man dann Wasser einfließen. Hierbei muß berücksichtigt werden, daß sich das Volumen der hierbei entstehenden Ammoniaklösung durch Auflösung des Salzes vermehrt, es darf daher nicht so viel Wasser einlaufen wie sonst Sole.

Die wäßrige Ammoniaklösung läuft dann in die Salzkessel Fig. 25. Bei diesem Verfahren hat man natürlich mehr Salzkessel nötig als bei

Anwendung von Sole, spart dafür aber die Gefäße zur Lösung des Salzes (Fig. 9 bezw. 11).

Da bei der Herstellung der ammoniakalischen Sole auf diese Weise das sämtliche Salz in den Salzkesseln gelöst werden muß, so erhält man in denselben viel Schlamm, und es ist eine häufigere Reinigung nötig. Man hat aber auch eine größere Anzahl dieser Gefäße, sodaß man stets eins derselben behufs Entleerung von Schlamm ausschalten kann. Da der Schlamm mit stark ammoniakhaltiger Sole getränkt ist, wäscht man ihn mit Wasser aus, ehe er in die Destillation kommt. Das Waschwasser pumpt man dann in die Ammoniaksättiger.

Bei diesem Verfahren hat man nicht nötig, die Ammoniakdämpfe aus der Kolonne zu trocknen, man kann also einen Rücklaufkühler bei der Destillation sparen. Das sich kondensierende Destillat bildet zum großen Teil das Wasser, welches das Salz löst. Es ist in diesem Falle allerdings eine starke Kühlung in den Ammoniaksättigern und dadurch größere Kühlfläche derselben nötig, da der sich kondensierende Wasserdampf viel Wärme abgibt. Im ganzen ist aber die Kühlung naturlich nicht stärker als beim anderen Verfahren. Es erwächst bei dieser Modifikation der Vorteil, daß die Destillierlaugen konzentrierter werden als sonst. Das ist unter Umständen sehr erwünscht. Auch wird beim Destillieren Wärme gespart, da nicht soviel gekühltes Kondensat zurückfließt, welches wieder erwärmt werden muß.

Dies Verfahren II ist, wie oben schon erwähnt wurde, selbstverstandlich nur da moglich, wo man festes Salz zur Verfügung hat.

Ob nun in einem solchen Falle dies Verfahren angewandt werden soll, oder ob man Verfahren I wählt, darüber läßt sich streiten. Beide Verfahren sind praktisch und gut ausführbar: Bei Salz, welches viel unlösliche Unreinheiten enthält, wurde ich Verfahren I nehmen, sonst aber stets Verfahren II. Letzteres hat den großen Vorteil, daß die Siebböden der Ammoniakabsorber, die Rohrleitungen etc. sich nicht so leicht verstopfen. Bei Verarbeitung von Solen, einerlei ob sie natürlich gewonnen oder künstlich hergestellt sind, tritt sehr leicht eine Verstopfung der Ammoniakabsorber ein, namentlich durch Magnesiasalze. Nur eine langere und gründliche Klarung der Sole kann hier einigermaßen schutzen. Dazu gehören aber umfangreiche Einrichtungen, die auch teuer sind.

Zusammensetzung der ammoniakalischen Lösungen.

Die Art und Weise der Herstellung einer ammoniakalischen Salzlösung ist in vorstehendem genügend auseinandergesetzt, es erübrigt nun noch festzustellen, wie die Lösung beschaffen sein soll. Dieser Punkt ist von größter Wichtigkeit und soll eingehend im nächsten Kapitel besprochen werden. Hier sei nur folgendes bemerkt. Die Lösung besteht aus Ammoniak, Chlornatrium und Wasser. Durch Veränderung der Mengen dieser einzelnen Bestandteile zu einander entsteht eine unendliche Zahl von Lösungen. Es ist mit den geschilderten Apparaten leicht möglich, Lösungen jeder Zusammensetzung herzustellen.

Wenn völlig trockenes Ammoniak in eine Lösung von Chlornatrium geleitet wird, so dehnt sich diese aus und Natriumchlorid fällt aus, wie schon oben auf S. 65 erwähnt wurde. Bei einem Versuche[1] ergab eine konzentrierte Lösung von Chlornatrium, die im Liter 314 g Na Cl enthielt, nach der Sättigung mit völlig trockenem Ammoniak eine Volumvermehrung von annähernd 10 %; aus einem Liter wurden 1105 ccm. Die resultierende Lösung enthielt pro Liter 271 g Chlornatrium neben 73,9 g Ammoniak. Es waren also rund 14 g Na Cl pro 1 Liter der ursprünglichen Lösung ausgefallen.

Um festzustellen, wie sich die Löslichkeit des Kochsalzes in wäßrigen Ammoniaklösungen verhält, habe ich aus verschiedenen Bestimmungen eine Tabelle berechnet[2], welche ich hier folgen lasse. Diese Tabelle kann allerdings auf völlig wissenschaftliche Genauigkeit keinen Anspruch machen. Der Flüchtigkeit des Ammoniaks wegen sind solche genauen Bestimmungen nur unter ganz besonderen Vorsichtsmaßregeln durchzuführen, es gehören dazu Apparate und Einrichtungen, wie sie mir nicht zu Gebote standen. Für technische Zwecke ist die Tabelle jedoch völlig ausreichend, sie gibt ein klares Bild über den Einfluß des Ammoniaks auf die Löslichkeit des Natriumchlorids.

NH_3 %	$Na\,Cl$ %	NH_3 %	$Na\,Cl$ %
3,5	29,5	8,0	26,8
4,0	29,2	8,5	26,4
4,5	28,9	9,0	26,1
5,0	28,6	9,5	25,7
5,5	28,3	10,0	25,4
6,0	28,0	10,5	25,1
6,5	27,7	11,0	24,8
7,0	27,4	11,5	24,4
7,5	27,1	12,0	24,1

Die Lösungen, auf welche sich diese Tabelle bezieht, sind solche, die mit Chlornatrium völlig gesättigt sind, also davon soviel enthalten,

---

[1] Chem.-Ztg. 1890, XIV, 491.

[2] Zeitschrift für angewandte Chemie 1888.

wie der Ammoniakgehalt der Lösung zuläßt. Es ist bei diesen gesättigten Lösungen nur eine einzige möglich, in der das molekulare Verhältnis von Ammoniak und Natriumchlorid wie 1 : 1 ist; dieselbe würde einen Gehalt von 7,8 % Ammoniak und 26,8 % Chlornatrium haben. Diejenigen Lösungen, in denen die Menge des Ammoniaks mehr als 7,8 % beträgt, enthalten dasselbe im molekularen Überschuß zum Kochsalz. Bei geringerem Ammoniakgehalt ist Kochsalz in größerer Menge vorhanden. Dies gilt, wie gesagt, nur für gesättigte Lösungen. Man kann natürlich außerdem noch ammoniakalische Chlornatriumlösungen mit molekularem Verhältnisse von Ammoniak und Kochsalz wie 1 : 1 herstellen; dieselben haben dann aber nicht den Gehalt an Kochsalz, den sie bei ihrem Ammoniakgehalt aufnehmen können, es sind das also verdünnte Lösungen.

Wir haben nach obigen Betrachtungen zwei Reihen von ammoniakalischen Kochsalzlösungen, nämlich:

I. Konzentrierte Lösungen, das sind solche, die soviel Kochsalz enthalten, als beim vorhandenen Ammoniakgehalt aufgenommen wird.

II. Verdünnte Lösungen, die weniger Kochsalz enthalten, als sie bei ihrem Ammoniakgehalt zu lösen vermögen.

Darüber, welche Lösung sich am besten zum Betriebe der Ammoniaksodafabrikation eignet, ist im nächsten Kapitel Näheres enthalten.

Größe der Apparate für 10 000 kg Tagesproduktion.

Bei der Produktion von 10 000 kg Soda pro 24 Stunden ergeben sich folgende Zahlen für die Herstellung der ammoniakalischen Sole. Angenommen ist, daß mit dem Kolonnenabsorber Fig. 18 gearbeitet werden soll.

Die Kolonne sollen durchfließen per 24 Stunden im Maximum rund 70 cbm, also pro Minute rund 50 Liter.

Der Durchmesser der Kolonne soll im Lichten betragen 2000 mm, dann ist der Flächeninhalt eines Ringes 3,14 qm. Angenommen werden 10 Absorptionsringe. Auf jedem Ringe soll die Flüssigkeit 200 mm hoch stehen, dabei ist jedoch zu berücksichtigen, daß ein Teil dieser Flüssigkeit durch das emporsteigende Gas verdrängt ist, welches die Flüssigkeit mit Gasblasen und Bläschen anfüllt. Das Volumen dieser Gase kann die Hälfte der Flüssigkeit betragen, dann bleibt für die letztere eine Höhe von netto 100 mm. Hieraus berechnet sich der Flüssigkeitsinhalt eines Ringes zu 314 Liter, davon ist abzusetzen das Volumen des zentralen Rohres und der Überlaufrohre mit 38 Liter. Es bleiben also für jeden Ring 276 Liter, und die 10 Ringe der Kolonne würden also zusammen 2760 Liter enthalten. Auf den Siebböden über den Kühlringen steht vielleicht etwas weniger Lösung, dafür soll als Ausgleich die Flüssigkeit im Bodenring gerechnet werden. Bei einer derartigen Berechnung genügt es, wenn die erhaltenen Resultate nur annähernd richtig sind; man muß doch stets größere Abrundungen vornehmen. Da pro Minute, wie oben berechnet ist, 50 Liter zum Einfluß in die Kolonne gelangen, so ergibt sich daraus, daß die Flüssigkeit rund 55 Minuten in der Kolonne verweilen kann.

Die in der Kolonne durch die Absorption der Gase freiwerdenden Warmemengen ergeben sich aus folgender Rechnung. In die Destillation gelangen zur Verarbeitung (auf die Produktion von 10 000 kg Soda pro 24 Stunden) Laugen, welche 3400 kg Ammoniak in Form von viel Chlorid und etwas Sulfat und ferner rund 1500 kg Ammoniak als Karbonate enthalten.

Die Reaktion:

$$NaCl + NH_4HCO_3 = NaHCO_3 + NH_4Cl$$

ergibt allerdings für 10 000 kg Soda nur rund 3200 kg Ammoniak als Salmiak, man muß indes mehr rechnen, da sich noch Chloride und Sulfate des Ammoniaks aus den Unreinheiten der Sole bilden. Ferner kommt hinzu das Ammonsulfat, welches stets aufs neue behufs Ergänzung des unvermeidlichen Ammoniakverlustes zugesetzt wird.

Aus der Destillierkolonne treten also per 24 Stunden 4900 kg Ammoniak in die Ammoniakabsorptionskolonne ein, außerdem liefert die Destillierkolonne Kohlensäure. Wie oben angegeben, enthalten die Destillationslaugen rund 1500 Ammoniak als Karbonat. Nimmt man an, daß letzteres zum größten Teil aus Bikarbonat besteht, so ergeben sich rund 3900 kg Kohlensäureanhydrid, welche aus der Destillierkolonne in 24 Stunden in die Ammoniakabsorption eintreten.

Ammoniak und Kohlensäure entweichen aus der Destillierkolonne im Zustande der Dissoziation. Die Temperatur im oberen Teil der Destillierkolonne[1]) muß stets so hoch gehalten werden, daß eine Vereinigung zu Karbonat daselbst und in der Rohrleitung zwischen Destillier- und Absorptionskolonne nicht möglich ist. Sie muß, da bei 58° Ammonkarbonat sich bildet, mindestens 60° betragen, indes wird man praktisch die Temperatur auf mindestens 65° halten. Haufig steigt die Temperatur auch auf 70°. Mit etwas geringerer Temperatur treten die Gase dann in die Ammoniakabsorption ein. Eine geringe Abkühlung

---

[1]) Es sei hier gleich bemerkt, daß im oberen Teil der Destillierkolonne sich eine Kühlvorrichtung befindet, welche verhindern soll, daß zu viel Wasserdampf mit den ausgetriebenen Gasen — Ammoniak und Kohlensäure — entweicht. Naheres darüber im Kapitel VI.

findet in der Rohrleitung zwischen Destillierkolonne und Absorptions-kolonne statt.

Die Temperatur von 65—70⁰[1]) wird eingehalten, wenn man mög-lichst trockene Gase haben will, also beim Verfahren I, bei welchem mit einer konzentrierten Sole gearbeitet wird.

Falls man mit festem Salz arbeitet, läßt man die Destillierkolonne im oberen Teil heißer gehen; es kommt dann mehr Wasserdampf herüber.

Die Kühlung im oberen Teile der Destillierkolonne kann selbst-verständlich praktisch nie so wirksam sein, daß die Gase — Ammoniak und Kohlensäure — ganz ohne Beimischung von Wasserdampf ent-weichen. Der letztere kondensiert sich in der Ammoniakabsorptions-kolonne und gibt dadurch Wärme ab. Es ist schon oben darauf hin-gewiesen, daß die Destilliergase nicht völlig trocken in konzentrierte Sole eingeleitet werden dürfen, da sonst Kochsalz ausfallt.

Wie groß die Menge des mitdestillierenden Wasserdampfes bei dem einen oder anderen Verfahren ist, hat man wohl nirgends ganz genau festgestellt; jedenfalls ist bisher wenig darüber bekannt ge-worden[2]). Man hat Anhaltspunkte über die Menge des Dampfes durch die Verdünnung, welche die Sole in der Ammoniakabsorption erfährt. Genau ist diese Art der Bestimmung aber nicht, denn es wird stets Wasser in kondensiertem Zustande mechanisch mit übergerissen.

Nach meinen Feststellungen im Betriebe, die annahernd richtig sind, kommen bei stärkerer Kühlung, also bei 65—70⁰ in der Destillier-kolonne immer noch ca. 3000 Liter Wasserdampf mit den Gasen der Kolonne in die Ammoniakabsorption, bei 80⁰ dürfte die Menge ca. 6000 Liter betragen. Diese Zahlen gelten für die Produktion von 10000 kg Soda per 24 Stunden.

Ich bemerke jedoch gleich, daß diese Zahlen keine Allgemein-gültigkeit haben. Es ist ohne Zweifel, daß man an anderen Stellen mit anderen Apparaten andere Ergebnisse erhält trotz Anwendung ein und derselben Temperatur. Das Ergebnis wird wohl am meisten beeinflußt durch die Menge des mechanisch mitgerissenen Wassers.

Beim Verfahren II, wenn man die Temperatur im oberen Teil der Destillierkolonne bis auf 90—100⁰ steigen läßt, gehen natürlich viel größere Mengen Wasserdampf aus der Destillation fort und kondensieren

---

[1]) Faßbender, Zeitschr. f. angew. Chemie 1893, S. 228, gibt 60⁰ an. — Diese Temperatur liegt dem Punkt, bei welchem Ammonkarbonatbildung eintritt, so nahe, daß die Innehaltung derselben jedenfalls praktisch nicht leicht durch-zuführen ist. Man wird vorsichtiger Weise etwas höhergehen.

[2]) Faßbender, a. a. O., gibt an, daß auf 10 000 kg 4 cbm Wasserdampf in den Ammoniakabsorber eintreten.

sich in der Ammoniakabsorption. Die Menge des kondensierten Wassers kann dann 1 cbm und mehr pro Stunde, also 24 cbm und mehr pro 10000 kg Soda betragen; in solchem Falle muß die Kühlung in der Absorptionskolonne viel größer sein als bei Verfahren I.

Im vorliegenden Beispiel soll der Betrieb so eingerichtet sein, daß die aus der Bikarbonatfällung entweichenden Gase ebenfalls in die Ammoniakabsorption eintreten. Diese Gase bringen geringe Mengen Ammoniak und außerdem Kohlensäureanhydrid mit. Vom letzteren wird ein Teil in der Ammoniakabsorption aufgenommen und zwar soll angenommen werden ein solches Quantum, daß alles Ammoniak in einfaches Karbonat verwandelt wird.

Die oben angegebene Menge von 4900 kg Ammoniak verlangt zur Bildung von Ammonkarbonat rund 6350 kg Kohlensäureanhydrid. Da von dieser Menge schon 3900 kg[1]) durch die Kohlensäure aus der Destillierkolonne gedeckt werden, so müssen die Gase aus der Fällung noch 2450 kg liefern.

Zu erwahnen ist hier, daß nicht immer nur Ammonkarbonat gebildet wird. Zuweilen entsteht auch Bikarbonat und zuweilen bleibt freies Ammoniak in der ablaufenden Sole. Der Betrieb läßt sich nicht so genau führen, daß die Gase ganz regelmäßig in ein und derselben Stärke einströmen. Natürlich muß die Bildung von viel Ammonbikarbonat vermieden werden, da sonst in der Ammoniakabsorptionskolonne beim Arbeiten mit konzentrierter Sole eine Ausfällung von Natriumbikarbonat eintreten würde. Beim Verfahren II könnte diese Bildung in den Salzgefäßen entstehen.

Es ist nun die Wärmemenge zu berechnen, welche durch die Absorption der Gase in der Absorptionskolonne frei wird. Die Vorgänge in der Kolonne sind ziemlich kompliziert. Es wird Wärme frei durch die Lösung der Gase in der Flüssigkeit und auch durch die Vereinigung von Kohlensäure und Ammoniak zu Karbonat, also Lösungswärme und Neutralisationswärme. Andererseits entsteht aber bei der Lösung des Ammonkarbonats und auch des Ammonbikarbonats eine Bindung von Wärme. Genauere Beobachtungen oder Bestimmungen liegen hierüber nicht vor. Man wird indes keinen großen Fehler begehen, wenn man nur die Lösungswärme für Ammoniak und Kohlensaure berechnet und die Bildungs- und Lösungswärme des Ammonkarbonats vernachlässigt. Für den vorliegenden Zweck ist der hierbei entstehende Fehler nur gering im Verhältnis zu der Differenz, welche durch Annahme verschiedener Mengen des den Destillationsgasen beigemengten Wasserdampfes entsteht.

---

[1]) cf. S. 82.

Die Lösungswärme des gasförmigen Ammoniaks beträgt nach Favre und Silbermann[1]) für $NH_3 — 17 = 8{,}743$ also 514,3 c. für 1 kg NH_3. Wenn das Ammoniakgas mit 70° in die Absorption tritt und hier auf 40° gekühlt wird, so gibt dabei 1 kg $30 \times 0{,}531^{2})$ = rund 16 c. ab. Im ganzen werden also durch 1 kg NH_3 rund 530 c. frei.

Die Lösungswärme der gasförmigen Kohlensäure ist nach Berthelot[3]) für $CO_2 — 44 = 5{,}6$, beträgt also für 1 kg = 127 c. 3900 kg der Gesamtkohlensäure treten mit einer Temperatur von 70° ein und werden auf 40° gekühlt, hierbei werden also $30 \times 0{,}217\ \text{c.}^{4})$ = 6,5 auf jedes kg frei. Insgesamt gibt demnach jedes kg Kohlensäure $127 + 6{,}5$ = rund 134 c. ab.

Die Kohlensäure aus der Bikarbonatfällung gibt fühlbare Wärme in der Absorptionskolonne nicht ab; hier ist nur die Lösungswärme mit 127 c. pro 1 kg zu rechnen.

Der Wasserdampf, welcher in der Absorptionskolonne kondensiert wird, gibt rund 600 c. per kg ab.

Die Berechnung der insgesamt in der Ammoniakabsorption entwickelten Wärme ergibt also:

4900 kg NH_3	à 533 c.	=	2 611 700 c.
3900 - CO_2	à 134 c.	=	522 600 c.
2450 - CO_2	à 127 c.	=	311 150 c.
5000 - H_2O Dampf	à 600 c.	=	3 000 000 c.
	Summa		*6 445 450* c.

Diese Berechnung mit nur 5 cbm Wasserdampf betrifft das Verfahren I, bei welchem mit konzentrierter Sole gearbeitet wird. Es soll angenommen werden, daß diese Sole mit einer durchschnittlichen Höchsttemperatur von 20° in die Absorptionskolonne eintritt und dieselbe mit 40° verläßt. Dann werden dabei pro Liter $20 \times 1{,}0^{5})$ = 20 c. mit fortgenommen. Bei einem Quantum von 65 cbm[6]) Sole per 24 Stunden ergeben sich also 1 300 000 c. Diese Wärmemenge muß von dem oben berechneten Wärmequantum abgesetzt werden.

---

¹) Naumann, Thermochemie. Braunschweig 1881, S. 344. — Nach Thomsen, Ibid. S. 345, ist die Zahl 8,435, nach Berthelot (Chem.-Kalender 1904, S. 137) = 8,8.

²) Spezifische Wärme des Ammoniaks. Naumann, a. a. O. S. 77.

³) Naumann, a. a. O. S. 345.

⁴) Spezifische Wärme des Kohlensäureanhydrids. Naumann, a. a. O. S. 77.

⁵) Die spezifische Wärme der Sole ist mit 0,82 zu rechnen. Da 1 Liter der Sole rund 1,2 spezifisches Gewicht besitzt, so ist für 1 Liter die spezifische Wärme = 1,0 zu setzen.

⁶) Das ganze Volumen der ablaufenden Sole ist oben mit 70 cbm angegeben. Es sind aber hier für das kondensierte Wasser 5 cbm abzusetzen.

Ferner kann man rechnen, daß auf jeden Quadratmeter Oberfläche der Absorptionskolonne abzüglich der Kühlringe durchschnittlich pro Stunde 300 c. durch Luftkühlung und Ausstrahlung fortgenommen werden. Bei 25 qm Oberfläche ergeben sich $25 \times 300 \times 24 = 180\,000$ c. Auch diese Wärmemenge fällt der Wasserkühlung nicht zur Last und muß daher abgesetzt werden. Im ganzen sind demnach $1\,300\,000 + 180\,000 = 1\,480\,000$ c. abzurechnen. Das durch die Wasserkühlung fortzunehmende Wärmequantum beträgt demnach:

$$\begin{array}{r} 6\,445\,450 \text{ c.} \\ -\ 1\,480\,000 \text{ c.} \\ \hline 4\,965\,450 \text{ c.} \end{array}$$

Es ist nun die nötige Kuhlfläche zu berechnen. Der schwierigste Punkt bei dieser Berechnung ist die Bestimmung der Größe des Wärmedurchgangskoeffizienten. Die Übertragung der Wärme in das Kühlwasser muß geschehen durch eine eiserne Wand aus einem Gemisch von ammoniakalischer Sole mit Ammoniak, Kohlensäure und Luftbestandteilen. Nach Käuffer[1]) beträgt der Wärmedurchgangskoeffizient durch Metallflächen für 1^0 Temperaturunterschied im Durchschnitt während der Hochheizung auf 1 qm Heizfläche und Stunde aus Warmluft in nicht kochendes Wasser 12 c. und aus Wasser in Wasser 200 c. Hier sind also ganz bedeutende Unterschiede vorhanden, je nachdem Gase (man kann praktisch rechnen, daß sich Ammoniak- und Kohlensäuregase wie Luft verhalten) oder Flüssigkeit mit der Kühlfläche in Berührung sind. Meistens werden die Kühlflächen indes benetzt sein, man kann daher den Koeffizienten für Übertragung von Wasser in Wasser annehmen, also 200 c.[2]). Legt man diese Zahl zu Grunde und nimmt man an, daß die mittlere Temperaturdifferenz zwischen Kühlwasser und Flüssigkeit 20^0 beträgt, so überträgt jeder Quadratmeter Kühlfläche 3000 c.[3]) pro Stunde. Oben waren per 24 Stunden 4 965 450 c. berechnet, das ist für 1 Stunde rund 206 000 c. Um diese Wärmemenge fortzunehmen, sind demnach rund 70 qm Kühlfläche erforderlich. Jeder Kühlring der Ammoniakabsorptionskolonne enthält 300 Rohre von 65 mm äußerem Durchmesser. Die Rohre des unteren Kühlringes sollen eine Länge von 800 mm, die des oberen von 500 mm haben, das sind insgesamt 390 m Rohr. Da 1 m dieser Rohre 0,204 qm Oberfläche hat, so berechnet sich daraus eine Kühlfläche von $390 \times 0,204 = 79,6$ qm.

---

[1]) Ingenieur-Kalender 1904, Teil II, S. 74.

[2]) Auch Faßbender, a. a. O., rechnet mit diesem Koeffizienten.

[3]) Die Temperatur des ablaufenden Kühlwassers bleibt dann noch um 5^0 unter der Temperatur der ablaufenden Sole.

Dazu kommen noch die Böden der Kühlringe, von deren Kühlfläche allerdings rund $\frac{1}{3}$ durch die Kühlrohre fortgenommen wird. Es bleibt dann für jeden Boden bei 2000 mm Dtr. eine Fläche von rund 2 qm. Da die unteren Böden der Kühlringe nicht sehr wirksam sind, so sollen für die 4 Böden nur im ganzen 4 qm Kühlfläche angesetzt werden. Es sind dann also insgesamt rund 84 qm Kühlfläche vorhanden gegenüber 70 qm, welche die oben ausgeführte Rechnung verlangte. Es ist also ein Überschuß von 14 qm vorhanden.

Ein solcher Überschuß ist jedenfalls praktisch; er dient als Reserve für den Fall, daß Unregelmäßigkeiten eintreten. Es kann z. B. die Temperatur der Sole oder des Kühlwassers an einzelnen Tagen höher sein, als angenommen ist. Ferner geht der Betrieb nicht immer ganz gleichmäßig. Durch zeitweilig stärkeres Einströmen von Ammoniak, Kohlensäure ·oder Wasserdampf kann es kommen, daß statt der durchschnittlich berechneten 200 000 c. in der einen Stunde vielleicht 150 000 c., in der anderen 250 000 c.[1]) fortzunehmen sind. Um solche Differenzen auszugleichen, welche ca. 25 % betragen, genügt der Überschuß von 14 qm = 12 % allerdings nicht. Aber es ist nicht so sehr schlimm, wenn die ammoniakalische Sole kürzere Zeit auch einmal mit einer höheren Temperatur als 40° abfließt. Es muß, wie oben schon bemerkt wurde, sowieso eine weitere Kühlung der Sole stattfinden, entweder in einem besonderen Kühler oder in den Salzreservoirs. Darüber ist Näheres weiter unten angegeben.

Bei dem Verfahren II, bei welchem mehr Wasserdampf in der Ammoniakabsorption zu kondensieren ist, wird eine größere Kühlfläche erforderlich. Die Berechnung der in 24 Stunden freiwerdenden Wärme ergibt:

$$
\begin{array}{lll}
4\,900 \text{ kg } NH_3 \text{ wie oben} & \ldots & = \quad 2\,611\,700 \text{ c.} \\
3\,900 \text{ - } CO_2 \text{ - } & - \ldots & = \quad\;\; 522\,600 \text{ c.} \\
2\,450 \text{ - } CO_2 \text{ - } & - \ldots & = \quad\;\; 311\,500 \text{ c.} \\
20\,000 \text{ - Wasserdampf à } 600 \text{ c.} & \ldots & = \; 12\,000\,000 \text{ c.}
\end{array}
$$

$$\text{Summa} \qquad \textit{15 445 800 c.}$$

In diesem Falle läuft keine Sole sondern Wasser in die Absorptionskolonne ein. Man kann rechnen 40 cbm; 20 cbm werden durch den kondensierten Wasserdampf gedeckt. Diese 60 cbm Wasser geben rund 70 cbm Sole[2]).

---

[1]) Solche starken Differenzen sollen allerdings nur ausnahmsweise vorkommen.

[2]) Diese Rechnung ist nicht ganz genau. Es wären eigentlich noch Korrekturen anzubringen, da es sich nicht um einfache Sole, sondern um ammoniakalische Sole handelt. Für den vorliegenden Zweck genügt indes die Annahme von 40 cbm Wasser.

Die ammoniakalische Sole soll mit 55⁰ aus der Kolonne ablaufen, während das Wasser mit 20⁰ Höchsttemperatur eintritt, es ist also eine Temperaturdifferenz von 35⁰ vorhanden. Jene 40 cbm Wasser nehmen also $40 \times 35 = 1\,400\,000$ c. mit sich fort.

Ferner ist nun, da die Absorptionskolonne höhere Temperatur besitzt, die Wärmeabgabe an die Luft und die Ausstrahlung eine größere. Man kann pro qm 450 c. rechnen, es werden also $24 \times 450 \times 25 = 270\,000$ c. in 24 Stunden ausgestrahlt. Es sind also insgesamt $1\,400\,000 + 270\,000 = 1\,670\,000$ c. von der Gesamtmenge der entwickelten Wärme abzusetzen. Dadurch ermäßigt sich die oben berechnete Zahl auf rund 13 780 000 c. für 24 Stunden oder rund 575 000 c. für 1 Stunde.

Die mittlere Temperaturdifferenz zwischen dem Kühlwasser und der Sole kann beim Verfahren II zu 25⁰ gerechnet werden. Wenn derselbe Wärmedurchgangskoeffizient gerechnet wird wie oben, nämlich 200 c., so ist die Wirkung eines Quadratmeters Kühlfläche nun $25 \times 200 = 5000$ c. pro Stunde. Zur Fortnahme von 575 000 c. sind also 125 qm Kühlfläche erforderlich.

Man würde also die Kühlringe vergrößern müssen oder einen Kühlring mehr einsetzen, eventuell kann man auch noch eine Kühlschlange in den unteren, dann vergrößerten Teil der Kolonne legen.

Bei ungünstigen Kühlwasserverhältnissen, also bei Mangel an Wasser oder bei höherer Temperatur desselben ist es nicht geraten, das Verfahren II anzuwenden. Oder man müßte schon zur Aufstellung einer Kühlmaschine übergehen, deren Aufgabe es sein würde, das Kühlwasser ständig auf einer konstanten niedrigen Temperatur zu halten.

Das vorstehende zweite Beispiel ist übrigens ein ziemlich extremes. Dasselbe soll zeigen, welchen großen Einfluß der mit den Destilliergasen mitgehende Wasserdampf auf die Wärmeentwicklung in der Ammoniakabsorptionskolonne hat.

Für den Kühler, welcher die aus der Absorptionskolonne abfließende Sole weiter zu kühlen hat, wählt man zweckmäßig die Form von Fig. 24 auf S. 76.

Es sind nach Verfahren I zu kühlen 70 cbm Sole von durchschnittlich 40⁰ auf möglichst 20⁰, besser noch auf eine niedrigere Temperatur. Ob man das erreicht, ja ob man 20⁰ erreicht, hängt von der Temperatur des Kühlwassers ab. Mit einem Kühlwasser von 20⁰ kann man die Sole nicht auf 20⁰ herunterbringen, wenigstens nicht ohne Zuhilfenahme ganz riesiger Kühlflächen und ebensolcher Wassermengen.

Wenn das Kühlwasser 20⁰ hat, wie bei den obigen Rechnungen angenommen ist, so wird man kaum eine niedrigere Temperatur als 25⁰ in der zu kühlenden Sole erreichen. Bei Anwendung eines relativ großen Kühlers sind vielleicht 22—23° zu erzielen.

Es sollen $22\,^1/_2{}^0$ angenommen werden, dann sind bei 70 cbm Sole, die von 40° auf $22\,^1/_2{}^0$ abzukühlen sind, $70000 \times 17,5 = 1\,225\,000$ c. in 24 Stunden = rund 51 000 c. in 1 Stunde fortzunehmen. Der Wärmedurchgangskoeffizient ist wie in den vorstehenden Rechnungen mit 200 c. zu setzen. Die Temperaturdifferenz zwischen Kühlwasser und Sole kann hier als Durchschnitt gerechnet werden, da ein solcher Röhrenkühler, wie Fig. 24, sehr wirksam ist. Die durchschnittliche Differenz zwischen 40° und 20° ist zu 10° zu setzen, darnach ergeben sich für 1 qm Kühlfläche $10 \times 200 = 2000$ c. per Stunde. Zur Deckung der berechneten 51 000 c. werden also $25\,^1/_2$ qm Kühlfläche verlangt.

Die Rohre des Kühlers sollen 150 mm lichten, und bei 10 mm Wanddicke 170 mm ganzen Durchmesser haben; 1 m dieser Rohre hat also 0,534 qm Oberfläche. Jene $25\,^1/_2$ qm Kühlfläche erfordern daher rund 50 m Rohrleitung.

Für das Verfahren II, bei welchem die Sole mit höherer Temperatur in den Kühler einfließt, mußte der Kühler ca. die doppelte Länge an Rohren enthalten.

Man kann die Aufstellung eines Kühlers zwischen Absorptionskolonne und Salzkesseln auch vermeiden, dann muß die Kühlung der Sole in den Salzreservoirs stattfinden. Das kann auf verschiedene Art geschehen; entweder durch eine in den Reservoirs liegende Kühlschlange oder durch Berieselung der Kessel von außen. Letztere Kühlung ist ganz wirksam; sie hat aber den Nachteil, daß Wasser im Fabrikraum herumspritzt und auch Dampfe entwickelt werden. Das Rosten der Eisenteile wird dadurch begünstigt.

Es ist nicht durchaus erforderlich, stets die Kühlung der ammoniakalischen Sole bis auf 20° zu treiben. Die Fällkessel für Bikarbonat, in welche die ammoniakalische Sole aus den Salz- oder Solenreservoirs gelangt, sind stets mit Kühlungseinrichtung versehen. Es ist also ganz gut möglich, die ammoniakalische Sole in diesen Kesseln zu kühlen, selbst wenn dieselbe auch mit 40° Temperatur einläuft.

Geschieht die Bikarbonatfallung allerdings in Kolonnen, welche im oberen Teile eine Kühlvorrichtung nicht besitzen, so wird die Lösung besser vorher auf ca. 20° gekühlt.

Statt in den Salzkesseln kann eine Nachkühlung der ammoniakalischen Sole auch in den Solereservoirs stattfinden, wenn die betreffenden Fabriken solche besitzen.

Daß die oben mitgeteilten Rechnungen über die Größe der Kuhlflächen auf etwas unsicheren Grundlagen beruhen, ist schon gesagt. Man ist mangels genügender Beobachtungen und Feststellungen über die

Wirkungen verschiedener Arten der Kühlung gezwungen, Annahmen zu machen[1]).

Selbstverständlich wissen die einzelnen Fabriken genau, wie groß die Kühlfläche bei den von ihnen angewandten Apparaten bei der Temperatur des Kühlwassers und der Art ihrer Betriebsführung sein muß. Aber die Normen der einzelnen Fabriken haben keine Allgemeingültigkeit. Nicht nur bei verschiedenen Apparaten, sondern auch bei ein und demselben Apparat ist die Wirkung eines Quadratmeters Kühlfläche bei verschiedener Art der Betriebsführung verschieden.

Meine Berechnungen habe ich gegeben, um zu zeigen, auf welche Punkte es bei der Kühlung ankommt.

Im allgemeinen bemerke ich, daß man die Kühlfläche nicht zu klein nehmen soll. Dadurch kann unter Umständen der ganze Betrieb gestört werden. Ist die Kühlfläche zu groß, so kann kein anderer Schaden entstehen, als daß die Anlagekosten größer sind. Das ist jedenfalls nicht so schlimm, als wenn der Betrieb gestört oder unmöglich gemacht wird.

Nach meinen Erfahrungen rechne ich auf die Produktion 10 000 kg Soda pro 24 Stunden eine Kühlfläche von 70 qm in der Absorptionskolonne und 30 qm im Kühler zwischen Kolonne und den Salzkesseln. Dabei ist angenommen, daß die Temperatur des Kühlwassers im Sommer 20^0 nicht überschreitet.

Faßbender, a. a. O., gibt für die Produktion von 10 000 kg pro 24 Stunden nur 21 qm Kühlfläche in dem von ihm beschriebenen Ammoniakabsorber an. Hieraus ist ersichtlich, wie verschieden man arbeiten kann. Die große Differenz zwischen Faßbenders Angabe und meinen Berechnungen erklärt sich in diesem Falle durch die verschiedene Art des Arbeitens. In dem von Faßbender geschilderten Betriebe werden ammoniakalische Lösungen angewandt, welche weniger Ammoniak und Ammonkarbonat enthalten als die Laugen in dem von mir gewählten Beispiel. Ferner gelangt bei Faßbender keine Kohlensäure aus der Fällung in die Ammoniakabsorption und es ist auch weniger Wasserdampf zu kondensieren.

---

[1]) Sehr gute Angaben über die theoretische Berechnung von Kühlflächen und Kühlwirkung finden sich in: Hausbrand, Verdampfen, Kondensieren und Kühlen. Dritte Auflage. Berlin, Julius Springer, 1904.

Drittes Kapitel.

Die Fällung des Natriumbikarbonats.

————

Diese Operation wird auch Karbonisation[1]), Saturierung, Saturation oder Absorption genannt. Letztere Bezeichnung kann zu Verwechslungen führen, da man auch die Sättigung der Sole mit Ammoniak Absorption nennt. In diesem Buch sollen die Apparate zur Herstellung des Bikarbonats nur als Fällkessel, Fällkolonnen oder Falltürme bezeichnet werden. Die Fällung, dies scheint mir der kürzeste und beste Ausdruck zu sein, beruht auf der eigentlichen Hauptreaktion des Ammoniaksodaprozesses. Diese wird ausgedrückt durch die Formel:

$$NH_4 H CO_3 + Na Cl = Na H CO_3 + NH_4 Cl.$$

Der Hergang in der Fällung ist in den verschiedenen Fabriken insofern nicht ganz überein, als die ammoniakalischen Solen mit verschiedenem Gehalt an Ammon und Ammonkarbonat in die Fällapparate eintreten. Im vorigen Kapitel ist ein Verfahren beschrieben, bei welchem die ammoniakalische Sole in der Regel nur Ammonkarbonat und auch etwas Ammonbikarbonat enthält, aber selten freies Ammoniak. In manchen Betrieben ist jedoch in der ammoniakalischen Sole beim Eintritt in die Fällapparate ziemlich viel freies Ammoniak vorhanden.

Im letzteren Falle ist zuerst das freie Ammon zu sättigen, ehe die Bikarbonatbildung beginnen kann, im ersteren tritt die Fällung des Natriumbikarbonats schnell ein.

Man hat also in der Fällung zwei Vorgänge, welche durch die folgenden Formeln ausgedrückt werden:

$$\text{I.} \quad NH_3 + CO_2 + H_2 O = NH_4 H CO_3.$$

$$\text{II.} \quad NH_4 H CO_3 + Na Cl = Na H CO_3 + NH_4 Cl.$$

———

[1]) Jurisch schlägt den Ausdruck „Karbonatation" vor; cf. Zeitschrift f. angew. Chemie 1897, S. 688.

Die Bildung und Ausfällung des Natriumbikarbonats beim Zusammentreffen von Natriumchlorid und Ammoniumbikarbonat in der wäßrigen Lösung beruht bekanntlich auf der Erscheinung, daß zwei Salze in Lösung ihre Bestandteile auswechseln, wenn sich dadurch eine in der betreffenden Lösung unlösliche Verbindung bildet. So kommt es, daß hier, entgegen dem sonst gültigen Gesetz, die schwächere Basis, also das Ammoniak die stärkere Säure — die Salzsäure an sich zieht, während die schwächere Säure, also die Kohlensäure, an die stärkere Basis — das Natrium geht. Natriumbikarbonat ist in der Salzlösung viel schwerer löslich als Ammoniumbikarbonat.

Wie man sich leicht durch Experimente überzeugen kann, tritt in mehr oder weniger konzentrierten Lösungen die Ausfällung des Natriumbikarbonats auch unter den verschiedensten Verhältnissen von Ammoniak und Kohlensäure zueinander stets ein; aber es wird je nachdem nur ein mehr oder weniger kleiner Teil des Natriumchlorids in ausfallendes Natriumbikarbonat verwandelt.

Eine völlige Ausfällung tritt auch dann nicht ein, wenn genügend Ammoniak vorhanden ist, um alles Chlor des Kochsalzes an sich zu reißen, auch nicht bei großem Überschuß an Ammoniak und Kohlensäure. Die Ausfallung wird in hohem Grade beeinflußt durch die Konzentration der Lösung. Es darf nie vergessen werden, daß Natriumbikarbonat nicht unlöslich in Wasser oder in gewissen dünnen Salzlösungen ist, sondern nur unlöslich in Salzlösungen von bestimmter Konzentration. Ist diese Konzentration nicht vorhanden, so bleibt Natriumbikarbonat gelöst bezw. es fällt kein solches mehr aus. Außer durch die Konzentration der betreffenden Lösung an Salzen wird die Ausfallung des Natriumbikarbonats noch bedingt durch die Temperatur der Losung. Es ist ferner nicht einerlei, in welcher relativen Menge die verschiedenen Salze, also Natriumchlorid, Ammoniumbikarbonat und Chlorid in der Lösung vorhanden sind. Man kann z. B. eine Lösung mit Ammoniumbikarbonat völlig übersättigen, von dem noch in der Lösung vorhandenen Natrium fallt dennoch kein Teil mehr als Bikarbonat aus. Durch Schütteln der Lösung mit Natriumchlorid tritt jedoch sogleich eine Fallung von Natriumbikarbonat ein.

Es ist auch wohl behauptet worden, daß der Druck, unter welchem die Lösung steht, von Einfluß auf die Größe der Ausfallung an Bikarbonat sein soll. Es ist indes ein Beweis in dieser Richtung nirgends geliefert. Nach einigen kleinen Versuchen, die ich anstellte, habe ich die Überzeugung gewonnen, daß ein Einfluß des Druckes nicht stattfindet.

Die Tatsache, daß es nicht möglich ist, alles Natrium der Kochsalzlösung als Bikarbonat auszufallen, haben alle Beobachter gefunden.

Weder durch das Experiment im kleinen noch durch die Arbeit in der Praxis ist es gelungen, die völlige Fällung herbeizuführen.

Die älteste Veröffentlichung über diesen Gegenstand ist wohl die von Heeren in Dinglers Journal[1]). Heeren fand, daß bei Vorhandensein gleicher Äquivalente von Ammoniak und Chlornatrium die Umsetzung nur zu zwei Drittel hinsichtlich des Ammoniaks erfolge. Wenn auf 2 Äquivalente Na Cl nur 1 Äquivalent NH_3 genommen wurde, so war die Umsetzung des Ammoniaks besser, sie stieg bis zu vier Fünftel, aber es ging dann verhältnismäßig mehr Kochsalz verloren. Heeren meinte jedoch, man möge lieber das billige Kochsalz verloren gehen lassen als das teure Ammoniak. Diese Anschauung war für den damaligen Stand der Technik vielleicht zutreffender, als sie heute erscheint. Sie ist insofern unrichtig, als das Ammoniak ja nicht verloren geht, sondern wieder gewonnen wird. Ich möchte auch ferner hier schon darauf aufmerksam machen, daß das Chlornatrium dann, wenn es in der ammoniakalischen Salzlösung im Betriebe sich befindet, einen bedeutend höheren Wert hat als vorher, da schon ein großer Teil der Betriebskosten darauf ruht. Es ist nicht richtig, wenn man in diesem Stadium des Betriebes noch von der relativen Wertlosigkeit des Kochsalzes spricht.

Al. Bauer[2]) hat die Ansicht ausgesprochen, daß die Unvollständigkeit der Umsetzung des Natriumchlorids in Natriumbikarbonat daran liege, daß die Reaktion zuweilen umkehre und zwar unter verschiedenen Umständen, z. B. bei freiwilliger Verdunstung einer Lösung von Natriumbikarbonat und Salmiak bei 8—15° C., ebenso bei freiwilliger Verdampfung im Kohlensäurestrom und bei nicht konzentrierten Lösungen, die einer Temperatur von — 15° ausgesetzt werden. Es ist aber doch nicht zulässig, diese unter ganz besonderen Umständen beobachteten Erscheinungen heranzuziehen zur Erklärung der unvollständigen Ausfällung des Natriums in konzentrierten Lösungen bei gewöhnlicher Temperatur. Wenn man in eine kalte konzentrierte ammoniakalische Salzlösung Kohlensäure leitet, so fällt von einem gewissen Sättigungszustande an und bei unveränderter Temperatur fortwährend Natriumbikarbonat aus. Die Fällung hört auf, wenn eine bestimmte Menge Natriumbikarbonat ausgeschieden ist. Bei Lösungen von ein und derselben Konzentration erhält man stets dieselben Resultate, die Abweichungen der letzteren übersteigen nicht die Grenzen, welche man als Fehlergrenze bezeichnen kann. Es wurden z. B. umgewandelt von dem Gesamtkochsalz einer Lösung bei 3 Versuchen 68,1, 68,5 und 69,5 %. Eine Um-

<hr>

[1]) R. v. Wagner, Jahresbericht 1858, 97.
[2]) Berichte der Deutsch. Chem. Ges. 7, 272.

kehrung der Reaktion beim Ammoniaksodaprozeß hat Verfasser in der Praxis nie beobachten können. Eine solche Umkehrung kann bei höherer Temperatur eintreten, das ist bekannt. Es zersetzt sich dann das schwer lösliche Natriumbikarbonat in freie Kohlensäure und leichter lösliches Natriumkarbonat, welches den Salmiak zerlegt. Dasselbe kann bei längerem Stehen an der Luft eintreten, es verflüchtigt sich in diesem Falle auch bei gewöhnlicher Temperatur schon Kohlensäure. Beide Erscheinungen erklären aber nicht, weshalb weder beim Experiment noch im Betriebe das Natrium völlig als Bikarbonat ausgefällt wird, obwohl man in beiden Fallen ebensowohl zu hohe Temperatur wie auch langes Stehenlassen der Lösungen an der Luft vermeidet. Der Grund der unvollständigen Ausfällung ist zum großen Teile der, daß nach und nach im Laufe des Fällprozesses die Lösung sich so verändert hat, daß etwa noch entstehendes Natriumbikarbonat nicht mehr unlöslich ist. Man darf nie vergessen, daß durch die Ausfallung eines großen Teils des Natriums als Bikarbonat die Konzentration der Lösung vermindert wird. In diesem Falle bewirkt die Verwandlung von etwa überschüssig vorhandenem Ammoniak in Bikarbonat nicht, daß Natriumbikarbonat noch weiter unlöslich gemacht wird. Die Reaktion kehrt nicht um, sondern sie ist nicht völlig durchführbar.

Also kurz gesagt: Die völlige Ausfällung des Natriums beim Ammoniaksodaverfahren erfolgt nicht, weil das Natriumbikarbonat in der angewendeten Lösung nicht völlig unlöslich ist.

Ost[1]) hat einige Angaben über die Löslichkeit des Bikarbonats in Salzlösung gemacht, dieselben folgen hier.

100 g Wasser lösen Bikarbonat:

bei	0°	6,9 g $CO_3\,NaH$,	entsprechend	4,4 g $CO_3\,Na_2$
-	15°	8,9 -	-	-	5,6 -	-
-	25°	10,4 -	-	-	6,5 -	-
-	40°	12,7 -	-	-	8,0 -	-
-	60°	16,4 -	-	-	10,3 -	-

100 ccm einer 24 g $NH_4\,Cl$ enthaltenden Lösung vermögen mit bezw. ohne Gegenwart von $Na\,Cl$ nach einschlägigen Untersuchungen noch Bikarbonat zu lösen etwa:

---

[1]) Ost, Technische Chemie S. 93.

| Bei 25° | | Bei 40° | |
Na Cl	$CO_3 Na_2$ (als Bikarbonat)	Na Cl	$CO_3 Na_2$ (als Bikarbonat)
—	5,5 g	—	6,7 g
2 g	4,6 -	2 g	5,8 -
8 -	2,5 -	8 -	3,5 -

100 ccm einer 18 g NH_4 Cl enthaltenden Lösung vermögen mit bezw. ohne Gegegenwart von Na Cl zu lösen etwa:

| Bei 25° | | Bei 40° | |
Na Cl	$CO_3 Na_2$ (als Bikarbonat)	Na Cl	$CO_3 Na_2$ (als Bikarbonat)
—	6,0 g	—	7,0 g
2 g	5,0 -	2 g	6,2 -
8 -	2,7 -	8 -	3,8 -
14 -	1,7 -	14 -	2,3 -

Demnach würden von obigen 24,3 g $CO_3 Na_2$, welche als Bikarbonat entstehen können, in 100 ccm einer Lauge mit 24 g NH_4 Cl ohne Na Cl bei 25° 5,5 g = 22,6 % gelöst bleiben, bei 40° 6,7 g = 27,8 %; bei gleichzeitiger Anwesenheit von noch 8 g Na Cl (d. h. bei Anwendung von 130 Na Cl statt 100) unter sonst gleichen Bedingungen bei 25° 2,5 g = 10,3 %, bei 40° 3,5 g = 14,4 %.

Bei diesen Zahlen würde aber noch zu berücksichtigen sein, daß das Volum der Lauge nach der Fällung des Bikarbonats ein etwas kleineres geworden ist. Wenn eine ammoniakalische Salzlösung fertig karbonisiert ist, so zeigt sie stets noch einen mehr oder weniger großen Gehalt an doppeltkohlensaurem Alkali, der leicht durch Titrieren festgestellt werden kann. Ob dieses Alkalibikarbonat als Ammonium- oder Natriumverbindung vorhanden ist, das ist schwer zu entscheiden. Nur durch indirekte Bestimmungen, etwa aus der Berechnung der Lösung, oder durch sehr scharfe Messung der spezifischen Wärme kann vielleicht die Frage gelöst werden.

Ich möchte annehmen, daß das Natrium in Lösung als stärkere Basis auch mit der stärkeren Säure verbunden ist. Für die Praxis ist übrigens dieser Punkt ohne Bedeutung. Wie schon oben erwähnt wurde, hat den größten Einfluß auf die Höhe der Ausfallung des Natriumbikarbonats die Konzentration der Lösung und das Verhältnis der einzelnen Bestandteilezu einander.

Hierüber hat zuerst Honigmann[1]) einige Versuche veröffentlicht, welche ich hier folgen lasse.

---

[1]) Lunge, a. a. O. Bd. III, S. 14.

„I. Es ergab eine Lösung, welche im Liter enthielt:

$$265 \text{ g Na Cl } (= 104 \text{ g Na) und}$$
$$77 \text{ - } NH_3 \ (= 1 \text{ Äq. Na} : 1 \text{ Äq. } NH_3)$$

nach dem Sättigen mit Kohlensäure bei 15° unter gewöhnlichem Druck:

     a) einen Niederschlag, bestehend aus:

$$251 \text{ g Na H } CO_3 \ (= 69 \text{ g Na) und}$$
$$33 \text{ - } (NH_4) \text{ H } CO_3 \ (= 7 \text{ g } NH_3);$$

     b) eine Lösung, enthaltend:

$$35 \text{ g Na als Na Cl oder Na H } CO_3 \text{ und}$$
$$70 \text{ - } NH_3 \text{ als } NH_4 \text{ Cl und } (NH_4) \text{ H } CO_3.$$

II. Beim Einleiten von Kohlensäure in eine Lösung, welche im Liter 331 g Na Cl ($= 130$ Na) und 70,8 g NH_3 ($= 4$ Na Cl : 3 NH_3) enthielt, wurden erhalten:

     a) im Niederschlag:

$$286,2 \text{ g Na H } CO_3 \ (= 78 \text{ g Na) und}$$
$$15 \text{ - } (NH_4) \text{ H } CO_3 \ (= 3,2 \text{ g } NH_3);$$

     b) in der Lösung:

$$52 \text{ g Na als Na Cl resp. Na H } CO_3 \text{ und}$$
$$67,5 \text{ - } NH_3 \text{ als } NH_4 \text{ Cl resp. } (NH_4) \text{ H } CO_3.$$

Demnach sind von 100 Teilen als Kochsalz angewendeten Natriums in Bikarbonat übergeführt worden:

Bei Versuch I (Na Cl $+ NH_3$) . . . 66 Teile,
-      -   II (4 Na Cl $+ 3 NH_3$) . . 60   -

oder hinsichtlich des Ammoniaks berechnet, wurden auf 100 Teile desselben als Bikarbonat ausgefällt:

Bei Versuch I (Na Cl $+ NH_3$) . . . 90 Teile Natrium,
-      -   II (4 Na Cl $+ 3 NH_3$) . . 110   -   - .

Die Schlußfolgerung aus diesen Versuchen für die Praxis ist die, daß an Orten, wo das Kochsalz billig genug ist, es viel besser ist, auf 4 Mol. desselben nur 3 Mol. NH_3 anzuwenden.“

Dieser Folgerung kann ich mich nicht anschließen, da es meistens in erster Linie darauf ankommt, in einer Charge möglichst viel Natriumbikarbonat zu fallen. Hierüber folgt Näheres unten. Es sei zu den Versuchen nur noch bemerkt, daß eine Losung, wie die unter II aufgeführte, nicht herstellbar ist. Wenn im Liter 70,8 g NH_3 gelost sind, so sind daneben nur noch ca. 275 g Na Cl löslich, wie im vorigen Kapitel nachgewiesen ist. Vielleicht ist bei dem Versuch in eine konzentrierte wäßrige Kochsalzlösung, welche 331 g Na Cl im Liter enthalt, Ammoniak eingeleitet und es ist nicht beachtet, daß sich die Lösung durch die Absorption von Ammoniak und Wasserdampf stark ausgedehnt hat.

Bei Gelegenheit der Inbetriebsetzung einer Ammoniaksodafabrik wurde vom Verfasser eine große Reihe von Versuchen im kleinen angestellt, um die richtigste Zusammensetzung der ammoniakalischen Salzlösung zu bestimmen[1]). Diese Versuche, deren Resultate die untenstehende Tabelle enthält, sind fast sämtlich doppelt und dreifach ausgefuhrt und zwar stets genau unter denselben Bedingungen. Es erfolgte stets völlige Übersättigung mit reiner Kohlensäure, dieselbe Temperatur wurde eingehalten und das eingeleitete Kohlensäuregas wurde sorgfältig und gut gewaschen. Die Temperatur bei der Fallung wurde ziemlich hoch gehalten — bei 18° C. —, um das Ausfallen von Chlorammonium zu verhüten, dadurch würde sonst bei der gewahlten Methode der Bestimmung des Umsetzungsgrades das Resultat stark beeinflußt sein.

Die Menge des wirklich ausgefällten Bikarbonates kann nicht direkt bestimmt werden, da dasselbe ganz mit der Mutterlauge durchtränkt ist. Diese müßte vorher entfernt werden, was nur durch Auswaschen möglich ist. Hierbei läßt sich aber nicht vermeiden, daß ein Teil des bereits ausgefallten Bikarbonats wieder in Lösung geht. Es ist daher zur Feststellung der stattgefundenen Umsetzung der folgende Weg gewahlt.

10 ccm der vom Bikarbonat abfiltrierten Flüssigkeit wurden in der Platinschale eingedampft, bei 105° getrocknet und gewogen, hierauf gegluht und wieder gewogen. Ich erhielt auf diese Weise bei der ersten Wägung die Gesamtmenge an Salzen, bei der zweiten den Gehalt an Chlornatrium, die Differenz zwischen den beiden Wägungen ist Chlorammonium. Die so gefundenen Resultate sind, wie durch mehrfache Kontrollbestimmungen nachgewiesen wurde, vollständig genau. Samtliche in der Tabelle enthaltenen Bestimmungen sind doppelt ausgeführt, die Zahlen stellen das Mittel dar.

Jedes Molekül des gefundenen Chlorammoniums entspricht einem Molekül Kochsalz, welches in Natriumbikarbonat umgewandelt ist; es kann darnach also die Menge des ausgefallten Bikarbonats leicht berechnet werden.

Aus dem Verhältnis des direkt gefundenen Chlornatriums zu der dem gefundenen Chlorammonium äquivalenten Menge Chlornatrium plus direkt gefundenes Chlornatrium wird dann die Größe der Umsetzung berechnet, also z. B.:

---

[1]) Zeitschrift für angew. Chemie 1888, Heft 10.

$$\text{Gefunden direkt} = \begin{cases} 16,1\,\% \ \ NH_4\,Cl \\ 10,2 \ \text{-} \ \ Na\,Cl \end{cases}$$

$$16,1 \ \ NH_4\,Cl = 17,5\,\% \ \ Na\,Cl$$
$$\underline{+ \ 10,2 \ \text{-} \qquad \text{-} \qquad \text{direkt gefunden}}$$
$$27,7\,\% \ \ Na\,Cl$$

$$17,5 : 27,7 \ = \ x : 100$$

$$x = 63,1.$$

Es sind also 63,1 % des ursprünglich angewendeten Chlornatriums
als Bikarbonat ausgefallt.

Bei einigen Versuchen ist auch das Bikarbonat ausgewaschen und
gewogen; die Resultate sind nicht ganz zuverlässig, da das Auswaschen
eines Gemisches von löslichen Salzen eine Operation ist, welche sich
nicht so gleichmäßig ausführen läßt, daß nicht größere Differenzen vorkommen. Das gefundene Bikarbonat ist in der folgenden Tabelle als
Natriumkarbonat von 100 % berechnet aufgeführt.

Konzentrierte Lösungen.

Ursprüngliche Lösung			Karbonisierte Lösung					
No.	° B.	NH_3 %	Na Cl %	° B.	NH_3 %	Na Cl %	NH_4 Cl %	Grad der Um-setzung	Na_2CO_3 Gramm i. Liter
1	22,4	3,4	29,6	21,4	0,6	20,1	9,1	33,1	90
2	21,0	4,5	29,1	20,2	1,0	17,9	10,8	40,0	—
3	20,8	4,9	28,6	—	—	14,8	14,9	52,3	—
4	19,1	5,9	27,9	—	—	11,0	16,8	62,5	—
5	19,0	6,1	27,6	17,2	0,7	11,0	16,4	62,0	—
6	19,0	6,3	27,4	17,1	1,2	10,9	16,4	62,5	138
7	18,9	6,6	27.3	—	1,3	10,2	16,1	63,1	146
8	18,7	6,8	27,4	—	—	9,9	19,0	67,6	156
9	18,4	7,2	27,2	—	1,3	9,3	17,9	67,8	154
10	17,4	8,9	25,8	—	—	7,4	18,8	73,6	168
11	14,4	11,5	24,3	—	1,3	7,3	18,5	73,6	145
12	13,4	13,2	23,5	—	2,9	9,5	14,2	62,0	132

In vorstehender Tabelle ist der Gehalt der karbonisierten Lösungen
an NH_3 wie auch das spezifische Gewicht nicht immer angegeben; diese
beiden Angaben sind ja auch für die Beurteilung nicht von Belang.

Bei hohem Ammoniakgehalt der ursprünglichen Lösung ist in der
karbonisierten Lösung immer verhältnismäßig viel Alkalikarbonat bezw.
Bikarbonat vorhanden.

Die Tabelle bedarf keiner weiteren Erläuterung; der Einfluß der verschiedenen Mengen von Kochsalz und Ammoniak ist deutlich zu ersehen. Betreffs Anwendung der Resultate auf die Praxis sei bemerkt, daß die Umsetzungen im großen jedenfalls ebenso verlaufen wie im kleinen; aber es muß stets berücksichtigt werden, daß die Ausführung im großen auf technische Schwierigkeiten stoßen kann.

So würden z. B. bei der Arbeit mit einer Lösung, welche rund 9 % Ammoniak enthält, leicht größere Ammoniakverluste entstehen; die Sättigung mit Kohlensäure bis zur Vollendung der Bikarbonatbildung nimmt viel Zeit in Anspruch und es treten in den Rohren häufig Verstopfungen durch Ammonkarbonate ein. Aus diesen Gründen eignen sich Lösungen mit sehr hohem Ammoniakgehalt nicht so sehr für die Praxis. Nur ausnahmsweise wird man solche Lösungen verarbeiten, obwohl dieselben sehr gute Ausbeute geben, der Salzverbrauch bei ihrer Anwendung geringer ist und die Flüssigkeitsmengen, welche man destillieren muß, relativ klein sind.

Bei Anwendung von Lösungen mit niedrigem Ammoniakgehalt vollzieht sich zwar die Fällung schnell und man kann daher in derselben Zeit mehr Chargen in den Fällapparaten vornehmen. Die Ausbeute ist jedoch geringer, man gebraucht mehr Salz und man hat relativ größere Flüssigkeitsmengen zu destillieren.

Eine feste Regel kann man für die Wahl einer Lösung nicht aufstellen. Es ist stets Sache des Praktikers, für die örtlichen Verhältnisse die richtige Lösung auszuwählen. Berücksichtigt werden müssen die Preise der Rohmaterialien und auch die Beschaffenheit der Apparate. Man kann nicht mit jeder Apparatur jede Lösung verarbeiten.

Fruher ist vielfach der Auswahl der richtigen Lösung nicht genügend Bedeutung beigelegt. Einige Fabriken, bei welchen der Chemiker zu wenig und der Ingenieur zu viel Einfluß hatten, haben mit Lösungen gearbeitet, welche weder den genügenden Gehalt an Ammoniak noch an Kochsalz hatten. Dadurch erklären sich die riesigen Verluste an Materialien, besonders an Salz und Kohlen. Es ist eben garnicht darauf geachtet, welchen großen Einfluß die Verwendung unrichtiger ammoniakalischer Salzlösungen in der Fällung auf den ganzen Betrieb hat.

Die in der oben mitgeteilten Tabelle enthaltenen Versuche beziehen sich nur auf Lösungen, welche völlig konzentriert an Salz sind. Ich gehe nun zu den verdunnten Lösungen über und führe darüber in der folgenden Tabelle 3 Versuche an.

Ursprüngliche Lösung				Karbonisierte Lösungen				
No.	° B.	NH$_3$ %	Na Cl %	° B.	NH$_3$ %	Na Cl %	NH$_4$ Cl %	Grad der Um- setzung
4	15,8	5,9	22,9	—	—	7,4	15,2	69,1
8	13,6	6,8	20,5	--	—	5,9	14,7	70,3
9	14,8	7,2	22,6	—	—	6,9	15,3	70,5

Hinsichtlich ihres Ammoniakgehaltes entsprechen die drei angeführten Lösungen den korrespondierenden Nummern in der Tabelle auf
S. 98; es kann also der Einfluß des Salzgehaltes durch direkten Vergleich gefunden werden. Wir sehen, daß der Grad der Umsetzung ein
etwas höherer ist, als bei den betreffenden konzentrierten Lösungen.
Dieser Vorteil wird aber aufgewogen durch die weit schwierigere Karbonisation bei verdünnten Lösungen; ferner ist die Ausbeute in Bezug
auf das Volumen Sole geringer. Dadurch wird an Kohlen, Arbeits-
kosten und dergl. mehr verbraucht, als die Ersparnis an Salz beträgt.
In der Praxis werden, so viel mir bekannt geworden ist, verdünnte
Lösungen nicht angewandt, oder doch nur ausnahmsweise[1]).

Die höchste aus obigen Tabellen ersichtliche Umsetzung des Salzes
beträgt demnach 73,6 %; in der Praxis wird dieser Grad wohl selten
erreicht. Diese Umsetzung bedeutet, wie schon erwähnt, die Menge des
dem ausgefällten Bikarbonat äquivalenten Chlornatriums. Es ist ja
möglich, daß außerdem sich noch in der Lösung Natriumbikarbonat gebildet hat, welches nicht mit ausgefallen ist. Dieses würde bei der angewendeten Bestimmungsmethode nicht gefunden worden sein. Die
wirkliche Umsetzung kann also höher gewesen sein, als in der Tabelle
angegeben ist.

Durch vorstehende Ausführungen ist nachgewiesen, daß es unmöglich ist, bei dem gewöhnlichen Ammoniaksodaverfahren das Salz völlig
auszunutzen. Das ist selbst beim Experiment im kleinen nicht möglich,
im großen also noch weniger, da dann noch besondere technische
Schwierigkeiten auftreten. Eine höhere Umsetzung als ca. 65 % vom
Gesamtkochsalz findet in der Regel in der Praxis nicht statt, das heißt
also, es werden gewöhnlich nicht mehr als 65 % des vorhandenen Kochsalzes als Natriumbikarbonat ausgefällt.

---

[1]) Unter verdünnten Lösungen sind hier im allgemeinen solche Lösungen
zu verstehen, welche eine erhebliche Verdünnung zeigen. Eine Lösung, welcher
nur noch wenige Gramme Salz pro Liter fehlen, muß man noch als eine konzentrierte bezeichnen.

Nach Günsburg[1]) soll man darauf hinarbeiten, eine möglichst gesättigte Salmiaklösung zu erhalten, welche dann ein möglichstes Minimum von Natriumverbindungen enthalten wird. Er empfiehlt eine Lösung, in der bei gewöhnlicher Temperatur auf 58,5 Teile Kochsalz 18,72 Teile Ammoniak enthalten sind; es entspricht das einem Verhältnis von etwas mehr als 1 Äqu. NH_3 : 1 Äqu. Na Cl. Nimmt man eine an Salz konzentrierte Lösung in diesen Verhältnissen, so würde dieselbe enthalten müssen im Liter 261 g Na Cl und 83 g NH_3.

Der Gedanke, daß man stets auf eine an Salzen möglichst gesättigte Lösung hinarbeiten müsse, um dadurch das Bikarbonat möglichst unlöslich zu machen, ist unzweifelhaft richtig. Dieses Ziel wird aber mit der von Günsburg vorgeschlagenen Lösung nicht erreicht. Vom Verfasser ist eine derartige Lösung hergestellt und mit Kohlensäure übersättigt. Dabei stellte sich heraus, daß dieselbe nach der Fällung noch Kochsalz zu lösen vermochte, also keine an Salzen konzentrierte Lösung darstellte. Dies führte zu weiteren Versuchen, deren Ergebnisse in folgendem wiedergegeben werden sollen.

Konzentrierte ammoniakalische Chlornatriumlösungen, welche kein Salz mehr zu lösen vermögen, sind nach beendigter Fällung (bezw. schon in einem gewissen Stadium derselben) wieder im stande, mehr oder weniger große Mengen davon aufzunehmen. Die Bedingungen, unter denen die Lösung des Kochsalzes erfolgt, sind nach der Fällung eben ganz verändert, die vorher vorhandenen Salze sind in andere Verbindungen umgewandelt. An Stelle des Kochsalzes und Ammoniaks ist Chlorammonium und kohlensaures bezw. doppeltkohlensaures Ammoniak getreten, ein großer Teil des Natriums bezw. des Ammoniaks ist als Bikarbonat ausgefallt. Ich habe gefunden, daß eine fertig karbonisierte Lösung stets noch eine gewisse Menge Kochsalz löst. Die Lösung tritt aber auch schon vor beendeter Fällung ein, wie es scheint, schon sofort nach erfolgter Bildung von Ammoniumchlorid und Ausfällung von Natriumbikarbonat.

Behandelt man eine karbonisierte Lösung, welche noch viel Ammonbikarbonat enthält, mit Chlornatrium, so tritt bei geeigneter Temperatur direkt eine Abscheidung von Natriumbikarbonat ein. In die Lösung eingehängte Salzstücke werden in ganz kurzer Zeit mit Natriumbikarbonat inkrustiert. Dieser Vorgang gibt einen wertvollen Fingerzeig, in welcher Weise eine höhere Ausbeute zu erhalten ist.

Es ist nicht möglich, eine ammoniakalische Kochsalzlösung von vornherein so stark mit Salz zu sättigen, daß nach Schluß der Karbonisation eine an Salzen gesättigte Lösung vorhanden ist. Letzteres ist

---

[1]) Berichte d. Deutsch. chem. Gesellschaft 7, 644; cf. bei Lunge, a. a. O. 13.

aber zu einer möglichst vollständigen Ausfällung des Bikarbonats nötig, darin ist Günsburg völlig beizustimmen. Der gewünschte Zweck läßt sich jedoch erreichen, wenn man der zu karbonisierenden Lösung von Anfang an einen Überschuß an Ammoniak gibt (im Verhältnis zum Kochsalz) und eine diesem Überschuß entsprechende Menge Chlornatrium in festem Zustande während der Karbonisation der Lösung zusetzt. Bei fortschreitender Behandlung mit Kohlensäure löst sich dann in dem Maße, wie sich Natriumbikarbonat ausscheidet, Kochsalz in der Flüssigkeit auf, es wird eine immerwährende Konzentration an Salzen bewirkt, wodurch die möglichste Unlöslichkeit des Natriumbikarbonates erreicht werden muß. Die Versuche, welche ich in dieser Richtung anstellte, haben auch ein der Theorie entsprechendes Resultat ergeben; es ist mir gelungen, eine Umsetzung von etwa 80 % des angewendeten Kochsalzes zu erzielen. Hinzu tritt hierbei noch der Vorteil, daß die Karbonisation, also die Übersättigung mit Kohlensäure, welche bei dem gewöhnlichen Verfahren mit zunehmender Ausfällung des Bikarbonates immer langsamer vor sich geht, in einer stets konzentriert bleibenden Lösung viel leichter und schneller sich vollzieht. Die Kohlensäure wird besser ausgenutzt. Ferner ergibt jede Fällung eine höhere Ausbeute, da durch die stärkere Konzentration eine weit größere Menge Salz in Lösung geht und von dieser größeren Menge ein höherer Prozentsatz zersetzt wird. Hierdurch werden die Apparate, die Maschinenkraft, wie überhaupt die ganze Anlage besser ausgenutzt; auch sind die zu destillierenden Flüssigkeitsmengen kleiner.

Ausführung der Fällung in der Praxis.

Zur Ausführung der Fällung des Natriumbikarbonates verwendet man Apparate der verschiedensten Form. Es lassen sich im großen und ganzen drei Gruppen von Apparaten unterscheiden, nämlich:

1. Kolonnenapparate,
2. Einfache, meist zylindrische Gefäße,
3. Kombinationen der beiden.

Alle drei Systeme werden in der Praxis angewandt, und jedes wird als gut und praktisch bezeichnet. Welchem System der Vorzug zu geben ist, diese Frage ist im Prinzip kaum zu beantworten. Örtliche Umstände können viel zur Wahl des Systems beitragen, ferner auch die Größe der Produktion.

Es wird von Interesse sein, das Verhalten der verschiedenen Apparate theoretisch etwas näher zu betrachten.

Wenn man die kohlensaurehaltigen Gase durch die Flüssigkeitsschicht eines einzigen einfachen Gefäßes leitet, so werden die eintreten-

den Gase je nach der Höhe der Flüssigkeitsschicht dieselbe in einer
Zeit durchstreichen, deren Dauer sich durch eine Anzahl Sekunden aus-
drücken läßt. Solche Gefäße haben stets nur eine Höhe von wenigen
Metern.

Aufsteigende Gasblasen werden eine Schicht von 4 m Höhe in
etwa 6 Sekunden durchstreichen. Das ist eine so kurze Zeit, daß eine
gute Berührung der Gase mit der Flüssigkeit und dadurch bedingte
Absorption nicht stattfinden kann, besonders dann nicht, wenn die Gasblasen von großem Umfange sind und die Flüssigkeit nicht sehr begierig ist, die Gase aufzunehmen, Kohlensäure wird von freiem Ammoniak
in Lösung bis zur Bildung von Monokarbonat zwar gut absorbiert, aber
die Einwirkung von verdünnter Kohlensäure auf Ammoniumkarbonat
behufs Bikarbonatbildung ist verhältnismäßig schwach. Eine Besserung
der Absorption tritt ein, wenn man Siebböden, in die Gefäße legt, die
Gase werden dann einmal in viel kleinere Blasen verteilt, anderseits
bleiben sie, weil sie sich unter jedem Siebboden an den geschlossenen
Stellen etwas ansammeln, ehe sie entweichen auch langer mit der
Flüssigkeit in Berührung. Durch die Siebböden in einfachen Gefäßen
wird schon ein großer Vorteil erzielt. Die Einwirkung der Kohlensäuregase wird natürlich bedeutend unterstützt, wenn man mehrere Gefäße
hintereinander von den Gasen durchstreichen laßt. Die Gase bleiben
dadurch erstens länger mit der Lösung in Beruhrung und zweitens tritt
noch ein anderer Vorteil ein. In einem einzigen Gefäße, auch wenn
Siebböden darin liegen, bringen die durchgeleiteten Gase die Flüssigkeit
in starke Zirkulation, sodaß dieselbe stets gut gemischt wird. Die
Flussigkeit ist überall im ganzen Gefäß von der gleichen Zusammensetzung, sodaß die Gase überall auf dieselbe Losung treffen, einerlei ob
sie beispielsweise 30 oder $20\,\%$ Kohlensäure enthalten, und sie werden
ja stets schwächer an Kohlensäure, je mehr dieselbe absorbiert wird.
Wenn aber diese Gase, welche von 30 auf $20\,\%$ Kohlensäure herunter-
gegangen sind, in einem zweiten Gefaß noch einmal wieder durch eine
Losung gehen, welche mit Kohlensäure noch nicht so weit gesättigt ist,
wie die Lösung des ersten Gefäßes, so werden sie auch relativ mehr
Kohlensäure wieder abgeben. Verstarkt wird diese Wirkung noch durch
ein drittes und viertes Gefäß. Bei Anwendung mehrerer Gefaße hintereinander läßt es sich also einrichten, daß die starkste Kohlensäure stets
mit der am meisten gesättigten Lösung zusammentrifft und die schwächste
Kohlensäure zum Schluß die Losung durchstreicht, welche am begierigsten Kohlensäure aufnimmt.

Je mehr Gefäße, um so besser ist die Ausnutzung der Kohlensäure.
Bei Anwendung von großen Gefäßen wird man allerdings hier bald in
der Zahl beschränkt, da man dann zu viel Flüssigkeitsdruck über-

winden müßte, ferner würde man sehr viel Platz nötig haben, und der Betrieb würde umständlich sein. Nimmt man die Gefäße klein, so muß man eine größere Zahl anwenden. Man erhält dann ebenfalls bei der Anordnung derselben hintereinander eine schwerfällige Apparatur und komplizierte Rohrleitungen und daher auch eine teuere Anlage.

Um das Prinzip durchzuführen, daß immer zuerst die starke Kohlensäure die am meisten gesättigte Lösung trifft, muß es möglich sein, die Gefäße umschalten zu können, sodaß jedes Gefaß in einer bestimmten Reihenfolge das erste, zweite, dritte u. s. w. sein kann. Wenn man nun eine große Zahl Gefaße hat, so sind eine Menge Ventile und eine komplizierte Rohrleitung nötig, um die Auswechslung der Gefäße in richtiger Reihenfolge vornehmen zu können. Einfacher wird die Sache, wenn man die Flüssigkeit sich bewegen läßt, dann können die Gefaße stets in derselben Reihenfolge verbunden bleiben. Die Lösung würde dann stets in ein und derselben Richtung fließen und die Gase den entgegengesetzten Weg gehen. Ein derartiges Verfahren läßt sich jedoch bei Gefäßen, die in einer Ebene stehen, nicht ausführen, wenn nicht ein starker Niveauunterschied der Flüssigkeit in den Gefäßen vorhanden ist. Im letzteren Falle verliert man aber nutzbaren Raum. Will man das nicht, so muß man die Flüssigkeit durch Pumpen bewegen, wodurch wieder unnütz Kraft verbraucht wird. Am richtigsten würde es in diesem Falle sein, die Gefaße übereinander zu stellen, wobei es nicht nötig ist, daß sie vertikal übereinander stehen, dann kann sich die Flüssigkeit selbsttätig bewegen. Es ist nicht zu leugnen, daß eine solche Aufstellung viel für sich hat, und dieselbe ist auch praktisch zur Ausführung gebracht von der Société anonyme des produits chimiques de l'est, Nancy (siehe weiter unten). Indessen hat ein solches System den großen Nachteil, daß es viel Platz einnimmt.

Dieser Nachteil wird nun völlig vermieden durch das Kolonnensystem. Eine Kolonne besteht aus einer Anzahl einzelner Gefäße, die übereinander stehen und miteinander fest verbunden sind, sodaß die Flüssigkeit in einem kontinuierlichen, leicht regulierbaren Strome von oben nach unten fließen kann, während ihr die aufsteigenden Gase begegnen. Die Kolonne vereinigt in sich die Vorteile des Gegenstromprinzips mit einer kompendiösen, wenig Platz einnehmenden Form. Sie ist der vollkommenste Apparat, um Flussigkeiten zu erhitzen oder mit Gasen zu sattigen, bezw. Gase zu waschen. Bei solchen Prozessen läßt sich in der Kolonne die höchste Ausnutzung erzielen.

Aber auch der Kolonnenbetrieb hat Übelstände und diese liegen darin, daß sich leicht Verstopfungen durch Schlammablagerungen oder durch Inkrustierung etc. bilden, je nach der Art und Beschaffenheit der zu verarbeitenden Stoffe. Bei der Anwendung der Kolonne in einigen

Industrien, z. B. in der Spiritusbrennerei, treten solche Übelstände allerdings kaum auf. In der Ammoniaksodafabrikation haben die Verstopfungen der Kolonnen jedoch häufig große Schwierigkeiten im Betriebe veranlaßt; und hier wieder besonders bei der Fällung des Natriumbikarbonats, weniger bei der Destillation des Ammoniaks. Es ist mehrfach von Solvay nahestehender Seite ausgesprochen, daß erst von der Erfindung oder, besser gesagt, Konstruktion seiner Karbonisierkolonne (auch Fällturm genannt) an der Erfolg Solvays begonnen habe. Ein Beweis dafür, daß bei dieser Konstruktion die größten Schwierigkeiten zu überwinden waren. Auch anderen Ammoniaksodatechnikern ist es passiert, daß die von ihnen konstruierten Kolonnen sich im Betriebe nicht bewährten. Es sind auf solche Kolonnen verschiedentlich die Mißerfolge zurückzuführen, die einige Werke in der ersten Zeit ihres Bestehens zu verzeichnen hatten.

Bei der Bikarbonatfallung hat man es mit Flüssigkeiten zu tun, die eine große Menge krystallinischen Niederschlages enthalten, der spezifisch ziemlich schwer ist, sich leicht und auch fest absetzt und dann schwierig wieder aufzurühren ist. In der fertig karbonisierten Flüssigkeit, die eigentlich als ein flussiger Brei bezeichnet werden muß, ist dem Volumen nach ca. ein Drittel fester krystallinischer Absatz. Es sind enthalten in einem Liter der Flüssigkeit bis 300 g feuchtes Natriumbikarbonat, wozu noch unter Umständen Ammonbikarbonat kommt. Allein schon diese Mengen des suspendierten Bikarbonats können Verstopfungen in Kolonnen hervorrufen. Besonders ist das dann eingetreten, wenn durch irgend welche Umstände ein Stillstand im Betriebe veranlaßt wurde. Wahrend dieser Zeit setzte sich das Bikarbonat fest ab und konnte durch die Gase allein nicht wieder aufgeruhrt werden. Verstarkt wird die schädliche Wirkung des sich absetzenden Niederschlages noch dadurch, daß leicht wahrend der Ruhe ein weiteres Auskrystallisieren von Bikarbonat eintritt, wodurch der krystallinische Schlamm zu festen Krusten verkittet wird. Besonders gefährlich sind solche Krystallisationen bei Siebböden, da sich leicht samtliche Siebböden so voll Krystalle setzen, daß jede Zirkulation, der Flüssigkeiten sowohl wie der Gase, unmöglich wird. Man bezeichnet einen solchen Zustand sehr charakteristisch dadurch, daß man sagt: die Kolonne ist eingefroren.

Aber auch ohne das Vorkommen von Stillstanden kann eine Verstopfung der Kolonne eintreten infolge der stets sich vollziehenden langsamen Inkrustation sämtlicher innerer Teile der Kolonne; namentlich setzen sich Siebböden leicht zu. Diese Krystallisationen, die langsam wachsen, bestehen aus den Bikarbonaten des Natriums und Ammoniaks, aber außerdem bilden sich auch verschiedene Doppelsalze. Die Krystallisationen in den inneren Kolonnenteilen bilden sich namentlich in den unteren

Ringen der Kolonne, welche nur mit stark durch Kohlensäure gesättigten bezw. übersättigten Lösungen in Berührung kommen, und wo die Abkühlung schon am weitesten vorgeschritten ist. Am schlimmsten sind solche Krystallisationen dann, wenn viele kleine Kanäle oder Sieblöcher vorhanden sind; es setzt sich ein Siebloch nach dem andern zu, wodurch die Gase gezwungen werden, durch eine geringere Anzahl Öffnungen zu passieren, und zwar dann unter erhöhtem Druck, weil stärkere Reibung eintritt. Hierdurch verliert aber schon die Kolonne an Wirksamkeit, da die Gase ja möglichst auf eine große Fläche fein verteilt werden sollen. Schließlich nimmt die Verstopfung derart zu, daß der Druck ein zu hoher wird, man muß dann die Kolonne reinigen.

Aus obigen Ausfuhrungen ergibt sich, daß man kompliziert eingerichtete Kolonnen für die Zwecke der Bikarbonatfallung nicht nehmen soll. Die vielen geistreich erdachten Formen, welche z. B. in der Spiritusbrennerei und zur Destillation von Ammoniak (soweit bei letzterer kein Kalkschlamm vorhanden ist) angewandt werden, darf man bei der Ammoniaksodafabrikation nicht gebrauchen; mögen jene Konstruktionen auch eine sehr hohe Ausnutzung ergeben.

Die Mittel, die angewandt sind, um die Übelstände, die bei der Fällung in Kolonnen auftreten, zu vermeiden, sind sehr mannigfaltig. Man hat die Kolonnen möglichst einfach konstruiert, sodaß Siebböden ganz weggefallen sind, und auch versucht, durch Hervorbringung eines sehr starken Gasstromes, also durch die Reibung der Gase das Ansetzen zu verhindern. Durch Verbesserung der Luftpumpen und durch die Aufstellung von Reserveluftpumpen ist man auch ferner dahin gekommen, die gefährlichen Stillstände in der Kolonne zu vermeiden. Dieser Punkt ist von großer Wichtigkeit.

Durch Anbringung von mehreren leicht zu handhabenden Mannlöchern oder Reinigungslöchern ist es auch wohl gelungen, eine Kolonne, die verstopft war, rasch wieder zu reinigen und in Betrieb zu bringen, indes ist das nur ein Notbehelf. Eine Kolonne darf nicht stillstehen, wenn es irgend zu vermeiden ist. Beim Ammoniaksodabetriebe greifen alle einzelnen Operationen so ineinander, daß das Stocken der einen Station sofort auf samtlichen anderen Stellen ebenfalls Stockung hervorruft.

Soweit mir bekannt geworden, ist es noch nicht gelungen, eine Kolonne bei der Bikarbonatfällung in Betrieb zu haben, die nicht von Zeit zu Zeit gereinigt werden muß. Die meisten, wenn nicht sämtliche Fabriken, welche in Kolonnen karbonisieren, werden auch wohl so verfahren, daß sie behufs Auswechslung zum Reinigen eine Kolonne in Reserve haben.

Solvay hat von Anfang an in dieser Weise mit seinen Kolonnen gearbeitet. Nach dem, was darüber bekannt geworden ist, soll für eine Serie von 4 bis 6 Kolonnen oder Türmen eine Reservekolonne vorhanden sein.

Eine derartige Disposition ist zweifellos richtig. Die Anlage wird ja allerdings durch eine Reservekolonne verteuert, aber man hat dann doch ein bequemes Arbeiten und man braucht hinsichtlich der Konstruktion der Kolonne nicht zu ängstlich zu sein wegen des Eintretens von etwaigen Verstopfungen. Wählt man die innere Einrichtung der Kolonne zu einfach, so leidet die Wirksamkeit der Kolonne.

Für praktisch halte ich es, die Ringe der Kolonne verschieden zu nehmen; also unten in der Kolonne, wo der dickste Niederschlag vorhanden ist, die Ringe einfacher zu konstruieren als oben.

Es sind von mehreren Seiten auch mechanische Rührwerke angewendet, um das Festsitzen des Schlammes zu verhüten. So viel mir bekannt geworden ist, haben sich dieselben nicht bewährt, sie haben viel Gelegenheit zu Reparaturen und Stillständen gegeben. Auch werden meistens die mechanischen Rührwerke mehr Kraft verbrauchen, als wenn zum Rühren allein die durch die Lösung gepreßten Gase dienen. Bei einigen mit mechanischen Rührern ausgestatteten Apparaten sollen die Gase dann allerdings nur mit sehr geringem Druck durchgeleitet werden, es ist aber fraglich, ob dann noch gute Absorption stattfindet.

So wertvolle Verbesserungen nun auch im Laufe der Zeit in der Konstruktion der Kolonnen und in der Betriebsführung bei der Fällung gemacht sind, so ist es doch, wie schon gesagt, nicht gelungen, den Übelstand zu vermeiden, daß sie sich häufiger zusetzen.

Dieser Übelstand ist bei dem Gefäßsystem in keiner Weise vorhanden, eine Verstopfung tritt überhaupt garnicht oder doch nur sehr selten ein, und im Notfalle ist ein Gefäß leicht auszuschalten und zu reinigen, während die anderen Gefäße weiter arbeiten. Bei der Kolonne bringt jedoch die Reinigung nur eines Ringes die ganze Kolonne zum Stillstand. Das zeitweilige Ausschalten eines Gefäßes würde der Arbeit mit einer Reservekolonne entsprechen. Indes ist zu bedenken, daß ein einfaches Gefäß viel billiger ist als eine entsprechende Kolonne. Ferner ist ein einfacher Kessel viel rascher zu reinigen als eine Kolonne.

Die Gefäße haben aber wieder den Nachteil, daß sie, wie oben schon geschildert, verhältnismäßig nicht eine so gute Ausnutzung geben, sie nehmen daher mehr Raum weg, und ferner ist bei dem Gefäßsystem ein höherer Flüssigkeitsdruck zu überwinden, wodurch mehr Kraft gebraucht wird. Wenigstens ist das der Fall, wenn man eine größere Anzahl Gefäße, also etwa mehr als 6 Stück, hintereinander stellt.

Es ist im allgemeinen schwierig, die Frage zu entscheiden, welches

System vorzuziehen ist. Ein genaues Urteil kann nur gefällt werden, wenn man die Resultate aus der Praxis von zwei Werken vergleicht, die nach den beiden Systemen arbeiten. Nötig ist dann aber vor allem, daß jede der beiden Fabriken in ihrem System gut eingerichtet ist. Man darf nicht eine schlecht eingerichtete oder geleitete Fabrik des einen Systems mit einer gut betriebenen des andern Systems vergleichen.

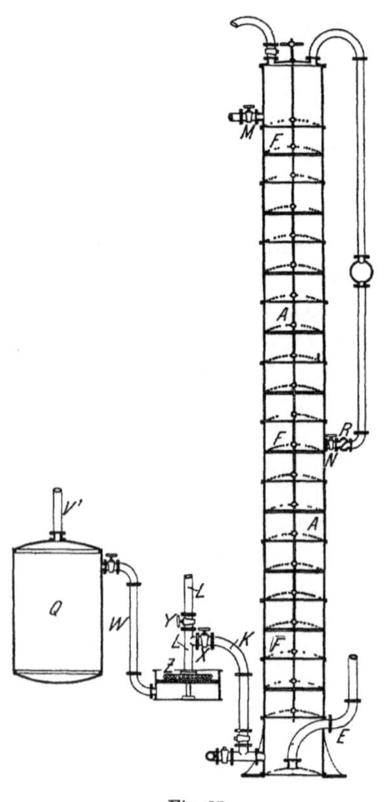

Ein solcher Vergleich ist heute sehr schwierig aufzustellen, da die meisten Werke ihren Betrieb geheimhalten. Übrigens läßt sich ganz prinzipiell die Frage nie entscheiden. Es muß auch in Betracht gezogen werden, daß Nebenumstande die Wahl des Systems der Fällung mit beeinflussen, so z. B. die Größe des Werkes. Was fur ein großes Werk gilt, ist nicht immer für ein kleines richtig. Solvays Kolonnen sind zum Beispiel nur fur ganz großen Betrieb möglich. Solvay hat von Anfang an die Fällung in Kolonnenapparaten vorgenommen, die Konstruktion einer guten Kolonne hat ihm, wie oben schon erwähnt ist, große Schwierigkeiten bereitet.

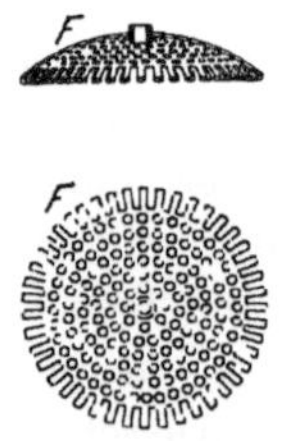

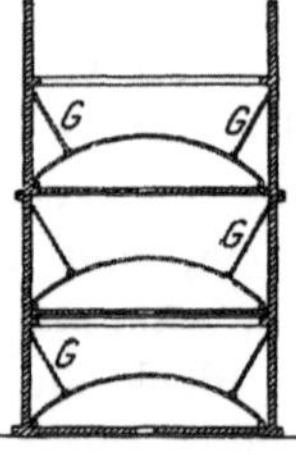

Fig 27.   Fig. 28.   Fig. 29.

Die Solvaysche Kolonne, auch Solvayturm genannt, ist in Fig. 27 bis 29 abgebildet. Es sind über diesen Turm so viele verschiedene Angaben verbreitet, daß man nicht genau erkennen kann, wie derselbe in Wirklichkeit angewandt wird. Die Abbildung ist der deutschen Patentschrift Solvays vom 27. Nov. 1877 entnommen. Neuerdings sind Abbildungen erschienen, in denen die Konstruktion verändert erscheint. Während in der Patentschrift die Kolonne aus 12 Ringen besteht, mit 21 Siebböden, sind bei Lunge, a. a. O. S. 50, 15 Ringe mit 13 Siebböden vorhanden. Pick[1]) bildet eine Kolonne ab aus 18 Ringen mit 30 Siebböden. Die Zahl der Ringe ist allerdings nicht von so sehr großer Bedeutung. Dieselbe schwankt ja jedenfalls je nach der Größe der Produktion, und man kann im Notfalle die Zahl leicht vermehren. Wichtiger ist die innere Konstruktion. Bei Lunge liegen die Siebböden viel weiter auseinander als bei Pick; auch scheint es, daß bei letzterem die Siebböden andere Form haben, es läßt sich das aber nicht genau aus der Zeichnung ersehen.

Ziemlich übereinstimmend lauten die Angaben über die Höhe der Kolonne und ihren Durchmesser. Darnach hat der Turm anfangs eine Höhe von ca. 11—12 m und einen Durchmesser von 1400 mm gehabt; spater sind diese Dimensionen auf 18—20 m und 2000 mm gestiegen[2]). Nach verschiedenen Mitteilungen hat Solvay fruher einen geringeren Durchmesser aus dem Grunde gewählt, weil die Kuhlung während der Fällung sonst zu schwierig war. Solvay wendete früher nur äußere Kühlung durch Berieselung des Turmes an. Heute sollen die mit Solvaytürmen arbeitenden Fabriken nach Cogswells System (cf. Fig. 19—22) kuhlen.

Es wurde also aus Grunden der Kuhlung einem größeren Durchmesser nichts im Wege stehen. Indessen gibt es noch andere Umstände als die Kuhlung, welche die Wahl eines beliebig großen Durchmessers verbieten. Bei großem Querschnitt des Fallturmes, das gilt übrigens fur fast alle Kolonnenkonstruktionen, wird es schwierig, die Gase gleichmaßig zu verteilen und ebenso die Flussigkeitsbewegung genau zu regulieren. Dann treten aber leicht Verstopfungen und ungleichmaßiges Arbeiten ein. Es scheint auch, daß Solvay die Grenze von 2000 mm nicht uberschreitet und lieber mehrere Turme nimmt.

Fig. 28 zeigt die Siebböden, wie sie im Patent von 1877 beschrieben sind, und Fig. 29 die Befestigung der Böden und Versteifung durch Stangen. Die letztere Einrichtung war damals als Verbesserung eingeführt, soll aber heute wieder fortgefallen sein.

Die ammoniakalische Sole soll durch das mit Rückschlagventil versehene Rohr eintreten; nach der Zeichnung etwa in der halben Höhe[3]) der Kolonne. In dieser soll die Lösung durch das entgegenströmende Gas noch emporgedrangt werden und dann wieder langsam nach unten fließen. Da die Losung unter einem bestimmten gleichmaßigen Druck eintritt, bewirkt durch Einfließen aus einem hochstehenden Gefäß, so soll der Flussigkeitsstand in der Kolonne stets derselbe sein. Die

---

[1]) Pick, Die Alkalien. Wien, Hartlebens Verlag.

[2]) Bradburne, Zeitschrift f. angew. Chemie 1898, 81. — Jurisch, Zeitschrift f. angew. Chemie 1897, 717.

[3]) Nach anderen Abbildungen etwa in Zweidrittelhohe der Kolonne.

ammoniakalische Lösung darf nicht oben eintreten, weil sonst Ammoniak und Ammonkarbonat in die Abzugsrohre der entweichenden Gase mitgerissen wird. Oben in die Kolonne tritt gereinigte Sole zu, die nur einen ganz geringen Ammoniakgehalt hat. Diese wäscht die entgegenströmenden Gase und befreit sie von Ammoniakverbindungen.

Die Angabe, daß die ammoniakalische Sole in der Kolonne nach ihrem Eintritt zuerst emporsteigen soll, ist nicht recht verständlich. Da dieselbe doch wieder nach unten fließen muß, würden bei kontinuierlichem Betriebe Gegenströmungen entstehen, welche entschieden störend wirken müssen.

Wenn Solvay sehr großen Wert darauf legt, daß die ammoniakalische Sole nicht oben in die Kolonne, sondern weiter unten einfließen soll, weil sonst durch die entweichenden Gase Ammoniak und Ammonkarbonate mit in das Abzugsrohr gerissen werden, so ist das sehr einleuchtend. Daß aus einer Sole, welche viel freies Ammon bezw. Ammonkarbonate enthält und welche sich durch die Absorption der Kohlensäure stark erwärmt, Ammonverbindungen sich verflüchtigen, besonders bei Durchleitung eines starken Gasstromes, weiß jeder Ammonsodatechniker.

Aber gerade deshalb darf die ammoniakalische Sole nach ihrem Eintritt in etwa Zweidrittelhöhe der Kolonne nicht nach oben steigen. Es wurde sich sonst die stark ammoniakalische Sole mit der zum Waschen bestimmten, wenig Ammoniak enthaltenden Sole mischen und diese Mischsole würde dann zum guten Auswaschen der abgehenden Gase nicht mehr geeignet sein.

Bei dem geschilderten Verfahren des Auswaschens der Gase im oberen Teil der Kolonne wird der Gehalt der ammoniakalischen Sole an Ammoniak durch die Vermischung mit der zum Waschen dienenden Sole herabgedrückt. Hierauf muß von vornherein Rücksicht genommen werden. Es wird daher nur der größere Teil, nicht die ganze Menge an Sole, die man gebraucht, in ammoniakalische Sole verwandelt. Letztere erhält aber einen prozentisch höheren Gehalt an Ammoniak, als eigentlich erforderlich ist. Derselbe wird dann durch die Vermischung mit der Waschsole wieder auf das richtige Maß herabgedrückt.

Es wird auf diese Weise heute wohl überall verfahren, wo man in Kolonnen karbonisiert und eine Sole in diese einführt, welche viel freies Ammoniak hat. Faßbender[1]) gebraucht z. B. auf 10000 kg Soda 65,4 cbm Sole mit 7 % Ammoniak und nimmt 11,3 cbm gewöhnliche gereinigte Sole mit nur 2,3 kg Ammoniak (als Karbonat) im cbm zum Waschen. Die Gesamtsole hat also nach der Vermischung einen Gehalt von rund 6,3 % Ammoniak.

---

[1]) Zeitschrift f. angew. Chemie 1893, 139 ff.

Nach dem deutschen Patent vom 27. 11. 1877 verfährt Solvay noch auf andere Weise. Als Verbesserung wird daselbst hinsichtlich der Karbonisation der ammoniakalischen Lauge angegeben, daß eine Behandlung mit Kohlensäure vor der Einführung der Lauge in den Turm erfolgen soll. Es soll zu diesem Zwecke reine Kohlensäure schon in die obere Abteilung der Destillierkolonne eingeführt werden, um hier das Ätzammoniak in Ammonkarbonat zu verwandeln. Als solches wird es dann von der Sole absorbiert. Es ist klar, daß bei genügender Einleitung von Kohlensäure auf diese Weise eine ammoniakalische Sole in die Kolonne gelangt, welche gar kein oder nur wenig freies Ammoniak enthält. Dann ist es aber meiner Ansicht nach nicht mehr erforderlich, die Sole in Zweidrittelhöhe der Kolonne einzuleiten. Es kann nun die Einleitung in einen der obersten Ringe stattfinden, da eine so starke Erwärmung nicht mehr eintreten wird, daß Ammonkarbonat mit den Gasen in erheblicher Menge fortgeht.

Es würde dann vielleicht ein Ring zum Waschen genugen. Wie Solvay wirklich verfahrt[1]), ist schwer zu sagen; beide Modifikationen, die oben beschrieben sind, lassen sich gut ausführen, und beide sind je nach den Umständen praktisch. Indessen möchte ich dem ersteren Verfahren den Vorzug geben, oder aber beim zweiten Verfahren keine reine Kohlensäure benutzen, sondern die ammoniakalische Sole nach der oben. beschriebenen Art mit der abgehenden Kohlensäure behandeln.

Es ist in der Einleitung zu diesem Kapitel darauf hingewiesen, daß die Hauptschwierigkeit beim Betriebe eines Kolonnenapparates zur Fällung in der leicht eintretenden Verstopfung der Siebböden etc. liegt. Es erscheint uberhaupt unmöglich, eine Kolonne fur diesen Zweck zu konstruieren, bei welcher Verstopfungen ganz vermieden werden. Auch Solvay ist dies nicht gelungen, sein Turm muß häufiger, wie es heißt in Zwischenräumen von 2—3 Wochen, außer Dienst gestellt und gereinigt werden. Es ist aber schon ein großer Erfolg, wenn eine Kolonne 3 Wochen ungestort arbeitet, denn mehrfach ist es vorgekommen, daß Fällkolonnen, die neu konstruiert waren, sich so oft verstopften, daß ein geordneter Betrieb völlig unmöglich war. Auch Solvay wird es

---

[1]) Uber Solvays Verfahren sind sehr widersprechende Mitteilungen in der Literatur vorhanden. Dies erklärt sich einerseits sehr natürlich dadurch, daß Solvay immer aufs neue geändert und verbessert hat. Andererseits hat er häufig für ein und dieselbe Operation verschiedene Verfahrungsweisen angegeben, wie es scheint, um zu verdecken, welches Verfahren er wirklich anwendet. Mehrere Außerungen Solvays, z. B. in der deutschen Patentschrift vom 27. Nov. 1877, sind sehr dunkel und auch für den Fachmann unverständlich.

zuerst nicht besser ergangen sein, es wird mitgeteilt, daß er mehrmals seine erste Anlage in Couillet umbauen mußte, bis ihm der Erfolg günstig war.

Wenn es auch angenehmer ist, daß eine Kolonne längere Zeit im Betriebe sein kann, ohne einer Reinigung zu bedürfen, so ist doch im vorliegenden Falle der Betrieb gut und sicher. Dabei ist vorausgesetzt, daß stets ein Reserveturm zur Verfügung steht. Für einen kleinen Betrieb, der nur mit einer Kolonne regelmäßig arbeitet, paßt diese Einrichtung allerdings schlechter, denn dann würde die Reserve 100 % der ganzen Fallanlage sein. Anders ist es bei den Riesenbetrieben Solvays, der nach den verschiedenen Angaben auf 4—6 Türme einen Reserveturm hat; dadurch wird die Anlage relativ nur wenig verteuert.

Es ist vorhin gesagt, daß es schon ein großer Erfolg sei, wenn eine Fallkolonne einige Wochen ununterbrochen arbeiten kann, ohne daß eine Betriebsstörung eintritt, und das hat Solvay mit seinem Fällturme erreicht. Betrachten wir nun, wie derselbe arbeitet. Wie Figur 28 zeigt, sind die Siebböden derart eingerichtet, daß an den Rändern die Locher nach der Peripherie hin weit ausgezogen sind, sodaß hier offene Schlitze entstehen, die einen weit größeren Querschnitt reprasentieren, als die gleiche Anzahl Löcher. Der Betrieb muß nun so gehen, daß die Gase durch die Löcher der Siebböden emporsteigen, während die Lösung an der Peripherie durch die Schlitze nach unten läuft. Diese weiten Schlitze ersetzen beim Solvayturm also die Überfallrohre, die sonst bei Kolonnen üblich sind. Später hat Solvay die Böden so konstruiert, daß die Schlitze wegfallen, der Boden hat dann aber einen geringeren Durchmesser als die Kolonne[1]), sodaß zwischen der Peripherie des Siebbodens und der Kolonnenwand ein freier Raum entsteht, durch welchen die Lösung passieren kann. Diese Veranderung beugt einer Betriebsstörung vor, welche durch Verstopfung der Schlitze entstehen kann. Die an den Rändern der Siebe abfließende Lösung gelangt auf die darunter befindlichen Böden und muß von diesen aus durch die zentrale Öffnung derselben auf den darunter befindlichen Siebboden, und zwar ziemlich in der Mitte desselben, auflaufen. Von hier fließt sie, da der Siebboden gewölbt ist (der Boden hat die Form eines Kugelsegments), nach allen Seiten gleichmaßig ab, wobei sie von den nach oben steigenden fein verteilten Gasen durchstromt wird.

Der gewölbte Siebboden und das Fehlen von Überfallrohren ist das Kennzeichen, wodurch sich der Solvayturm von den meisten anderen Kolonnensystemen scharf unterscheidet. Die Wölbung der Boden hat wohl namentlich den Zweck, zu verhindern, daß sich Bikarbonatkrystalle

---

[1]) cf. Abbildung bei Lunge, a. a. O. S. 50.

an einigen Stellen des Bodens anhäufen, das wird entschieden hier nicht so leicht der Fall sein, wie bei flachen Siebböden.

Mit einem gewölbten Boden vertragen sich Überfallrohre nicht mehr, denn wenn ein solcher Siebboden ein Überfallrohr erhalten sollte, so müßte dieses an der Peripherie sich befinden, und der Siebboden müßte an die Kolonnenwand anschließen. Dann würden aber entweder eine Menge Überfallrohre nötig sein, oder es würde sich an der Wandung ein starker Ring von Bikarbonat ablagern. So ergab sich die Öffnung des Siebbodens an der Peripherie als Durchgang für die Lösung von selbst.

Die Gase treten beim Aufsteigen im Solvayturm durch die zentrale Öffnung unter die Mitte des Siebbodens, also an dessen höchste Stelle. Da der Gasstrom so stark sein muß, daß die hier befindlichen Löcher denselben nicht durchlassen können, so verbreiten sie sich von hier aus gleichmäßig nach der Peripherie hin, wobei sie dann nach und nach durch die Löcher, welche sie auf diesem Wege antreffen, entweichen.

Der stärkste Durchgang der Gase wird aber immer in der Mitte bleiben, und es werden daher die mittleren Löcher sich am wenigsten leicht zusetzen. Es ist anzunehmen, daß die Inkrustierung der Sieblöcher vom Rande aus nach innen fortschreitet.

Bei einer Kolonne, wie sie der Solvayturm darstellt, bei welcher alle Boden offen sind, wird die einlaufende Lösung, wenn kein Gas entgegenströmt, direkt nach unten fließen, ohne sich über den ganzen Siebboden zu verteilen, bei flachen Böden wird das noch mehr der Fall sein. Aber auch bei dem Solvayturm wird die Lösung am Durchfließen der Siebbodenlöcher nur gehindert durch die entgegenströmenden Gase. Wenn diese Gase in zu schwachem Strome durch den Turm gehen, so werden sie das Durchfließen der Lösung durch die Sieblöcher nur teilweise verhindern. Ist der Gasstrom dagegen zu stark, so können die Gase nicht mehr allein durch die Sieblöcher nach oben steigen, sie nehmen ihren Weg auch durch die peripherischen Öffnungen und hemmen so das Herabfließen der Lösung. Bei ganz starkem Gasstrome würden eventuell sämtliche Öffnungen für die Gase in Anspruch genommen und die Lösung völlig am Abfließen verhindert bezw. oben zur Kolonne hinausgeschleudert werden. Ein solcher Fall kann auch eintreten, wenn sich die Sieblocher verstopfen.

Aus vorstehendem ergibt sich, daß es sehr darauf ankommt, die richtigen Dimensionen der Kolonnenteile zu finden, bezw. den Gang der Luftpumpen, welche die Gase in die Kolonne pressen, genau zu regulieren. Ersteres ist die Hauptsache, da die Luftpumpe ein bestimmtes Quantum Kalkofenluft bringen muß und dieses nicht sehr überschreiten darf.

Solvay hat auch angegeben, daß beim Betriebe der Kolonne die Flüssigkeit unten nicht kontinuierlich ausfließen solle, der Abfluß soll zuweilen unterbrochen werden, ebenso sollen die Gase stoßweise eintreten. Dies hat den Zweck, ein Festsetzen des Bikarbonates zu verhindern. Wie Lunge a. a. O. bemerkt, hat man dies Verfahren wieder aufgegeben, weil es sich nicht bewährt hat. In der Tat kann man auch nicht annehmen, daß dadurch die nach und nach langsam wachsende Inkrustierung der Sieblöcher verhindert wird. Wohl aber konnten dadurch Ablagerungen von Bikarbonat wieder aufgerührt werden.

In der beschriebenen Art würde der Solvayturm arbeiten, wenn der Betrieb ganz in der Weise geführt werden soll, wie Kolonnen es zeigen. Es ist dabei angenommen, daß die Flüssigkeit nicht den ganzen Raum ausfüllt, sondern daß zwischen den einzelnen Siebböden Lufträume sich befinden, sodaß dadurch die einzelnen Abteilungen von einander geschieden sind. Der Flussigkeitsstrom müßte dann so geregelt werden, daß nicht mehr Lösung einläuft, als unten abgelassen wird. Es darf nie mehr Lösung den Turm durchfließen, als durch die Schlitze der Böden bezw. durch die Ringöffnungen an der Peripherie heruntersickern oder in dünnen Strahlen laufen kann.

In dieser Weise kann der Solvayturm arbeiten, und er hat auch wohl in dieser Weise gearbeitet; indes wird wohl in der Regel der Betrieb auf andere Art geführt. Der Turm ist fast ganz mit Flüssigkeit gefüllt, sodaß dieselbe eine zusammenhängende Säule bildet. Auf den ersten Blick könnte es scheinen, als ob sich in diesem Falle der Solvayturm nur durch die andere Form, aber nicht durch die Wirkung von den gewöhnlich benutzten, intermittierend arbeitenden Gefaßen unterscheide, wenn diese, wie es haufig der Fall ist, Siebböden besitzen.

Bei näherem Zusehen wird man indes finden, daß ein erheblicher Unterschied in der ganzen Wirkung vorhanden ist. Derselbe wird besonders hervorgebracht durch das Verhältnis des Durchmessers zur Höhe. Während beim gewöhnlichen Fällkessel infolge des großen Querschnittes bei relativ geringer Hohe eine ständige Mischung des ganzen Flüssigkeitsinhaltes stattfindet, auch beim Vorhandensein von Siebböden, ist dies beim Solvayturm nicht mehr möglich.

Infolge des relativ geringen Querschnittes, der ganzen Anordnung und Form der Siebböden ist es den aufsteigenden Gasen nicht möglich, die Flüssigkeit, welche sie durchstreichen, mit nach oben zu nehmen und mit der oberen Lösung zu mischen. Der Turm wirkt daher, obwohl er ein im Innern völlig offenes Gefaß darstellt, dennoch wie eine Kolonne. Solvay hat hier auf geradezu geniale Weise das Problem gelöst, einen Apparat zu schaffen, welcher die Vorteile der Kolonnenkonstruktion besitzt, ohne die nachteilige Wirkung der gewöhnlichen

Kolonnen zu haben, welche darin besteht, daß sich deren einzelne Segmente leicht vollsetzen.

Solvay will nach dem englischen Patente No. 1904 von 1876 oben in den Turm noch festes Salz einführen[1]), um die Sole völlig zu sättigen. Es sollen nach Lunge, a. a. O., in den Solvayschen Fabriken 10 bis 20 % vom Gesamtsalz auf diese Weise eingeführt sein, andere Fabriken sollen dies Verfahren jedoch wieder aufgegeben haben.

Für eine große Aufgabe bei der Fallung des Bikarbonats hat es Solvay im deutschen Patent vom 27. 11. 1877 erklärt, die Erwärmung der Flüssigkeit zu verhindern. Er hat zu diesem Zwecke, wie schon erwähnt wurde, den Turm früher von außen berieselt und wendet heute innere Kühlung an. Als weiteres Mittel zur Abkühlung wollte Solvay früher die eingepreßten Kohlensäuregase benutzen. Die Ausführungen hierüber (D. P. von 1877) sind jedoch recht unklar[2]), wie auch Lunge a. a. O. bemerkt. Der Kern der Sache ist der, daß bei der Zusammenpresung der Kalkofengase durch die Luftpumpe ein Teil der latenten Wärme der Gase frei wird und durch Kühlwasser fortgenommen werden kann. Wenn die Gase dann in der Kolonne sich wieder ausdehnen, so nehmen sie hierbei die ihnen durch die Kühlung entzogene Warme wieder an sich[3]). Sie entziehen dieselbe der Flüssigkeit und wirken dadurch kühlend auf letztere. Diese Kühlwirkung ist aber bei dem Druck von $1^1/_2$—$2^1/_2$ Atm., bei dem Solvay arbeitet, langst nicht stark genug, um den Zweck ganz zu erfüllen.

Wenn man nun die Gase in besonderen Gefaßen noch stärker komprimiert, als zum Zweck des Durchpressens durch die Kolonne nötig ist, z. B. auf ca. 6 Atm., so kann dadurch die Kühlwirkung bedeutend verstärkt werden, indessen ist auf diese Art die Kühlung entschieden teuer. Außerdem spricht ein anderer Grund gegen dies Verfahren. Wenn die Kühlung völlig so durchgeführt werden soll, so wurde auch die Lösung überhaupt nicht warm werden, letzteres ist aber erwünscht, denn gerade durch das Abkühlen der warmen Lösung, wie es sonst geschieht, erhalt man grobkörniges Bikarbonat. In der Tat arbeiten die Solvayfabriken heute auch mit innerer Kühlung durch Kühlwasser nach Cogswells Patent[4]).

Im deutschen Patent von 1877 gibt Solvay an, daß durch die Kühlung leicht Salmiak mit ausfalle und in das Bikarbonat gerate. Um das zu vermeiden, fuhrt Solvay die Gase nicht ganz unten, sondern

---

[1]) cf. auch Jurisch, Zeitschrift f. angew. Chemie 1897, 688 ff.
[2]) Vielleicht ist das durch die Ubersetzung veranlaßt.
[3]) Auf dieser Erscheinung beruht ja auch das Prinzip der Eismaschinen.
[4]) cf. Kapitel II, S. 73.

weiter oben in den Turm ein und legt unten eine Schlange ein zum Anwärmen der Flüssigkeit, wobei sich der Salmiak wieder löst.

Bei diesem Verfahren wird sich sehr leicht auch Bikarbonat lösen. Solvay hat dasselbe nachher wohl wieder aufgegeben und verfährt so, daß er die Flüssigkeit überhaupt nicht so stark kühlt, daß Salmiak ausfallen kann.

Darüber, wie stark Solvay die Lösungen verwendet, ist nichts Bestimmtes bekannt; die Angaben lauten widersprechend. Nur soviel läßt sich erkennen, daß die Lösung an Salz stets konzentriert gehalten werden soll, denn es wird ja noch festes Salz oben in den Absorptionsturm eingeführt. Es scheint, daß der Ammoniakgehalt 6—7 % beträgt, und daß so weit karbonisiert wird, bis man durch Titration noch einen Gehalt an Alkali feststellen kann, der 1—1,5 % NH_3 entspricht.

In Deutschland hat sich besonders M. Honigmann in Grevenberg bei Aachen große Verdienste um die Einführung der Ammoniaksodaindustrie erworben. Im deutschen Patent vom 18. Juli 1880 ist ein eigenartiger Kolonnenapparat für die Fällung des Bikarbonates beschrieben, der-

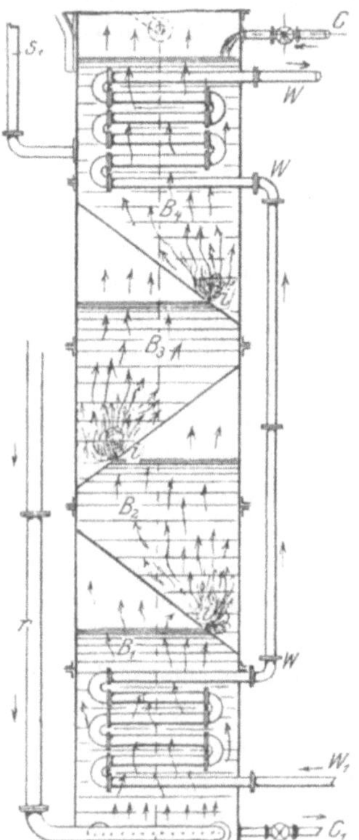

Fig 30.

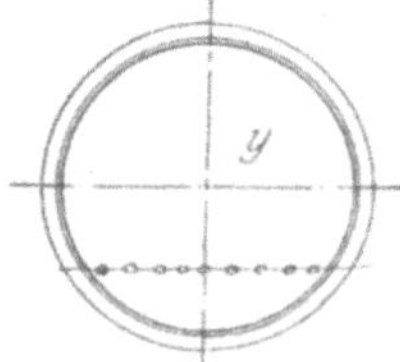

Fig 31.

selbe ist in Fig. 30—31 abgebildet. Honigmann beschreibt denselben a. a. O. wie folgt:

„Der Fällapparat ist ein Zylinder von 2—5 m Durchmesser und 8—12 m Höhe mit eingesetzten, schiefen, in horizontaler Linie durchlöcherten Scheidewänden, durch welche Anordnung die Gase nacheinander die verschiedenen Abteilungen B_1 B_2 B_3 und B_4 durchstreichen. Hierdurch wird eine gute Aufnahme der Kohlensäure erzielt, auch ist die Möglichkeit gegeben, die beinahe mit

Kohlensäure gesättigte und die ganz frische Lauge mittels der Kühlröhren $W\,W_1$ zu kühlen, während die mittleren Abteilungen durch die Kohlensäureaufnahme eine erhöhte Temperatur erhalten."

„Es ist nämlich für die Trennung des Bikarbonates von der Salmiaklauge und auch für die weitere Verarbeitung des Bikarbonates auf Soda von Wichtigkeit, daß ein großes Korn beim Fällen gewonnen wird."

„Es wird beim kalten Fällen der Laugen fast stets ein schlammiges, schwer zu verarbeitendes Produkt erzielt; deshalb wendet man die einfache Trennung der Laugen in dem Zylinder durch schiefe Scheidewände an und kann dann sowohl die fertige Lauge als die frische kühlen."

„Erstere wird gekühlt, um die Fällung möglichst vollständig zu machen, letztere, damit möglichst wenig Ammoniak mit den durchgehenden Kalkofengasen weggerissen werde."

„In den mittleren Abteilungen dagegen erhöht sich die Temperatur infolge der Kohlensäureaufnahme von selbst auf 40° C. und darüber."

Die Dimensionen sowohl wie andere Einzelheiten sind aus der Zeichnung nicht ersichtlich. Wenn aber wirklich nur drei schiefe Siebboden eingelegt waren, so ist das entschieden zu wenig; auch muß es fraglich erscheinen, ob die so stark geneigte Stellung der Siebboden richtig ist. Das Prinzip ist jedenfalls gut, schief gelegte Siebböden werden sich nicht so leicht vollsetzen, wie horizontale. Sie müssen ebenso gut wirken wie die Solvayschen Kugelsegmente und werden wohl die Flüssigkeit noch gleichmäßiger verteilen als diese.

Indessen hat Honigmann in der betreffenden Patentzeichnung nur eine einzige Reihe Sieblocher angegeben, dadurch kann aber unmöglich eine gute Verteilung der Gase bewirkt werden. Auch sind in den Siebböden keine besonderen Öffnungen für den Durchgang der Flüssigkeit angegeben. Sollen Flüssigkeit und Gase zusammen durch dieselben Öffnungen gehen, so ist das entschieden kein rationeller Betrieb. Auch muß sich nach der Zeichnung das Bikarbonat an den tiefen Stellen der schiefen Scheidewande anhäufen, da hier keine Öffnungen angegeben sind, durch die es nach unten rutschen kann. Wahrscheinlich ist der Apparat in Wirklichkeit anders konstruiert.

Die in der oben zitierten Honigmannschen Beschreibung enthaltenen Angaben über die Bildung des grobkrystallinischen Bikarbonats entsprechen den Tatsachen.

Die aus dem Fallapparate entweichenden Gase müssen einen darüberliegenden, eigentümlich konstruierten Absorptionsapparat durchstreichen, wo sie von dem größten Teil des Ammoniaks befreit werden.

Es scheint nicht, daß Honigmann den geschilderten Apparat längere Zeit in Gebrauch gehabt hat. In Fabriken, die nach Honigmanns Verfahren eingerichtet sind, wurden zur Fällung des Bikarbonats einfache zylindrische Kessel mit konischem Unterteil benutzt.

Das Prinzip, die Siebböden schief zu legen, ist entschieden ein richtiges. Ich möchte glauben, daß eine Kolonne mit schiefen Siebböden, wie sie in Fig. 32—33 schematisch dargestellt ist, sich gut für die

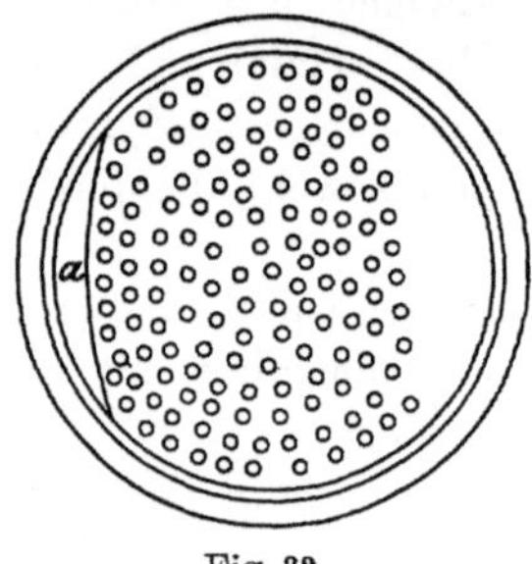

Fig. 32.

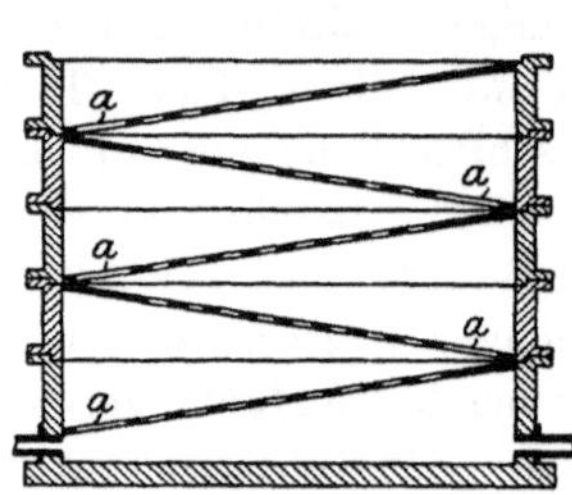

Fig. 33.

Bikarbonatfällung bewähren muß. Bei dieser Konstruktion sollen die Gase durch die Siebböden gehen, während die Lösung mit dem suspendierten Bikarbonat durch die Ausschnitte a nach unten läuft. Unter den Ausschnitten der Siebböden fehlen in den darunter liegenden Böden die Sieblöcher, damit die Gase an dieser Stelle nicht eine Abteilung überschlagen können.

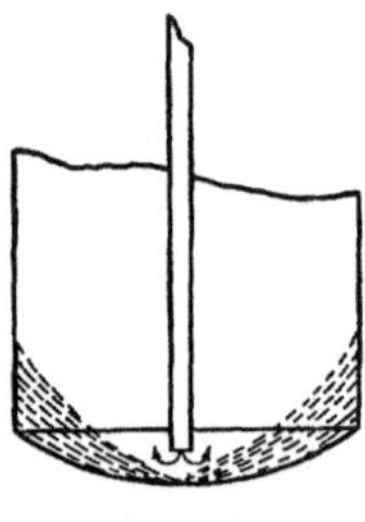

Fig. 34.

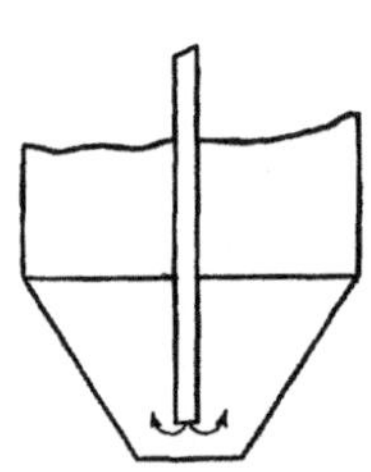

Fig. 35.

Wenn in einem zylindrischen Kessel von größerem Durchmesser mit flachem oder halbrundem Boden die Fällung des Bikarbonats vorgenommen wird, so zeigt sich beim Einleiten der Gase an nur einer Stelle, daß der Niederschlag sich nicht im ganzen Querschnitt in Suspension halten läßt. Es bildet sich, wie in Fig. 34 der schraffierte Teil zeigt, eine Anhäufung von Bikarbonat, die sich fest ablagert. Hieraus ergibt sich, daß man praktisch gleich von vornherein den betreffenden Gefäßen im unteren Teil eine konische Form gibt, wie Fig. 35 zeigt.

Kessel von dieser Konstruktion verwendet man daher auch vielfach für die Fällung des Bikarbonats sowohl wie auch zur Destillation der Salmiaklaugen beim Ammoniaksodaprozeß. In beiden Fällen geschieht das, um Anhäufung von Niederschlägen zu verhüten.

Dieses Prinzip- läßt sich auch für das Kolonnensystem verwerten. Verfasser hat daher die Firma Calow & Co. in Bielefeld veranlaßt, eine Kolonne mit konischen Böden zu konstruieren (D. P. 70 169). In Fig. 36 ist eine kombinierte Kolonne abgebildet, deren fünf untere Ringe die betreffende Konstruktion zeigen. Dieselbe verbindet die Vorteile der Kolonne, also das Prinzip des Gegenstromes, mit der einfachen Konstruktion der Gefäße. Eine Verstopfung ist kaum möglich, da keine Sieblöcher vorhanden sind; die weiten Rohre, eins in jedem Ringe, können sich nicht zusetzen.

In den Ringen mit konischem Unterteil wird allerdings eine so innige Mischung der Gase mit der Flüssigkeit nicht erreicht, wie es bei der Anwendung von Siebböden der Fall ist. Einen so sehr großen Einfluß hat dieser Umstand jedoch nicht. Die Praxis beweist, daß man sogar sehr gut mit einfachen Gefäßen auskommen kann, nur tut man in solchem Falle besser, wenn man mit denselben eine Kolonne kombiniert. Man stellt dann die Kolonne so auf, daß sie nur diejenige Lösung erhält, welche mit Kohlensäure weniger gesättigt ist, die also nur wenig Bikarbonat ausscheidet. Die Kolonne steht dann also, in der Richtung des Gasstromes gerechnet, am Ende des Systems. Diesem Prinzip ent-

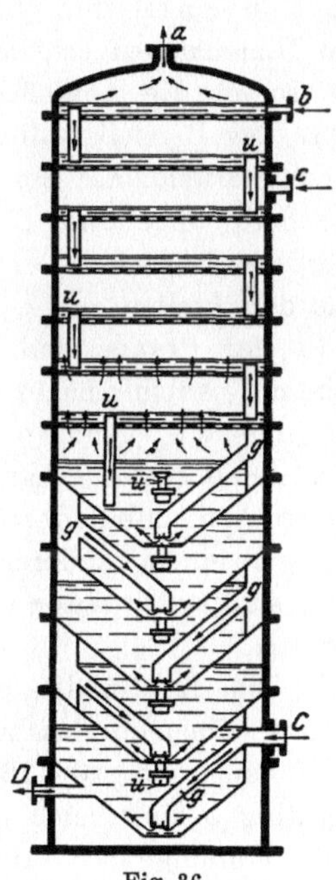

Fig 36.

sprechend kann man die Kolonne mit konischen Böden auch kombinieren mit einer Siebbodenkolonne, wie es Fig. 36 zeigt. Die oberen Ringe sind mit Siebböden versehen, es werden in diesen die Kohlensäuregase möglichst weit ausgenutzt; die Bikarbonatbildung findet hauptsächlich in den unteren Ringen statt, wo keine Verstopfung zu befürchten ist. Die Zahl der Ringe ist in Wirklichkeit größer, als in der Abbildung angegeben.

Die Ringe mit konischem Unterteil können einen großen Inhalt haben im Verhältnis zu anderen Kolonnensystemen; die zu sättigende Flüssigkeit kann daher verhältnismäßig lange in denselben verweilen. Der größere Inhalt der Kolonne läßt es auch zu, daß man die Flüssigkeit nicht so schnell abzukühlen braucht wie in anderen Kolonnen. Man kann daher leichter ein grobkrystallinisches Bikarbonat erhalten. Auf diesen Umstand ist viel zu geben. Manche Kolonnensysteme liefern ein sehr feines, schlammiges Bikarbonat, welches sich kaum auswaschen läßt. Wie Hallwell (Chem.-Ztg. 1894, 18, 786) mitteilt, haben Fabriken lediglich, um dies schlammige Bikarbonat zu vermeiden, die Kolonnen abgeschafft und dafür einfache Gefäße genommen.

Bei der Kolonne in Fig. 36 ist die Kühlvorrichtung nicht mitgezeichnet, dieselbe wird in der Weise eingerichtet, daß eine Kühlschlange in einem der oberen Ringe liegt und eine andere unten. Bei großen Dimensionen erhält die Kolonne noch einen besonderen Kühlring unten, sodaß die abfließende Lösung genügend gekühlt werden kann. Die Art des Betriebes dieser Kolonne läßt sich ohne weiteres aus der Zeichnung erkennen. Bei c wird die ammoniakalische Sole und bei b frische Sole eingeführt, C ist der Eintritt der Gase und D der Ablauf der fertigen Lösung. Der Weg der Gase und der Sole in der Kolonne ist aus den Pfeilen zu ersehen.

In der Praxis sind noch andere Kolonnenkonstruktionen im Gebrauch, auf welche näher einzugehen jedoch der Raum verbietet. Die obigen Beispiele genügen auch wohl für die Systeme, bei welchen die Gase zugleich eine mechanische Wirkung ausüben, indem sie die Flüssigkeit aufrühren und dadurch die Niederschläge in Suspension halten.

Nach einem anderen Prinzip, nämlich mit mechanischen Rührwerken, sind, wie weiter oben schon erwähnt wurde, ebenfalls Kolonnen konstruiert.

In Fig. 37—38 ist eine solche Kolonne abgebildet. Dieselbe besteht aus einem Bodenring von verhältnismäßig großem Durchmesser, ca. 2500 mm, und 10—12 kleineren Ringen von 1250 mm Dtr.[1]). In jedem Ring befindet sich ein horizontaler Boden, der in der Mitte eine zentrale Öffnung hat. Durch die ganze Hohe der Kolonne geht eine starke Spindel S, welche mit einer Anzahl runder Teller T besetzt ist, und zwar befindet sich zwischen je zwei Böden ein Teller. Die Böden sowohl wie die Teller sind mit flachen Zapfen $i\,i\ldots$ versehen, diese stehen schrag zur Drehungsrichtung der Teller. Wird nun die Spindel in Bewegung gesetzt (durch die Riemenscheibe R), so wirken die Ansätze schraubenartig und drangen die Lösung nebst Bikarbonatkrystallen auf den Tellern nach außen und auf den Boden nach innen, befordern dieselbe somit nach unten. Wenn die Zapfen eng gestellt werden und dicht uber die Flachen der Teller und Boden gehen, so kann sich kein Bikarbonat festsetzen, da dasselbe stets abgekratzt wird. Das gilt aber

---

[1]) Diese Dimensionen können auch andere sein. Ich gebe die Maße nur an, um das Verhältnis zu zeigen.

nur, wenn das Rührwerk regelmäßig geht. Es trat bei diesem Apparate in der Praxis der Fall ein, daß das Rührwerk häufig stehen blieb, der Riemen rutschte oder fiel ab. Verstärkung der maschinellen Übertragung bewirkte Brechen der Zapfen und Arme. Der Grund lag darin, daß die krystallinischen Ansätze zu hart und fest wurden. Kurzum die Einrichtung bewährte sich nicht, da viel Stillstände eintraten. Hinzu kam noch, daß die Absorption der Kohlensäure keine so gute war, wie eigentlich erwartet wurde.

Wenn man den Apparat genau betrachtet, so wird man finden, daß derselbe nicht nur durch das Rührwerk sich von anderen Kolonnen unterscheidet, sondern auch durch sein ganzes Arbeiten. Wenn die Gase in einer Kolonne oder einem anderen Fällapparate zugleich mechanisch wirken sollen, so müssen sie die Flüssigkeit mehr oder weniger fein verteilt durchstreichen. Hierbei tritt eine sehr innige Mischung ein. Man muß sich diesen Vorgang folgendermaßen vorstellen.

Werden Gase in fein verteiltem Zustande durch eine Flüssigkeit gepreßt, sodaß eine förmliche Schaumbildung eintritt, so wird dadurch die Oberfläche der Flüssigkeit, welche mit Gasen in Berührung kommt, ungemein stark vergrößert. Jede Blase ist eine mit Gas gefüllte Kugel, je kleiner die Blasen sind, je größer ist verhaltnismäßig die innere Fläche der Kugel, also der Flüssigkeit zum Inhalt, also zu dem Gase. Bei dem Apparate Fig. 37 werden die Gase nicht durch die Flüssigkeit gepreßt, sie streichen nur über die Oberfläche derselben hin.

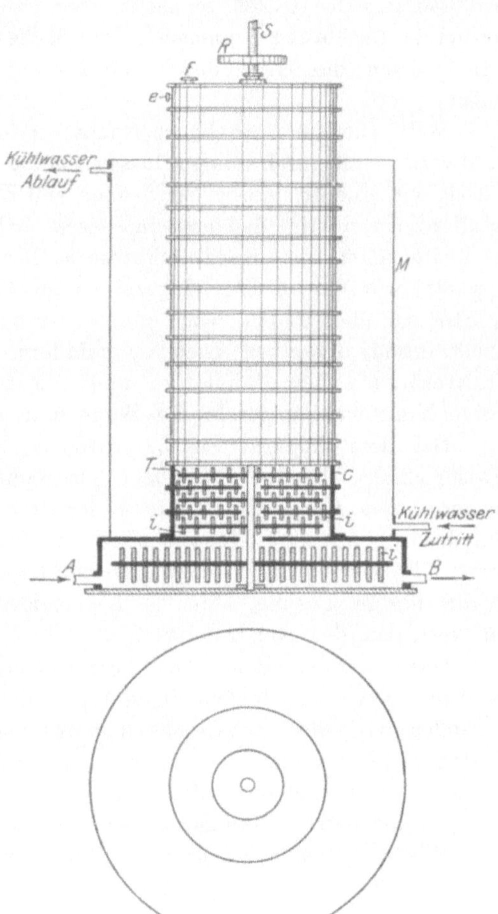

Fig 38.

Allerdings ist die Lösung in sehr dünner Schicht auf den vielen Tellern und Böden und an den Rührarmen ausgebreitet, wodurch die Absorption erleichtert wird. Ferner wird auch durch die Wirkung der Rührarme ein Teil der Lösung herumgespritzt und so etwas feiner verteilt und mit den Gasen gemischt, aber jedenfalls ist die mit den Gasen hierbei in Berührung kommende Oberfläche nicht so groß, wie bei dem Durchpressen der Gase durch die Lösung bei Anwendung von Siebböden.

Will man einen ähnlichen Effekt erreichen, so muß man schon das Rührwerk sehr rasch laufen lassen, sodaß beinahe ein Verstauben der Flüssigkeit eintritt, hierbei wird aber viel Kraft verbraucht. Nun ist es ja allerdings richtig, daß man in diesem Falle wieder auf andere Weise an Kraft spart, da das Durchpressen der Gase wegfällt. Bei einem Apparat, wie der in Fig. 37 gezeichnete, wird ein Gegendruck von nur $1/4$ Atm. zu überwinden sein, und es ist auch möglich, durch geeignete Konstruktion denselben noch zu mindern. Indessen werden sich der Kraftverbrauch der Rührwerke und die zum Durchpressen der Gase nötige Kraft wohl ungefähr die Wage halten.

Bei dem Apparat Fig. 37 wird die Kühlung bewirkt durch eine Wasserschicht, die sich zwischen dem Kühlmantel M und der Kolonne befindet, und die durch Zuleitung von frischem Wasser unten und Ablauf des angewärmten Wassers oben am Mantel ständig erneuert werden kann. Bei e wird die ammoniakalische Lauge eingepumpt, während bei B die fertige Lösung abläuft. Die Kohlensäuregase treten bei A ein und verlassen den Apparat bei F.

Ganz ähnlich dem eben beschriebenen Apparate ist derjenige, welchen Unger[1] nach dem deutschen Patent No. 2295 vom 25. 11. 1877 anwenden will, der Ungersche Apparat mag dem Apparat Fig. 37 als Muster gedient haben. Letzteren habe ich durch de Gronsilliers kennen gelernt, welcher solche Apparate für eine von ihm erbaute Anlage gewählt hatte. Bewährt haben sich die Apparate damals nicht.

Wir verlassen nunmehr die Kolonnenapparate und gehen zu anderen Konstruktionen über; es sind das diejenigen, die aus einer Reihe von einzelnen Gefäßen bestehen, von denen jedes für sich abgeschlossen ist. Zunächst sind hier zu erwähnen die Apparate der Société anonyme des produits chimiques de l'est zu Nancy. Dieselben sind in Fig. 39—40 dargestellt.

Der Betrieb des Apparates ist, wie folgt, beschrieben[2]:

---

[1] D.R.P. No. 2295. Wagners Jahresberichte 1879, S. 298.
[2] D.R.P. No. 28 761.

„Die Ammoniaklauge fließt aus einem Reservoir R^1, Fig. 39, in welchem sie auf konstantem Niveau erhalten wird, durch ein Rohr t kontinuierlich in den Apparat und füllt der Reihe nach allmählich die Behälter $B\,C\,D\ldots$ bis zu einer gewissen Höhe, indem sie durch Überlaufrohre aus einem Behälter in den nächsten übertritt. Schließlich wird sie aus dem letzten Behälter G, in welchem die Reaktion vollendet wird, von Zeit zu Zeit durch Öffnen des Ablaßhahnes R abgelassen. Gleichzeitig fließt in den obersten Behälter A aus einem Waschapparate L, welcher von einem gleichfalls auf konstantem Niveau erhaltenen Reservoir R^2 gespeist wird, Salzlösung, deren Zweck darin besteht, den Gasen

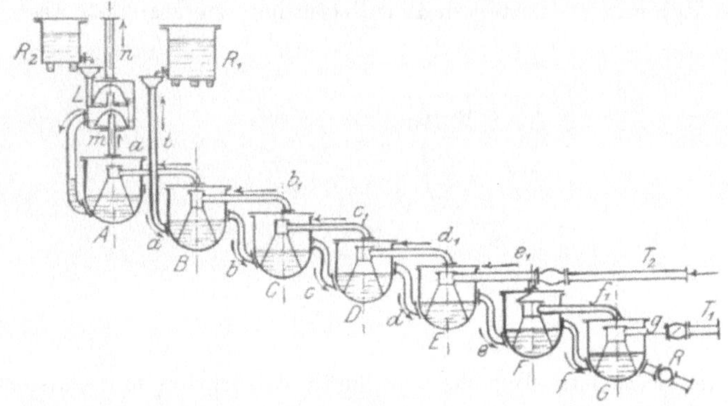

Fig 39.

beim Austritte aus dem Apparate das Ammoniak zu entziehen, welches sie noch mit sich führen. Diese Salzlauge vermischt sich in dem Behälter B mit der Ammoniaklauge, und ihr Zufluß wird derart reguliert, daß sie stets einen geeigneten Prozentsatz des im Gemische enthaltenen Ammoniaks bildet.“

„Die mit einer bestimmten Geschwindigkeit eingeführte Kohlensäure zirkuliert, der Ammoniaklauge entgegen, durch die Behälter, durchstreicht zuletzt den Waschapparat L und entweicht durch das Rohr n ins Freie. Dabei wird das reine Kohlensäuregas durch das Rohr T^1, das unreine dagegen durch das Rohr T^2 zugeführt, sodaß letzteres sich erst mit dem reinen Gase vermischt, wenn dieses aus F in den nächsten Behälter E übertritt.“

„Das Gas gelangt in jedem Behälter, Fig. 40, zunächst in einen umgekehrten Trichter K, welcher an seinem unteren Ende offen ist und dessen Rand ringsum ausgezackt ist. Das Gas drängt die Flüssigkeit in diesen Trichter zurück (Fig. 40), übt dabei beständig einen starken Druck auf die Flüssigkeit aus, durchstreicht dieselbe (erste Absorption und Reaktion) und schleudert sie heftig in den mit Gas erfüllten oberen Raum H (zweite Absorption und Reaktion), um dann in den folgenden Behälter zu fließen, wo es in gleicher Weise wirkt."

Soweit man nach der Abbildung allein urteilen kann, müssen diese Apparate gut gearbeitet haben. Gegenüber dem Gefäßsystem, bei welchem die Apparate in einer Ebene stehen (Fig. 43) hat diese Aufstellung den Nachteil, daß man die einzelnen Gefäße nicht behufs Reinigung ausschalten kann. Und letzteres wird zuweilen nötig sein, da sich die unteren Gefäße jedenfalls auch zuweilen verstopfen werden. Indessen ist es möglich, falls geeignete Mannlöcher vorhanden sind, in solchen Fällen die Reinigung rascher und vollständiger zu erzielen, als es bei

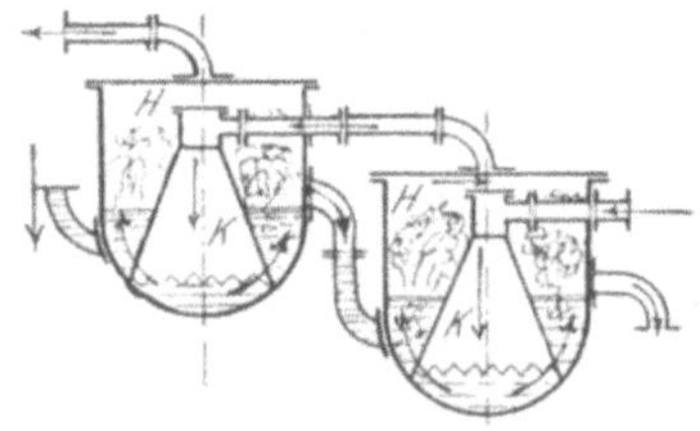

Fig 40.

Kolonnen der Fall ist. Betreffs der guten Absorption und Ausnutzung der Gase stehen die Apparate Fig. 39—40 zwischen Kolonnen und dem einfachen Gefäßsystem.

Die Art der Aufstellung nimmt jedenfalls verhältnismäßig viel Raum in Anspruch und die Anlage wird sich auch ziemlich teuer stellen.

In derselben deutschen Patentschrift der Société anonyme de l'est zu Nancy sind noch Modifikationen des eben angeführten Apparates abgebildet (siehe Fig. 41—42).

Die Beschreibung dazu lautet:

„Ein zweiter, zur Erzielung der wiederholten gegenseitigen Einwirkung von Ammoniak und Kohlensäure äußerst geeigneter Apparat (eine Modifikation des vorbeschriebenen) ist in Fig. 41 dargestellt, und zwar erfolgt die Erhöhung des Nutzeffekts hier durch Vermehrung sowohl derjenigen Passagen, durch welche das Gas in jedem Einzelbehälter durch die Flüssigkeit nach und nach hindurchtritt, sowie auch der mit Gas erfüllten Kammern und Räume, in welchen die Lauge behufs weiterer Sättigung wiederholt emporgeschleudert wird."

„Ein solches in Fig. 41 im Schnitt und Grundriß dargestelltes

Element besteht aus einem geschlossenen Behälter, zwischen dessen Wänden umgekehrte trogförmige Rinnen von **U**- oder **V**-förmigem oder sonst geeignetem Querschnitt angebracht sind, welche an ihren unteren Rändern ausgezackt sind und zu einander versetzt werden.“

„Die unter Druck mit einer gewissen Geschwindigkeit durch die Rohre T einströmende Kohlensäure tritt zwischen den Zacken der Kammern $G\,G$ aus, steigt durch die untere Schicht h der Lauge (erste Absorption und Reaktion) empor und gelangt dann in die Gaskammern $G^1\,G^1\,G^1$, wobei es vermöge seiner lebendigen Kraft die Lauge in diesen Kammern mit emporreißt (zweite Absorption und Reaktion) und durchstreicht dann unter demselben Vorgang nach und nach jede folgende obere Kammerreihe $G^2\,G^3\,\ldots$, bis es schließlich oben im Behalter anlangt und nun durch Rohr M in das nächstfolgende Element übertritt. Die Anordnung und Verbindung der Elemente ist sonst die gleiche wie bei dem zuerst beschriebenen Apparat.“

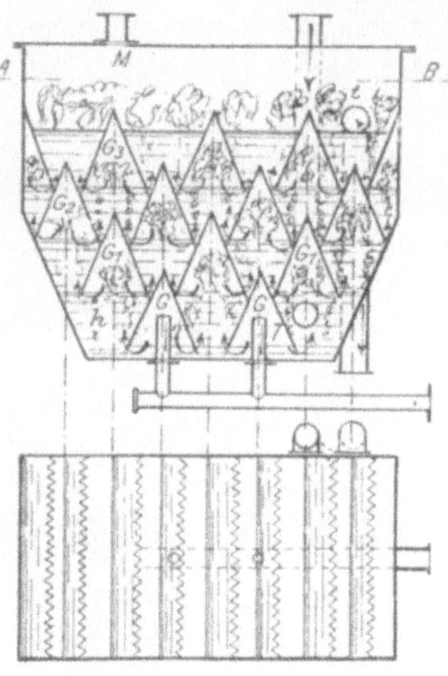

Fig 41.

„Es leuchtet ein, daß infolge der zahlreichen Berührungen und des wiederholten Emporschleuderns der Lauge bei diesem Apparat schon mit einem sehr geringen Gasvolumen ein ungemein großer Nutzeffekt erzielt wird.“

„In Fig. 42 ist die Anzahl der Elemente auf drei Stück reduziert; in den tiefstgelegenen derselben, C, kommt die reine Kohlensäure, welche die Reaktion vollendet, zur Wirkung, in den beiden anderen B und A findet die Reaktion durch die Einwirkung ungereinigter Kohlensäure, sowie des aus C überströmenden Überschusses an reiner Kohlensäure statt.“

„Das Füllen der Einzelbehälter mit ammoniakalischer Lauge von dem Reservoir R^1 aus, das Zusetzen eines Prozensatzes Salzlauge von R^2 aus, das entgegengesetzte Durchströmen von Lauge und Gas und der Abfluß aus R vollzieht sich im allgemeinen

gerade so, wie es bereits mit Bezug auf den in Fig. 39 und 40
beschriebenen Apparat auseinandergesetzt wurde."

„Die Einzelgefäße, welche im allgemeinen nach der Konstruktion Fig. 42 eingerichtet sind, haben hier kreisförmigen Querschnitt, und die die inneren Gaskammern bildenden Rinnen sind,
der leichteren Montage und Reinigung wegen, ringförmig gestaltet.
Diese Ringe können ohne jegliche weitere Befestigung in entsprechender Reihenfolge einfach aufeinander gesetzt werden."

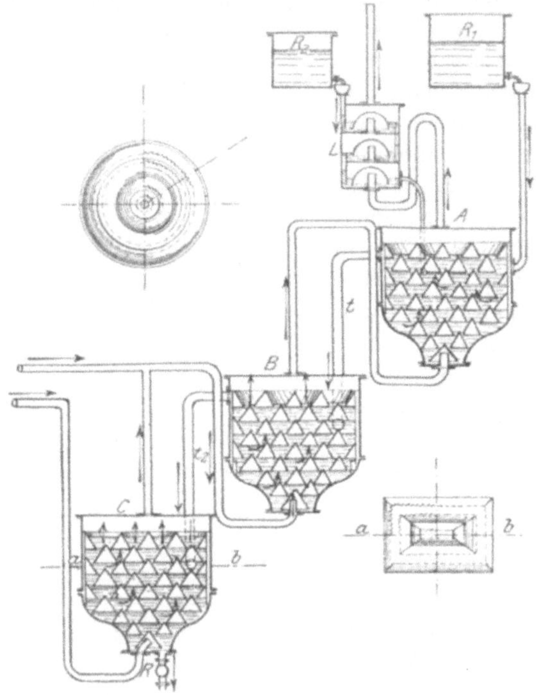

Fig. 42.

„Ihre unteren Ränder sind zur guten allseitigen Verteilung
des Gases, wie in Fig. 41 dargestellt, ausgezackt."

„Anstatt der ringförmigen Kammern kann man auch mit demselben Vorteil quadratische oder rechteckige Rinnen anwenden;
natürlich erhalten dann die Gefäße, welche dieselben aufnehmen,
statt der zylindrischen eine parallelepipedische Form."

Bei den Konstruktionen in Fig. 41—42 dürften Verstopfungen durch
Anhäufung von Bikarbonat am Boden und zwischen den einzelnen
Trögen oder Rinnen häufig eintreten. Es wird schwierig sein, wenig-

stens bei größeren Dimensionen der Apparate, die Gase gleichmäßig zu verteilen. Es wird sich leicht Bikarbonat an einer Seite am Boden anhäufen und hier den Durchgang für die Gase versperren, sodaß diese nur an einer Seite aufsteigen. Dann muß sich aber an der anderen Seite Bikarbonat immer stärker anhäufen und schon bei kleineren Stillständen wird sich auch nach und nach die andere Seite verstopfen. Namentlich ist ein solcher Zustand zu befürchten bei rechteckiger oder quadratischer Form der Gefäße und besonders bei Fig. 41.

Zu tadeln ist auch die Art, wie die Rohrleitung für die Gase in die Einzelgefäße eingeführt ist. Diese Rohre treten von unten ein und sind nach oben geöffnet. Bei jedem Stillstand, und ein solcher ist wohl nie zu vermeiden, ja auch schon beim Nachlassen des Gasstromes, muß Lösung und Bikarbonat in die Rohre dringen und diese verstopfen. Die Verlängerung der Rohre nach innen, wie sie in der Zeichnung angegeben ist, schützt etwas dagegen nicht genügend. Tritt nun eine Verstopfung der Rohre ein, so ist ein Losnehmen und Reinigen schlecht möglich, weil das betreffende Gefäß in solchen Fällen stets voll Lösung steht. Derartige Rohre sollten immer von oben in die Gefäße eingeführt werden, wie es bei den Apparaten in Fig. 39—40 angegeben ist.

Daß theoretisch die Kolonne der beste Apparat zur Vornahme des Fällungsprozesses ist, wurde schon auseinandergesetzt. Sie ist es aber nur dann, wenn sie auch betriebssicher funktioniert, und das ist nicht immer der Fall. Auch die bestarbeitenden Kolonnen setzen sich regelmäßig zu, und bei anderen Konstruktionen sind Störungen im Betriebe häufig. Es ist daher erklärlich, daß sich auch einfache Apparate gut eingeführt haben; es sind das zylindrische stehende Kessel mit konischem Unterteil. Von wem diese Form zuerst eingeführt ist, konnte ich nicht feststellen. Lunge teilt a. a. O. mit, daß L. Bolley schon in Wyhben einfache birnförmige Gefäße zur Fällung benutzt habe. Honigmann hat nach Lunge früher auch einfache Gefäße benutzt, ob mit konischem Unterteil, ist nicht gesagt. Soviel mir bekannt wurde, haben Fabriken in Deutschland, die nach Honigmanns System gebaut sind, derartige Gefäße in Betrieb gehabt.

Es ist oben[1]) schon auseinandergesetzt, weshalb es richtig ist, das Unterteil der Gefäße konisch zu gestalten. Unbedingt nötig ist es indes für die Bikarbonatfällung nicht. In einem Zylinder mit flachem oder gewölbtem Boden geht der Betrieb, nachdem sich ein Kranz von Bikarbonat abgelagert hat, ganz gut vor sich. Dieser Kranz lagert sich sehr fest ab, bleibt beim Abblasen liegen und stört dann weiter nicht.

---

[1]) cf. S. 118.

Es ist schon im Anfang dieses Kapitels darauf hingewiesen worden, daß in einfachen Gefäßen die Gase sehr schnell passieren und daher nur kurze Zeit mit der Flüssigkeit in Berührung bleiben und daß man daher der besseren Verteilung wegen auch wohl Siebböden einlegt.

Je mehr Gefäße man nimmt, um so besser ist die Ausnutzung; man wird aber beschränkt durch den eventuell zu hoch steigenden Gegendruck und durch den Raum. Man geht über sechs Gefäße wohl nirgends hinaus; zuweilen werden nur vier genommen. Will man die Gase noch besser ausnutzen, so nimmt man dann noch eine Kolonne zu Hilfe. In dieser können die entweichenden Gase völlig ausgenutzt werden und die ammoniakalische Lösung wird soweit mit Kohlensäure gesättigt, daß alles oder fast alles Ammoniak in Karbonat verwandelt

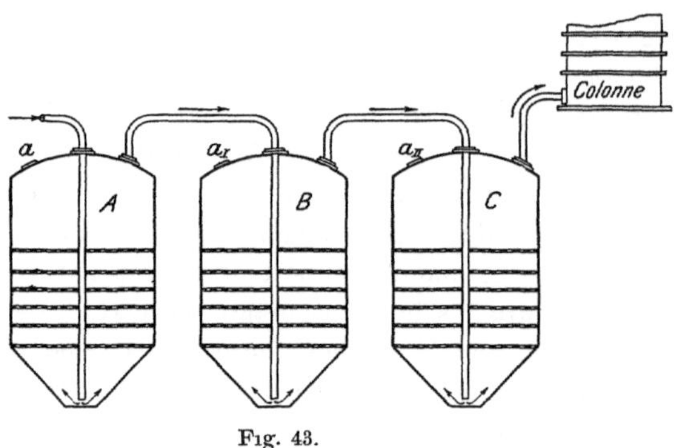

Fig. 43.

wird. Unter Umständen kann man auch soweit gehen, daß sich in dieser Kolonne schon etwas Bikarbonat bildet, welches aber noch in Lösung bleibt. Eine Verstopfung ist dann nicht zu befürchten. Den Gefäßen fällt in diesem Falle nur die Aufgabe zu, das zweite Molekül Kohlensäure in Verbindung zu bringen.

Ein System von einfachen Gefäßen arbeitet ebensowohl nach dem Prinzip des Gegenstromes wie eine Kolonne. Die am meisten ausgenutzten Gase treffen zum Schluß diejenige Lösung, welche am begierigsten Kohlensäure aufnimmt. Dies Prinzip würde nicht durchzuführen sein, wenn die Gefäße stets in derselben Weise verbunden bleiben. Denn wenn dann z. B. das erste Gefäß, in welches die Gase treten, entleert wird, so müssen nach wiedergeschehener Füllung die Gase zuerst die frische Sole treffen. Man muß daher die Rohrleitung so einrichten, daß der Eintritt der Gase verstellbar ist, sodaß in der Richtung des Durchgangs der Gase jedes Gefäß das 1., 2., 3. oder 4. sein kann.

In Fig. 43—44 ist ein System von Absorbern, so werden die einfachen Gefäße vielfach genannt, schematisch abgebildet. Besser ist die Bezeichnung Fällkessel, es kann dann keine Verwechslung mit den Ammoniakabsorbern entstehen.

Die Einrichtung ist, wie man sieht, sehr einfach. Die Kohlensäuregase durchstreichen die drei Kessel A, B und C der Reihe nach und treten dann in die Kolonne (entsprechend der im zweiten Kapitel Fig. 18 beschriebenen Absorptionskolonne). In Fig. 44 ist die Rohrleitung speziell abgebildet, um zu zeigen, daß es leicht möglich ist, den Gang der Gase zu wechseln, um den oben beschriebenen Zweck zu erreichen. Der Betrieb soll derart geführt werden, daß die Kalkofengase nicht durch alle drei Absorber gehen, sondern stets erst in das der Reihe nach zweite Gefaß eintreten. Die aus dem Kalzinierofen kommende hochprozentige Kohlensäure durchstreicht stets sämtliche Gefaße. Auf diese Weise erhalt derjenige Fällkessel, dessen Inhalt am weitesten

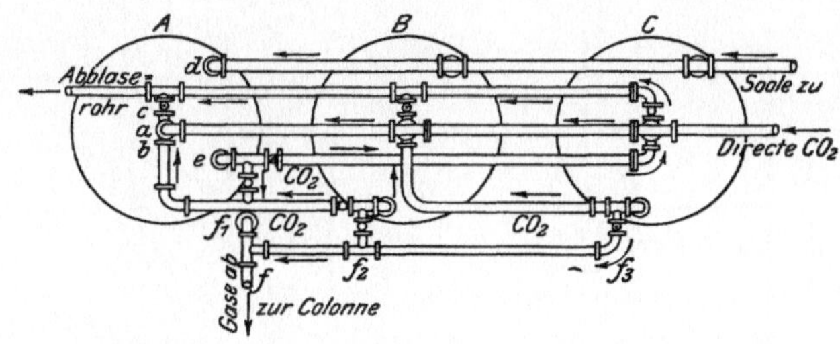

Fig. 44.

karbonisiert ist, zum Schluß nur hochprozentiges Gas, wodurch sich die Beendigung der Fallung rascher erreichen läßt.

Die Fällkessel sind je mit 6 Siebböden versehen, welche den Zweck haben, die Gase besser zu verteilen. Die Zahl dieser Böden kann auch noch größer genommen werden. Die Weite der Sieblöcher beträgt ca. 15 mm. Ein Zusetzen der Siebe findet nicht statt oder doch nur unter besonderen Umständen, da die Inkrustierung von Bikarbonat, die während einer Charge eventuell stattfindet, sich beim Einführen der frischen Füllung wieder auflöst.

Man kann indes auch ganz vorteilhaft mit Kesseln ohne Siebböden arbeiten, nötig sind letztere nicht.

Die Kühlung der Gefäße kann bei gewöhnlichen Dimensionen durch Berieselung von außen stattfinden, besonders in dem Falle, wenn schon ein großer Teil der wärmeerzeugenden Reaktion[1] vorher in der Ammoniakabsorptionskolonne sich vollzogen hat. Bei Fällkesseln, deren Dimensionen über 3000 mm Dtr. betragen, kann man mit Außenkühlung allein nicht auskommen; man muß dann eine Kühlschlange anlegen.

---

[1] Die Aufnahme des einen Moleküls CO_2.

Falls die ammoniakalische Salzlösung mit gewöhnlicher Temperatur, 15—20°, in die Fällkessel kommt und schon einen relativ hohen Gehalt an Kohlensäure besitzt, darf man anfangs garnicht kühlen. Die Temperatur muß auf 40—45° steigen. In dieser Höhe erhält man die Lösung bis etwa 2 Stunden vor Schluß der Fällung und kühlt dann ab. Tiefer als 15° darf die Temperatur nicht sinken, da sonst schon zu viel Salmiak ausfällt.

Die Dimensionen der Fällkessel können sehr verschieden sein; es ist aber nicht praktisch, die Größe zu übertreiben. Man nimmt besser eine größere Anzahl Kessel oder bei großen Anlagen mehr Systeme. Man wendet Systeme in der Größe bis zu 25—30 000 kg Produktion an Soda pro 24 Stunden an.

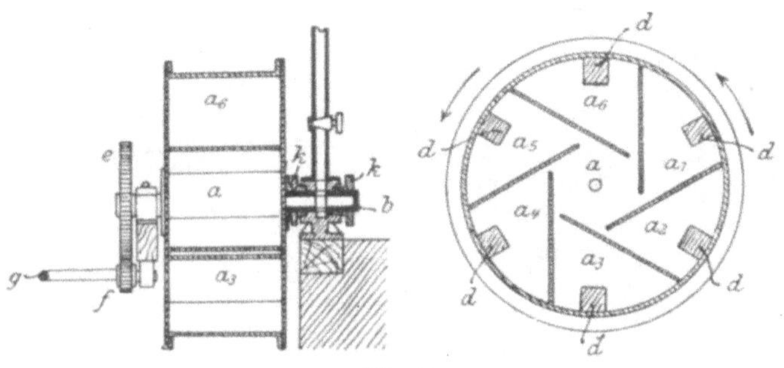

Fig. 45.

Für kleine Fabriken geht man praktisch nie über ein System hinaus, welches dann selten über 5 Kessel enthalt.

Über die Größe eines Systems zu 10 000 kg Produktion ist am Schluß dieses Kapitels Näheres angegeben.

Außer den mit Rührwerk versehenen stehenden Kolonnen sind auch noch andere Apparate konstruiert, in denen die Flüssigkeit durch mechanische Kraft bewegt wird. Hierher gehört der Apparat von Gossage, Fig. 45 (Engl. Patent vom 21. Febr. 1854)[1]), welcher aus einem liegenden kurzen Zylinder mit flachen Böden besteht. Dieser Zylinder hat innere Scheidewande, durch welche die Lösung beim Rotieren des Zylinders verteilt wird, während die Gase ohne Druck eintreten. Nur zum Schluß wird die Kohlensäure mit einem Druck von $^2/_3$ Atmosphären eingepreßt.

Young[2]) hat vorgeschlagen, eine Anzahl liegender Zylinder zur Bikarbonatfallung zu verwenden. Dieselben rotieren, während Kohlen-

---

[1]) Abbildung cf. Lunge, a. a. O. S. 57.
[2]) Engl. Patent vom 28. 9. 1872, cf. Lunge, a. a. O. S. 59.

säure und Ammoniak zugleich eingeleitet werden. Die Fällung geht ohne Druck vor sich. In denselben Zylindern soll das Bikarbonat gewaschen und kalziniert werden. Daß letzteres wirklich mit Erfolg ausgeführt ist, glaube ich nicht. Jedenfalls würde dieses Verfahren mit großen Substanzverlusten verbunden gewesen sein.

Boulouvard[1]) wendet ebenfalls eine Reihe liegender Zylinder an, welche aber nicht wie bei Young in einer Ebene, sondern stufenweise, der eine immer etwas höher wie der andere, gelagert sind. cf. Fig. 46. In jedem Zylinder befindet sich ein Schöpfrad, welches die Lösung emporhebt und verspritzt, wodurch dieselbe mit den eingeleiteten Kohlen-

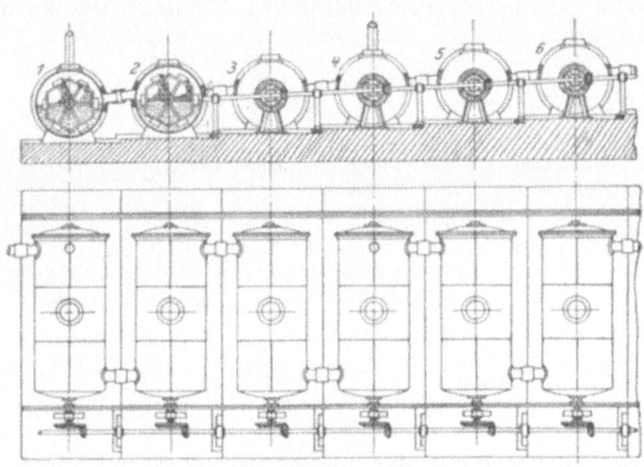

Fig. 46.

säuregasen in Berührung kommt. Auch drücken die an den Rädern sitzenden Schöpfkästen jedesmal bei der Umdrehung einen Teil der Gase in die Flüssigkeit und vermehren so den Kontakt. In jedem Zylinder soll in 24 Stunden 1 ton Soda hergestellt werden, für 10 tons braucht man also zehn Zylinder.

Boulouvards Apparat soll nach Lunge in einigen südfranzösischen Fabriken mit Erfolg eingeführt sein. Lunge bemerkt dann weiter, daß bei einem Stillstand der Zylinder, der aus irgend einem Grunde eintreten kann, das Bikarbonat zu Boden fällt und dann beim Wiederanlassen der Maschinerie großen Widerstand leistet. Der Apparat müsse daher solide konstruiert sein.

Eine Abänderung des Boulouvardschen Apparates hat Péchiney (Engl. Patent No. 2098 und 5394, 1870) ausgeführt[2]). Auch bei dieser

---

[1]) Französ. Patent No. 125 625 vom 22. 7. 1878, cf. Lunge, a. a. O. S. 61.
[2]) cf. Lunge, a. a. O. S. 62.

Konstruktion wird die Fällung unter geringem Druck durchgeführt. Nach Lunges Mitteilung hat sich Péchineys Apparat in der Praxis bewährt.

Eigentümlicher Konstruktion sind die Apparate der Société anonyme des produits chimiques du Sud-Ouest; in Fig. 47 sind dieselben nach dem Deutschen Patent No. 18 709 vom 27. Oktober 1871 abgebildet.

Die Beschreibung dazu lautet:

Die gesättigte Lösung von Chlornatrium kommt in eine Batterie von horizontalen Röhren *C*, welche dünn genug sind, um eine schnelle Abkühlung herbeiführen zu können. Die Zylinder

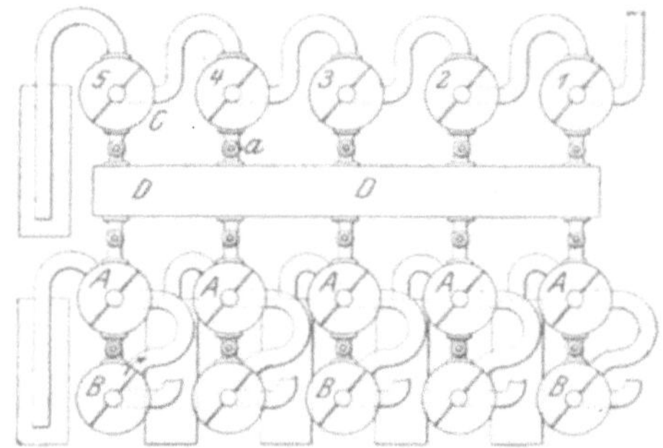

Fig. 47.

sind zu zwei Dritteln mit der Lösung angefüllt und haben eine mit Rührflügeln versehene drehbare und hohle Achse, welche durchlöchert ist, zum Zweck der Einführung von Gasen in die Flüssigkeit.

Man leitet nun der Reihe nach durch die Zylinder einen Strom von Ammoniak, bis der durchschnittliche Gehalt des Inhalts sämtlicher Zylinder auf 10 % Ammoniak gebracht ist.

Die ersten Zylinder sind hierbei mit Ammoniak gesättigt, während die folgenden Zylinder je nach der Entfernung von No. 1 einen mehr und mehr zurückgehenden Ammoniakgehalt besitzen.

Hierauf leitet man in demselben Sinne durch die Batterie der Zylinder unreine, aus dem Kalkofen stammende Kohlensäure, bis der Punkt der einfachen Karbonisation etwas überschritten ist, d. h. bis man bereits eine kleine Bildung von Sesquikarbonat voraussetzen kann.

Diese Karbonisation vollzieht sich ohne Druck; ein einfacher Wasserverschluß mit einer Wassersäule von 1 m genügt, um Verluste an Kohlensäure zu vermeiden.

Jeder Zylinder C trägt ein Entleerungsrohr a; dieses Rohr a mündet in einen zylindrischen Sammelraum D, sodaß es möglich ist, durch Zusammenführen der verschiedenen Zylinderinhalte gleichmäßig starke Lösungen zu erzielen.

Die Lauge gelangt nun in eine Reihe von Batterien, in denen sie mit reiner, von der Kalzination des Natriumbikarbonats herrührender Kohlensäure behandelt wird.

Diese Batterien sind zusammengesetzt aus je zwei übereinander stehenden Zylindern A und B.

Man füllt zu drei Vierteln den oberen Zylinder A und läßt den unteren Zylinder B vollständig leer.

Der Zylinder A hat einen Wasserverschluß von $1/2$ m Höhe.

Der Kohlensäurestrom wird nun in den Zylinder B eingeleitet, der leer ist.

Die Kohlensäure steigt in den Zylinder A, wo sie so lange absorbiert wird, bis die Flüssigkeiten nur noch Sesquikarbonat und zum Teil selbst eine kleine Menge Bikarbonat enthalten.

Man erkennt das Ende der Operation daran, daß der hydraulische Verschluß nicht länger genügt, das Gas zurückzuhalten.

Nunmehr werden die flüssigen Inhalte der Zylinder A, welche der Hauptsache nach Sesquikarbonat enthalten, in die Zylinder B abgelassen, um dort mit reiner Kohlensäure in Bikarbonat übergeführt zu werden. Die nicht absorbierte Kohlensäure sammelt sich unter mäßigem Druck im oberen Zylinder A, von wo aus sie nach beendeter Reaktion zu weiterer Verwendung gebracht wird.

Ob sich diese Apparate in der Praxis gut bewährt haben, konnte ich nicht erfahren. Das Ganze macht den Eindruck der Kompliziertheit.

Ganz verschieden von den bisher besprochenen Apparaten mit mechanischem Rührwerk ist die Konstruktion von M. R. Wood, Fig. 48. Derselbe geht von dem Prinzip aus, die Fallung mit einer großen Flüssigkeitsmenge auszuführen, während die Kohlensäure nur auf eine spezifisch schwere kleine Flüssigkeitsmenge zu wirken braucht. Zu diesem Zwecke verbindet Wood die Behälter A, B und C mit dem Salzlösungsbehälter D. A, B und C sind durch die Rohren J verbunden, während D durch Rohr L mit B und C in Verbindung steht. Auf Behälter C befindet sich das Sicherheitsventil M. In den Gefäßen A, B, C und D herrscht demnach ein gleicher Druck. Die Rührvorrichtung im Behälter A besteht aus der Welle E' mit den Armen E. Durch Schlange F' fließt von N bis N^1 Kühlflüssigkeit, z. B. abgekühlte Kochsalzlösung. Eine entsprechende Schlange zu dem gleichen Zweck enthält auch der Behälter B. Zum Einleiten und Verteilen der Gase dient die Röhre G, welche durch H mit dem Kohlensäuregasometer und durch H' und G' mit dem Ammoniakbehälter in Verbindung steht.

Die in A befindliche Kochsalzlösung wird zunächst mit Ammoniak gesättigt, worauf Kohlensäure hindurchgeleitet wird. Das sich ausscheidende Natriumkarbonat und Chlorammonium wird durch K und K^1 entfernt.

Das Prinzip, welches den Systemen von Gossage, Young, Boulouvard und den in Fig. 37 und 48 dargestellten Apparaten zu Grunde liegt, beruht darin, die Flüssigkeit durch die mechanische Kraft von Rührwerken mit den Gasen in Verbindung zu bringen. Man gebraucht dann weniger Kraft für die Luftpumpen gegenüber denjenigen Systemen, welche die Gase durch eine mehr oder weniger hohe Flüssigkeitssaule pressen und so auch das nötige Umrühren der Lösung durch die Gase bewirken.

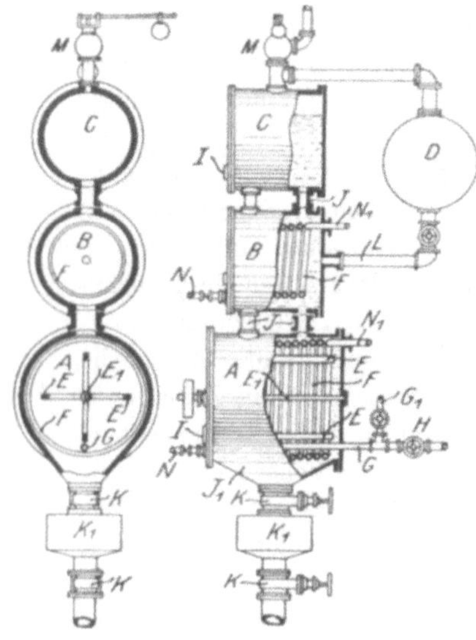

Fig. 48.

Die mechanischen Rührwerke haben im allgemeinen den Nachteil, daß bei ihnen leichter eine Betriebsstörung eintritt als bei dem System der Bewegung allein durch die Gase. Jedenfalls sind mechanische Rührwerke sehr schwierig wieder in Gang zu bringen, wenn ein Stillstand eingetreten ist.

Zur Anwendung von mechanischen Rührwerken hat wohl vielfach der Gedanke geführt, weniger Kraft im ganzen zu gebrauchen. Ich glaube indes nicht, daß das der Fall ist. Im Gegenteil wird man bei vielen Konstruktionen für mechanische Rührwerke im ganzen mehr Kraft gebrauchen als beim entgegengesetzten System. Man muß hier festhalten, daß die Luftpumpen stets dasselbe Volumen an Gasen liefern müssen, einerlei ob man mechanische Kraft zum Rühren benutzt oder nicht. An der Größe der Luftpumpen wird also nichts geändert. Im Falle die Luftpumpe einen stärkeren Gegendruck überwinden muß, wie es beim Fehlen der mechanischen Rührwerke der Fall ist, so gebraucht sie natürlich mehr Dampf. Dieses Mehrquantum kann jedoch kaum so viel betragen wie dasjenige Dampfquantum, welches das mechanische Rührwerk beansprucht. Auch bei den Systemen mit mechanischem Rührwerk hat die Luftpumpe einen Gegendruck zu überwinden, der $^1/_4$—$^3/_4$ Atm.

Überdruck beträgt. Dieser Gegendruck steigert sich im andern Falle auf $1\frac{1}{2}$—2 Atm. Für Luftpumpen wächst bekanntlich die Leistung nicht in dem Verhältnis des Gegendrucks, wie es bei Flüssigkeitspumpen der Fall ist, und da ferner in der ersten Leistung, nämlich beim Druck auf $\frac{1}{4}$—$\frac{3}{4}$ Atm., schon außerdem die Reibungsverluste der Maschine etc. enthalten sind, so ist der Mehrverbrauch für die Arbeit bei höherem Gegendruck nicht so groß, wie es im ersten Augenblick erscheint. Eine vergleichende Berechnung läßt sich hier kaum ausführen, da der Kraftverbrauch der Rührwerke schlecht bemessen werden kann und auch bei den verschiedenen Apparaten sehr verschieden ist.

In der Praxis benutzt jedenfalls die überwiegende Mehrzahl der Ammoniaksoda-Fabriken keine mechanischen Rührwerke für die Bikarbonatfällung, sondern bewirkt die Bewegung allein durch die hindurchgepreßten Gase. Hier stimmt also Theorie und Praxis überein.

Verfahren der Bikarbonatfällung, welche von der gewöhnlichen Methode abweichen.

Die bisher besprochenen Verfahren der Fällung gehen sämtlich von dem Prinzip aus, daß eine ammoniakalische Kochsalzlösung mit Kohlensäure behandelt wird. Wie anfangs dieses Kapitels schon erwähnt wurde, fußen andere Verfahren auf der Zersetzung von festem Kochsalz direkt, ohne daß vorher eine Lösung hergestellt wird.

Zunächst sei hier das Verfahren von C. F. Claus, H. L. Sulmann und E. Berry erwähnt, D. P. No. 48267[1]). Hiernach soll festes Chlornatrium durch im Überschuß angewendete Lösungen von anderthalb- oder doppeltkohlensaurem Ammoniak zersetzt werden, wodurch Natriumbikarbonat und Ammonchlorid gebildet wird. Die dabei entstandene Lösung von Chlorammonium läßt man ablaufen, und was hiervon dem gebildeten doppeltkohlensauren Natron anhängt, wird durch Waschen mit weiterem Zufluß und weiteren Mengen von anderthalb- oder doppeltkohlensaurer Ammoniaklösung entfernt. Sobald alles Chlorammonium auf diese Weise entfernt worden ist, wird das dem doppeltkohlensauren Natron anhängende doppelt- oder anderthalbkohlensaure Ammoniak von demselben durch Erhitzen abgetrieben, sodaß Soda zurückbleibt. Zur Zersetzung dienen sechs 4 bis 5 m hohe Gefäße A. Fig. 49—51.

Nachdem die Zersetzungsgefäße A_1 bis A_6 bis zu etwa $\frac{3}{4}$ ihrer Höhe mit festem Kochsalz gefüllt sind, wird der Hahn m_1 (über A_1) geschlossen und die Kohlensäure durch Leitung 2_1 bis 9_1 aus einem

---

[1]) Zeitschrift für angewandte Chemie 1889, 525.

Gasbehälter in das Gefäß A_1 gepumpt. Die Bodenplatte B des Gefäßes hat Durchlaßöffnungen o, welche durch Klappen v nach oben hin abgeschlossen werden, sodaß wohl die eingepreßte Kohlensäure in das Gefäß gedrückt werden, aber nicht der Gefäßinhalt nach unten entweichen kann. Nunmehr wird durch Rohrleitung 5 Lösung von kohlensaurem Ammoniak in den Oberteil von A_1 gepumpt, zugleich auch durch Umtrieb der Welle 3 das Rührwerk R in Bewegung gesetzt. Hahn m_2 der Leitung 2 ist geschlossen. Die in A_1 nicht absorbierte Kohlensäure steigt nun durch Leitung 2_2, 9_2 nach A_2 über, von da aus auf gleichem Wege nach A_3 und weiter bis A_6. Bei Beginn der Arbeit wird die in den Zersetzungsgefäßen enthaltene Luft durch Hahn e in Rohrleitung 7 geleitet und weggetrieben. An den Manometern der Gefäße kann man

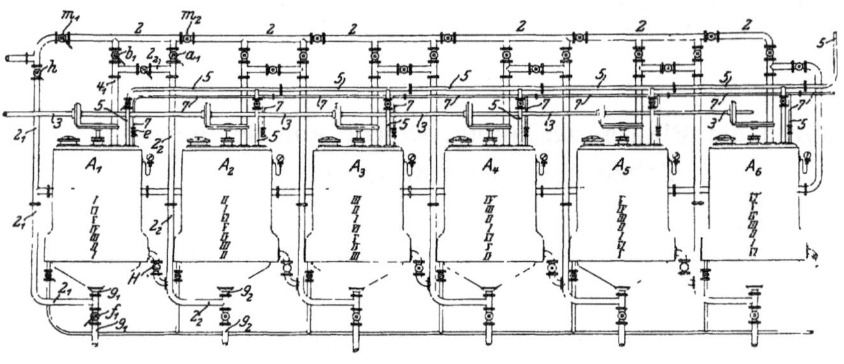

Fig. 49.

ablesen, in welchem Maße die Kohlensäure gebunden wird. Die sich im Gefäß A_1 bildende Lösung von Chlorammonium läuft durch das die Beschickung tragende Filter ab, während das doppeltkohlensaure Natron als schweres, dichtes Salz ausfallt und sich rasch zu Boden zu setzen bestrebt ist.

Die durchfiltrierte Lauge, welche das Chlorammonium und spater mehr und mehr kohlensaures Ammoniak enthält, füllt den Raum über Boden B des ersten Gefäßes und unter Boden B des zweiten Gefäßes A_2 aus, und es wird der Abfluß durch Hahn H geregelt. Durch den Druck der durch Rohr 2_2, 9_2 nach A_2 strömenden Kohlensäure wird die Flüssigkeit dann durch den Boden B in A_2 mit hineingedrückt. Was von dem in A_1 hineingepumpten kohlensauren Ammoniak nicht zersetzt war, wird in A_2 der weiteren Wirkung des Kochsalzes ausgesetzt, und so fort bis zu A_6.

Die Zufuhr von kohlensaurer Ammoniaklösung in A_1 wird fortgesetzt, bis das gebildete doppeltkohlensaure Natron ganz frei von Chlorammonium ist; diese zum Waschen benutzte Lösung geht auf vorbeschriebenem Wege ebenfalls nach A_2 weiter, während die Zufuhr von kohlensaurem Ammoniak abgeschnitten wird. Während des Waschens wird das Rührwerk in A_1 abgestellt, in der Rohrleitung 2 Hahn h geschlossen und die Hähne m_1 und a_1 geöffnet, sowie b_1 in Rohr 4_1 so weit geöffnet, daß der Kohlensäuredruck in A_1 größer bleibt als in A_2. Hierdurch wird in A_1 alle Flüssigkeit vom festen Salz getrennt und erstere nach A_2 hinübergedrückt. Ist dies geschehen, so wird A_1 durch Rohr 9 und Hahn f entleert, indem auf geeignete Weise der Boden B gesenkt wird. Der Inhalt aus A_1 fällt darauf in ein geschlossenes Gefäß, in welchem das doppeltkohlensaure Natron von dem noch anhangenden kohlensauren Ammoniak durch Erhitzen getrennt wird, wobei letzteres in Kondensationsapparaten und die entweichende Kohlensäure in Gasbehältern aufgefangen wird. A_1 wird dann von neuem mit Kochsalz gefüllt und tritt nun als letztes (sechstes Gefäß) in die Reihe.

Es ist mir nicht bekannt geworden, daß dies Verfahren in größerem Maßstabe eingeführt ist. Ich glaube das letztere nicht, es ist nicht einzusehen, worin bei diesem Verfahren Vorteile gegenüber der gewöhnlichen Fällungsmethode bestehen. Die Ausführung dürfte auch sehr schwierig sein, besonders die völlige Umsetzung des Kochsalzes und die Herstellung des von Kochsalz und Salmiak freien Bikarbonates in den geschlossenen Kesseln.

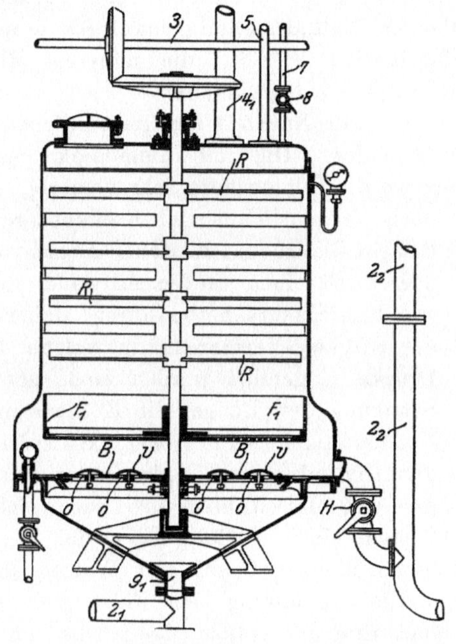

Fig. 50.

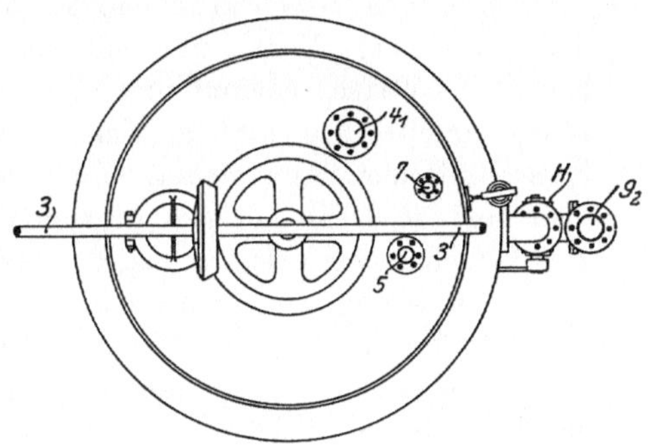

Fig. 51.

Während Claus, Sulmann und Berry festes Kochsalz durch eine Lösung von Ammonkarbonaten zersetzen wollen, läßt Schlösing umgekehrt eine Lösung von Chlornatrium auf festes Ammoniumbikarbonat einwirken. Lunge beschreibt dieses Verfahren in seinem Bericht[1]) über die Pariser Weltausstellung von 1889, ferner auch in seinem Werke der Sodafabrikation S. 129, die näheren Mitteilungen hat Lunge aus Schlösings eigenem Munde.

Der Nachteil des gewöhnlichen Ammoniaksodaverfahrens ist folgender. Die mit Ammoniak gesättigte Salzlauge absorbiert zwar die Kohlensäure sehr begierig, aber nur im Anfange, während doch bekanntlich soviel Kohlensäure aufgenommen werden muß, daß ein Bikarbonat entsteht. Diese vollständige Sättigung laßt sich nur durch einen großen Aufwand an Zeit und großen Überschuß von Kohlensäure herbeiführen; daher die bekannten hohen Türme des Solvay-Verfahrens, in welche die Kohlensäure unter hohem Drucke eingeführt werden muß, gerade darum, weil dieser zur Sättigung der Lauge mit Kohlensäure mitwirkt. Dies zieht die Notwendigkeit sehr großer, kostspieliger Apparate und diejenige der Anwendung von bedeutender mechanischer Kraft für die Einpressung der Kohlensäure nach sich. Allerdings besitzt dieses System einen Vorteil darin, daß bei der Ausdehnung des stark komprimierten Gases viel Wärme absorbiert wird, also weniger starke Abkühlung der Flüssigkeit notwendig ist, doch ist es immerhin unerläßlich, die Türme von außen unablässig mit Strömen von Wasser zu berieseln.

Das neue Schlösingsche Verfahren beruht nun auf folgenden Prinzipien. Wenn man mit einer 9%igen Lösung von Ammoniak in Wasser beginnt und eine genügende Menge von Kohlensäure einleitet, so schlägt sich Ammoniumbikarbonat in grobkrystallinischer Form nieder, und zwar ziemlich lange Zeit, sodaß man eine große Menge des Ammoniaks in Form von Bikarbonat zur Ausscheidung bringen kann. Dasselbe zeigt sich, wenn man mit einer Lösung von neutralem Ammoniumkarbonat $[(NH_4)_2 CO_3]$ beginnt, obwohl diese natürlich die Kohlensäure nicht so energisch wie freies Ammoniak aufnimmt. Dieser geringeren Energie der Wirkung der Kohlensäure auf eine Lösung von neutralem Ammoniumkarbonat steht aber eine größere Konstanz[2]) der Wirkung entgegen. Man kann daher die großen Absorptionstürme und die

---

[1]) Zeitschrift für angewandte Chemie 1889, 695 und Handbuch der Soda-Industrie Bd. III, S. 129.

[2]) Das müßte noch bewiesen werden. Anm. d. Verf.

damit zusammenhängenden starken Gaskompressoren aufgeben und die Operation sehr vereinfachen. Man läßt die Lösung von Ammoniumkarbonat in einem Koksturme herabrieseln und führt ihr Kalkofen-Kohlensäure (30 %) von unten nach oben, also im Gegenstrome zu; oben entweicht ein Gas mit nur 3 bis 4 % CO_2. Die sonst kaum vermeidliche Verstopfung der Türme durch ausgeschiedenes Bikarbonat vermeidet man, indem man abwechselnd zwei Türme anwendet; die schwache Kohlensäure geht durch den einen derselben, welcher mit frischer (noch etwas freies Ammoniak enthaltender) Lösung von Ammoniumkarbonat berieselt wird, wobei die vorher bei Berieselung mit der zweiten Lauge entstandenen Krusten sich immer wieder auflösen. Diese Türme sind aus Holz, 2,5 × 2,5 m weit und 8 m hoch. Die abwechselnde Beschickung derselben hat sich in dem Maße bewährt, daß nach mehrjährigem Betriebe noch keine Verstopfung eingetreten und keine Reinigung notwendig geworden ist. Die Lösung wird bei dieser Operation warm, sodaß kein Ammoniumbikarbonat auskrystallisiert; aber selbst beim Erkalten wurde dies noch nicht in hinreichendem Maße geschehen, weil man die Lösung hier noch nicht stark genug machen kann. Dies geschieht in einem dritten Apparat, welcher die lauwarme Lösung von dem zweiten Turme empfängt, und hier wendet man zur vollständigen Sättigung reine Kohlensaure an, herstammend von der ersten Destillation der später entstehenden Mutterlaugen, aus denen das Natriumbikarbonat abgeschieden ist.

Die letzteren enthalten, ganz wie bei dem Solvay-Verfahren, noch ein Drittel des Ammoniumbikarbonats, von welchem nur zwei Drittel sich mit Chlornatrium umsetzen, weil bei diesem Punkt das chemische Gleichgewicht erreicht ist, über welchen hinaus die Umkehr der Reaktion eintritt[1]). Man verarbeitet diese Mutterlaugen in eigens eingerichteten Destillationskolonnen mit 30 Kammern; der Kalk tritt im unteren Drittel ein, sodaß die 10 untersten Kammern mit Kalk, die 20 oberen aber nur mit Dampf (d. h. den von unten aufsteigenden ammoniakhaltigen Dämpfen) arbeiten. Oben wird also Ammoniak und Kohlensäure gleichzeitig ausgetrieben; die Gase werden aber nicht, wie bei Solvay, in einer Kochsalzlösung kondensiert, sondern vielmehr in der Mutterlauge, welche nach dem Auskrystallisieren des Ammoniumbikarbonats bleibt. Die bedeutende hier auftretende Erwärmung wird durch von Kühlwasser durchströmte Bleischlangen unschadlich gemacht. Diese Arbeit verrichtet man in einem dem Gloverturm ähnlichen

---

[1]) Diese Ansicht kann ich nicht teilen. Anm d. Verf.

Apparate, in welchen oben die Mutterlauge von der Ammonium-bikarbonatkrystallisation einströmt, während unten das von den Ammoniakkolonnen kommende, fast luftfreie Gemenge von Ammoniak, Kohlensäure und Wasserdampf eintritt. Hier kondensiert sich der größere Teil des Ammoniaks mit nur wenig Kohlensäure; der größere Teil der Kohlensäure, beladen mit einer geringeren Menge von Ammoniak, entweicht oben und wird nun in dem oben erwähnten dritten Apparate zur vollständigen Sättigung der Ammoniumkarbonatlauge verwendet. In diesem Apparate steigt die Temperatur auf 40—45° und die Lauge kommt unten warmgesättigt heraus, sodaß sie sofort zur Krystallisation kommen kann. Der betreffende Apparat ist ein mit Rührwerk versehener Zylinder, in welchem ein Brei von krystallinischem Ammoniumbikarbonat und gesättigter Mutterlauge entsteht. Derselbe verstopft sich nie, weil die an den Rührschaufeln sich anhängenden Krystalle beim Einlassen der nächsten Lauge wieder aufgelöst werden. Die Krystalle werden in großen Filtern mit Leinwandboden zurückgehalten, bis immer 5 bis 6 t davon angesammelt sind, und dann direkt ohne Waschen zur Umwandlung von Kochsalz verwendet. Sie werden nämlich gleich auf demselben Filter vermittelst eines einfachen Verteilers mit Kochsalzlosung überrieselt. Hierdurch wird, genau wie bei dem Solvay-Verfahren, zwei Drittel des Kochsalzes und Ammoniumbikarbonats in Natriumbikorbonat umgesetzt, das gleich in fester Form ausgeschieden wird; die unten abfließende Lösung enthält das unzersetzte Kochsalz ($^1/_3$ des Ganzen), das unzersetzte Ammoniumbikarbonat (ebenfalls $^1/_3$) und den neuentstandenen Salmiak ($^2/_3$ des Ammoniaks). Die eintretende Reaktion verursacht Abkühlung, weshalb man hier etwas erwärmen muß. Der auf dem Filter bleibende feste Block von 5 cbm Inhalt, welcher aus Natriumbikarbonat besteht, wird gleich daselbst mit Wasser gewaschen, welches die ihn durchtränkende Mutterlauge verdrängt. Zur Erleichterung der Entfernung des Bikarbonats aus dem Filter war gleich im Anfange ein großes Stück Holz in der Mitte eingesetzt worden; wenn dieses nach Beendigung des Waschens herausgezogen wird, so kann man die Krystallmasse leichter aushauen. Dieselbe wird in einem gewöhnlichen Flammofen kalziniert und dadurch die bekannten Nachteile der von außen geheizten Trocken- und Kalzinierapparate vermieden, aber natürlich auch die Hälfte der Kohlensäure mit den Rauchgasen verloren, während man diese sonst in ganz reinem Zustande erhalten kann. Immerhin muß man, um die dem Bikarbonat anhängenden kleinen Mengen von Ammoniak zu gewinnen, die

Flammofengase durch einen mit Schwefelsäure beschickten Kondensator leiten, wozu gerade das von Schlösing erfundene heiße Kondensationssystem sich vorzüglich eignet. (Schlösing gibt zu, daß für den vorliegenden Zweck Apparate nach Art der Thelenschen Pfannen zweckmäßiger als seine offenen Flammöfen wären; aber da er aus seinen Ammoniakapparaten genügend reine Kohlensäure bekomme, so brauche er nichts der Art und könne sich mit den einfachen und billigen Flammöfen begnügen. Mir will scheinen, als ob dies mehr aus Rücksicht auf die höheren Anlagekosten und die Patentgebühren geschehe und als ob man hier doch das vollkommenere Verfahren vorziehen sollte.)

Ein großer Vorzug dieses Systems ist es, daß es ganz kontinuierlich wirkt und die periodische Reinigung wegfällt, die bei den Solvay-Türmen durch Krustenbildung entsteht; da dies nur durch Anwendung von Hitze (Ausdämpfen) geschehen kann, so wird unmittelbar nachher stets etwas schlechtere Soda gemacht, was eben nach Schlösing bei seinem System ausgeschlossen ist.

Wie man sieht, fallt bei Schlösing die große Druckpumpe (Gebläsemaschine) des Solvay-Verfahrens fort und will der erstere daher mit einem Zehntel der von Solvay beanspruchten mechanischen Kraft auskommen. Den Ammoniakverlust beziffert er auf 0,5 Tl. NH_3 auf 100 Tl. Na_2CO_3. Das Verfahren ist seit längerer Zeit bei Bell Brothers in Middlesborough im Betrieb, wo täglich 22 t Soda fabriziert werden; eine größere Ausdehnung desselben werde vermieden, um nicht durch die Konkurrenz der so großartigen und großenteils schon amortisierten Fabriken von Brunner, Mond & Co. erdrückt zu werden.

Schlösing ist der Ansicht, daß sein Verfahren weitaus billiger, sowohl in der Anlage als auch im Betriebe, als das Solvay-Verfahren sei. Letzteres sei aber mit so ungeheurem Aufwande an Kapital in allen Ländern eingerichtet, daß auf eine langere Reihe von Jahren hin demselben das faktische Monopol gesichert sei. Wenn einmal, wie später doch unvermeidlich, die Solvayschen Apparate abgenutzt und alle einschlagenden Patente abgelaufen seien, so würden die neu zu begründenden Fabriken jedenfalls sein (Schlösings) System vorziehen. (Hierzu bemerkt Lunge a. a. O.: „Dieses nur nach den veröffentlichten Beschreibungen zu tun, würde allerdings große Bedenken haben, denn die erste (französische) Fabrik, welche das Schlösingsche System aufzunehmen suchte, hat darauf 600 000 Frcs. verwendet, ohne zu einer brauchbaren Anlage zu kommen. Die hier und in England gesammelten Erfahrungen werden naturgemäß geheim gehalten.

Selbstverständlich gebe ich auch Obiges nur als Schlösings, nicht als meine Ansicht wieder. —")

Schlösings Verfahren unterscheidet sich, wie man aus Vorstehendem sieht, dadurch von der gewöhnlichen Methode, daß bei ihm eine Salzlösung auf festes Ammonbikarbonat wirkt, während sonst Ammoniak und Kohlensäure auf eine Salzlösung wirken. Die Bikarbonatbildung erfolgt natürlich in beiden Fällen auf dieselbe Weise, nämlich durch Einwirkung von Ammonbikarbonat auf Kochsalz in Lösung. Darüber, ob sich die Umsetzung des Ammonbikarbonats mit dem Kochsalz glatt vollzieht, kann man schwer urteilen, indessen muß man annehmen, daß sich hier technische Schwierigkeiten bilden. Man stelle sich vor, daß die Salzlösung, welche das Ammonbikarbonat durchdringt, dieses lösen muß, damit dann Natriumbikarbonat wieder ausfallen kann. Auf andere Weise ist das gewünschte Resultat doch nicht zu erzielen. Wie leicht wird hierbei nun nicht Salzlösung unzersetzt mit durchlaufen, namentlich gegen das Ende der Operation auf dem Filter! Und ferner wird sehr leicht Ammonbikarbonat durch ausfallendes Natriumbikarbonat inkrustiert werden und so sich der Umsetzung entziehen. Aber wenn auch diese Operation gut vor sich ginge, so muß entschieden bestritten werden, daß Schlösings Verfahren einen Vorzug vor der üblichen Fällung des Natriumbikarbonats hat.

Während man gewöhnlich Natriumbikarbonat aus einer Lösung fällt, will Schlösing aus einer solchen Ammonbikarbonat niederschlagen. Er behauptet, daß diese Operation leichter sei als die Natriumbikarbonatfällung. Dieser Ansicht kann ich durchaus nicht beistimmen. Es ist sogar zweifellos, daß man in denselben Apparaten, in denen man eine bestimmte Menge Ammonbikarbonat ausfällt, in derselben Zeit auch das entsprechende Quantum Natriumbikarbonat ausfällen kann, und zwar kommt man dabei mit demselben Kraftaufwande aus.

Zur Herstellung einer gewissen Menge Ammonbikarbonat, welches dann nach Schlösings Verfahren eine äquivalente Menge Natriumbikarbonat liefern soll, gebraucht man dieselbe Menge Kohlensäure, als wenn man direkt das Natriumbikarbonat auf dem gewöhnlichen Wege ausfällt. Mit kleineren Kompressoren kann Schlösing also nicht auskommen. Sollte Schlösings Ansicht hinsichtlich des geringeren Kraftverbrauches darauf hinauslaufen, daß man Ammonbikarbonat bei geringerem Druck ausfallen könne als Natriumbikarbonat, so kann ich diese Ansicht nicht für richtig halten; man kann auch Natriumbikarbonat unter geringem Druck fällen. Es bliebe eventuell noch der Einwand, daß Ammonbikarbonat deshalb leichter direkt zu fallen wäre, weil es weniger leicht die Apparate verstopft. Aber auch das würde nicht richtig sein, denn Ammonbikarbonat hat darin ebenso unangenehme

Eigenschaften wie Natriumbikarbonat, wie wohl jeder Ammoniaksoda-techniker weiß. In den gewöhnlichen Apparaten bewirken gerade die Karbonate des Ammoniaks häufig Verstopfungen.

Daß Schlösings Verfahren einfacher im Betriebe sei, als das gewöhnliche Verfahren, kann man ebenfalls nicht sagen. Im Gegenteil, er muß noch besondere Gefäße haben für die ammonkarbonathaltigen Lösungen, welche vom Ammonbikarbonat abgezogen werden und welche dann wieder aufs neue zur Aufnahme von Ammoniak und zur Fällung von Ammonbikarbonat dienen. Daß das Schlösingsche Verfahren dem gewöhnlichen Verfahren je eine wirkliche Konkurrenz bereiten kann, ist nach meiner Ansicht ausgeschlossen.

Die Verfahren von Claus, Sulmann & Berry und von Schlösing sind, wie man sieht, nur Modifikationen des gewöhnlichen Verfahrens, sie beruhen ebenso wie jenes auf der Reaktion:

$$NH_4 \, H \, CO_3 + Na \, Cl = Na \, H \, CO_3 + NH_4 \, Cl.$$

Eine Wirkung auf das feste Kochsalz bezw. auf das feste Ammonbikarbonat tritt erst dann ein, wenn dieses in Lösung gegangen ist. Das Endresultat ist bei beiden Verfahren dasselbe wie bei dem sonst allgemein üblichen: es resultiert feuchtes Natriumbikarbonat und eine Lösung von Kochsalz und Salmiak. Ein höherer Grad der Zersetzung des Kochsalzes wird nicht erzielt.

Vom Verfasser ist seinerzeit ein Verfahren vorgeschlagen[1]), durch welches Kochsalz gespart und sämtlicher Salmiak in fester Form erhalten wird[1]). Dasselbe soll in folgendem etwas näher geschildert werden:

Die verschiedenen Reaktionen, auf denen das Verfahren beruht, sind:

1. Chlornatrium wirkt auf konzentrierte Chlorammoniumlösungen in der Weise ein, daß Chlorammonium ausgefallt wird, während sich Chlornatrium löst. Diese Wirkung geht soweit, bis auf 1 Mol. Chlorammonium sich wenigstens 1 Mol. Chlornatrium in Lösung befindet.

2. Ammonkarbonat wird von derartigen gemischten Losungen, wie No. 1, in großer Menge aufgenommen, wodurch eine weitere Abscheidung von Ammonchlorid bewirkt wird.

3. Abkühlung scheidet aus den so erhaltenen Lösungen noch weiter Ammonchlorid ab; die entstehende Flussigkeit ist dann fähig, wieder Kochsalz aufzunehmen.

In der Praxis müssen diese drei Reaktionen zusammen benutzt werden, wobei sich verschiedene Kombinationen anwenden lassen. Die-

------

[1]) D. P. No. 36 093 vom 14. 6. 1885. Chem.-Ztg. 1886. — Zeitschrift für angewandte Chemie 1888, Heft 10, und 1889, Heft 16 u. 17.

selben werden bedingt durch die Reihenfolge, in welcher die drei Operationen vorgenommen werden. Die Regel ist, daß die zu regenerierende Flüssigkeit zuerst mit Natriumchlorid und Ammonkarbonat behandelt wird und hierauf die Abkühlung erfolgt.

Die Art der Ausübung des Verfahrens soll nachher besprochen werden, zuerst will ich die Wirkung der einzelnen Reaktionen durch Beispiele erläutern.

Wenn man eine gesättigte Lösung von Ammonchlorid mit festem Kochsalz behandelt, so tritt sofort eine Abscheidung von Salmiak ein, während Kochsalz in Lösung geht. Stücke von Chlornatrium, welche in Salmiak eingeworfen oder eingehangt werden, inkrustieren sich sogleich mit kleinen Krystallchen von Salmiak. Diese Inkrustation verhindert die weitere Lösung von Kochsalz und dadurch den Fortgang der Reaktion. Schüttelt man jedoch die Flüssigkeit mit den Salzstücken, damit durch die Reibung die Oberfläche der letzteren rein bleibt, so wird immer mehr Salz gelöst und Salmiak abgeschieden, dessen leichte Krystalle in dichten Wolken in der Flüssigkeit schwimmen, während das schwerere Kochsalz auf den Boden sinkt. Bei fortgesetztem Schütteln tritt schließlich eine Sättigung mit Kochsalz ein und es fallt kein Salmiak mehr aus, die entstehende Lösung enthält dann die beiden Chloride in einem bestimmten Verhältnis. Es ist mir bei dieser Verfahrungsweise nicht gelungen, stets dieselbe Zusammensetzung zu erhalten, auch dann nicht, wenn die Bedingungen, unter denen der Versuch angestellt wurde, genau dieselben waren. Sowohl die absolute Menge der Salze, wie ihre relativen Mengen fand ich fast immer etwas verschieden. Diese Erscheinung ist wohl durch Entstehen übersättigter Lösungen zu erklären. Als Durchschnitt von mehreren Versuchen fand ich:

$$
\begin{array}{ll}
\text{Spezifisches Gewicht} & 1{,}1758 \\
\text{Gesamtsalze . . .} & 37{,}17\ \%\ [1]) \\
\text{Na Cl . . . . .} & 20{,}05\ \text{-} \\
\text{NH}_4\ \text{Cl . . . . .} & 17{,}12\ \text{-}
\end{array}
$$

Wie man sieht, sind die beiden Salze beinahe in dem molekularen Verhaltnis von 1 : 1 vorhanden, wonach die Bildung eines Doppelchlorids Na Cl . NH$_4$ Cl wahrscheinlich ist. Die Differenz erklärt sich am besten dadurch, daß man annimmt, es sei neben dem Doppelchlorid noch ein

---

[1]) Die Prozente sind sogenannte Volumprozente, es wird dadurch angezeigt, wie viel Gramme der betreffenden Substanz in 100 ccm der Lösung vorhanden sind. Die Bestimmungen sind bei einer Temperatur von 20° gemacht. Dasselbe gilt auch von den folgenden Zahlen, wenn es nicht ausdrücklich anders bemerkt ist.

Überschuß von ca. $1\frac{1}{2}\%$ Na Cl gewissermaßen in übersättigter Lösung vorhanden.

Es ist ziemlich schwierig, derartige Lösungen durch Schütteln der Salmiaklösung mit festem Kochsalz herzustellen, wenn man einigermaßen übereinstimmende Lösungen haben will. Die Einwirkung des festen Salzes kann eben nur dadurch geschehen, daß dasselbe wiederholt mit allen Teilen der Flüssigkeit in Berührung kommt; es ist daher ein langwieriges Schütteln erforderlich.

Noch schwieriger ist es, Gemische von konstanter Zusammensetzung bezw. die Lösung des Doppelchlorids $NaCl \cdot NH_4Cl$ zu erhalten, wenn man umgekehrt konzentrierte Chlornatriumlösungen mit festem Ammonchlorid schüttelt; letzteres geht dann in Lösung und Natriumchlorid fällt aus. Hier ist die Einwirkung jedoch nicht so energisch, es bleibt ein größerer Überschuß des Kochsalzes in Lösung. Als Durchschnitt mehrerer Versuche erhielt ich folgende Zahlen:

Spezifisches Gewicht   1,1819
Gesamtsalze . . .   35,63 %
Na Cl . . . . .   23,71 -
NH_4 Cl . . . . .   11,92 -

Der beste Weg, um übereinstimmende gemischte Lösungen der beiden Chloride oder die Lösung des Doppelchlorides zu erhalten, besteht darin, konzentrierte Lösungen beider Chloride zu mischen, sodaß ungefähr gleiche Äquivalente vorhanden sind, und dann einzudampfen. Als Mittel einiger Versuche fand ich folgende Zusammensetzung:

Spezifisches Gewicht   1,1765
Gesamtsalze . . .   37,91 %
Na Cl . . . . .   19,83 -
NH_4 Cl . . . . .   18,08 -

Diese Zusammensetzung entspricht, wie man sieht, dem Doppelsalz $NaCl \cdot NH_4Cl$ ziemlich gut, dasselbe verlangt 19,79 % Na Cl bezw. 18,14 % NH_4 Cl. Derartige kleine Abweichungen können durch Analysenfehler veranlaßt sein.

Es ist jedenfalls nötig, bei diesen Versuchen die eingedampfte Lösung längere Zeit bei derselben Temperatur stehen zu lassen und zuweilen zu schütteln oder zu rühren. Die Lösung ist zuerst übersättigt und scheidet bei obiger Behandlung noch Salze aus.

Es erschien mir nun auch wichtig, die Zusammensetzung der Lösung bei Siedetemperatur festzustellen, während sich durch Eindampfen immerfort Salze abscheiden. Die Analyse ergab:

Schreib.   **10**

$$\text{Gesamtsalze} \quad . \quad . \quad . \quad 40{,}60\,\%$$
$$\text{Na Cl} \quad . \quad . \quad . \quad . \quad 21{,}20\ \text{-}$$
$$NH_4\,Cl \quad . \quad . \quad . \quad . \quad 19{,}40\ \text{-}$$

Diese Zusammensetzung entspricht dem Doppelchlorid $NaCl \cdot NH_4Cl$ genau, bei Siedetemperatur ist also nur dieses in Lösung.

Ich stellte nun weitere Versuche an, um zu sehen, in welcher Weise umgekehrt Abkühlung auf die Lösung wirkt. Eine Lösung von der Zusammensetzung:

$$\text{Gesamtsalze} \quad . \quad . \quad . \quad 37{,}90\,\%$$
$$\text{Na Cl} \quad . \quad . \quad . \quad . \quad 19{,}80\ \text{-}$$
$$NH_4\,Cl \quad . \quad . \quad . \quad . \quad 18{,}10\ \text{-}$$

wurde abgekühlt und von der ausgeschiedenen Salzmasse getrennt; es ergaben sich folgende Zahlen:

	Temperatur $+2^0$	-5^0
Gesamtsalze . .	$34{,}72\,\%$	$33{,}58\,\%$
Na Cl	$20{,}63$ -	$20{,}68$ -
$NH_4\,Cl$	$14{,}09$ -	$12{,}90$ -

Hieraus ergibt sich, daß bei niederer Temperatur das Doppelchlorid zersetzt wird, indem sich Chlorammonium ausscheidet. Diese Wirkung der Kälte, aus gemischten Lösungen von Ammon- und Natriumchlorid das erstere einseitig auszuscheiden, wird bei meinem Verfahren mit benutzt.

Ich komme nun zu der Wirkung des Ammoniumkarbonats.

Wenn in die oben geschilderte Lösung, welche die Chloride anscheinend in Form eines Doppelchlorides enthält, Ammoniakgas geleitet wird, so scheiden sich beide Chloride ziemlich gleichmäßig ab; in der Lösung bleiben die beiden Salze auch ungefähr im molekularen Verhältnis wie $1:1$ zurück. Man kann demnach sagen, daß das Doppelchlorid in Ammoniakflüssigkeit weniger löslich ist als in Wasser, und zwar verringert sich die Löslichkeit mit dem steigenden Gehalt an Ammoniak, wie folgende Beispiele zeigen:

	I.	II.
Spezifisches Gewicht	—	$1{,}1168$
Gesamtsalze . . .	$34{,}37\,\%$	$32{,}38\,\%$
Na Cl	$17{,}54$ -	$16{,}75$ -
$NH_4\,Cl$	$16{,}83$ -	$15{,}93$ -
NH_3	$3{,}24$ -	$6{,}71$ -

Wird nun in eine derartige Lösung Kohlensäure geleitet, bis ziemlich alles Ammoniak in Ammonkarbonat verwandelt ist, so fällt nur

Salmiak aus, kein Salz. So ergab eine Lösung, die analog der Lösung II zusammengesetzt war, folgende Zahlen:

$$
\begin{array}{ll}
\text{Gesamtsalze} & 30{,}82\,\% \\
\text{Na Cl} & 17{,}78 \text{ -} \\
NH_4\,Cl & 13{,}04 \text{ -} \\
(NH_4)_2\,CO_3 & 18{,}81 \text{ -}
\end{array}
$$

Es wird also gerade wie durch Kälte so auch durch Ammonkarbonat aus einer gemischten Lösung von Natrium- und Ammonchlorid letzteres abgeschieden.

Aus den angeführten Beispielen ergibt sich, daß es nicht möglich war, durch eine einzelne Reaktion für sich allein den Gesamtgehalt des Ammonchlorids unter etwa $13\,\%$ zu bringen, wahrend der Gehalt an Natriumchlorid etwa $21\,\%$ betrug. Eine derartig zusammengesetzte Lösung würde nicht mit Vorteil im Ammoniaksodaprozeß zu verarbeiten sein. Werden jedoch die verschiedenen Operationen zusammen bei ein und derselben Flüssigkeit angewendet, so laßt sich die Zusammensetzung sehr günstig verändern. So erhielt ich aus einer gemischten Lösung der beiden Chloride durch die Behandlung mit Chlornatrium und Ammonkarbonat und darauf erfolgende Abkühlung auf $+5^0$, wobei immer festes Salz auf die Flüssigkeit wirkte, eine Lösung, welche $25{,}5\,\%$ Na Cl und $4{,}1\,\%$ NH_4 Cl enthielt.

Bei den angefuhrten Versuchen ist von einer reinen Ammonchloridlösung ausgegangen, in folgender Tabelle gebe ich noch einmal eine Zusammenstellung der Wirkung der einzelnen Operationen.

	NH_4 Cl $\%$	Na Cl $\%$	NH_3 $\%$	$(NH_4)_2\,CO_3$ $\%$
I. NH_4 Cl in Wasser gelöst . . .	28,72	—	—	—
II. Die vorige Lösung mit Na Cl geschüttelt bei 20^0	17,12	20,05	—	—
III. Die vorige Lösung mit NH_3 behandelt	15,93	16,75	6,71	—
IV. Die vorige Lösung mit CO_2 behandelt	13,04	17,78	—	18,80
V. Die vorige Lösung auf 5^0 abgekühlt und mit Na Cl behandelt	8,05	23,40	—	18,80
VI. Lösung II direkt mit $(NH_4)_2\,CO_3$ und Na Cl bei 45^0, dann auf $+2^0$ gekühlt und mit Na Cl behandelt	4,10	25,50	—	19,50

Die Wirkung der geschilderten Reaktionen ist natürlich ganz dieselbe, wenn man statt von einer reinen Salmiaklösung von einer Salmiakkochsalzlösung ausgeht, wie sie im Ammoniaksodaprozeß vorkommt. Die bei der Karbonisation entstehenden Lösungen enthalten beispielsweise etwa 9 % Na Cl und 18 % NH$_4$ Cl; es liegt auf der Hand, daß eine derartige Lösung leichter als eine reine Salmiaklösung auf die Zusammensetzung VI der Tabelle gebracht werden kann.

Diese Zusammensetzung ist bei gleicher Behandlung immer dieselbe, man mag nun von einer reinen Salmiaklösung ausgehen oder von einer mit Kochsalz gemischten, wie man sie durch Karbonisation beim Ammoniaksodaprozeß erhält. Eine Beeinflussung der Zusammensetzung wird nur veranlaßt durch den Gehalt an Ammonkarbonat, den man der Lösung gibt. Je mehr von diesem in der Lösung vorhanden ist, je weniger große Mengen der anderen Salze bleiben in Lösung. Auf das Mengenverhältnis der beiden Chloride hat die Menge des gelösten Ammonkarbonats weniger Einfluß, doch wird bei steigendem Gehalt desselben immer etwas mehr Salmiak ausgefällt werden.

Bei Anwendung eines Gehalts von 18 % Ammonkarbonat erhielt ich aus reinen oder mit Kochsalz gemischten Salmiaklösungen eine Flüssigkeit von ungefähr folgender Zusammensetzung:

$$25,5 \% \text{ Na Cl}$$
$$4,0 \text{ - } \text{NH}_4 \text{ Cl.}$$

Wird diese Lösung mit Kohlensäure bis zur völligen Erschöpfung behandelt, so erhält man eine starke Fällung von Natriumbikarbonat und eine Lösung, welche ungefähr folgende Zusammensetzung zeigt:

$$21,0 \% \text{ NH}_4 \text{ Cl}$$
$$9,0 \text{ - } \text{Na Cl.}$$

Aus der wechselseitigen Menge des Ammon- und des Natriumchlorids läßt sich genau berechnen, wie viel Natriumbikarbonat ausgeschieden ist. Es ergibt sich im vorliegenden Falle, daß 16,5% Natriumchlorid in Bikarbonat umgewandelt sind. Eine derartige Umsetzung ist genügend, um solche Lösungen im Fabrikbetriebe zu verarbeiten, für gewöhnlich wird bei Anwendung reiner Kochsalzlösungen, die keinen Salmiak enthalten, eine höhere Umsetzung auch nicht erzielt. Nun wird aber auch in Wirklichkeit die Ausbeute noch höher, wenn nämlich während der Karbonisation die Flüssigkeit mit Kochsalz in Berührung gehalten wird. Es löst sich dann im Verhältnis mit der steigenden Ausfällung des Bikarbonats Salz auf und wird ebenfalls in Bikarbonat umgewandelt. Durch diese Kombination wird bei Verwendung der regenerierten Laugen mindestens ebenso viel Kochsalz umgesetzt, wie beim gewöhnlichen Verfahren bei Anwendung von reinen Kochsalzlösungen.

Es liegt nun auf der Hand, daß der Vorgang der Regenerierung sich immer wiederholen läßt. Eine Störung könnte nur eintreten, wenn durch das verwendete Steinsalz zu viel schwefelsaure Salze in den Betrieb gelangen. Es würde dann vielleicht eine zu starke Anhäufung von schwefelsaurem Ammoniak in der Lösung stattfinden, wodurch natürlich die Regenerierung gestört wird. In einem solchen Falle müßte dann von Zeit zu Zeit mit der Lösung gewechselt werden.

Ich will nun dazu übergehen, zu beschreiben[1]), wie die Anwendung des Verfahrens in der Praxis vor sich gehen soll.

Der wichtigste Punkt bei meinem Verfahren, die Regenerierung der Salmiakkochsalzlaugen, kann auf verschiedene Weise ausgeführt werden. Es läßt sich z. B. den Laugen zuerst Ammoniak und Kohlensäure bezw. Ammonkarbonat zusetzen, und es folgt dann die Behandlung mit Salz zu gleicher Zeit, und zum Schluß läßt man die Kälte einwirken. Bei dem ersten Verfahren würde die zu regenerierende Lauge zuerst in eine Kolonne gepumpt werden, in welche das entwickelte Ammonkarbonat strömt. Hierauf muß die Lösung in einem andern Gefäß mit Salz zuerst in der Wärme und dann in der Kälte behandelt werden. Im zweiten Falle geschieht die Behandlung in einem einzigen Apparat; hierzu soll die nebenstehende Einrichtung Fig. 52 benutzt werden.

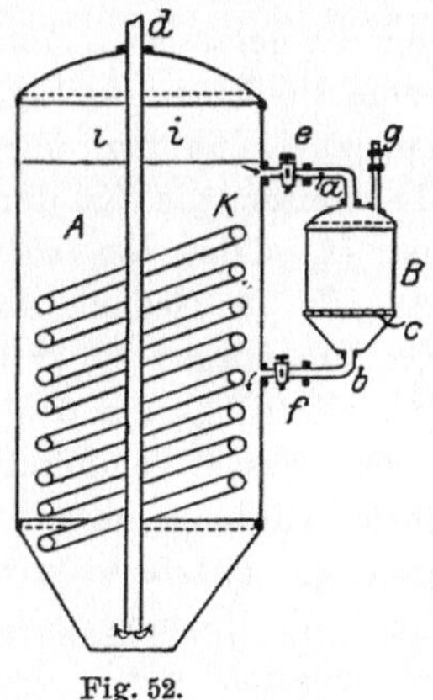

Fig. 52.

Die von den Filtern kommende Salmiakkochsalzlösung wird in den Kessel *A* gepumpt, welcher mit dem Kessel *B* durch Rohrleitungen *a* und *b* verbunden ist. *B* wird mit festem Steinsalz gefüllt, welches auf dem Siebboden *c* aufliegt und dadurch verhindert wird, durch Rohr *b* nach *A* zu fallen. Wenn dann die beiden Kessel mit Lauge bis zur Höhe *i* gefüllt sind, so löst die in *B* befindliche Lauge Salz auf, wird dadurch spezifisch schwerer und sinkt durch *b* nach *A*, infolgedessen durch *a* neue Lauge nachgesaugt wird. Dieser Vorgang wiederholt sich, bis alle Lauge in beiden Kesseln gleichmäßig mit Salz gesättigt ist. Unterstützt wird dieser Kreislauf durch die Einleitung von Ammonkarbonat bezw. Ammoniak und Kohlensäure vermittelst Rohrleitung *d*, wodurch die Flüssigkeit in steter Bewegung gehalten wird. Wenn Kohlensäure und Ammoniak getrennt entwickelt und eingeleitet werden, so muß man darauf achten, daß Kohlensäure nie im Überschuß vor-

---

[1]) Eine Beschreibung habe ich s. Zeit veröffentlicht in der Zeitschrift für angewandte Chemie 1889, Heft 16 u. 17.

handen ist, da sich sonst Natriumbikarbonat abscheiden würde; man muß daher stets einen Überschuß an freiem Ammoniak haben. Durch die Einleitung der Gase erwärmt sich die Flüssigkeit ziemlich stark; man läßt die Temperatur bis auf etwa 50^0 steigen, da sich dann etwas mehr Kochsalz löst als bei niederer Temperatur. Dasselbe bewirkt beim nachherigen Abkühlen eine stärkere Fällung von Salmiak. Wenn die Temperatur zu hoch steigen sollte, so wird durch die Kühlschlange K Wasser zur Abkühlung geleitet.

Die Konstruktion des Apparates erlaubt auch, falls es nötig wird, während des Betriebes Kochsalz nachzufullen. Es wird dann Hahn e geschlossen und durch g Druckluft eingeführt, dadurch wird B von der Flüssigkeit entleert und kann nach Schluß von Hahn f durch ein in der Zeichnung weggelassenes Mannloch frisch gefüllt werden.

Wenn die Flüssigkeit genügend mit Ammonkarbonat gesättigt ist, geht man zur Kühlung über, welche durch Kühlschlange K bewirkt wird. Je weiter die Kühlung getrieben werden kann, um so vorteilhafter ist es, denn um so vollstandiger erfolgt die Ausfallung des Salmiaks. Es ist jedoch nicht nötig, unter $+5^0$ zu gehen, man wird sich unter Umständen sogar mit $+10^0$ begnügen können; diese Temperatur muß allerdings als das Minimum bezeichnet werden. Wenn Kühlwasser von dieser Temperatur nicht zur Verfügung steht, so muß zur künstlichen Kuhlung geschritten werden, also zur Anwendung einer Kühlmaschine. Letzteres wird die Regel sein.

Wenn die Losung genügend gekühlt ist, läßt man absitzen, wodurch es möglich wird, den größten Teil der Flüssigkeit klar abzuziehen; der Rest samt dem darin suspendierten Salmiak kommt auf Filter zum Abnutschen. Es ist dabei nötig, die Masse auf dem Filter stark zu rühren und zu schlagen, um eine möglichst vollkommene Trennung der Flüssigkeit vom Niederschlage zu erzielen. Ein Auswaschen darf nicht stattfinden, da sonst zu viel von dem leichtlöslichen Salmiak in Lösung gehen wurde. Von den Filtern gelangt der Salmiak in Pressen, um die letzte noch anhängende Lösung abzugeben.

Auf die geschilderte Art abgeschiedener und gepreßter Salmiak enthalt etwa 98% Ammonchlorid und 2% Kochsalz. Die abfiltrierte und abgepreßte Lösung gelangt direkt in die Karbonisatoren, um in diesen mit Kohlensäure zur Darstellung von Natriumbikarbonat behandelt zu werden, während der abgepreßte Salmiak zur Erzeugung von Ammoniak bezw. Ammonkarbonat geht. Diese Regenerierung kann auf zwei verschiedene Arten vorgenommen werden. Im ersteren Falle erfolgt die Zersetzung des Salmiaks durch gemahlenen kohlensauren Kalk in der Hitze. Es ensteht dann festes Chlorkalzium und gasformiges Ammonkarbonat, welches direkt in den Betrieb geht. Soll der Salmiak auf nassem Wege zersetzt werden, so wird er in Wasser gelöst und auf die gewöhnliche Art destilliert. Man kann auf diese Weise eine sehr hohe Konzentration anwenden und erhält nach der Destillation eine fast reine Chlorkalziumlösung. In Fig. 53 gebe ich eine schematische Skizze, welche die Arbeit nach vorstehendem Verfahren schildert.

Hierbei ist die Verarbeitung des Salmiaks auf trockenem Wege angenommen. Die Skizze stellt den Aufriß des Erdgeschosses einer Ammoniaksodafabrik nach meinem Verfahren dar; die auf hohen Fundamenten stehenden Kolonnenapparate zum Waschen der abgehenden Gase fehlen.

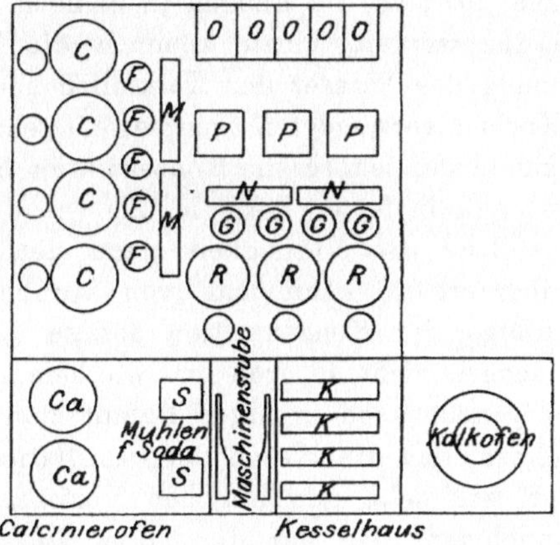

Fig. 53.

Der Gang der Fabrikation ist folgender. In den Fällapparaten C wird die ammoniakalische Kochsalzlösung mit Kohlensäure völlig gesättigt und dann samt dem ausgefallten Natriumbikarbonat auf die Filter F gebracht. Die Fällapparate haben dieselbe Einrichtung wie die zur Regenerierung benutzten Gefäße Fig. 52, der Nebenkessel dient dazu, die Flüssigkeit stets mit Salz gesättigt zu halten.

Die von den Filtern ablaufende Chlorammonium-Chlornatriumlauge sammelt sich in den Montejus M und wird aus diesen direkt in die Regeneratoren R gedrückt, welche ebenfalls nach Fig. 52 eingerichtet sind. In diese tritt das aus den Retortenöfen O entwickelte Ammonkarbonat; die Reaktion geht dann in der oben beschriebenen Weise vor sich. Nach der Abkühlung gelangt die Lösung samt dem suspendierten Salmiak auf die Filter G, wo die hauptsächlichste Trennung des Salmiaks von der Flüssigkeit stattfindet. Der Salmiak geht von den Filtern in die Pressen P und von da nach den Retortenöfen, um mit Kalziumkarbonat gemischt erhitzt zu werden. Das entwickelte Ammonkarbonat wird in die Kessel R geleitet. Die auf den Filtern und Pressen erhaltene Lauge, welche sich in den Montejus N sammelt, wird in die Karbonisatoren C gepumpt, und der Kreislauf beginnt von neuem.

Wenn die Verarbeitung des Salmiaks auf nassem Wege stattfinden soll, so fallen die Retortenöfen fort und es treten an deren Stelle Destillierkessel. Wenn auch die Verarbeitung des Salmiaks auf trocknem Wege die normale ist, so wird man unter Umständen auch die nasse Destillation wählen.

Gegenüber dem alten Verfahren sind bei dem neuen bedeutende Vorteile vorhanden. Beim alten Verfahren hat man es mit sehr großen Flüssigkeitsmengen zu tun, da man die Laugen ja nehmen muß, wie sie in der Fabrikation erhalten werden, hinzu kommen die Waschwasser und als weitere Verdünnung das Wasser der Kalkmilch und das durch Verflüssigung des zum Kochen verwendeten Dampfes entstehende Wasser. Bei meinem Verfahren kann man jedoch die Konzentration beliebig stark nehmen, da man den Salmiak in fester Form hat.

Die Verdünnung, welche die Flüssigkeit dann noch durch den Dampf und die Kalkmilch erhält, kann man von vornherein berücksichtigen. Da also[1]) infolge der Konzentration der zu destillierenden Lösung die Flüssigkeitsmengen nicht so groß sind wie beim gewöhnlichen Verfahren, so wird demgemäß auch weniger Dampf zum Kochen gebraucht. Man kann rechnen, daß die Menge der Destillationslaugen nur den dritten Teil beträgt wie beim gewöhnlichen Verfahren. Dementsprechend kann man annehmen, daß nur die halbe Kohlenmenge zur Destillation nötig ist. Es ist ferner klar, daß die Destillationsgefäße entsprechend kleiner sein können, wodurch eine Ersparnis an Anlagekapital und an Raum eintritt.

Der dritte große Vorteil liegt darin, daß man nach beendeter Destillation eine Lösung erhält, welche eine fast reine und ziemlich konzentrierte Chlorkalziumlösung darstellt. Man wird also, wenn man das Chlorkalzium in fester Form haben will, um es auf Salzsäure oder Chlor zu verarbeiten, nicht so viel Schwierigkeiten haben, wie beim gewöhnlichen Verfahren. Bei diesem ist in den einzudampfenden Laugen viel

---

[1]) Es ist allerdings auch möglich, die Verdünnung der Destillationslauge durch das Wasser der Kalkmilch zu vermeiden, indem man den Kalk in fester Form einführt; zu diesem Zwecke sind schon mehrere Apparate konstruiert. Ich verwende dazu die schon beschriebene Einrichtung Fig. 52. Es wird dann der Kessel A mit der zu destillierenden Lauge gefüllt, während B den gebrannten Kalk aufnimmt. Wenn dann die Ventile geöffnet sind, kann die Lauge durch B zirkulieren; der Kalk löscht sich und rutscht durch Rohr b nach A. Bei dieser Weise, den Kalk in die Destillation einzuführen, wird Verdünnung vermieden und die beim Löschen des Kalkes entstehende Wärme ausgenutzt.

Kochsalz neben dem Chlorkalzium vorhanden. Dies macht eine Trennung der beiden Salze nötig, die schwierig auszuführen ist. Die kleine Menge Kochsalz, welche bei meinem Verfahren im Salmiak verbleibt und demgemäß in der Chlorkalziumlauge steckt, kommt nicht besonders in Betracht. Es liegt ferner auf der Hand, daß bei meinen konzentrierten Laugen das Eindampfen nicht so kostspielig ist, wie bei den verdünnten Laugen des gewöhnlichen Verfahrens[1]). Wendet man statt des Kalkes Magnesia zur Destillation an, so treten dabei dieselben Vorteile auf; die Trennung des Chlormagnesiums vom Salz fällt fort und das Eindampfen stellt sich billiger. Natürlich ist und bleibt der einfachste Weg, um das Chlorkalzium in fester Form zu erhalten, der, daß man den Salmiak mit gemahlenem Kalkstein bezw. dem Kaustisierungsschlamm aus der Fabrikation von Ätznatron in Retorten erhitzt. Man erhält dann das Chlorkalzium in festem Zustande fast wasserfrei und kann es zu jedem beliebigen Zwecke verwenden. In gegenwärtiger Zeit, in welcher die Bestrebungen zur Vervollkommnung des Ammoniaksodaprozesses hauptsächlich darauf gerichtet sind, bei demselben Salzsäure bezw. Chlor auf möglichst billige Weise darzustellen, ist die Gewinnung des Chlorkalziums in festem Zustande sehr wertvoll. Man kann auch selbstverständlich anstatt des Kalkkarbonats Magnesit nehmen bezw. das bei der Zersetzung des Chlormagnesiums behufs Salzsäure- oder Chlorgewinnung entstehende Magnesiumoxyd.

Ein weiterer Vorteil der direkten Zersetzung des Salmiaks durch Kalziumkarbonat ist der, daß man Ammonkarbonat erhält, daß also dieses statt des freien Ammoniaks in die mit Kohlensäure zu sättigenden Laugen geleitet wird. Es ist also die Hälfte der zur Darstellung des Bikarbonats nötigen Kohlensäure gleich im Anfang schon vorhanden, sodaß bei der Karbonisation weniger Kohlensäure einzuleiten ist. Hierdurch wird erheblich an Maschinenkraft (für die Kohlensäurepumpe) und an Zeit gespart, da die Dauer der Einleitung von Kohlensäure eine kürzere wird. Ebenso können die zur Karbonisierung benutzten Kessel kleiner sein.

Man kann ferner rechnen, daß beim gewöhnlichen Verfahren auf 100 Teile Natriumkarbonat mindestens 180 Teile Kochsalz von 96 % Na Cl-Gehalt gebraucht werden. Bei Anwendung der stetigen Regenerierung der Laugen werden nur 115 bis 120 Teile Kochsalz verbraucht,

---

[1]) Bei der Destillation einer so konzentrierten Salmiaklösung, wie sie nach dem geschilderten Verfahren erhalten wird, ist es auch vielleicht möglich, dieselbe mit Kalziumkarbonat zu destillieren, namentlich wenn solches in Form von Kaustisierungsschlamm zur Verfügung steht. Es wird dann auch direkt Ammonkarbonat erhalten. Über dies Verfahren siehe Kapitel VI.

entsprechend einer Ersparnis von ca. 60 kg Salz auf 100 kg Soda. Für Fabriken, welche ihr Salz weither beziehen müssen, tritt somit bei einem Salzpreise von 1 M. für 1 hk eine Ersparnis von 60 Pf. für 1 hk Soda ein. Bei den unmittelbar in der Nähe von Steinsalzlagern belegenen Fabriken beträgt die Ersparnis natürlich nur sehr wenig. Aus dem alleinigen Grunde, das Salz zu ersparen, würde ich das Verfahren auch nicht vorschlagen, aber die anderen Vorteile sind genügend, um es anzuwenden.

Ebenso empfiehlt sich das Verfahren in den Fällen, wo man den Salmiak direkt zur Chlorgewinnung benutzt, also zu den Verfahren von Mond, Solvay und anderen. Im Jahre 1886 hat Jarmay in Northwich ein englisches Patent[1]) erhalten auf ein Verfahren zur Wiedereinführung der Mutterlaugen der Ammoniaksodafabrikation in die Fabrikation unter Gewinnung von krystallisiertem Chlorammonium. Nach diesem Patent soll die Mutterlauge stark abgekühlt werden, sodaß Salmiak zur Ausscheidung gelangt, dann wird Kochsalz zugesetzt und wieder abgekühlt, worauf nochmals Salmiak auskrystallisiert. Hiermit wird abwechselnd fortgefahren und schließlich geht die Lösung, welche nun viel Kochsalz neben wenig Salmiak enthält, in den Ammoniaksodabetrieb zurück.

Dieser Vorschlag ist im ganzen nichts als eine Umgehung des dem Verfasser patentierten Verfahrens, welches oben beschrieben ist.

Die Anwendung von Ammonkarbonat fehlt bei Jarmay; indessen ergibt sich mit Notwendigkeit, daß derselbe auch dieses in die Laugen einführen muß. Wenn er die mit Kochsalz behandelten, abgekühlten Laugen anstatt Sole in den Betrieb der Ammoniaksodafabrikation einführt, so muß er auch Ammoniak in dieselben leiten, und es tritt dann ganz bestimmt ein Zeitpunkt ein (bei der Karbonisation), in welchem alles Ammoniak in Ammonkarbonat verwandelt ist. Dann hat Jarmay das Verfahren des Verfassers voll und ganz in Benutzung genommen, nur hat er die Operation, welche ich in einem Male vornehme, in zwei Phasen geteilt. Das bedeutet nur eine Verschlechterung meines Verfahrens. Da das Ammonkarbonat eine starkere Ausfällung des Salmiaks bewirkt und da dasselbe doch einmal in die Lauge eingeführt werden muß, nehme ich diese Einführung zu gleicher Zeit mit der Einwirkung des Kochsalzes vor. Die technische Ausführung wird dadurch ungemein vereinfacht und aller sich abscheidende Salmiak auf einmal erhalten. Bei Jarmay würde die vorerwähnte Mehrausfällung des Salmiaks, welche durch Ammonkarbonat bewirkt wird, erst während der Karbonisation eintreten, sie wird dann nur schädlich sein, da das Bikarbonat

---

[1]) Engl. Patent No. 10419, 1886.

dadurch verunreinigt wird. Eine kleine Modifikation hat Jarmay insofern noch vorgenommen, als er die Behandlung mit Salz mehrmals wiederholen will, nachdem er die Flüssigkeit vom Salmiak getrennt hat. Ich habe über diesen Punkt bei Ausarbeitung meines Verfahrens zahlreiche Versuche gemacht und dadurch den Beweis erhalten, daß diese Behandlung absolut nichts nützt. Jarmay wird dieses Verfahren in der Praxis sicher nicht anwenden, da es sehr teuer ist und gar keinen Zweck hat. Wenn die Lauge einmal in der Wärme (bei ca. 50°) mit Salz gesättigt und dann stark abgekühlt wird, so genügt das für die Abscheidung des Salmiaks vollkommen. Eine so behandelte Lösung nimmt bei etwas höherer Temperatur wohl noch ein wenig Salz auf, scheidet dieses jedoch bei Abkühlung wieder aus, ohne daß Salmiak abgeschieden wird. Jarmay hat die fraktionierte Behandlung mit Salz wohl nur deshalb angegeben, um dadurch die auffallende Ähnlichkeit seines Verfahrens mit dem meinigen etwas zu verdecken[1]).

Die Abscheidung von Salmiak durch Abkühlung und Zuführung von Kochsalz wird von L. Mond in Northwich im großen angewandt, cf. achtes Kapitel.

Statt des Kochsalzes kann man auch andere Natriumsalze mittels des Ammoniakverfahrens in Soda umwandeln. Es sind verschiedene Patente in dieser Richtung genommen, so z. B. von Gerlach, indes ist kein Verfahren in praktischen Betrieb gelangt. Kochsalz ist das billigste Natriumsalz und infolge seiner Löslichkeitsverhältnisse auch das am besten sich eignende für das Ammoniakverfahren.

Eine originelle Idee ist der Vorschlag de Grousilliers, das Ammoniaksodaverfahren, statt in wäßriger, in alkoholischer Lösung auszuführen. Dies Verfahren hat indes keinen Erfolg gehabt, auch nicht bei der Anwendung auf Pottascheherstellung aus Chlorkalium.

Es sind ferner eine Menge Verfahren vorgeschlagen, welche bezwecken, den Ammoniaksodaprozeß mit anderen Verfahren zu verbinden. Z. B. Kombinationen der Ammoniaksodafabrikation mit dem Leblancprozeß und der Leuchtgasfabrikation. Hierher gehören die Patente von Claus, von Schaffner & Helbig, Parnell & Simpson und anderen. Der vorhandene Raum verbietet, näher auf diese Vorschläge, die vielfach ganz interessant sind, einzugehen. Erfolg hat auch, so weit bekannt geworden ist, keines dieser Verfahren gehabt.

---

[1]) Die Anmeldung Jarmays auf sein Verfahren zum Deutschen Patent ist auf meinen Einspruch abgewiesen.

Berechnung der Gröfse der Fällapparate für die Produktion von 10 000 kg Soda in 24 Stunden.

Für eine Produktion von 10 000 kg Soda in 24 Stunden nimmt man ein System von 4—6 einfachen Kesseln.

Im ersteren Falle würden die Dimensionen eines Kessels betragen:

Durchmesser des zylindrischen Teils . . . . . . = 2900 mm
Durchmesser des konischen Teils am unteren Ende = 600 -
Höhe des zylindrischen Teils . . . . = 2500 -
Höhe des konischen Teils . . . . = 1500 -
Wölbung des oberes Bodens . . . . = 500 -

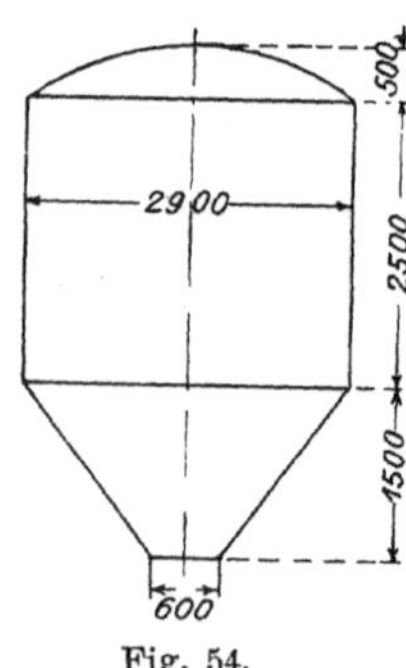

Fig. 54.

Die nebenstehende Skizze, Fig. 54, macht die Form des Kessels anschaulich.

Der Inhalt des konischen Teiles beträgt = 4,13 cbm
Der Inhalt des Zylinderquerschnittes ist 6,6 qm, wenn der Inhalt im Zylinder 1500 mm hoch steht, so ergeben sich . . . . = 9,90 -

Summa 14,03 cbm

Die Zeit, in welcher der Inhalt eines Fällkessels fertig karbonisiert wird, schwankt je nach Art des Betriebes. Es soll im vorliegenden Fall gerechnet werden, daß eine Charge rund 18 Stunden dauert, also die Füllung, völlige Sättigung, Abkühlung und Entleerung. Dann können mit 4 Kesseln in 24 Stunden rund 5 Chargen fertig gestellt werden. Man kann bei forcierter Arbeit, und wenn die Kühlung schnell zu erreichen ist, eine Charge in 12 Stunden fertig stellen, es soll aber hier die Anlage reichlich groß gerechnet werden. Man kann dann die Kohlensäuregase besser ausnutzen, außerdem ist auf diese Weise Reserve vorhanden und man ist stets sicher, lange genug kühlen zu können. Letzteres ist für den Sommer wertvoll.

Fünf Chargen à rund 14 cbm Füllung ergeben 70 cbm. Das ist die in Kapitel II S. 81 berechnete Menge der ammoniakalischen Sole, welche für 24 Stunden zu verarbeiten ist. Jeder Kubikmeter Sole muß 143 kg Soda ergeben.

Wenn die Sole in dem zylindrischen Teile der Fällkessel 1500 mm hoch steht, so ist noch 1 m des Zylinders frei. Falls also durch die eingeleiteten Gase die Flüssigkeit derart ausgedehnt wird, daß sich das Niveau um 300—500 mm hebt, so sind immer noch 5—700 mm freier

Raum im Zylinder vorhanden. Das genügt, um ein Mitgerissenwerden der Lösung zu verhüten. Der Abgangsstutzen für die abziehenden Gase befindet sich noch 2—300 mm über dem zylindrischen Teile. Wenn geringe Mengen der aufspritzenden Flüssigkeit aber dennoch mitgehen, so hat das nicht viel zu sagen.

Es wird mehrfach angegeben, daß zuweilen ein Aufschäumen der Flüssigkeit in den Fällkesseln vorgekommen sei. In diesen Fällen ist dann eine größere Menge Lösung aus einem Kessel in den anderen übergegangen. Ich habe selbst einen derartigen Vorgang im Betriebe nie bemerkt. Ich nehme an, daß bei jenen Vorkommen Unregelmäßigkeiten im Betriebe zu Grunde gelegen haben. Man hat vielleicht die betreffenden Fällkessel zu hoch gefüllt oder der Kompressor ist zu schnell gelaufen. Möglicherweise kann auch eine Verstopfung vorgelegen haben. Eine solche bewirkt dann zwischen der verstopften Stelle und dem Kompressor die Ansammlung einer höher als auf den gewöhnlich herrschenden Druck komprimierten Gasmenge. Wenn dann die Verstopfung sich plötzlich unter dem Einfluß des stärkeren Druckes löst, so kann die nun auf einmal sich ausdehnende Gasmenge leicht ein Übersteigen der Flüssigkeit herbeiführen. Genau wie eine Verstopfung wirkt auch ein unachtsamer Weise geschlossen bleibendes Ventil und dessen dann erfolgende schnelle Öffnung.

Es soll nun der Gegendruck, welchen die Gase in der Fällung zu überwinden haben, berechnet werden. Die Lösung steht in jedem Fällkessel insgesamt 3000 mm hoch. Da das Einflußrohr 200 mm über dem Boden des Konus endet, so bleibt nur eine Höhe von 2800 mm, durch welche die Gase hindurch müssen. Für die 4 Kessel des Systems beträgt die zu überwindende Flüssigkeitssäule demnach 11,2 m.

Das spezifische Gewicht der Lösung ist in den einzelnen Fällkesseln verschieden. Die einlaufende ammoniakalische Salzlösung, deren Ammoniak völlig in Ammonkarbonat verwandelt ist, hat rund 1,190 spezifisches Gewicht; dasselbe steigt im Verlauf der Sättigung bis auf 1,250 und bleibt in dieser Höhe. Allerdings ist das spezifische Gewicht der klaren, vom Bikarbonat getrennten Lösung nicht so hoch; diese Lösung hat am Schluß der Fällung nur ca. 1,130 spez. Gew. Die in den Fällkesseln befindliche Lösung enthält jedoch sämtliches Bikarbonat suspendiert und dieses wirkt dann ebenso wie gelöste Salze auf das spezifische Gewicht. Durchschnittlich muß man also für die Flüssigkeit in den Fällkesseln 1,220 spez. Gew. rechnen.

Ich rechne das spezifische Gewicht der Flüssigkeiten vor dem Einblasen der Gase, denn es wird ja deren Flüssigkeitssäule berechnet. Durch das Einblasen der Gase wird allerdings die Höhe der Flüssigkeitssäule vergrößert, aber dann ist auch durch die in der Flüssigkeit suspendierten Gase das spezifische Gewicht vermindert. Der Flüssigkeitsdruck bleibt also immer etwa der gleiche.

Es war oben eine Flüssigkeitssäule von 11,2 m berechnet. Durch Multiplikation dieser Zahl mit dem spezifischen Gewicht von 1,220 ergibt sich eine Wassersäule von 13,6 m = rund 1,36 Atm. Das ist also der Gegendruck in den Fällkesseln. Dazu kommt der Druck, den die Gase durch Reibung in den Rohren und Ventilen erfahren mit 0,3 Atm. und der Gegendruck in der Ammoniakabsorptions- und in der Waschkolonne mit zusammen 0,6 Atm. Im Ganzen ergibt sich also ein Gegendruck von 1,36 + 0,3 + 0,6 = 2,26 = rund 2,3 Atm. Überdruck in der Rohrleitung vor dem ersten Fällkessel.

Bei Solvays Kolonnen ist nach den verschiedenen Angaben der Gegendruck = $1^1/_2$—$2^1/_2$ Atm.

Nun ist im vorliegenden Beispiel zu beachten, daß die Gase des Kalkofens nicht durch alle vier Fällkessel gehen sollen, sondern nur durch

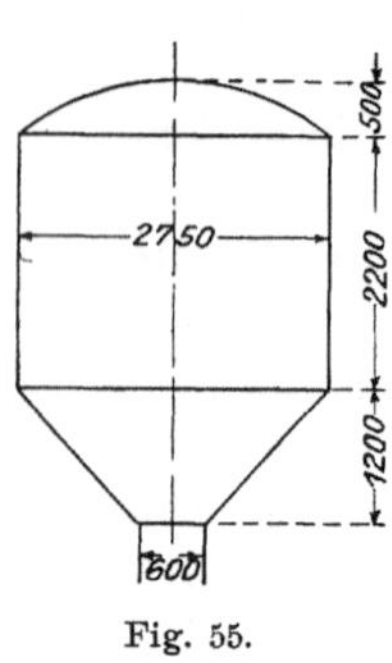

Fig. 55.

drei. In diesem Falle geht der Gegendruck für den Kalkofenkompressor, welcher das größte Volumen zu pressen hat, auf rund 1,9 Atm. herunter. Dazu kommt noch rund 0,1 Atm. für den Gegendruck im Scrubber hinter dem Kompressor und für die Reibung vom Kompressor bis zu den Fallkesseln. Der Kompressor, welcher die Gase des Kalzinierofens absaugt und diese stets in den der Reihe nach ersten Fällkessel drücken muß, hat jedoch den ganzen Druck von 2,36 Atm. zu überwinden. Dazu auch noch 0,1 Atm. für Gegendruck im Scrubber und Rohrleitung. Dieser Kompressor hat aber auch nur ein geringeres Volumen zu pressen.

Der Gesamtdruck, den die Kompressoren zu überwinden haben, ist also 2,0 bezw. 2,4 Atm. Überdruck.

Bei der Anwendung eines Systems von 6 Fällkesseln für die Produktion von 10 000 kg Soda in 24 Stunden kann man folgende Dimensionen für die einzelnen Kessel rechnen (siehe auch nebenstehende Skizze Fig. 55).

Durchmesser des zylindrischen Teiles . . . . . = 2750 mm
Durchmesser des konischen Teiles unten . . . = 600 -
Höhe des zylindrischen Teiles . . . . = 2200 -
Höhe des konische Teiles . . . . = 1200 -
Wölbung des oberen Bodens . . . . = 500 -
Der Inhalt des Konus beträgt . . . . = 3,02 cbm
Der Inhalt des zylindrischen Teiles auf 1200 mm
   Höhe beträgt, da der Querschnitt = 5,94 qm ist = 6,12 -
                               Summa   9,14 cbm

Für jede Charge kann man 18 Stunden rechnen; es können also mit den 6 Kesseln 8 Chargen in 24 Stunden fertig gestellt werden.

Acht Chargen à 9 cbm Füllung ergeben 72 cbm; 70 cbm ammoniakalische Sole müssen in 24 Stunden verarbeitet werden.

Wenn die Sole im zylindrischen Teile der Fällkessel 1200 mm hoch steht und sich beim Einblasen der Gase um rund 300—500 mm hebt, so bleiben noch 5—700 mm freier Raum, wozu noch die Höhe des oberen gewölbten Bodens kommt. Hier gilt sonst dasselbe, was vorhin bei dem Vierkesselsystem in dieser Hinsicht gesagt ist.

Der hydrostatische Gegendruck berechnet sich folgendermaßen.

In jedem Fällkessel steht die Flussigkeit im ganzen 2400 mm hoch; davon gehen aber 200 mm ab, da das Einblaserohr in dieser Höhe über dem Boden mündet. Es bleiben also. für jeden Kessel 2200 mm; das macht auf die 6 Kessel des Systems 13,2 m. Hieraus berechnet sich durch Multiplikation mit 1,220 (dem spez. Gewicht der Lösung wie oben) eine Wassersäule von 16,1 m = rund 1,6 Atm. Rechnet man dazu den Widerstand für Reibung in den Rohren und Gegendruck in der Ammoniakabsorptions- und der Waschkolonne mit zusammen 1,0 Atm., so hat der Kalkofenkompressor 2,3 Atm. und der Kalzinierofenkompressor 2,6 Atm. Überdruck zu überwinden. Beim Sechskesselsystem würde man eventuell die Kalkofenkohlensäure nur durch vier Kessel gehen lassen. Der Gegendruck ist also bei dem System von 6 Gefäßen um 0,3 Atm. höher als bei dem Beispiel von 4 Gefäßen.

Man kann selbstverständlich auch bei dem Sechskesselsystem durch veränderte Dimensionen erreichen, daß der hydrostatische Druck nicht höher ist als bei Anwendung von 4 Kesseln. Es ist uberhaupt möglich, für ein und dieselbe Produktion ganz verschiedene Kesseldimensionen zu nehmen, ohne daß man gerade ein besonderes System als das durchaus beste bezeichnen könnte. Örtliche Umstände müssen stets berücksichtigt werden.

Berechnung der in den Fällapparaten frei werdenden Wärme und Kühlung der Apparate.

Die frei werdende Wärme entsteht infolge der Absorption von Kohlensäureanhydrid, welches, im gasförmigen Zustand eingeführt, sich in der Sole löst und mit dem Ammonkarbonat zu Bikarbonat verbindet. Letzteres setzt sich dann sofort mit dem Chlornatrium zu Natriumbikarbonat um, welches zum größten Teil ausfällt. Es spielen sich hier recht komplizierte Vorgänge ab, welche in thermochemischer Hinsicht noch der näheren Aufklärung bedürfen. Man begeht indes wohl keinen großen Fehler, wenn man nur die frei werdende Wärme berechnet, welche durch Absorption von gasförmiger Kohlensäure in Wasser entsteht.

Je nach der Beschaffenheit der in die Fällapparate gelangenden ammoniakalischen Sole ist die Menge der Kohlensäure, welche in den Fällapparaten absorbiert werden muß, verschieden groß. Es kommt darauf an, ein wie großer Teil des in der ammoniakalischen Sole enthaltenen Ammoniaks schon vorher in Karbonat verwandelt ist. Dieser Teil ist in den verschiedenen Fabriken verschieden groß.

Dem gewählten Beispiel entsprechend und gemäß den Berechnungen über die frei werdende Wärme in der Ammoniak-Absorptionskolonne (cf. Kapitel II) soll angenommen werden, daß sämtliches Ammoniak der ammoniakalischen Sole bereits in einfaches Karbonat verwandelt ist, wenn die Sole in die Fällapparate gelangt.

Es ist in Kapitel II gerechnet, daß auf 10 000 kg Soda 4900 kg Ammoniak in der ammoniakalischen Sole vorhanden sind. Diese 4900 kg verlangen zur Verwandlung in Ammonbikarbonat rund 12 700 kg Kohlensäure, von welcher Menge die Hälfte bereits gedeckt ist. Es müssen also noch rund 6350 kg Kohlensäure per 24 Stunden in den Fällapparaten absorbiert werden.

Die Lösungswärme des Kohlensäureanhydrids ist 127 c. für 1 kg, es ergeben sich demnach hier $6250 \times 127 = 793\,750$ c., welche durch die Kühlung weggenommen werden müssen.

Bei Anwendung von Kühlschlangen, welche in einer Flüssigkeit liegen, ist die Wärmeübertragung in das Kühlwasser eine ziemlich hohe. Aber man muß berücksichtigen, daß die in der Lösung gewissermaßen suspendierten Gase störend wirken; ferner muß die Lösung möglichst auf die Temperatur des Kühlwassers gebracht werden. Man kann daher nur eine sehr geringe durchschnittliche Temperaturdifferenz rechnen.

Bei der Kühlung der Fällkessel von außen kühlt sich das Kühlwasser, wenn es in dünner Schicht an den Gefäßen herabrieselt, durch Verdunstung ab. Man kann hier, besonders bei stärkerem Luftzug, einen besseren Effekt erzielen als in Schlangen.

Störend wirkt bei allen Arten der Kühlung der Umstand, daß sich die Kühlflächen durch Ansatz von Natrium- und Ammonbikarbonat inkrustieren, wodurch die Wärmeübertragung leidet. Der von Flüssigkeit freie obere Teil der Fällkessel ist gewöhnlich mit einer einige Zentimeter dicken Schicht von fast reinem Ammonbikarbonat bedeckt, welche eine Wärmeübertragung fast verhindert. Der untere, stets von der Flüssigkeit bespülte Teil setzt auch Krusten an, indessen lösen sich dieselben bei jeder neuen Füllung zum Teil wieder auf, sodaß hier die Kruste nicht zu stark wird. Wenigstens dauert es längere Zeit, bis sich eine so starke Kruste bildet, daß die Kühlung gehindert wird. Diese Krusten bestehen hauptsächlich aus Natriumbikarbonat.

Wie groß die Leitungsfähigkeit der inkrustierten Wandungen ist, kann man kaum schätzen. Aus der Praxis weiß man aber bestimmt, daß die Kühlung solcher Kessel durch Berieselung von außen genügt. Man kann den Inhalt der Fällkessel auf diese Weise nahezu auf die Temperatur des Kühlwassers bringen.

Wenn die Inkrustierungen zu stark werden, so muß natürlich von Zeit zu Zeit eine Reinigung stattfinden. Man kocht dann den Kessel mit Dampf aus. Bei den mir bekannten Anlagen war ein solches Auskochen nur seltener nötig.

Die von Flüssigkeit bespülte Fläche der Fällkessel, welche als Kühlfläche bei Außenberieselung gerechnet werden kann, ergibt sich für das vorliegende Beispiel aus folgender Rechnung.

Vom zylindrischen Teil der Fällkessel kann nur der Teil gerechnet werden, welcher mit Flüssigkeit gefüllt wird. Beim Vierkesselsystem steht die Flüssigkeit nach Einleiten der Gase rund 1800 mm[1]) hoch. Der Umfang beträgt beim Durchmesser von 2900 mm[2]) — 9110 mm, die innen von Lösung umspülte Mantelfläche beträgt also 1800 × 9110 = 16,4 qm.

Der konische Teil der Kessel wird von dem niederrieselnden Wasser nur zum Teil benetzt, man kann daher den Konus als Kühlfläche für die Wasserkühlung außer acht lassen.

Die Kühlfläche, welche bei der Berieselung mit Kühlwasser in Betracht kommt, beträgt also für die vier Kessel eines Systems rund 65 qm.

Bei der Wahl einer Kühlschlange kann man diese Zahl von 65 qm Kühlfläche für 10 000 kg Soda in 24 Stunden zu Grunde legen. Man tut aber gut, eine größere Reserve zu rechnen, besonders wenn Kühlwasser von niedrigerer Temperatur nicht zur Verfügung steht.

Bei dem auf S. 158 berechneten Sechskesselsystem beträgt die innen von Flüssigkeit bespülte Mantelfläche des Zylinders rund 12,9 qm für jeden Kessel, im ganzen also rund 77 qm. Die Kühlfläche ist hier also etwas größer als beim Vierkesselsystem.

Es ist schon oben bemerkt, daß erfahrungsgemäß die Kühlung der

---

[1]) cf. S. 156.

[2]) Das ist der innere Durchmesser. Der äußere Durchmesser beträgt ca. 20 mm mehr, das soll indes vernachlässigt werden, ebenso wie auch keine Rücksicht darauf genommen wird, daß am Mantel befindliche Stutzen etc. einen Teil der Kühlfläche fortnehmen. Es handelt sich auch hier nur um annähernde Werte.

Schreib.   11

Fällkessel von außen genügt, um den Inhalt auf nahezu die Temperatur des Kühlwassers zu bringen. Die Kühlung wird aber nicht allein durch das Kühlwasser bewirkt (auch nicht bei Schlangenkühlung im Innern der Kessel), sondern es trägt auch die Expansion der Kohlensäuregase mit dazu bei. Ebenso verschwindet auch ein großer Teil der frei werdenden Wärme während der langen Zeit der Sättigungsdauer durch Wärmeabgabe an die Luft.

Wie viel Wärme durch die sich expandierenden Gase und durch die Luftkühlung fortgenommen wird, ist schwer zu sagen. Die betreffenden Mengen sind auch sehr verschieden nach Art des Betriebes und nach der Witterung. Selbstverständlich nehmen Kalkofen- oder Kalzinierofengase, welche auf ca. 6 Atm. komprimiert sind, bei der Expansion mehr Wärme fort, als solche, die mit nur ca. 2 Atm. Überdruck eintreten. Ferner kommt es auf den Druck an, mit welchem die Gase aus dem letzten Fallkessel austreten. Auch die Temperatur, mit welcher die Gase in die Fällkessel ein- und austreten, spielt eine Rolle.

Die Witterung ist von Einfluß bei der Luftkühlung, welche so lange in Funktion ist, bis die Wasserkühlung beginnt. Die Dauer der letzteren ist sehr verschieden, sie kann 20—80 % der Chargendauer ausmachen.

Fabriken, welche mit Fallkesseln von sehr großem Durchmesser und entsprechender Höhe arbeiteten, haben absichtlich mit sehr hohem Gegendruck, bis zu 6 Atm., gearbeitet. Das geschah allein aus dem Grunde, um die Kühlung kräftig durch die Expansion der Gase zu unterstutzen. Es ist teilweise Sache der Kalkulation, ob eine solche Kühlung vorteilhafter ist oder die Aufstellung einer besonderen Kühlmaschine, welche das Kuhlwasser auf eine sehr tiefe Temperatur, vielleicht 2°, zu bringen hat. Ich möchte letzteres vorziehen; man hat die Kühlung dann jederzeit mehr in der Hand.

Ferner ist auch folgendes zu beachten. Wenn die Gase von den Kompressoren durch eine größere Reihe von Kesseln gepreßt werden, damit der hohe Druck von 6 Atm. herauskommt, so expandieren sie nach und nach in jedem Kessel. Die Abkühlung verteilt sich also auf samtliche Kessel des Systems. Es werden also unter Umständen auch Kessel gekühlt, welche noch höhere Temperatur behalten sollen. Es ist aber wünschenswert, die Kühlung stets in dem am meisten gesattigten Kessel zum Schluß der Charge gewissermaßen zu konzentrieren. Das kann man auf diese Weise aber nicht erreichen. Man könnte sich eventuell helfen, indem man einen Receiver vor dem Fällsystem aufstellt, in welchen die Gase mit hohem Druck eingepreßt werden. Zwischen Receiver und Fallkessel wird dann ein Reduzierventil eingeschaltet, welches den Druck, z. B. von 6 Atm. auf 2 Atm., vermindert[1]). Auf diese Weise kommen sehr stark gekühlte Gase in den ersten Fällkessel und bewirken hier die gewünschte intensive Kühlung.

Indes ist eine solche Arbeit schon etwas kompliziert und Reduzierventile sind nicht sehr zuverlässig. Außerdem ist es nicht angenehm, wenn die großen Kompressoren auf 6 Atm. komprimieren müssen; man hat mehr Reparaturen. Einfache Kompressoren arbeiten auch unvorteilhaft bei hohem Druck, da dann die schädlichen Räume sehr stark wirken. Man müßte schon, um vorteilhafter zu arbeiten, sogenannte Compound-Kompressoren anwenden; die Anlage ist dann aber teuerer.

Ich möchte aus den vorstehend angegebenen Gründen glauben, daß die Anschaffung einer besonderen Kühlmaschine rentabler ist. Das hat zudem den Vorteil, daß deren Arbeit auch der Kühlung in der Ammoniak-Absorption, der Destillation und der Kalzination zu Gute kommt.

Schlußbetrachtung zum dritten Kapitel.

Bei den ersten Versuchen zur Einführung der Ammoniaksodafabrikation sind gerade bei der Fällung des Bikarbonats große Schwierigkeiten aufgetreten. Einesteils waren dieselben mechanischer Natur; es traten Verstopfungen ein in den Kolonnen und in den Rohrleitungen, und infolge dessen so zahlreiche Betriebsstörungen, daß die Fabrikation ganz unrentabel wurde und der Betrieb geschlossen werden mußte. Auch Solvay hat hierunter anfangs zu leiden gehabt, denn, wie schon oben bemerkt ist, wird von der Erfindung des Fällturmes an sein Erfolg datiert. Das heißt also, daß es mit den vorher benutzten Apparaten nicht gelungen war, die Fällung auf befriedigende Weise durchzuführen. Schwierigkeiten mechanischer Natur bei der Fällung haben auch die Luftpumpen verursacht.

Es hat wohl allen denjenigen, die sich mit der Errichtung von Ammoniaksodafabriken beschäftigt haben, große Mühe verursacht, die mechanischen Schwierigkeiten zu überwinden, und zwar konnte es nur gelingen durch Versuche im großen in der Praxis. Denn nur auf theoretischem Wege oder durch Experimente im kleinen ist es z. B. nicht möglich, die richtige Konstruktion einer Kolonne zu finden. Da ist es also kein Wunder, wenn einige Fabriken ganz gescheitert sind, und andere mehrfach umbauen mußten, bis sie das Richtige trafen.

Anders ist es mit dem chemischen Teile. Daß auch in diesem Punkte vielfach total falsch verfahren ist, liegt daran, daß sich viele Techniker nicht klar genug gewesen sind über die chemischen Vor-

---

[1]) Hierbei ist vorausgesetzt, daß das Fällsystem derart eingerichtet ist, daß nicht mehr als 2 Atm. Gegendruck entstehen.

gänge. Das hätte eigentlich nicht vorkommen dürfen, bei sorgfältiger Prüfung würde schon durch das Experiment der richtige Weg gefunden sein. Der chemische Teil ist eben auf vielen Fabriken stark vernachlässigt worden, wodurch zuweilen gänzlicher Mißerfolg eingetreten ist. Im besten Falle hat die betreffende Fabrik viel ungünstiger gearbeitet, als sie mit den Apparaten, die sie hatte, arbeiten konnte. Die Schuld hieran hat mehrfach daran gelegen, daß man glaubte, die Ammoniaksodafabrikation sei mehr eine Sache des Ingenieurs als des Chemikers, infolgedessen wurde mehrfach die Leitung zu einseitig in die Hand von Ingenieuren gelegt, die nicht genügende chemische Kenntnisse hatten. Es haben aber auch Chemiker von Fach zuweilen den chemischen Teil stark vernachlässigt.

Das Gesagte gilt mehr oder minder für alle Teile des Ammoniaksodaprozesses, die Folgen ungenügender Berücksichtigung der chemischen Teile zeigen sich jedoch sehr stark gerade bei der Fällung. Ferner beeinflußt ein falsches Arbeiten an dieser Stelle wieder andere Stationen sehr stark, und es scheint mir daher richtig, diese Punkte hier etwas ausführlicher zu besprechen.

Zunächst kommt in Betracht die Wärmeentwickelung bei der Ammonbikarbonatbildung. Dieser Umstand ist meistens zuerst garnicht berücksichtigt; es scheint, daß vielfach das Auftreten so starker Wärmeentwickelung die betreffenden Techniker förmlich überrascht hat, denn an den ersten Konstruktionen fehlten die Kühlvorrichtungen gänzlich, oder waren ganz ungenügend. Solche Fälle sind mehrfach vorgekommen. Schon beim Experiment im kleinen hatte die Wärmeentwickelung als solche auffallen müssen, die Größe derselben konnte dann durch einfache Berechnung festgestellt werden. Das Nichtvorhersehen der starken Wärmeentwickelung ist allerdings entschuldbar, da die Thermochemie noch heute auf vielen Hochschulen stark vernachlässigt wird, geschweige denn in früheren Jahren.

Die Wärmeentwickelung in den Fällapparaten hat anfangs große Störungen verursacht, namentlich dann, wenn die ammoniakalische Sole fast nur freies Ammoniak enthielt. Durch zu starke Erhitzung bei ungenügender Kühlung kam es stets vor, daß sich Ammonkarbonat verflüchtigte und die Rohrleitungen verstopfte. Die Absorption ging überhaupt bei zu großer Wärme der Lösung schlecht vor sich. Vielfach ließ sich wohl dieser Fehler ziemlich leicht durch nachträgliche Einrichtung von Kühlvorrichtungen verbessern; bei einigen Apparaten war das indes nicht angangig, sodaß große Änderungen nötig waren.

Während man zuerst nur auf dem Wege stärkerer Kühlung in den Fällapparaten Abhilfe zu schaffen versuchte, wurde später ein rationelleres Verfahren eingeschlagen, indem man die ammoniakalische Sole schon vor dem Eintritt in die Fallapparate starker mit Kohlensaure anreicherte. Das ist z. B. auch aus den Solvayschen Patenten zu ersehen. Ein derartiges Verfahren ist entschieden vorzuziehen gegenuber dem mechanischen Mittel, die Kohlensauregase viel starker zu komprimieren, als notig ist, nur um auf diese Weise zu kuhlen.

Sehr wesentlich fur einen guten Betrieb der Fallung ist ein moglichst hoher Gehalt der Kalkofengase an Kohlensaure. Es ist allerdings nicht so einfach, einen Kalkofen ohne weiteres zu verbessern, aber jedenfalls ist es durchaus erforderlich, den Kalkofenbetrieb aufs sorgfaltigste chemisch zu uberwachen. Das ist leider nicht immer genugend geschehen, obwohl es stets leicht durchzufuhren gewesen ware.

Wie wichtig der hohe Gehalt der Kalkofengase ist, laßt sich einfach durch Berechnung nachweisen[1]). Um die Kohlensaure fur 10 000 kg Soda zu liefern, sind erforderlich rund 11 000 cbm Kalkofengas, wenn der Gehalt an Kohlensaure 30 % betragt und die entweichenden Gase noch 5 % Kohlensaure enthalten. Geht dieser Gehalt auf 25 % zuruck, so gebraucht man schon ca. 14 000 cbm und bei 20 % ca. 20 000 cbm Kalkofengas. Die Luftpumpe hat also starkere Arbeit, wodurch pro 10 000 kg Soda 500 bezw. 1000 kg Kohlen mehr gebraucht werden. Ebenso sind die Fallapparate um so weniger leistungsfahig, je geringer der Gehalt an Kohlensaure in den Gasen ist. Allein durch Verbesserung des Kalkofenbetriebes sind mit demselben Kraftverbrauch bei der Luftpumpe in denselben Apparaten 10—20 % Soda mehr hergestellt.

Hierher gehort auch der Grad der Ausnutzung der Kalkofengase: es ist naturlich ebenso nachteilig, wenn die Gase mit einem Gehalt von ca. 10 % Kohlensaure fortgehen, als wenn sie von Anfang an soviel weniger enthalten. Sehr schlimm ist es selbstverstandlich, wenn beide Fehler, also relativ geringer Gehalt der zugeleiteten und relativ hoher Gehalt der abgehenden Gase an Kohlensaure, zusammentreffen. So ist es wohl vorgekommen, daß nur 50 % und weniger der in den Kalkofengasen enthaltenen Kohlensaure ausgenutzt wurden.

Da auch bei den besten Einrichtungen immer noch Spuren von Ammoniak mit den Gasen verloren gehen und dieser Verlust in bestimmtem Verhaltnis zum Gesamtquantum der Gase steht, so liegt auf der Hand, daß der Ammoniakverlust bei schlechten Kalkofengasen und schlechter Absorption großer ist als bei guten Gasen und guter Absorption.

Nach Pick, a. a. O. S. 95, soll die Ausnutzung der Kohlensauregase im Solvayturme eine vollstandige sein, Lunge bezweifelt das und ich schließe mich dem an. Wenn die Gase mit einem Gehalt von 2—3 % Kohlensaure fortgehen, so kann man mit dem Resultat zufrieden sein.

---

[1]) Schon kurz in Kapitel 1 besprochen. cf. S. 37.

Derjenige Punkt, auf den es für den vorteilhaften Betrieb der Fällung am meisten ankommt, ist die Anwendung der richtigen Lösungen. Hier ist früher am meisten gesündigt; es sind Falle vorgekommen, die eigentlich sich nicht hätten ereignen dürfen. Es ist schon oben auseinandergesetzt, welchen großen Einfluß die Konzentration der Lösungen hat. Es ist an jener Stelle indes nur nachgewiesen, wie die falsche Zusammensetzung der Lösungen auf die Ausbeute bei der Fällung gewirkt hat, die Wirkung erstreckt sich aber auch auf andere Teile des Ammoniaksodabetriebes.

Bei Anwendung einer ammoniakalischen Salzlösung, die nur geringen Ammoniakgehalt hat, ist der Effekt auf die Fallung der, daß die Ausbeute eine schlechte ist, während die ganze Operation der Karbonisierung fast ebenso lange dauert, wie bei einer stärkeren Losung, die höhere Ausbeute gibt.

Ein niedriger Ammoniakgehalt ist mehrfach absichtlich angewendet, weil man sich über den Einfluß des Gehaltes nicht klar war; zuweilen ist derselbe erst nachträglich enstanden, indem aus der ammoniakalischen Lösung infolge der starken Erwärmung beim Karbonisieren viel Ammoniak mit den Gasen wegging. Wie niedriger Ammoniakgehalt wirkt, darüber ein Beispiel. Er ergaben 70 cbm einer Lösung mit rund $29,0\%$ Na Cl und $3,5\%$ NH_3 in 24 Stunden rund 6000 kg Soda, wahrend 70 cbm einer Lösung mit rund $27,0\%$ Na Cl und $7,0\%$ NH_3 in derselben Zeit, in denselben Apparaten und mit Aufwendung derselben maschinellen Kraft rund 10 000 kg Soda ergeben. Ferner kommt der Salzverbrauch in Betracht, derselbe betragt im ersten Falle ca. 320 kg per $\%$ kg Soda, im letzteren ca. 180 kg.

Das angezogene Beispiel ist aber noch nicht das auffallendste. Viel schlimmer noch als der geringe Ammoniakgehalt hat der Umstand gewirkt, daß man in einigen Fabriken jahrelang mit Lösungen gearbeitet hat, die zu wenig Salz enthielten, weil durch die feuchten Ammoniakdampfe starke Verdunnung eingetreten war. Infolge mangelhafter Kontrolle hat man die eingetretene Verdünnung garnicht bemerkt, es mag auch vorgekommen sein, daß man die Bedeutung der Verdunnung nicht erkannte und dieselbe für unschadlich hielt.

Ich habe es selbst bei einer neuen Anlage erlebt, daß dieselbe ammoniakalische Laugen lieferte, welche beim Eintritt in die Fallapparate nur noch ca. 15 % Na Cl und 3—4 % NH_3 enthielt; mit höchster Anstrengung waren 'nur 18 % Na Cl zu erzielen. Die Ausbeute betrug 20—40 kg Soda[1]) pro cbm bei einem Salzverbrauch von 400—500 kg

---

[1]) Es kam sogar vor, daß nur wenige Kilogramme Bikarbonat pro cbm ausfielen.

pro 100 kg Soda. Mir sind ähnliche Vorkommnisse von andern Fabriken
mitgeteilt. Wenn nun in solchem Falle die Übelstände bald erkannt
und Änderungen getroffen worden sind, so ist dagegen nichts zu sagen,
aber es ist tatsächlich vorgekommen, daß längere Zeit mit ganz falschen
Lösungen gearbeitet ist. Mir ist das von vertrauenswürdiger Seite versichert. Bestätigt werden solche Vorkommnisse auch durch Literatur-
angaben.

So finden sich in einem Werke von Jurisch[1]) Analysen über die
Abwässer von Ammoniaksodafabriken, aus welchen man einen Schluß
auf den Betrieb ziehen kann. Auf jedes Molekül Natriumkarbonat,
Na_2CO_3, bildet sich bekanntlich ein Molekül Chlorkalzium, $CaCl_2$,
welches dann in den Abwässern fortläuft, ebenso ist in letzteren dasjenige Kochsalz enthalten, welches im Betriebe verloren geht. Das
Chlorkalzium entspricht also dem in Soda verwandelten Chlornatrium
und aus dem Verhältnis desselben zum fortlaufenden Kochsalz läßt sich
die Ausnutzung des Gesamtkochsalzes ermitteln.

Nach Jurisch war nun die mittlere Zusammensetzung der Ablaugen aus der Sodafabrik zu Madeleine bei Lille im Jahre 1882—83:
$11^1/_2{}^0$ Be,

$$80,0 \text{ g } NaCl \quad \text{pro } 1 \text{ Liter}$$
$$25,0 \text{ - } CaCl_2 \quad \text{ - } 1 \text{ -}$$
$$25,0 \text{ - } Ca(OH)_2 \text{ - } 1 \text{ -}$$
$$5,0 \text{ - } CaCO_3 \text{ - } 1 \text{ -}$$

Hiernach kann man berechnen, daß auf 100 kg Soda ca. 440 kg
Chlornatrium verbraucht sind; jene Fabrik hat also mit enormem Verlust gearbeitet. Dabei ist noch nicht berücksichtigt, daß in dem angewendeten Kochsalz schon Chlorkalzium oder Chlormagnesium vorhanden
gewesen sein kann. Dadurch würde das Resultat noch mehr verschlechtert. Es ist indessen schon schlecht genug. Etwas besser würde
sich das Resultat stellen, wenn im Salz viel Natriumsulfat enthalten
gewesen ist. Dann konnte ein Teil des Chlorkalziums während der
Destillation in Gips umgewandelt und ausgefällt sein. Indessen ist in
der Analyse, die Kalkhydrat und Kalziumkarbonat angibt, von Kalziumsulfat nichts angeführt. Ein Teil hatte in Lösung bleiben müssen.

Man konnte es früher nicht verstehen, weshalb Ammoniaksodafabriken zur Zeit der hohen Sodapreise nicht bestehen konnten, während
andere bei sehr niedrigeren Preisen prosperierten. Die eben geschilderte
schlechte Betriebsführung erklärt das.

Die durch zu dünne Lösungen bewirkte geringe Ausbeute bei der
Fällung hatte hier den Einfluß, daß:

---

[1]) Jurisch, Die Verunreinigung der Gewässer, S. 23.

1. die Apparate schlecht ausgenutzt wurden,
2. relativ viel Maschinenkraft,
3. relativ viel Arbeit und Aufsicht,
4. viel Salz

verbraucht wurde. Das sind eigentlich schon Nachteile genug, aber damit ist deren Liste noch nicht erschöpft. Hinzu kommt die Wirkung auf die Destillation. Wenn derartige dünne Laugen, wie bei den angeführten Beispielen, karbonisiert werden, so erhält man selbstverständlich relativ mehr Ablaugen (Filterlaugen). So entstehen z. B. für die Produktion von 10 000 kg Soda in 24 Stunden bei einer Ausbeute von 140 kg Soda pro cbm inkl. Waschwasser rund 80 cbm Filterlauge, bei der Ausbeute von 70 kg Soda pro cbm jedoch rund 150 cbm. Die Menge beträgt nicht genau doppelt so viel, weil sich das zum Waschen des Bikarbonats nötige Wasser nicht mit verdoppelt.

Es sind also in der Destillation auf ein und dieselbe Menge Soda in einem Falle fast doppelt so viel Laugen zu erhitzen als im anderen.

Sehen wir nach, wie stark im Beispiel der Fabrik zu Madeleine die Destillation belastet wurde. Die Lauge enthielt im cbm 25 kg[1]) Chlorkalzium entsprechend rund 24 kg Soda, auf 100 kg Soda kamen demnach $^{100}/_{24} = 4,15$ cbm ablaufende Lauge, also auf 10 000 kg 415 cbm.

Man kann auskommen mit 120 cbm Ablauge und muß auskommen mit höchstens 180 cbm. Es ist daraus zu ersehen, wie unverhältnismäßig stark die Destillation belastet wird durch die Fehler, die bei der Fällung gemacht werden. Die Apparate mußten in diesem Falle über doppelt so groß sein, als nötig war, und dann ging eine Masse Wärme verloren. Man muß rechnen, daß die Destillierlauge mit mindestens 120° abgeblasen wird. Rechnen wir als Durchschnittstemperatur der in die Destillation einlaufenden Lauge 20° C., so beträgt die Differenz 100°. Man kann die spezifische Wärme für die Destillierlaugen durchschnittlich mit 1,0 pro Liter annehmen, demnach nimmt jedes Liter der ablaufenden Lauge 100 c. mit.

Eine vergleichende Berechnung des Wärmeverbrauches ergibt dann folgendes:

1. = 120 cbm = 120 000 Liter à 100 c. = 12 000 000 c.
2. = 180 - = 180 000 - à 100 c. = 18 000 000 c.
3. = 415 - = 415 000 - à 100 c. = 41 500 000 c.

---

[1]) Über diese Zahlen ist zwischen mir und Jurisch (Zeitschrift f. angew. Chemie, 1898) später eine Polemik entstanden. Dadurch wurden jedoch die von Jurisch angegebenen und von mir benutzten Zahlen nicht berührt. Jurisch gibt a. a. O. S. 131 ausdrücklich nochmals die betreffenden Zahlen als „Mittel" an.

Im letzteren Falle sind also 23 500 000 c. mehr mit den ablaufenden Laugen verloren gegangen als im Falle 2 und 29 500 000 c. mehr als in 1.

Wenn man 1 kg Kohle zu 5000 nutzbaren Kalorien rechnet, so entsprechen diese Verluste 4700 kg Kohle gegenuber einer gut arbeitenden Fabrik. Das ist in der Hauptsache die Folge der fehlerhaften Betriebsführung bei der Fallung.

Außerdem sind jedenfalls auch die Wärmeverluste durch die Ausstrahlung der Destillierkessel bei der riesigen Menge Laugen viel größer als bei gutem Betriebe.

Mir selbst ist auch ein Fall in der Praxis bekannt, in welchem auf einer Fabrik infolge Fehlens der chemischen Kontrolle 330 kg Salz auf 100 kg Soda verbraucht wurden, die Destillation wurde naturlich dadurch ebenfalls entsprechend belastet.

Gegen die Fehler, die vorstehend geschildert sind, helfen die besten Apparate nicht. Wenn die ammoniakalischen Laugen zu dunn sind, so kann die beste Apparatur weder die Ausbeute erhöhen noch die Destillation entlasten.

Die zur Karbonisation verwendeten Luftpumpen.

Eine wichtige Rolle bei der Herstellung des Bikarbonats fällt den Luftpumpen zu, welche die Gase des Kalkofens bzw. Kalzinierofens durch die Apparate pressen. Schlechte Luftpumpen, die stets reparaturbedürftig sind, können den ganzen Betrieb verderben. Auf einigen deutschen Fabriken sind in der ersten Zeit des Bestehens gerade durch mangelhafte Luftpumpen sehr große Schwierigkeiten erwachsen. Da die Luftpumpen bei der Fällung Tag und Nacht ohne jede Unterbrechung laufen müssen, so ist es erforderlich, daß sie sehr gut und solide konstruiert sind, damit keine Stillstände eintreten. Stillstände bei den Luftkompressoren bewirken die größten Störungen in den Fällkolonnen, da sich das Bikarbonat gleich ablagert und Verstopfungen hervorruft. Bei Luftpumpen, die haufig Reparaturen ausgesetzt sind, ist eine Reservepumpe stets durchaus erforderlich. Aber auch bei guten Pumpen ist eine Reserve sehr empfehlenswert.

Im letzten Jahrzehnt sind zahlreiche Verbesserungen an Luftpumpen eingeführt. Namentlich sind durch die neuen Konstruktionen die schadlichen Räume soweit verringert, daß eine weitere Verbesserung in dieser Hinsicht kaum noch möglich erscheint. Bewahrt haben sich bei der Ammoniaksodafabrikation die Konstruktionen von Strnad, Burckhardt und Weiß, Sommeiller u. a.

Bei Luftpumpen wirken die schädlichen Räume bekanntlich viel stärker als bei Flüssigkeitspumpen, namentlich ist das bei den Kompressoren der Fall, welche mit höherem Druck arbeiten.

„Der Kolben eines Kompressors habe einen Hub von 1000 mm. Der schädliche Raum sei 1 %, entspricht also einem Raum von 10 mm Länge. Ist nun in diesem Raum ein Gas mit einer Spannung von 6 Atm. abs. vorhanden, dann müßte man, um diese Spannung auf 1 Atm. abs. zu verringern, einen Raum herstellen, der sechsmal so groß ist, d. h. der Kolben müßte einen Weg von 50 mm machen, um diesen Raum herzustellen. Von dem Kolbenhube, der oben mit 1000 mm angenommen wurde, bliebe für die Saugperiode nur ein Weg von 950 mm übrig. Der Kolbenweg würde also nur mit 95 % ausgenutzt.

Beträgt aber der schädliche Raum 5 % des vom Kolben durchlaufenen Volumens, dann wäre der dem schädlichen Raum entsprechende Weg 50 mm. Um das Gas von 6 Atm. abs. auf 1 Atm. auszudehnen, müßte der Raum, also auch der Weg, um 6.50 = 300 mm vergrössert werden, demnach der Kolben einen Weg von 250 mm zurücklegen. Dadurch würde für die Saugperiode vom ganzen Kolbenwege nur 750 mm übrig bleiben. Der Kolbenweg würde also nur mit 75 % ausgenutzt werden.

Man ersieht aus vorstehender Darstellung, wie wesentlich der Einfluß der schädlichen Räume auf den volumetrischen Wirkungsgrad einwirkt[1]).“

Es ist den Ingenieuren Burckhardt und Weiß gelungen, den Einfluß der schädlichen Räume unschädlich zu machen, wenigstens in Rücksicht auf den volumetrischen Wirkungsgrad. Diese Erfindung besteht darin, daß der im schädlichen Raum am Ende der Druckperiode befindliche Druck durch eine besondere Einrichtung auf die andere Seite des Kolbens abgeleitet und ausgeglichen wird.

Wenn durch diese Konstruktion auch der volumetrische Wirkungsgrad erhöht wird, so hat sie doch den Nachteil, daß sie einen nicht unerheblich höheren Kraftaufwand bedingt.

Das System des Ingenieurs Strnad, bestehend in einer sinnreichen Kombination von Rundschieber und Ventil, gestattet, die schädlichen Räume auf ein Minimum zu reduzieren. In Fig. 56 ist eine Luftpumpe dieser Konstruktion abgebildet.

Das Gas tritt aus dem Saugraume S durch den Hohlraum s des Rundschiebers R in den Zylinder C und von da durch den Auslaßkanal d des Rundschiebers in den Druckraum D. Der Austritt beginnt

---

[1]) Diese Erläuterung ist entnommen aus einer Broschüre der Maschinenfabrik Th. Calow & Co. über die Luftpumpe, Patent Strnad.

in dem Zeitpunkt, an welchem im Zylinder der Kompressionsdruck die
im Druckraum herrschende Spannung übersteigt. Dann wird die den
Auslaßkanal *d* schließende Klappe *k* selbsttätig geöffnet. Wenn der
Kolben die Totlage erreicht, welche der Beendigung der Druckperiode
entspricht, wie dies in Fig. 56 dargestellt ist, so schließt der Rundschieber den Kanal *d* ab und die Klappe *k* wird durch die Federn *f*
während des Kolbenrückgangs geschlossen. Innerhalb der gezogenen
Grenze, d. h. während der ganzen Zeitdauer des Kolbenrückganges,
kann der Abschluß der Klappe beliebig langsam erfolgen, und da kein
Überdruck mehr vorhanden ist, kann bei großer Hubzahl der Maschine
dieser Abschluß geräuschlos vor sich gehen. Es ist ersichtlich, daß
diese Anordnung sehr kleine schädliche Räume ergibt. Tatsächlich be-

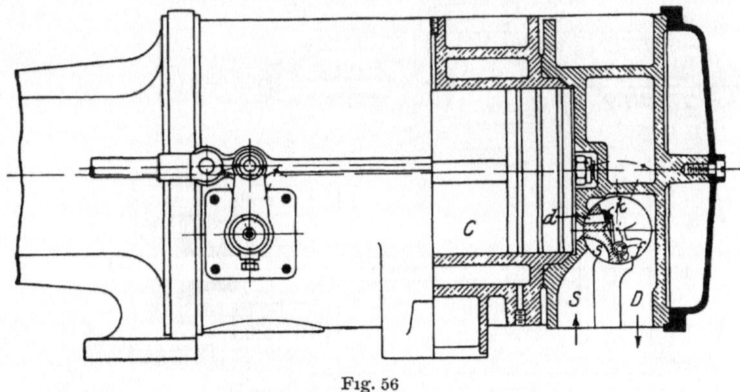

Fig. 56

tragen dieselben selten mehr als 1 %. Zum Antrieb dieser Steuerung
dient ein einfaches, um ca. 90° gegen die Maschinenkurbel versetztes
Exzenter. Hierdurch wird erreicht, daß der Querschnitt des Saugkanals
genau in demselben Maße sich weiter öffnet, als die Kolbengeschwindig-
keit zunimmt, sodaß an keiner Stelle ein Spannungsverlust eintritt.

Die Kompressoren Patent Strnad funktionieren ausgezeichnet,
dasselbe gilt von den Vakuum-Luftpumpen desselben Systems.

Um noch eine andere Konstruktion zu zeigen, gebe ich in Fig. 57
die Abbildung einer Vakuum-Luftpumpe mit Druckausgleich nach System
Koster, D. P. No. 75230. Die Wirkungsweise ist folgende:

Wenn der vollkommen entlastete Schieber in der Mittelstellung
(wie gezeichnet) steht, findet der Druckausgleich in der Weise statt,
daß die im schädlichen Raume enthaltene gepreßte Gasmenge auf dem
Wege *b-f-h-g* nach der anderen Kolbenseite überströmt, was aber erst
dann eintreten kann, wenn zuvor die Schieberkante *c* den Druckkanal *d*
abgeschlossen hat. Man sieht daraus sofort, daß ein Zurückströmen des

komprimierten Gases, selbst bei undichtem Rückschlagventil, nicht möglich ist, wodurch ein sanfter, ruhiger Schluß, allein unter dem Einfluß der
Feder, erreicht wird. Schreitet nun der Schieber in seiner Bewegung
weiter nach rechts fort, so schließt er zunächst den Überströmkanal f und setzt
dann Kanal b mit Saugraum a in Verbindung, und zwar so lange, bis
der Kolben fast genau im toten Punkt „rechts" angelangt ist. Inzwischen
ist der Schieber in seine mittlere Lage zurückgekehrt, wodurch der
Druckausgleich der auf der rechten Seite soeben während der Kolben-
bewegung von „links" nach „rechts" komprimierten und im schädlichen
Raume zurückgebliebenen Gasmenge vor sich geht.

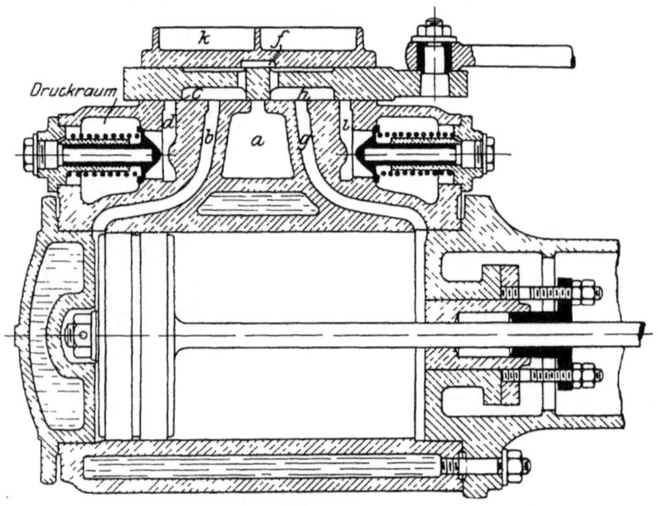

Fig 57

Dasselbe Spiel, wie eben beschrieben, erfolgt nun umgekehrt beim
Laufe des Kolbens von „rechts" nach „links".

Der Schieber ist, wie gesagt, als vollkommen entlastet konstruiert,
indem er, zwischen Schieberspiegel und einer feststehenden Deckplatte
gleitend, sauber dicht eingepaßt ist.

Diese Deckplatte k wird mittels Federn angedruckt, welche der
Ausdehnung des Schiebers nachgeben können. Arbeitet die Pumpe als
Kompressor, so nehmen die Federn den Druck auf, welchem entsprechend
sie gespannt werden.

In den Kompressoren tritt durch die Warme, welche die Gase infolge der Volumenverminderung abgeben, Erhitzung ein, die je nach der
Hohe des Druckes mehr oder minder stark ist. Es muß daher hier für
eine Kühlung gesorgt werden. Bei geringerer Erwarmung und bei
Kompressoren von kleinem Zylinderdurchmesser ist es genugend, wenn

der Zylindermantel gekühlt wird. Bei größerem Durchmesser und Druck reicht diese äußere Kühlung nicht mehr aus, man muß dann innen kühlen. Dies wird zweckmäßig bewerkstelligt durch eine kleine Pumpe, die durch den Kompressor selbst mit bewegt wird und bei jedem Hub kaltes Wasser in den Zylinder einspritzt. Bei jeder Luftpumpe läßt sich eine derartige Einrichtung nicht treffen, die Pumpe muß von vornherein so konstruiert werden, daß sich das Einspritzwasser gut aus dem Zylinder wegdrücken läßt. Bei der Einspritzung von Kühlwasser leiden jedoch die Zylinder mehr als sonst.

Wenn mit hohem Druck, also z. B. mit ca. 6 Atm., gearbeitet wird, so empfiehlt es sich, sogenannte Compound-Kompressoren anzuwenden. Im ersten Zylinder einer solchen Pumpe wird das Gas auf ca. 3 Atm. gepreßt, geht dann in einen Receiver und von hier aus in den Hochdruckzylinder, in welchem es weiter auf 6 Atm. komprimiert wird. In jedem Zylinder beträgt die Druckdifferenz zwischen dem angesaugten und dem gepreßten Gas 3 Atm.

Die Kompressoren sind, wie auch die Vakuumpumpen, immer doppeltwirkend. Sehr empfehlenswert ist die Einrichtung, die Druckrohre des Kompressors zuerst getrennt zu führen und dann erst in einen Rohrstrang zu vereinigen. Jedes der beiden Rohre erhält dann ein Absperrventil, und auf diese Weise ist es möglich, beim Nachsehen oder Reparieren eines Schiebers auf der einen Seite des Kompressors diese abzuschließen und mit der anderen Seite allein weiter zu arbeiten. Dann genügt diese halbe Arbeit der Pumpe immer noch, um das Bikarbonat genügend in Suspension zu halten.

Bei jeder Konstruktion läßt sich diese Anordnung nicht durchführen, die von der Firma Th. Calow & Cie in Bielefeld gebauten Strnadschen Kompressoren können indes stets in dieser Weise geliefert werden. Die Einrichtung hat sich im praktischen Betriebe durchaus bewährt.

Viertes Kapitel.

Die Trennung des Natriumbikarbonates von der Mutterlauge oder Filtration.

————

Der Zweck dieser Operation ist vornehmlich der, das Natriumbikarbonat in möglichst reinem Zustande zu erhalten, dasselbe soll dann so wenig anhängende Feuchtigkeit wie möglich besitzen.

Dieser Zweck ist an und für sich ziemlich leicht zu erreichen; die Schwierigkeit besteht darin, daß man mit einer möglichst geringen Menge von Waschwasser arbeiten muß. Je mehr Waschwasser man gebraucht, um so mehr Bikarbonat geht verloren, denn letzteres ist ein in Wasser ziemlich leicht lösliches Salz, wenn es auch schwerer löslich ist als Salmiak und Kochsalz, von welchen Salzen es durch das Waschen getrennt werden muß.

Die Trennung des Bikarbonats von der Mutterlauge wird heute wohl nur noch auf Filtern vorgenommen. Die früher zu diesem Zwecke angewendeten Zentrifugen hat man mit Recht verworfen. Der Zentrifugenbetrieb ist viel teurer und umständlicher als die Filtration auf Nutschfiltern. Ferner ist beim Auswaschen in Zentrifugen eine sehr große Aufmerksamkeit seitens der Arbeiter erforderlich, man muß große Ansprüche an deren Geschicklichkeit stellen, wenn man nicht sehr unreine Soda erhalten oder im anderen Falle Verluste an Bikarbonat erleiden will. Aber auch bei der größten Aufmerksamkeit und mit den besten Arbeitern wird man in Zentrifugen mehr Bikarbonat verlieren als auf Filtern. Man vergegenwärtige sich, daß man im ersteren Falle eine Schicht von nur 10—15 cm Stärke auswaschen muß, während auf den Filtern die Bikarbonatschicht 50—80 cm Dicke hat. Es liegt auf der Hand, daß man eine dicke Schicht löslicher Salze mit weniger Verlust auswaschen kann als eine dünne. Bei Anwendung von einfachen Fällkesseln, also beim intermittierenden Ablassen der fertig karbonisierten Lösungen, tritt für den Zentrifugenbetrieb auch noch der Übelstand ein, daß man kaum eine so große Zahl Zentrifugen haben kann, um den ganzen Inhalt eines größeren Fällkessels auf einmal aufzunehmen; man würde daher gezwungen sein, entweder einen fertig karbonisierten Fällkessel so lange untätig zu lassen, bis der Inhalt zentrifugiert ist, oder man müßte ein besonderes Vorratsgefäß für die zu schleudernde Masse aufstellen. Ein weiterer Nachteil des Zentrifugenbetriebes ist der, daß der Ammoniakverlust dabei relativ sehr groß ist. Aus diesen Gründen will ich die Zentrifugen hier nicht weiter berücksichtigen.

Zunächst sollen Solvays hierher gehörige Apparate betrachtet werden. In dem deutschen Patent vom 27. 11. 1887 sind verschiedene

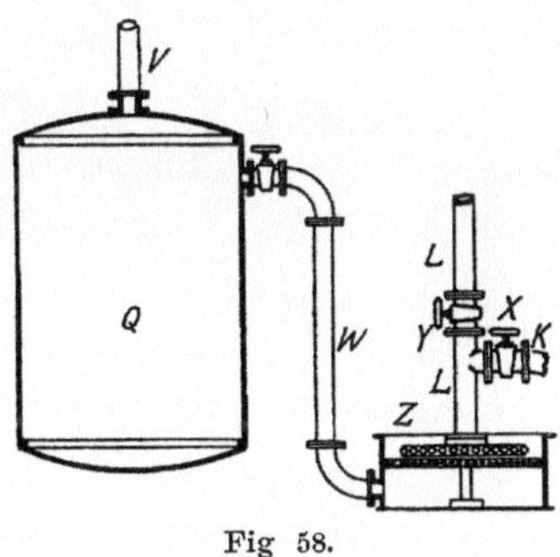

Fig 58.

Filter angegeben; eins derselben ist in Fig. 58 abgebildet, man muß sich das Rohr K in direkter Verbindung denken mit dem Ablaufrohr K des Fallturmes. cf. Kapitel III, Fig. 27.

Solvay bezeichnet dasselbe als ein kontinuierliches Vakuumfilter, er beschreibt es, wie folgt:

„Bei einem großen Betriebe sind mehrfache und unterbrochene Filtrationen zu vermeiden. Ich habe in der Konstruktion meines kontinuierlichen Vakuumfilters Verbesserungen angebracht, welche aus Fig. 58—59b[1]) zu ersehen sind."

„Die mit dem Bikarbonat gesättigte Flüssigkeit wird in beliebiger Menge aus der Kolonne durch Rohr K auf das Filter geleitet, indem man die Hähne X und Y öffnet. Durch das Rohr L leite ich das zum Waschen erforderliche Wasser ein. Die Verbesserungen bestehen im folgenden:"

„1. Um das Natriumbikarbonat gleichförmig auf dem Filter auszubreiten und zu waschen, verwende ich eine drehbare durch-

---

¹) In der Patentschrift haben die Figuren andere Nummern.

lochte Röhre Z, welche sich durch die beim seitlichen Ausfluß der Flüssigkeit bewirkte Reaktion dreht."

„2. Zur Erzeugung des Vakuums bediene ich mich einer Wasserkolbenpumpe. Ich gebe ihr eine neue Bestimmung, zu der sie ganz besonders geeignet ist, da durch sie beinahe alle schädlichen Räume unterdrückt werden."

„Ich verwende sie auch zum Waschen des durch das Aufsaugen der Luft oder des Gases mitgerissenen Ammoniaks und schütze dadurch die metallenen Armaturen der Pumpe, welche sonst bald durch das Gas angegriffen werden. Das in der Pumpe enthaltene Waschwasser kann Salzwasser sein, denn das zu

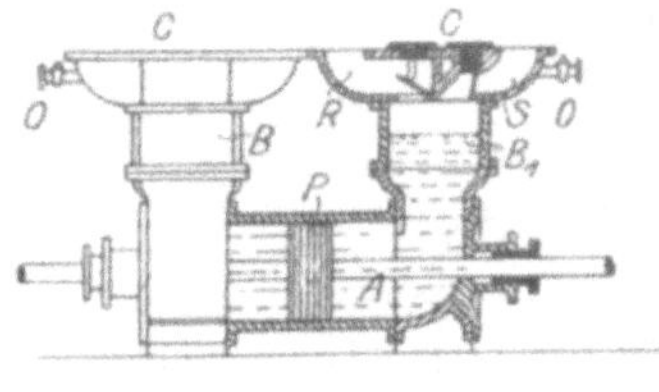

Fig. 59.

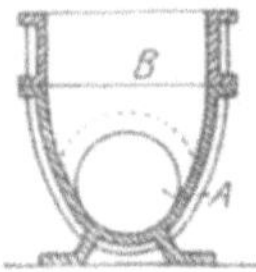

Fig 59 a.

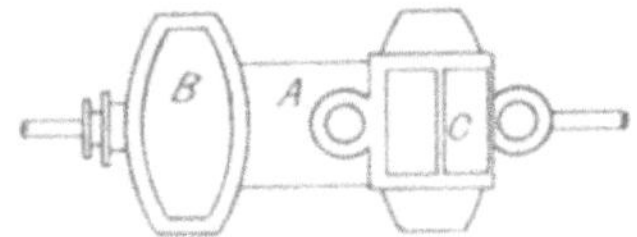

Fig 59 b.

waschende Ammoniak ist entweder kohlensaures oder Ätzammoniak, welches sich im Salzwasser auflosen kann, bevor letzteres in den Ammoniakdissolveur geleitet wird. In den konstruktiven Details hat diese Pumpe folgende Verbesserungen, die in den Fig. 59—59 b dargestellt sind."

„A ist der Pumpenzylinder, P der Kolben, B und B^1 sind Wasserkasten, zwischen welchen sich der Kolben bewegt. CC sind Deckel, R Druckventile oder Klappen, S Saugventile, O Hahne zum Einlassen des Wassers. Hervorzuheben ist hier die Disposition der Ventile oder Klappen, welche durch ihre Stellung am Deckel keinerlei Storung in den Bewegungen des Wassers und auch nicht in den relativen Dimensionen und der Form der Wasserkästen verursachen. Diese Pumpe funktioniert sonst in derselben Weise, wie alle anderen."

„In dem Reservoir Q, Fig. 58, wird durch das Rohr V das Vakuum erzeugt und in dieses Reservoir wird die vom Filter kommende Flüssigkeit durch das Rohr W eingelassen, von wo aus dann die Flüssigkeit in die Destillierkolonne geleitet wird. Es werden zwei oder mehrere dieser Trennungsreservoirs abwechselnd im Betrieb erhalten."

Die Bezeichnung „kontinuierlich" verdient das beschriebene Filter nicht, denn der Betrieb der ganzen Einrichtung muß stets unterbrochen werden, um das gewaschene Bikarbonat zu entfernen. Kontinuierlich würde ein Filter wirken, wenn ununterbrochen der Bikarbonatschlamm einläuft und ebenso ununterbrochen das reine Bikarbonat einerseits und die Mutterlauge andererseits wieder austritt. Die mitgeteilten Angaben Solvays sind überhaupt zu kurz, um die Konstruktion des Filters genau zu erkennen, es ist z. B. nicht recht ersichtlich, wie das gewaschene Bikarbonat entfernt werden soll.

Solvay hat in derselben Patentschrift noch eine andere Filtriereinrichtung beschrieben:

„Um die Anwendung einer großen Anzahl Hähne, sowie den früher von mir verwendeten Verteilungsapparat (Distributor) beim Filtrieren zu vermeiden, habe ich ein kontinuierliches Filter erfunden, welches in den Fig. 60—61 dargestellt ist."

„Der Filtrierapparat besteht aus einem runden Reservoir A, geteilt in eine beliebige Anzahl von Abteilungen, in dem durch die Zeichnung dargestellten Fall in acht. Jede Abteilung ist mit einem Gitter oder einer durchlochten Platte G bedeckt, auf welche ein entsprechender Filtrierstoff, als Flanell, Leinwand etc., und darüber zum besseren Festhalten ein Drahtgewebe gelegt wird. Diese Abteilungen erstrecken sich bis in den Fuß des Reservoirs und stehen durch in der Bodenplatte P befindliche Öffnungen mit dem Innern des einen Kasten C bildenden Reservoiruntersatzes in Verbindung. Dieser Kasten C besitzt drei Abteilungen; die Abteilung c^1 hat die Bestimmung, die in den Abteilungen A^1 A^2 und A^3 herabkommende Flüssigkeit, c^4 die in A^4 und c^5 die in A^5 A^6 und A^7 herabkommende Flüssigkeit aufzunehmen. Unter A^8 befindet sich keine Abteilung."

„Das Reservoir A ist in der angegebenen Pfeilrichtung drehbar auf der Deckplatte P^1 der Unterlage; diese Drehung ist intermittierend und wird so vorgenommen, daß bei einer vollständigen Umdrehung des Reservoirs A eine jede Abteilung einmal über die Stelle zu stehen kommt, an der sich kein freier Raum befindet, sodaß nach und nach eine jede Abteilung der Bestimmung zugeführt wird, die der bezügliche Ort bedingt."

„Ich werde nun die Funktion des Apparates in der in der Zeichnung dargestellten Stellung beschreiben. Der Abteilung A^1

wird mittels eines Separators, der mit einer Vakuumpumpe in Verbindung steht, das das Natriumbikarbonat enthaltende Chlorammonium durch ein mit dem Rohre T in Verbindung stehendes durchlochtes Rohr zugeführt. Die abfließende Flüssigkeit gelangt nach c^1 und wird mittels eines mit einer Pumpe in Verbindung stehenden Separators durch das Rohr t entleert, in Gemeinschaft mit der aus A^2 und A^3 kommenden Flüssigkeit, welche Abteilungen bereits früher gefüllt waren, als sie an Stelle von A^1 sich befanden. Während in Abteilung A^2 das auf dem Filter befindliche

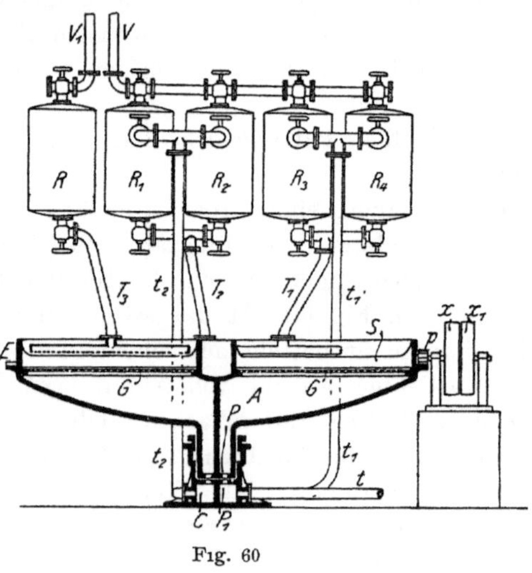

Fig. 60

Bikarbonat einigermaßen abtrocknen soll, kommt in A^3 mittels Rohr T^1 das in R^3 und R^4 angesammelte Wasser hinzu, was in A^4 zum Auslaugen diente und durch c^4 und Rohr t^1 nach R^3 und R^4 gelangte. In A^4 kommt mittels Rohr T^2 das in R^1 und R^2 aufgespeicherte Wasser hinzu, welches in A^5 A^6 und A^7 zum Waschen und Auslaugen diente und durch c^5 und Rohr A^2 nach R^1 und R^2 gelangte. In A^5 wird die letzte Waschung mit reinem Wasser durch T^3, aus R kommend, vorgenommen. Während A^6 und A^7 zum Abtrocknen dient, wird in A^8 das Bikarbonat entleert. Dies kann durch Arbeiter mittels Krücken, oder auf automatische Weise mittels Becherkette, oder auch so stattfinden, daß man die Scheidewande S über den Filtrierflachen beseitigt und das Bikarbonat durch eine pflugscharähnliche feste Krücke entleert."

„Bei den zu bestimmten Zeiten statthabenden Drehungen kommt eine jede der Abteilungen an die Stelle A^1, wird hier mit

der von der Absorptionskolonne kommenden Flüssigkeit gefällt,
von welcher das Bikarbonat auf dem Filter zurückbleibt, und gelangt bei wiederkehrender Drehung an die Stellen, wo das Karbonat systematisch gewaschen, getrocknet und entleert wird. Die
Bewegung wird durch das Getriebe p und die Riemscheiben x
und x^1 vermittelt, von denen eine fest, eine lose ist. Zu diesem
Zweck besitzt das Reservoir einen Radkranz E."

„Das in den Behältern R^1 bis R^4 zur Aufsaugung des Wasch-
oder Auslaugwassers nötige Vakuum wird durch eine mit Rohr V

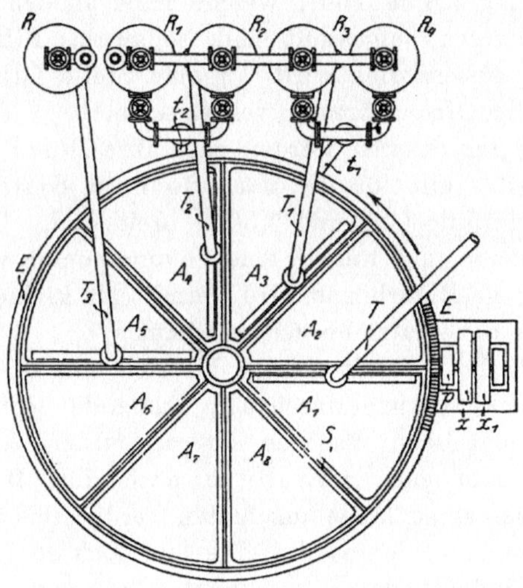

Fig. 61.

in Verbindung stehende Pumpe erzeugt. Das Wasser für Behalter R kommt durch Rohr V^1. Die Behalter R^1 bis R^4 sind
paarweise angeordnet, damit der eine sich fullen kann, wahrend
der andere entleert wird. Die Ventile können statt für Hand-
betrieb ebensogut selbstwirkend mittels Schwimmer eingerichtet
werden. Daß die Form und Dimensionen meines Filterapparates
geandert werden können, ist selbstverständlich, das Wesentliche
daran ist eine Kontinuitat und die gleichzeitige Besorgung aller
seiner Teile in den verschiedenen Abstufungen der Operation."
Auch dieses Filter, so sinnreich es ausgedacht ist, wirkt nicht
vollig kontinuierlich, obwohl es sich diesem Prinzip schon mehr nähert
als die erstbeschriebene Konstruktion. Ich mochte nicht glauben, daß
dieses Filter sich bewahrt hat. Auch hinsichtlich der Filter ist Solvay
von den komplizierten Konstruktionen zu einfacheren Vorrichtungen
übergegangen.

12*

Soweit ich erfahren konnte, sind auf mehreren Fabriken, die nach Solvay arbeiten, einfache Nutschfilter von viereckiger oder auch runder Form vorhanden, deren Inhalt von 5—10 cbm schwankt.

Bradburn[1]) beschreibt die gebräuchlichen Filter als eiserne Kessel mit falschem Boden. Letzterer besteht aus einem eisernen Rost, über welchen ein starkes Flanelltuch gebreitet wird, über diesem befindet sich ein anderer Rost, um den Flanell zu schützen, wenn das Bikarbonat ausgestochen wird.

Englische Sodafabriken gebrauchen nach Bradburn runde Filter von ca. 3 m Dtr. und 1,8 m Tiefe, welche nahe an den Beschickungslöchern der Kalzinieröfen aufgestellt sind, sodaß das Bikarbonat, wenn es aus den Filtern ausgeworfen wird, an eine Stelle fällt, von welcher aus es bequem in die Öfen gebracht werden kann[2]).

In den Vereinigten Staaten werden nach Bradburn lange schmale Filter angewandt (das gilt für die nach Solvays System arbeitenden Werke), welche ca. 15 m lang und 1,30 m breit sind. Die Filter sind mit Montejus verbunden, auf welche eine Vakuumpumpe wirkt.

Das ausgeworfene Bikarbonat wird vermittelst kleiner auf Schienen laufender Wagen zu den Kalzinieröfen geschafft.

Diese Filter werden so weit gefüllt, bis sich eine Bikarbonatschicht von ca. 500 mm Dicke in ungewaschenem Zustande gebildet hat. Die Dicke der Schicht geht beim Waschen auf ca. 350 mm zurück.

Das Vakuum muß nach Bradburn nach dem Durchlaufen des samtlichen Waschwassers so lange angehalten werden, bis das Bikarbonat möglichst getrocknet ist, d. h. bis dasselbe nur noch so feucht ist, daß, wenn man eine Handvoll davon aufnimmt, die Hand nicht naß wird, und beim Zerdrücken in der Hand kein Wasser herausgequetscht wird.

1 cbm solchen Bikarbonats wiegt ungefahr 875 kg und 1000 kg geben ungefahr 450 kg kalzinierte Soda[3]). Die chemische Zusammensetzung dieses Bikarbonates gibt Bradburn folgendermaßen an:

$$
\begin{aligned}
Na\,H\,CO_3 \quad . \quad . \quad . \quad . \quad &= \quad 70\text{—}75\,\% \\
Na_2\,CO_3 \quad . \quad . \quad . \quad . \quad &= \quad 3\text{—}5\,\% \\
Na\,Cl \quad . \quad . \quad . \quad . \quad &= \quad 0,2\text{—}0,7\,\% \\
NH_3 \quad . \quad . \quad . \quad . \quad . \quad &= \quad 0,56\,\% \\
Feuchtigkeit \quad . \quad . \quad . \quad &= \quad 24\text{—}25\,\%
\end{aligned}
$$

---

[1]) Zeitschrift fur angew. Chemie 1898, 102.

[2]) Eine solche Aufstellung ist nicht immer anwendbar. Man schafft in anderen Fällen das Bikarbonat durch Transportbänder und Elevatoren nach den Ofen.

[3]) Hierfur habe ich in der Praxis andere Zahlen erhalten, nämlich pro cbm Bikarbonat = ca. 1400 kg = 610 kg $Na_2\,CO_3$.

Diese Zusammensetzung stimmt im allgemeinen mit meinen Feststellungen bei Bikarbonat, welches aus gut betriebenen Filtern gewonnen wurde. Indes habe ich einen Gehalt von Natriumkarbonat nie beobachtet (auch nicht darauf geprüft), Ammoniak aber mehrfach in größerer Menge gefunden, als Bradburn angibt.

Abbildungen der von Bradburn beschriebenen Filter sind a. a. O. nicht vorhanden. Dieselben werden eine ähnliche Form haben, wie die weiter unten beschriebenen Filter Fig. 62.

Boulouvard[1]) (Franz. Patent No. 114851, 1876) will das Bikarbonat mit hydraulischen Pressen behandeln, sein Apparat erscheint sehr kompliziert, es ist kaum anzunehmen, daß derselbe so sicher und vorteilhaft arbeitet, wie die einfachen Nutschfilter, letztere sind meiner Ansicht nach jedenfalls vorzuziehen.

Wenn das Natriumbikarbonat in dem Waschwasser unlöslich oder wenigstens nur sehr schwer löslich wäre, so würde ein wirklich kontinuierliches Arbeiten bei der Filtration nach dem Prinzip des Gegenstromes sich leicht einrichten lassen, etwa in der Art der Auslaugung von Rohsoda nach dem System Buff-Dunlop. Da dies aber nun einmal nicht möglich ist, so tut man am besten, möglichst einfache Filterapparate zu nehmen, wie es die erwähnten gewöhnlichen Nutschfilter sind.

Nutschfilter werden in viereckiger oder runder Form angewandt, die Größe kann sehr verschieden sein, indes ist hier eine gewisse Grenze zu beobachten. Man darf die Filterfläche nicht zu groß nehmen, da es sonst sehr schwierig wird, ein gleichmäßiges Durchsaugen des Waschwassers zu bewerkstelligen. Man kann über die zweckmäßige Größe verschiedener Ansicht sein, doch wird man über 3 m Durchmesser bei runden und $2^1/_2$ m Seitenlänge bei quadratischen Filtern selten hinausgehen. Die Höhe nimmt man so, daß die Dicke der Bikarbonatschicht ca. 60 cm beträgt.

Die Filter werden gewöhnlich aus Eisen und zwar meistens die rechteckigen aus Guß-, die runden aus Schmiedeeisen gefertigt. Gußeisen widersteht dem Angriff der Salzlaugen besser als Schmiedeeisen, indes ist bei fortwährendem Betrieb die Abnutzung, auch bei Schmiedeeisen, nicht stark. Ich habe auch mit sehr gutem Erfolge Filter aus Holz[2]) angewendet; dieselben haben den Vorteil, daß sie billig sind und das Bikarbonat nicht im geringsten verunreinigen.

---

[1]) Lunge, a. a. O. S. 72.

[2]) Die von Lunge, a. a. O. S. 74, ausgesprochene Ansicht, daß Filter aus Holz nur für kleinen Betrieb sich eignen, trifft nicht zu. Man kann die hölzernen Filter sehr gut mit einem Durchmesser von $2^1/_2$—3 m anwenden, größer sind auch die Filter aus Eisen in manchen Großbetrieben nicht.

Fig. 62 zeigt ein gewöhnliches Nutschfilter von quadratischer Form im Querschnitt, derartige Filter sind vielfach angewandt.

Der Siebboden liegt auf den im unteren Teile angegossenen Rippen auf, an dem Stutzen a saugt eine Pumpe die Lösung ab. Als Filtermaterial dient ein Tuch, welches in der Form des Filters zusammengenäht ist, sodaß dasselbe die Seiten des Filters völlig bedeckt. Die

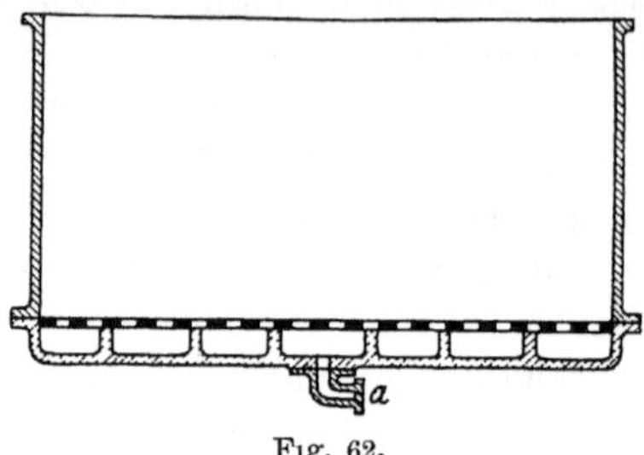

Fig. 62.

Enden fallen oben uber die Kanten des Filters. Man kann auch das Tuch wenig größer nehmen als der Filterboden ist. Die Dichtung an den Seiten wird dann durch eingesetzte Holzleisten bewerkstelligt.

Statt des Filtertuches kann man auch eine Filtrierschicht anwenden, die dann zwischen zwei Siebböden ruht.

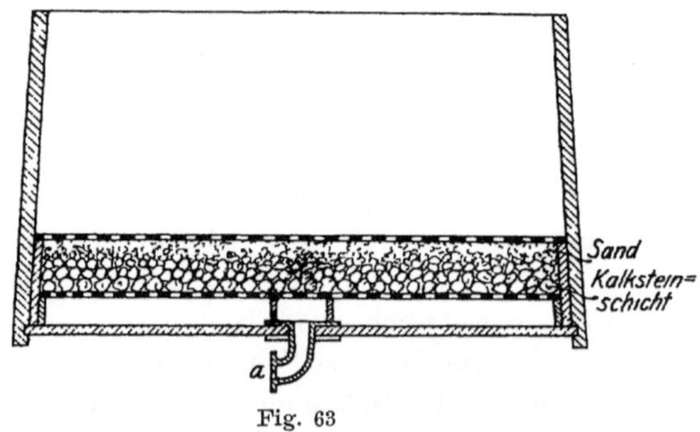

Fig. 63

Hierzu nimmt man am besten Kalksteine, dieselben werden so aufgeschüttet, daß unten grobe Stucke liegen, wahrend nach oben immer feinere folgen. Den Schluß bildet weißer Sand; dieser stellt die eigentlich filtrierende Schicht dar.

In Fig. 63 ist ein Holzfilter abgebildet, in welchem eine Filtrierschicht zur Anwendung kommt, die Einrichtung ist aus der Zeichnung genugend ersichtlich.

Der Betrieb der Nutschfilter erfolgt in der Weise, daß man mit einer Pumpe zuerst die Mutterlauge absaugt, das Bikarbonat wiederholt auf der ganzen Oberfläche gleichmäßig mit Wasser benetzt und dieses wieder absaugt. Man kann hierbei auf verschiedene Art verfahren. Entweder saugt man direkt mit einer Flüssigkeitspumpe die Lösung aus dem Filter ab oder man legt zunächst einen Kessel, ein sogenanntes Montejus vor und saugt an diesem mit einer Luftpumpe. Das entstehende Vakuum wirkt dann auf das Filter und das Montejus saugt die Lösung ein.

Bei der ersteren Einrichtung kann die Pumpe die Lösung direkt in ein Reservoir drücken oder auch gleich in die Destillierkolonne. Ersteres ist in diesem Falle das richtigere Verfahren, da die Pumpe nicht stets dasselbe Quantum wirft, auch nicht bei regelmäßigem Gange. Denn sobald beim Waschen das Bikarbonat trockener wird, erhält die Pumpe ungenügenden Zufluß[1]). Im zweiten Falle dient das Montejus

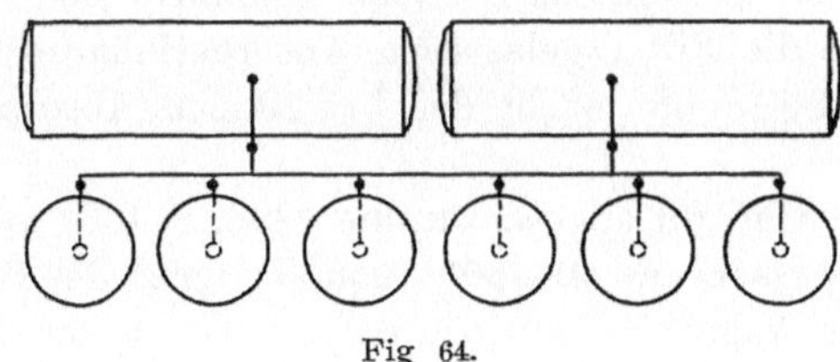

Fig 64.

zugleich als Reservoir. Die Lauge kann aus dem Montejus durch Druckluft oder durch eine besondere Pumpe in gleichmäßigem Strahle in die Destillierkolonne gelangen.

Welche Einrichtung zu wählen ist, muß sich nach den jeweiligen Umständen richten; beide Einrichtungen sind praktisch erprobt und haben sich bewährt. Wenn der Betrieb der Destillation nicht völlig kontinuierlich ist und Reservoire für die zu destillierende Mutterlauge nötig sind, so wählt man am besten Luftpumpe und Montejus, auch ist diese Einrichtung zu empfehlen, wenn das Bikarbonat feinkrystallinisch ist und sich schwierig waschen läßt.

In Fig. 64 ist eine Filterbatterie mit Montejus verbunden schematisch dargestellt, um die Disposition zu zeigen. Die Rohrleitung ist derart gelegt, daß mit jedem Montejus alle Filter eventuell zugleich abgesaugt werden können, während das andere Montejus ausgeschaltet ist, um seinen Inhalt abzudrücken.

Beim Betrieb der Filtration muß besonders darauf geachtet werden, daß kein Waschwasser ungenutzt durch Risse, die sich im Bikarbonat bilden, durchläuft. Man muß dafür sorgen, daß die Waschflüssigkeit in

---

[1]) Das gleicht sich allerdings aus, wenn eine Pumpe gleichzeitig an einer größeren Reihe von Filtern saugt.

der ganzen Ausdehnung der Filterfläche gleichmäßig abgesaugt wird. Um diesen Zweck zu erreichen, muß die Filtrierschicht oder das Filtertuch stets im guten Zustand gehalten werden, sodaß alle Stellen der Schicht gleichmäßig durchlässig sind. Man muß sich den Vorgang des Auswaschens stets richtig vorstellen, derselbe besteht darin, daß die an den Bikarbonatkrystallen haftende Mutterlauge durch eine andere Flüssigkeit verdrängt wird. Als Verdrängungsflüssigkeit tritt hier das Wasser auf. Dasselbe sättigt sich beim Versinken in die unteren Schichten des Bikarbonats mit letzterem an, sodaß eine konzentrierte Bikarbonatlösung entsteht. Wenn das Auswaschen zu Ende geführt ist, so befindet sich in der Bikarbonatschicht an Stelle der Mutterlauge eine reine Bikarbonatlösung. Man muß darauf sehen, mit dem möglichsten Minimum von Wasser auszukommen. Jeder Mehrverbrauch von diesem bedeutet Substanzverlust. Bei gutem Betriebe gebraucht man etwa 12 % vom Volumen des auf die Filter gelassenen Absorberinhaltes an Waschwasser. Für 10 000 kg Soda macht das bei 70 cbm Absorptionsinhalt $8\frac{1}{2}$ cbm.

Bradburn (Zeitschr. für angew. Chemie 1898, S. 103) gibt an, daß die Menge des Waschwassers zu 40—50 % vom Volumen des Bikarbonats betrage. Aus weiteren Angaben Bradburns a. a. O. (1 cbm Bikarbonat = ca. 875 kg, 1000 kg Bikarbonat = ca. 450 kg kalzinierte Soda) berechnen sich für 10 000 kg Soda rund 25 cbm Bikarbonat. Darnach wären bei 40—50 % vom Volumen 10—12 cbm Waschwasser erforderlich. Nach meinen Erfahrungen kann man mit dem oben angeführten Quantum von ca. $8\frac{1}{2}$ cbm auskommen, gute Aufsicht vorausgesetzt.

Die beschriebenen Filter funktionieren im Betriebe gut, indes sind Verbesserungen wohl noch möglich. Ich möchte glauben, daß es praktisch sein dürfte, den Filtern eine konische Form zu geben, also dieselben dem gewöhnlichen Trichter nachzubilden. Auf diese Art kann das Auswaschen mit größerer Leichtigkeit ausgeführt werden, als auf den Filtern mit vertikalen Wänden. Wie schon erwähnt wurde, ist es bei letzteren, namentlich wenn sie großen Durchmesser haben, sehr schwierig, das Waschen so zu leiten, daß die Waschflüssigkeit geradlinig von oben nach unten dringt. Wenn die Filterschicht an irgend einer Stelle verstopft ist, was bei einer großen Fläche leicht vorkommen kann, so bilden sich in der auszuwaschenden Masse tote Stellen, die vom Waschwasser garnicht oder nur wenig berührt werden. Bei einem sich konisch verengenden Filter, bei welchem die Fläche immer kleiner wird, tritt dieser Übelstand viel weniger leicht ein, und man kann auch die kleine Filterfläche besser rein halten. Ein solches Filter bietet ferner den Vorteil, daß man durch ein Mannloch oder durch mehrere das Bikarbonat bequem seitlich ausziehen kann, wie Fig. 65 zeigt. Ein solches Herausziehen an der Seite erspart Arbeit gegenüber dem Auswerfen des Bikarbonats über die Seitenwände.

Bemerkt sei noch, daß man vielfach die Filter durch Deckel
schließt, um Ammoniakverluste zu verhuten; namentlich bei Anwendung
von stark ammoniakhaltigen Lösungen ist dies Verfahren zu empfehlen.
Der Deckel muß so eingerichtet sein, daß er leicht abnehmbar ist, am
besten wird er nach einer Seite hin aufgeklappt. Man kann die Deckel
auch an Ketten mit Contregewicht aufhängen und auf diese Weise
leicht abheben oder auflegen.

Wenn man grobkrystallinisches Bikarbonat hat, so ist das Auswaschen desselben in der Filtration diejenige Operation im Ammoniaksodabetriebe, welche am leichtesten vor sich geht. Ist das Bikarbonat

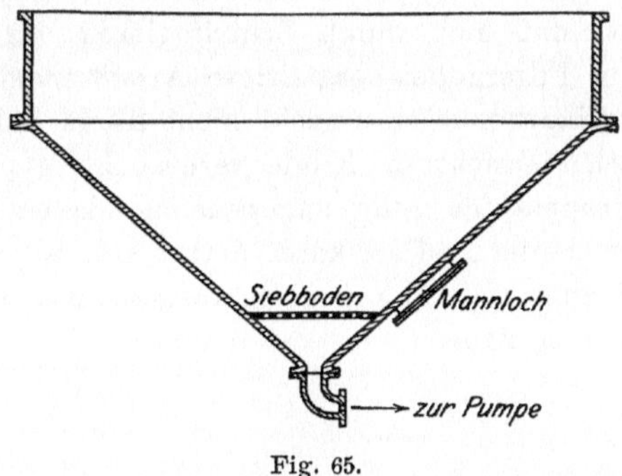

Fig. 65.

aber sehr feinkrystallinisch, so bildet es einen feinen Schlamm, der
formlich zäh ist und schlecht Wasser durchläßt. Dann wird ein genügendes Auswaschen des Bikarbonates, wie es zur Gewinnung von
reinem Natriumkarbonat durchaus erforderlich ist, sehr erschwert, wenn
nicht unmöglich gemacht. Diese Schwierigkeit ist schon in einzelnen
Fallen so groß geworden, daß man sich entschließen mußte, die zur
Fällung dienenden Apparate zu andern[1]). Wie im Kapitel III beschrieben ist, laßt sich durch die Fuhrung des Betriebes bei der Fallung,
namlich durch das Regulieren der Kuhlung leicht ein grobes Bikarbonat
erhalten. Durch maschinelle Einrichtungen laßt sich ein genugendes
Auswaschen des feinkrystallinischen Bikarbonates nicht oder doch nur
mit unverhältnismaßig großen Kosten erzielen. Man erhalt das Bikarbonat auf den Filtern mit 25—30% anhängender Feuchtigkeit. Dieser
Gehalt ist bedingt durch die krystallinische Form des Bikarbonats; je
grober die Krystalle sind, um so trockener kann man sie erhalten.

---

[1]) cf. Halwell, Chem.-Ztg. 1894, XVIII, 786.

Einen Einfluß hat auch die Art des Absaugens. Wenn während des Nutschens das Bikarbonat stark geschlagen und sorgfältig auf das Verschmieren etwa entstehender Risse geachtet wird, so erhält man trockeneres Bikarbonat als im andern Falle. Bei Anwendung von guten Luftpumpen wird man in der Regel ein trockeneres Bikarbonat erhalten, als wenn das Absaugen nur mit einer Flüssigkeitspumpe geschieht.

Es kommt viel darauf an, das Bikarbonat möglichst trocken zu erhalten, da das Wasser, welches im Kalzinierofen verdampft werden muß, viel Wärme erfordert. Einige Fabriken behandeln das vom Filter kommende Bikarbonat noch mit Zentrifugen, um es besser trocken zu erhalten, und so den Kalzinierofen zu entlasten. Das ist jedoch eine etwas kostspielige Arbeit, und es ist fraglich, ob das Zentrifugieren nicht mehr Kosten verursacht, als auf der andern Seite gespart werden. Ich glaube auch nicht, daß man durch Zentrifugieren das Bikarbonat trockener erhält, als auf Filtern bei sorgfältiger Arbeit möglich ist.

Relativ feuchtes Bikarbonat verursacht nicht allein höhere Kosten beim Kalzinieren durch vermehrten Kohlenverbrauch, es wirkt auch sonst in den Kalzinierapparaten sehr unangenehm, da es leicht backt und die Apparate verschmiert. Das kann derart störend wirken, daß man manche Apparate zum Kalzinieren eines relativ stark feuchten Bikarbonates nicht verwenden kann.

Fünftes Kapitel.

Zerlegung des Natriumbikarbonates in Natriumkarbonat und Kohlensäure oder Kalzinieren.

Wenn das Bikarbonat, wie im vorigen Kapitel beschrieben wurde, fertig gewaschen ist, so muß die Umwandlung in Soda erfolgen. Diese Reaktion, welche nach der Formel

$$2\,Na\,H\,CO_3 = Na_2\,CO_3 + H_2O + CO_2$$

vor sich geht, läßt sich auf verschiedenen Wegen ausfuhren, sie wird indes, soviel mir bekannt ist, allgemein nur durch Erhitzen vorgenommen. Immerhin ist es aber von Interesse, die sonst gemachten Vorschläge zu betrachten.

Zuerst sollen die Verfahren Solvays betrachtet werden. Zunächst ist es dabei erforderlich, die Darstellung des trockenen Bikarbonates nach dem Deutschen Patent No. 1733 vom 27. 11. 1877 zu betrachten. Diese ist zum Verständnis der weiter folgenden Verfahren zur Kalzinierung des Bikarbonates erforderlich.

Solvay sagt daruber:

Die Behandlung dieses Salzes ist mit Schwierigkeiten verbunden, es bedarf beim Trocknen einer Temperatur von höchstens 59° C., wobei es die Tendenz zusammenzubacken hat.

Ich habe zwei Apparate erfunden, welche sowohl zum Trocknen des Bikarbonats, als zur Umwandlung desselben in sein Monokarbonat geeignet sind. Die Einrichtung besteht darin, daß man auf große Massen mittels eines warmen Gases, dessen Temperatur vollkommen geregelt werden kann, einwirkt.

Der Apparat ist durch Fig. 66—68 dargestellt und hat an der Vorderseite einen Wärmeregulator. In diesen tritt die heiße

Luft durch das Rohr T ein und teilt dem im Reservoir enthaltenen Wasser mehr oder weniger Wärme mit, wodurch der Schwimmer F zum Steigen oder Fallen gebracht wird. Wenn das warme Gas eine zu hohe Temperatur hat, so sinkt der Schwimmer und hebt den Dampfer, d. i. die Klappe r, mittels des Hebels L, wodurch kalte Luft einströmt und die Überhitze auf die erforderliche Temperatur zurückbringt, bevor sie durch das Rohr T^1 in den Trockenkasten kommt.

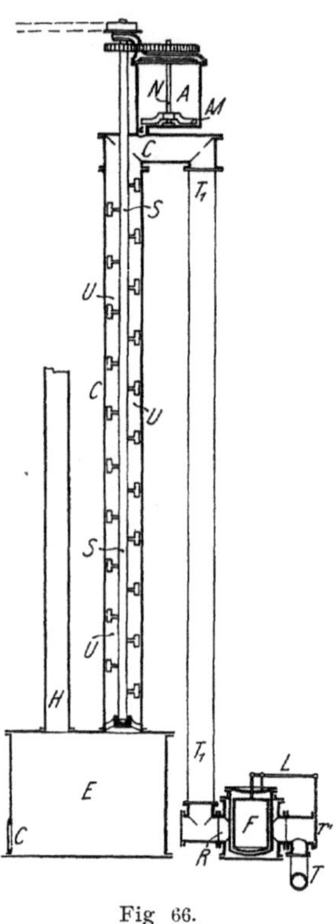

Fig 66.

1. Apparat. Fig. 66. Wenn das Natriumbikarbonat durch Schütteln in einem Doppelgitter entsprechend zerteilt ist, wird es in einen vertikalen oder horizontalen zylindrischen Behalter gebracht, in welchem ein Ruhrwerk sehr schnell gedreht wird, wodurch das Salz, sehr fein zerteilt und durch den Einfluß eines warmen Luftstroms in Form eines feinen Pulvers oder Staubes in einer Kammer getrocknet, sich ansammelt. A ist das Zerteilungsgefaß, in welches das zu trocknende Bikarbonat geworfen wird. In demselben ist eine Welle N mit einem Schaber M, mittels dessen das Salz durch die Öffnung c nach dem Zylinder C gebracht wird. In der Mitte dieses Zylinders ist eine vertikale Welle S mit Flugeln U, welche sich sehr rasch dreht und dabei das Bikarbonat zu Pulver schlagt, während es mit der entsprechend erwarmten Luft, welche durch das Rohr T^1 einströmt, in innige Berührung kommt. Das so getrocknete Bikarbonat setzt sich im Behälter E ab, von wo es durch die Tur C entleert wird, wahrend die Luft durch das Rohr H entweicht. Horizontale Trockenraume haben Wellen mit treibenden Flügeln.

2. Apparat. Derselbe hat ähnliche Einrichtung wie einer, der zum Reinigen des Leuchtgases dient. Die Anwendung ist jedoch eine ganz andere. Wahrend auf das Gas durch eine chemische Aktion eingewirkt wird, ist bei meinem Verfahren fester Stoff der physikalischen Aktion der Warme unterworfen.

Fig. 67—68 zeigt einen solchen Apparat, welcher aus einem Kasten A besteht, mit einem in seiner halben Höhe befestigten Drahtgewebe oder durchlochten Blechboden B, auf dem das vom Filter kommende Bikarbonat ausgebreitet wird. Die entsprechend warme Luft kann von oben oder unten durch die Röhren T oder T^1 in den Kasten geleitet werden. Werden mehrere solcher Apparate verwendet, so ist es vorteilhaft, dieselben behufs Beschickung und Entleerung durch einen Distributor zu vereinigen.

Zur Zerlegung des Bikarbonates hat Solvay verschiedene Wege vorgeschlagen, zunachst sei die chemische Zerlegung betrachtet. Diese wird in dem zitierten Patente folgendermaßen beschrieben:

„Auf chemischem[1]) Wege kann die Zerlegung des Bikarbonats in folgender Weise ausgeführt werden, indem man eine basische Substanz anwendet, welche sich mit dem Überschuß der Kohlensaure verbindet und ein Monokarbonat bildet. Zu diesem Zwecke verwende ich Ammoniakgas, welches ich auf das im Filter oder

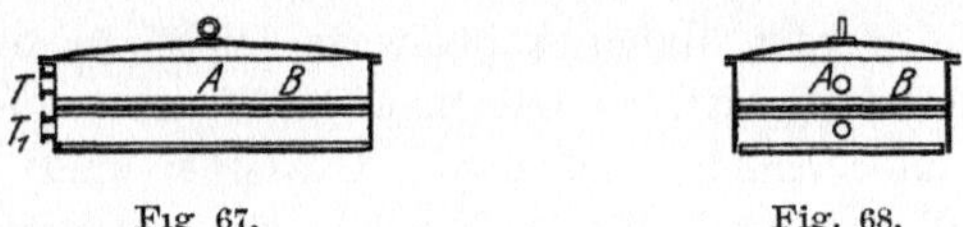

Fig 67.   Fig. 68.

im Apparat Fig. 67—68 befindliche Natriumbikarbonat leite, oder ich bringe letzteres in eine ammoniakalische Lauge. Nach der Zersetzung wird die Flüssigkeit von dem gebildeten Monokarbonat durch neue Filtration und Nachwaschung getrennt, wobei der Apparat entsprechend warm zu halten ist. Bei diesem Verfahren hat man den Vorteil, daß gleichzeitig mit der Zerlegung des Bikarbonats eine vorlaufige Karbonisation des nachher zu verwendenden Ammoniaks erzielt wird."

Das Ammoniak würde sich mit dem Bikarbonat umsetzen nach der Formel:

$$2\,Na\,H\,CO_3 + 2\,NH_3 = Na_2\,CO_3 + (NH_4)_2\,CO_3.$$

Das Prinzip, welches diesem Verfahren zu grunde liegt, ist theoretisch unzweifelhaft richtig. Es kommt für die Praxis darauf an, ob die Ausführung gut von statten geht und ob dies Verfahren vorteilhafter im Betriebe ist als das einfache direkte Erhitzen.

---

[1]) Die Zerlegung des Bikarbonats durch Erwarmung allein ist übrigens auch eine chemische Reaktion, es tritt eine völlige Spaltung des chemischen Moleküls $Na\,H\,CO_3$ ein und es bilden sich dadurch drei andere chemische Verbindungen.

Aus der zitierten, sehr kurzen Beschreibung Solvays und aus den betreffenden Abbildungen läßt sich hinsichtlich des ersten Punktes sehr wenig erkennen. Es muß indes bezweifelt werden, daß die Zersetzung auf dem Filter bei einer dicken Bikarbonatschicht wirklich glatt vor sich geht. Es ist ferner unwahrscheinlich, daß das Ammoniak beim Zusammentreffen mit dem feuchten Bikarbonat diesem die überschüssige Kohlensäure (d. h. auf 2 Moleküle Bikarbonat 1 Molekül Kohlensäure) völlig entziehen wird. Man muß annehmen, daß durch die Erwärmung, welche infolge der Bindung des Ammoniaks entsteht, ein Zusammenbacken des Bikarbonats bezw. des sich bildenden feuchten Karbonats eintritt, infolge dessen ein Teil des Bikarbonats der Einwirkung des Ammoniaks entzogen wird und ein Teil des letzteren ungenutzt entweicht.

Wenn nun aber auch die Umsetzung wirklich völlig auf diesem Wege erreicht würde, so kann man diesem Verfahren unmöglich einen Vorteil vor dem einfachen direkten Kalzinieren zuerkennen.

Die Apparate müssen sehr dicht sein, damit kein Ammoniakverlust eintritt, sie werden daher keineswegs leicht zu betreiben sein. Wenn die Operation fertig ist, so hat man ein feuchtes Gemenge von Natriumkarbonat und Ammonkarbonat. Dasselbe muß dann erhitzt werden, um das Wasser und das Ammonkarbonat zu vertreiben. Wie diese Operation der Erhitzung auf dem Filter oder in einem anderen Apparate ausgeführt werden soll, hat Solvay nicht angegeben. Auf dem Filter kann man die Erhitzung in Wirklichkeit wohl nicht ausführen. Wenn man nun das betreffende Gemenge ausstechen und dann in einen besonderen Apparat bringen muß, in welchem es erhitzt werden soll, so erscheint es doch geratener, direkt das Bikarbonat in den Erhitzungsapparat (Kalzinierofen) zu schaffen, ohne vorher die Behandlung mit Ammoniak auszuführen, die doch keinen Nutzen bringen kann. Man muß sich stets klar machen, daß kaltes Ammoniakgas, welches in das Bikarbonat geleitet wird, nicht imstande ist, Kohlensäure mit fortzunehmen. Das Resultat würde nur sein, daß sich das Ammoniak zum größten Teil als Karbonat niederschlüge. Soll das Ammoniak die Kohlensäure mit fortnehmen, so müßte es vorher sehr hoch erhitzt werden. Es ist ohne Zweifel, daß eine solche Erhitzung sich relativ sehr teuer stellen würde. Aus allen diesen Gründen ist daher nicht anzunehmen, daß Solvay dies Verfahren wirklich längere Zeit praktisch ausgeübt hat.

Der andere Weg, den Solvay a. a. O. vorschlägt, besteht darin, das Bikarbonat in einer wäßrigen Ammoniaklösung aufzurühren. Es ist wohl ohne Frage, daß hierbei eine völlige Umsetzung nach der obigen Formel vor sich gehen wird. Die praktische Ausführung bis zu diesem

Punkte wird leicht sein. Aber was ist damit erreicht? Es resultiert eine Lösung, welche Ammonkarbonat, Natriumkarbonat und überschüssiges Ammoniak gelöst enthält. Daneben ist noch mehr oder weniger suspendiertes Natriumkarbonat vorhanden, je nachdem, wie viel Losung auf ein bestimmtes Quantum Bikarbonat genommen wird. Zur Gewinnung von Soda muß zunachst das suspendierte Karbonat abfiltriert und dann kalziniert werden. Die filtrierte Losung muß behufs Austreibung des Ammonkarbonats und Ammoniaks erhitzt werden und dann hat man eine Lösung von Soda, mit der man eigentlich wenig anfangen kann.

Eine solche Lösung kann man aus Bikarbonat ohne Ammoniakzusatz durch direktes Kochen mit Wasser erhalten.

Diese ganze Operation ist so kompliziert und umständlich, daß man einen Vorteil nirgends entdecken kann; dieselbe wird wohl nicht praktisch ausgeübt sein. Die Idee der Behandlung mit Ammoniak, um das Bikarbonat zu zerlegen, könnte der Ansicht entsprungen sein, daß dadurch Wärme gespart wird[1]). Diese Ansicht wurde indes irrig sein. Denn beim Erhitzen von Bikarbonat wird jedesmal dieselbe Wärmemenge verlangt, um Kohlensäure und Wasser zu verjagen, ganz einerlei, ob man mit oder ohne Ammoniak erhitzt. Bei der Zuführung von Ammoniak wird praktisch jedenfalls sogar mehr Wärme verbraucht als sonst. Denn das in dem Bikarbonat oder in der Losung desselben sich kondensierende Ammoniak gibt Wärme ab, die zum Teil durch die unvermeidliche Abkühlung verloren geht. Beim nachherigen Verjagen des Ammonkarbonats muß diese Wärme wieder ersetzt werden. Wenn man Bikarbonat durch Kochen im Wasser zersetzen will, so hat man gar kein Ammoniak dazu notig; die Zersetzung geht für sich allein in völlig genügender Weise vor sich, hierüber folgt naheres weiter unten[2]).

Die in der Regel angewendete Methode der Zersetzung des Bikarbonats in Natriumkarbonat, Kohlensaureanhydrid und Wasser ist das direkte Erhitzen desselben in eigens dazu eingerichteten Öfen oder Apparaten. Es ist ohne Zweifel, daß diese Operation, so einfach sie an sich ist, mit zu denjenigen Teilen des Ammoniaksodabetriebs gehört, deren Ausführung in der Praxis die größten Schwierigkeiten verursacht hat. Das erklart sich aus zwei Gründen. Das Trocknen und Kalzinieren des Bikarbonats wurde sehr einfach sein, wenn man die Operation in offenen

---

[1]) Vielleicht hat Solvay diesen Vorschlag nur patentieren lassen, um uber das von ihm wirklich angewandte Verfahren der Bikarbonatzerlegung irre zu führen.

[2]) Auch Staub hat in einem englischen Patent (No. 7859, 1887) die Zersetzung des Bikarbonats in waßriger Losung durch Ammoniak vorgeschlagen, noch dazu auf eine sehr umstandliche Weise. Welcher Vorteil dabei herauskommen soll, ist nicht ersichtlich.

Trockenapparaten oder Öfen vornehmen könnte. Das Bikarbonat enthält jedoch ziemlich viel Ammoniak, welches unter keinen Umständen verloren gehen darf, und ferner ist man auch darauf angewiesen, die entweichende Kohlensäure im Fällungsprozeß zu benutzen. Man muß daher das Kalzinieren in geschlossenen Apparaten ausführen, aus denen die sich entwickelnden Gase abgesaugt werden. Derartige geschlossene Apparate müssen mit Rührwerken betrieben werden, und da das feuchte Bikarbonat beim Trocknen infolge der Bildung von einfachem Karbonat leicht backt, so entstehen häufig Verstopfungen und Betriebsstörungen.

Eine zweite Schwierigkeit beim Kalzinieren des Bikarbonats lag in der physikalischen Beschaffenheit der fertig kalzinierten Ammoniaksoda. Diese zeigte sich sehr locker und leicht gegenüber der kalzinierten Soda des Leblanc-Prozesses. Da viele Abnehmer, welche an die dichte, spezifisch schwere Leblanc-Soda gewohnt waren, die leichte Ammoniaksoda zurückwiesen, so mußten die Ammoniaksodafabrikanten hierauf Rücksicht nehmen. Sie suchten nun durch Änderung ihrer Kalzinierapparate dichtere Soda zu erzielen.

Bei vielen Sodakonsumenten war es wohl nur eine Einbildung, wenn sie die spezifisch leichte Ammoniaksoda nicht verwenden zu können behaupteten. Andere hatten indes gewichtige Gründe, so z. B. die Ultramarin- und Glasfabrikanten. Hier kam besonders in Betracht, daß von der leichteren Soda nicht so viel in die Schmelzgefäße ging, wie von der dichten Leblanc-Soda. Ferner läßt sich der Schmelzprozeß mit lockerer Soda überhaupt nicht so gut durchführen. Auch die chemische Zusammensetzung spielte eine Rolle, die Leblanc-Soda hatte stets noch etwas Natriumsulfat als Beimengung, während die Ammoniaksoda Chlornatrium enthält. Dem konnte man allerdings leicht durch Zusatz von etwas Sulfat abhelfen.

Bei der Fabrikation von Krystallsoda zeigten sich zuerst bei der Verwendung von Ammoniaksoda Übelstände; es gelang nicht, gute Krystalle zu erhalten. Dies hatte seinen Grund darin, daß in solcher Soda noch ein geringer Gehalt an Bikarbonat vorhanden war. Das ist auch heute noch vielfach bei der kalzinierten Ammoniaksoda des Handels der Fall. Ein Gehalt von nur 1 % Natriumbikarbonat und weniger in der Soda bewirkt, daß nur kleine, spießige Krystalle sich abscheiden. Man kann diesen Übelstand leicht überwinden dadurch, daß man der Sodalösung etwas Ätzkalk zusetzt, sodaß die Lösung einen geringen Prozentsatz kaustischer Soda enthält[1]).

---

[1]) Um harte Krystalle zu erhalten, ist es außerdem üblich, einige Prozente Natriumsulfat der Ammoniaksoda zuzusetzen.

Der Wunsch, direkt eine dichte und völlig bikarbonatfreie Soda zu erhalten, führte zu den verschiedensten Konstruktionen; namentlich sind von Solvay viele Vorschläge gemacht. Einerseits ist versucht worden, in einem Apparat und einer Operation die gewünschte dichte Soda zu erhalten, andererseits griff man zu dem Auswege, die aus dem ersten Apparat kommende ammoniakfreie, aber noch etwas bikarbonathaltige Soda in einem zweiten Ofen noch einmal stark zu erhitzen. Hierzu wurde ein gewöhnlicher offener Flammofen nach Art der in der Leblanc-Sodafabrikation gebräuchlichen Formen angewendet.

Heute sind übrigens die zuerst gegen die leichte Ammoniaksoda vorhandenen Vorurteile fast völlig überwunden. Ferner haben auch diejenigen Konsumenten, denen zuerst wirkliche Störungen durch die leichte Soda entstanden, gelernt, dieselbe ebenso gut zu verwenden, wie früher die dichte Leblanc-Soda. Für einige Zwecke wird indes heute noch immer eine besonders dichte Soda durch besondere Behandlung dargestellt.

In Solvays zitiertem Deutschen Patent vom 27. 11. 1877 sind mehrere Apparate zur Zerlegung des Bikarbonats abgebildet; die Beschreibung ist indes so kurz und die Abbildung so schematisch, daß man den Gang der Operation nicht genügend erkennen kann. Da diese Angaben indes eine Reihe sehr interessanter Gesichtspunkte bieten, so sollen sie in folgendem mitgeteilt werden.

In der Patentschrift heißt es:

Fabrikation des Natriummonokarbonats.

Zur Fabrikation der gewöhnlichen Soda (des Monokarbonats) muß das Bikarbonat zersetzt und kalziniert werden. Diese beiden Operationen können in ein und demselben Apparat oder auch getrennt durchgeführt werden. Die beim Verfahren und an den Apparaten gemachten Verbesserungen sind folgende:

Zerlegung des Natriumbikarbonats.

Die Zerlegung kann in den Apparaten, Fig. 66—68, mittels heißer, trockener Luft oder mittels überhitzten Dampfes durchgeführt werden. Ich habe aber gefunden, daß gewöhnlicher, aus einem Generator entnommener Dampf nicht nur zum Auslaugen, sondern auch zum Zerlegen des Bikarbonats verwendet werden kann. Ich ziehe den Apparat Fig. 69 vor, weil man deren mehrere vereinigt benutzen kann, sodaß der im ersten Apparat nicht kondensierte Dampf in den folgenden kondensiert wird und durch Anbringung eines Distributors in jeden beliebigen Apparat geleitet werden kann, was eine abgesonderte Beschickung und Entleerung gestattet.

Fig. 69 zeigt im Vertikalschnitt eine der zahlreichen Einrichtungen, mittels welcher dieser Teil meiner Erfindung durchgeführt werden kann. A, B, C, D sind die Gefäße zum Zerlegen des Bikarbonats, von welchen eine beliebige Anzahl verwendet werden kann. O ist der Distributor, in welchem der Dampf durch das Rohr T zugeleitet wird und welcher gestattet, daß ein oder mehrere Gefäße gleichzeitig behufs Füllens und Entleerens isoliert werden können. Im Fall A und D isoliert sind, wird der in den Verteiler O einströmende Dampf durch Rohr t in den oberen Raum von B gehen, das darin enthaltene Bikarbonat durchdringen, dann durch t^1 in den Verteiler zurück und von da

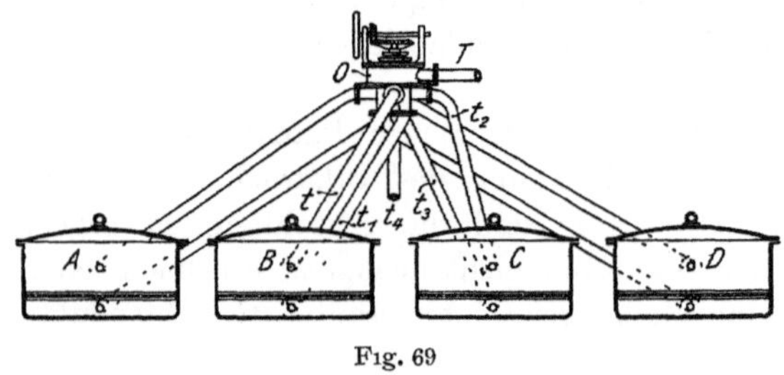

Fig. 69

aus durch t^2 in den oberen Raum von C, dann durch t^3 in den Distributor zurückgehen, um endlich durch Rohr t^4 wegen Benutzung des kohlensauren Gases in die Destillierkolonne[1]) abzugehen.

Die Hitze des Dampfes genügt zur Zersetzung des Bikarbonats. Durch die Kondensation des Dampfes wird die latente Wärme zu dieser Zerlegung in einer Weise benutzt, daß ich eine ungleich größere Wirkung erziele, als wenn ich ein unkondensierbares Gas oder überhitzten Dampf anwenden würde. Das vom gewöhnlichen Dampf erhaltene Kondensationswasser wird zum Waschen und Auslaugen des Natriumbikarbonats verwendet.

Hierzu ist zu bemerken: Die Zerlegung auf dem Filter selbst erregt Zweifel an der sicheren Durchführbarkeit. Mittels überhitzten Dampfes bezw. heißer Luft läßt sich Bikarbonat jedenfalls zerlegen, doch scheint der erstere Weg sehr teuer und bei dem zweiten werden die Abzugsgase sehr stark verdünnt, was jedenfalls nicht angenehm ist.

------

[1]) In der Destillierkolonne ist die Kohlensäure doch nicht erwünscht. Anm. d. Verf.

Durch gewöhnlichen, nicht überhitzten Dampf läßt sich das Bikarbonat auch wohl zersetzen, man kann dann aber unmöglich eine trockene Soda erhalten. Wenn gewöhnlicher Dampf zur Austreibung der Kohlensäure aus dem Bikarbonat Wärme abgibt, so muß er sich dabei zu Wasser kondensieren.

Wenn in das gewöhnliche Bikarbonat Dampf geleitet wird bis zur völligen oder doch nahezu völligen Zersetzung desselben, so wird man eine gesättigte Natriumkarbonatlösung erhalten, die noch mehr oder weniger Natriumkarbonat suspendiert enthält, je nachdem, wie groß die Wärmeverluste bei der Zersetzung sind. Wenn der Dampf sich aber nicht kondensieren soll, so muß ihm von vornherein ein gewisses Wärmequantum durch Überhitzung mitgeteilt werden. Diese überschüssige Wärmemenge dient dann zum Zersetzen des Bikarbonats. Der Dampf muß seine latente Wärme und ebenso die fühlbare Wärme von mindestens 100° behalten, um entweichen zu können. Ein derartiges Verfahren ist teuer. Wenn die Überhitzung des Dampfes auch eine einfache Operation ist, so geht doch eine Menge Wärme verloren, nämlich die ganze Eigenwärme des Dampfes; derselbe wird ja bei dem Verfahren nur als Träger der überschüssigen, durch Überhitzung hervorgerufenen Wärme benutzt.

Wird z. B. der Dampf auf 500° überhitzt, so kann er, abgesehen von Abkühlungs- und Strahlungsverlusten, auf 1 kg rund 200 Kal. abgeben, während der entweichende Dampf noch 650 Kal. enthält. Es können in diesem Falle also theoretisch nur ca. 25 % der angewendeten Wärme ausgenutzt werden, praktisch werden es im besten Falle nur 20 % sein. Je höher der Dampf überhitzt wird, je besser würde die Ausnutzung allerdings sein, indessen stehen dem wieder die Schwierigkeiten in der Ausführung einer hohen Überhitzung entgegen.

Solvay sagt a. a. O., daß die Hitze des Dampfes zur Zersetzung des Bikarbonates genüge und daß durch die Kondensation des Dampfes die latente Wärme in einer Weise benutzt wird, daß dadurch eine ungleich größere Wirkung erzielt wird, als wenn ein unkondensierbares Gas oder überhitzter Dampf angewendet sind. Das ist aber nur dann richtig, wenn man eine Lösung von Soda haben will, trockenes Natriumkarbonat kann man auf diese Weise nicht erhalten, wie schon oben bemerkt ist. Es ist unwahrscheinlich, daß Solvay dieses Verfahren wirklich praktisch ausgeführt hat.

Die bisher besprochenen Verfahren nennt Solvay „Zerlegung des Bikarbonats". Es folgen dann in dem erwähnten Patent die Angaben über das Kalzinieren:

Das Kalzinieren der Soda.

Wenn das Bikarbonat zerlegt und vom Ammoniak gereinigt ist, muß das erhaltene Monokarbonat kalziniert werden, was ich in einem rotierenden Ofen, der ein Schmelzen der Soda nicht zuläßt, vornehme. Mein Ofen hat konische oder zylindrische Form, ist geneigt und vorn und hinten offen. Je intensiver das Feuer, desto schneller lasse ich rotieren, wobei die Fortbewegung der Soda eine größere ist.

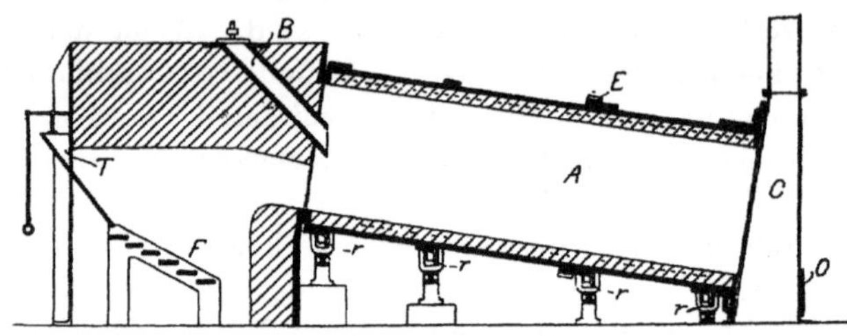

Fig. 70.

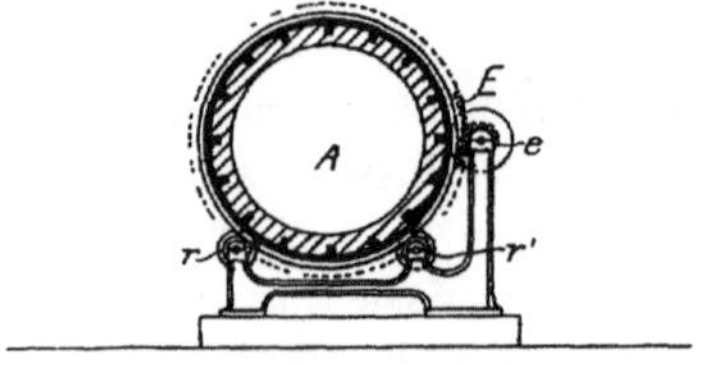

Fig. 71.

Es ist im Längsschnitt, Fig. 70, und Querschnitt, Fig. 71, A ein drehbarer Zylinder, dessen Inneres mit feuerbeständigen Ziegeln bekleidet ist. Die rotierende Bewegung erhalt er durch ein Zahngetriebe E und e; er ruht auf Rollen r und r^1. Die ihn erwärmenden Feuergase werden in F erzeugt. Der Brennstoff wird durch den Trichter T, die zu kalzinierende Soda durch den schiefen Kanal B eingebracht. Diese sammelt sich kalziniert in C an und wird durch die Tür O entleert.

Apparat zum Zerlegen und Kalzinieren der Soda.

Wird die Zerlegung des Bikarbonats und die Kalzination des Monokarbonats in einem einzigen Apparat vorgenommen, der von außen geheizt wird, wie in Fig. 72—74 dargestellt, so ist es nötig, besonders bei Anwendung einer hohen Temperatur, die heißen inneren Kesselflächen fortwährend abzuschaben. Die hierbei sich zeigenden großen Schwierigkeiten überwinde ich dadurch, daß ich die Schabeisen D in eine geneigte

Stellung bringe, und zwar mit dem stumpfen Winkel nach vorn, mit
dem spitzen nach rückwärts, sodaß sie mit ihrer Schneide die angeklebte
Soda lösen. Die Form dieser Schneide richtet sich nach der zu schaben-
den Fläche S, Fig. 74. F deutet die Richtung an, in der sich der
Arm C der Welle B bewegt.

Daß die durch die Fig. 70—74 abgebildeten Konstruktionen Solvays
noch in Betrieb sind, erscheint zweifelhaft. Wahrscheinlich sind dieselben durch neuere Öfen abgelöst. Einen solchen Ofen zeigt Fig. 75
nach dem Deutschen Patent No. 43919 vom 30. August 1887[1]).

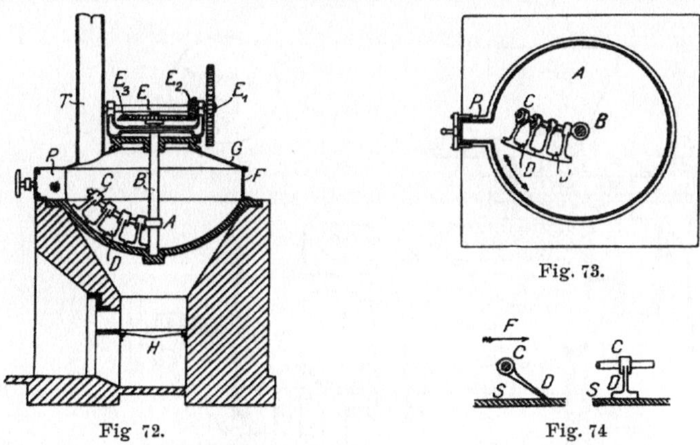

Fig. 73.

Fig 72.

Fig. 74

Die eiserne Trommel C rotiert auf drehbar gelagerten Rollen D
innerhalb der mittels Feuerung F geheizten Ummantelung A und wird
durch Trichter T mit Zufuhrungswelle Bb und Rohr T' mit Transportschnecke V, Rumpf P mit Transportwelle p', Fallrohr T'' und Büchse R
mit einem Gemisch frischen Bikarbonats und heißer kalzinierter Soda,
welch letztere durch Rohr T' zugeführt wird, beschickt. Schleif-
kette K verhindert das Ansetzen des Karbonats an den Wandungen der
Trommel.

Zum Ausschöpfen der kalzinierten Soda dient eine am Boden der
Trommel C befestigte, mit Brechzähnen g' versehene Schöpfkelle G, in
welcher zwischen den Brechzähnen g' und Brechzähnen a' der Welle a
die etwa gebildeten Sodaklumpen zermahlen werden. Mittels der
Transportschnecke V' wird die ausgeschopfte Soda nach dem Ausfall-
rohr U geschafft. Ein Sodapfropfen bildet sowohl hier wie am Ende des
Rohres V einen genugenden Verschluß. Die sich bei der Kalzination
entwickelnden Dampfe und Gase ziehen durch den Stutzen S ab."

---

[1]) cf. Chem.-Ztg. 1888, No. 82; Chem. Industrie 1889, 9.

Wie aus dem Text hervorgeht, mischt Solvay das feuchte Bikarbonat mit fertiger kalzinierter Soda. Das soll geschehen, um zu verhüten, daß Bikarbonat an den Wänden oder Rührarmen des Apparates backt und so Stillstände verursacht. Diesen Vorschlag hatte Solvay bereits in dem Deutschen Patent No. 16131 gemacht.

In der mehrfach erwähnten Mitteilung von Bradburn wird a. a. O. angegeben, daß der alte, einer Untertasse ähnliche Apparat Solvays, der zuerst in den amerikanischen Fabriken verwandt wurde, durch den neuen, im U. S. Patent 386 264 vom 24. 7. 1888 beschriebenen Röstapparat ersetzt ist. Der jetzt gebräuchliche Apparat ist nach der Be-

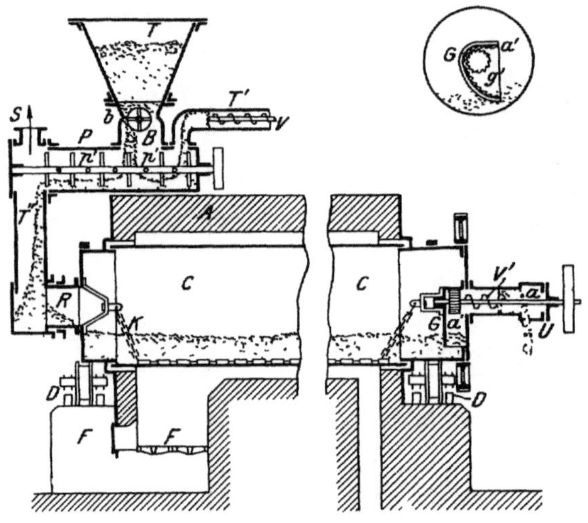

Fig. 75.

schreibung Bradburns, a. a. O., dem in Fig. 75 abgebildeten Ofen sehr ähnlich. Er wird angewandt in den Dimensionen von ca. 18 m Länge und 1,5 m Dtr.

In England werden nach Bradburn zum Kalzinieren hauptsächlich Thelen-Öfen benutzt, mit letzteren hat der Apparat Solvays, Fig. 75, im Prinzip eine gewisse Ähnlichkeit. Die in England gebräuchlichen Thelen-Öfen sind ca. 12 m lang bei einem Radius von 1 m. Die Leistung wird zu ungefahr 10 t pro 24 Stunden gerechnet.

Von Interesse ist, wenn auch durch bessere Apparate überholt, noch die Konstruktion eines Kalzinierofens, auf welchen Rube ein deutsches Patent erhalten hat. Der Ofen ist in Fig. 76—79 abgebildet, die Beschreibung lautet nach der Patentschrift:

„Bei dem Kalzinieren von Bikarbonat mittels direkten Feuers erleidet die Güte des Fabrikats durch Aufnahme von Flug-

staub und Zersetzungsprodukten des verwendeten Koks Eintrag.
Um diesen Übelstand zu beseitigen und gleichzeitig jedes beliebige
Brennmaterial zu obigem Zweck verwerten zu können, verwendet
der Erfinder einen Ofen, der so eingerichtet ist, daß die Flamme

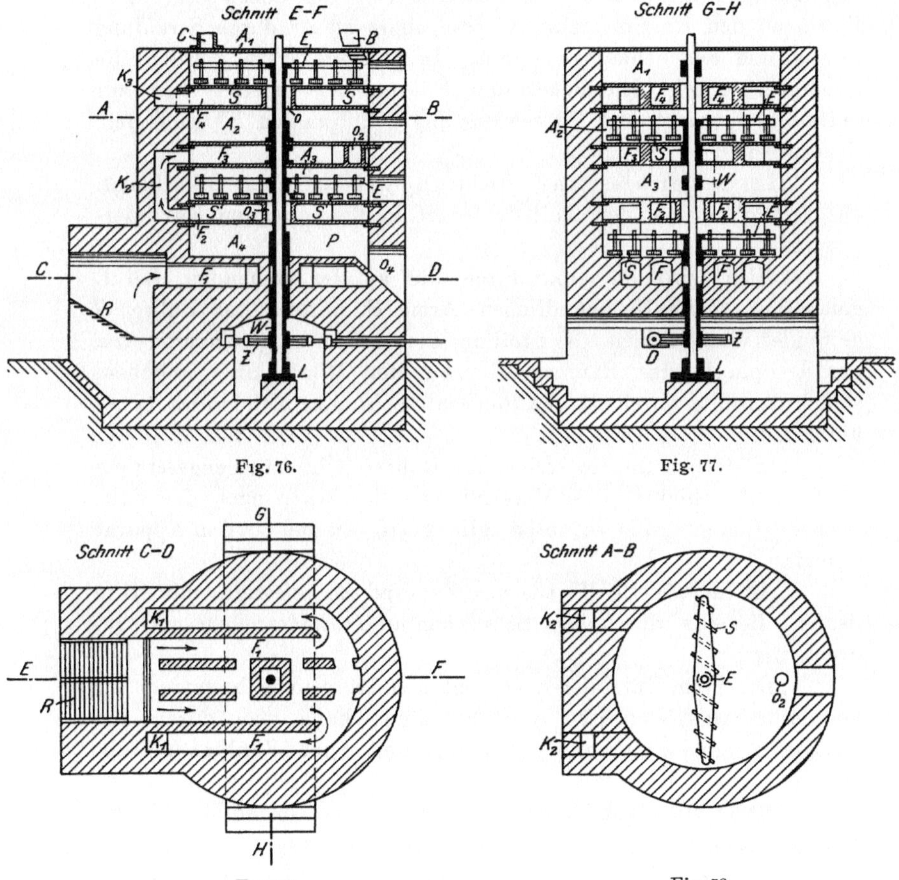

mehrere übereinander liegende Kalzinierkammern umspült, welche
zwar unter sich kommunizieren, aber als Ganzes geschlossen sind,
und in denen mechanische Rührer das Kalzinieren des Bikarbonats
durch Umwenden desselben beschleunigen.“

„Fig. 76 ist ein Vertikalschnitt nach E—F, Fig. 78; Fig. 77
ein Vertikalschnitt nach G—H, Fig. 78; Fig. 78 ein Horizontalschnitt nach C—D, Fig. 76; Fig. 79 ein Horizontalschnitt nach
A—B, Fig. 76.“

„Die auf dem Rost R erzeugten Feuergase nehmen ihren Weg durch den Feuerraum F, heizen dadurch den gemauerten Boden P des Kalzinierraumes A^4, gelangen durch die aufsteigenden Kanäle $K^1 K^1$ in den Feuerraum F^2, der durch gußeiserne Platten von den Kalzinierräumen abgeschlossen ist, von denen die untere Platte an den Kalzinierraum A^4, die obere an A^3 durch Strahlung die Wärme der Feuergase abgibt. In gleicher Weise werden die Feuergase durch den Feuerraum F^3 und F^4 geleitet und zur Wirkung gebracht und entweichen aus den Kanälen K^3 nach dem Schornstein."

„In entgegengesetzter Richtung wandert das Bikarbonat. Es gelangt durch den Fülltrichter B in den obersten Kalzinierraum A."

„Hier wird dasselbe durch die an der stehenden, bei L gelagerten Welle W befindlichen Arme E mittels der Rührer S gewendet und vermöge der Stellung dieser Rührer gleichzeitig von der Peripherie des Raumes A nach der Mitte hin geschoben, sodaß dasselbe durch die Fallbüchse O^1 in den Kalzinierraum A^2 hinabfällt."

„In diesem Raume stehen die Rührer S in entgegengesetztem Sinne und schieben das Material von der Mitte nach der Fallbüchse O^2 u. s. f., bis es vollständig kalziniert bei O^4 den Apparat verläßt."

„An der Welle W ist das Zahnrad Z befestigt, mit Hilfe dessen dieselbe durch das Schneckenrad D angetrieben und gedreht wird."

„Die beim Kalzinieren erzeugten Gase, welche besonders für den Ammoniaksodaprozeß wertvoll sind, kann man durch den Stutzen C zur weiteren Verwendung und ohne Verdünnung abziehen."

„Dieser Ofen kann auch zum Kalzinieren von anderen Materialien dienen." —

Das Prinzip dieses Ofens ist ein richtiges, der Ofen soll auch verhältnismäßig gut gearbeitet haben. Indes ist die Einrichtung immerhin etwas kompliziert und das Innere des Ofens ist schwer zugänglich, sodaß bei Verstopfungen, die unausbleiblich sind, ein längerer Stillstand eintreten muß. Die Konstruktion hat im Prinzip einige Ähnlichkeit mit einem Ofen, von Solvay, welchen Lunge, a. a. O. S. 76, abbildet.

Erwähnt sei hier noch der Vorschlag Honigmanns, D. P. No. 13 782 vom 18. 7. 1880. Es heißt darüber in der Patentschrift:

„Das Bikarbonat, ein feuchtes, beim Erhitzen ein zusammenbackendes, dabei die Wärme sehr schlecht leitendes Pulver, wird zunächst durch Pressen zu kleinen, 1 bis 3 cm dicken, festen Kuchen geformt; aus diesen läßt sich jetzt die Kohlensäure austreiben, wie aus einem festen Material, wie z. B. aus Kalkstein."

„Der Kalkofen K (siehe Fig. 80) gibt seine Gase durch das Rohr r' an den Kalzinierzylinder B ab. In diesem ruht das bei d eingeworfene gepreßte Bikarbonat auf einem schrägen, gelochten Blech und kann bei o ausgezogen werden."

„Der durch das gelochte Blech in den Boden bei p hinabfallende Bikarbonatstaub kann zuweilen durch eine Tür o_1 entfernt werden."

„Die Hitze der Kalkofengase reicht zur Kalzination des Bikarbonats hin, und werden dessen Gase durch die Kohlensäure desselben angereichert, auch wird sämtliches Ammoniak des Bikarbonats wiedergewonnen."

Der Gedanke, die Wärme der Kalkofengase auszunutzen, ist ganz interessant, indes wird die Sache praktisch längere Zeit kaum ausgeführt sein. Möglich ist die Ausführung jedenfalls nur dann, wenn die Gase aus einem Kalkofen benutzt werden, der sehr schlecht arbeitet, in dem also viel Brennmaterial verschwendet wird. Bei einem guten Kalkofen entweichen die Gase mit relativ so geringer Wärme, daß ein Kalzinieren des Bikarbonats nicht damit erreicht werden kann. Um mit den Kalkofengasen das Bikarbonat kalzinieren zu können, müßte man jedenfalls mehr von diesen Gasen haben, als der Kalkmenge entspricht, welche zur Ammoniaksodafabrikation gebrannt wird. Und dann ist es, wie gesagt, auch noch nötig, daß viel Wärme im Kalkofen verloren geht.

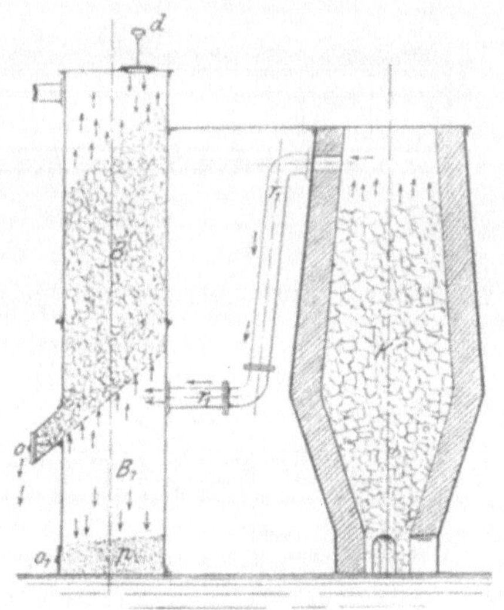

Fig. 80.

Sehr richtig ist auch der Einwand, den Lunge, a. a. O. S. 86, gegen Honigmanns Vorschlag erhebt, indem er die Befürchtung ausspricht, daß die Kalkofengase das Bikarbonat durch Flugstaub verunreinigen würden. Waschen darf man sie ja in diesem Falle nicht, da sonst die Wärme weggenommen wird.

Von allen Kalzinierapparaten, deren Einrichtung näher bekannt geworden ist, hat sich am besten der Thelen-Apparat bewährt, über denselben herrscht nur eine Stimme des Lobes. Der Apparat entspricht im ganzen der alten Thelen-Pfanne des Leblanc-Sodaprozesses, welche zum Eindampfen der Laugen sich allgemein eingeführt hat. Für den Zweck des Kalzinierens ist dieselbe natürlich etwas abgeändert, das Rührwerk hat eine andere Form und Bewegung erhalten, und die Pfanne mußte speziell für die Kalzinierung des Bikarbonats bedeckt werden, sodaß man die sich entwickelnden Gase ohne Verlust absaugen kann.

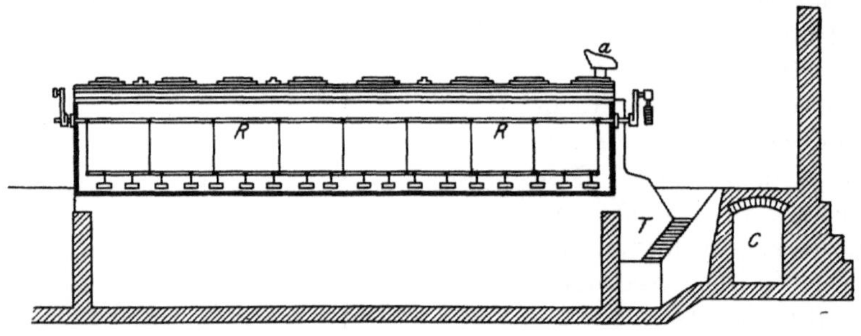

Fig. 81.

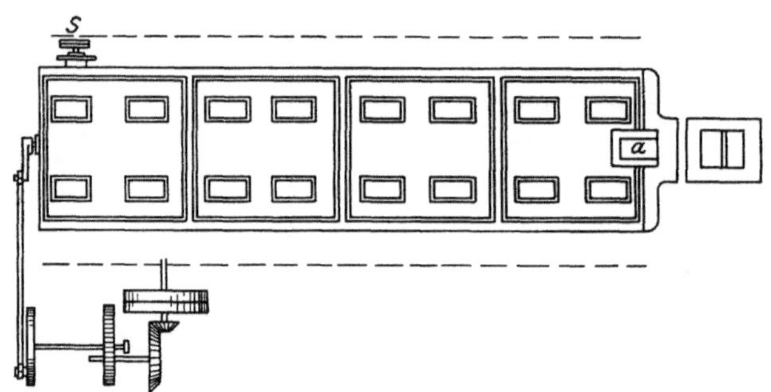

Fig. 82.

Fig. 81—83 zeigt den Thelen-Apparat im Querschnitt und Aufriß. Das Bikarbonat wird in den Fülltrichter a eingeworfen und durch das Rührwerk R langsam nach dem anderen Ende bewegt, wo es völlig getrocknet ankommt und durch ein Loch im Boden entfernt wird. Am Ausgange findet stets ein Verschluß durch die fertige Soda statt, sodaß hier keine falsche Luft eintreten kann. Das Austreten der Soda läßt sich durch die in Fig. 83 abgebildete Vorrichtung S regulieren. Die Soda fällt in die Grube H und kann von hier durch den Elevator E forttransportiert werden.

Das Rührwerk R hat keine rotierende, sondern eine oszillierende

Bewegung; der Transport des Bikarbonats geschieht durch die am Rührwerk sitzenden kleinen Schaufeln, welche etwas schräg gestellt sind.

Als Feuerung ist in Fig. 81 ein Treppenrost T gezeichnet, wie solche für Braunkohlen oder auch für minderwertige Steinkohlen in Gebrauch sind. Bei Anwendung von Koks oder guten Steinkohlen muß natürlich die Feuerung anders eingerichtet sein. C ist ein Kanal zum Fortschaffen der Asche.

Die sich entwickelnden Gase werden bei S, Fig. 82, abgesaugt. Die Luftpumpe muß so eingestellt werden, daß sie stets mehr Gase absaugt, als sich entwickeln; es wird dann etwas Luft mit eingesaugt. Hierdurch wird allerdings die Kohlensäure verdünnt, indes ist das nicht so schlimm, als wenn Gase aus dem Ofen, die stets Ammoniak enthalten, verloren gehen. Die Pumpe so einzustellen, daß sie genau die sich entwickelnden Gase absaugt, ist nicht möglich, und daher saugt man

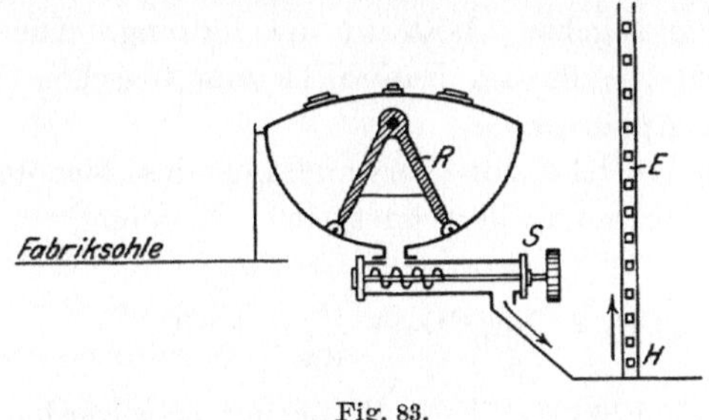

Fig. 83.

lieber etwas stärker. Die Gase werden leicht mit einem Gehalt von 50 % Kohlensäure erhalten. Bei sehr sorgfaltiger Betriebsführung kann man auch höherprozentiges Gas gewinnen, man soll bis zu 80 % gekommen sein.

Es ist für den Betrieb der Kalzinieröfen am richtigsten, wenn jeder Ofen eine besondere kleine Dampfmaschine hat, damit jeder Ofen langsam oder schneller gehen kann, wie man es gerade wünscht. Eventuell muß beim Antrieb durch eine gemeinsame Maschine durch Stufenscheiben oder konische Scheiben dafür gesorgt werden, daß der Gang eines jeden Ofens für sich reguliert werden kann. Ebenso ist es richtig, wenn für jeden Ofen ein besonderer Kompressor vorhanden ist und zwar als Dampfkompressor montiert, damit der Gang desselben jederzeit dem Gang des Ofens angepaßt werden kann. Hierdurch wird die Anlage allerdings verteuert, der Betrieb ist jedoch vorteilhafter. Man muß der hohen Anlagekosten wegen natürlich darauf sehen, daß die einzelnen Öfen eine möglichst große Leistungsfahigkeit besitzen. Die gewöhnlichen Öfen, welche im Lichten 10 m lang sind und einen größten Durchmesser von $2^1/_2$ m haben, liefern rund 10 000 kg Soda in 24 Stunden. Es sind jedoch in den letzten Jahren größere Thelen-Öfen gebaut, welche bis 15 000 kg Soda pro 24 Stunden geben.

Der Thelen-Apparat liefert gewöhnlich bei rascherem Gange eine lockere Soda, welche auch noch etwas Bikarbonat enthält. Man kann jedoch bei langsamerem Gange direkt eine Soda erhalten, welche soviel Dichtigkeit besitzt, daß sie z. B. für Glashütten brauchbar ist.

Die Thelen-Apparate leiden außen durch die Erhitzung ziemlich stark, auch im Innern tritt eine starke Abnutzung ein. Es ist eine große Hauptsache, daß die Öfen aus gutem Material hergestellt sind, nicht jeder Fabrik steht der richtige Guß zur Verfügung. In Deutschland haben sich die Apparate der Lendersdorfer Hütte bei Düren ausgezeichnet bewährt.

Die aus dem Kalzinierapparat kommenden Gase werden zuerst durch einen Scrubber gesaugt, in welchem sie durch Wasser gewaschen und gekühlt werden; sie gehen dann in die Fällung. Die Scrubber können konstruiert sein, wie die im Kapitel II zum Waschen der Kalkofengase beschriebenen Apparate.

Die Wärmemenge, welche zur Verwandlung des feuchten Bikarbonates in Soda erforderlich ist, berechnet sich wie folgt[1]):
Die Reaktion

$$2\,Na\,H\,CO_3 = Na_2\,CO_3 + H_2\,O + CO_2$$
$$\text{(Gas)}$$

verlangt für 1 kg = rund 176 c.[2]). Es soll angenommen werden, daß das Bikarbonat, wie es aus den Filtern oder Zentrifugen in den Kalzinierapparat kommt, 25 % anhaftendes Wasser enthält. Dann sind, um 100 kg $Na_2\,CO_3$ zu liefern, 212 kg feuchtes Bikarbonat erforderlich. Darin sind enthalten und erfordern an Wärme zur Vergasung:

$$
\begin{aligned}
159\ \text{kg}\ Na\,H\,CO_3\ &\text{à}\ 176\ \text{Kal.} = 28\,000\ \text{Kal.}\\
53\ \text{-}\ H_2\,O\ &\text{à}\ 640\ \text{-}\ = \underline{33\,920\ \text{-}}\\
&\text{Summa}\quad 61\,920\ \text{Kal.}
\end{aligned}
$$

Hierzu kommen ca. 2000 Kal., welche für die Erwärmung der sämtlichen entstehenden Gase auf rund 105^0 zu rechnen sind (inkl. Vergasung von etwas beigemengtem Ammoniak) und ferner sollen für Verluste durch Abkühlung und Strahlung auch noch rund 12 000 Kal. auf 100 kg Soda angenommen werden. Insgesamt sind also erforderlich für 100 kg fertige Soda = 76 000 Kal. Die Ausnutzung der Kohle kann in guten Kalzinierapparaten zu 70 % gerechnet werden. Gute Kohle, die

---

[1]) cf. Chem.-Ztg. 1894, No. 99.
[2]) Naumann, Thermochemie S. 488.

7500 Kal. pro 1 kg liefert, gibt also einen Nutzeffekt von rund 5200 Kal. Obige 76 000 Kal. verlangen demnach rund 14,5 kg gute Kohle. Es ist hierzu indes zu bemerken, daß dieses Quantum meistens überschritten wird, erreicht ist jedoch die Zahl von 15 kg Koks beim Kalzinieren von 100 kg Soda. Für gewöhnlich wird man beim Thelen-Apparat 18—20 kg gute Kohle oder Koks oder die entsprechende Menge von anderem Brennmaterial rechnen müssen. Sehr viel hängt ab von dem Gehalt des Bikarbonates an Wasser; durch stärkere vorherige Trocknung des Bikarbonates wird der Verbrauch an Brennmaterial erheblich herabgesetzt.

Für besondere Zwecke wird die Soda aus dem Thelen-Ofen noch nachträglich in Flammöfen geglüht, um ein ganz dichtes Produkt zu erhalten. Lunge, a. a. O. S. 87, gibt an, daß dazu der sogenannte Mactear-Ofen verwendet wird.

Bei sehr starker Produktion ist es nötig, die aus den Öfen kommende Soda, die eventuell noch sehr warm ist, vor dem Verpacken zu kühlen. Wie Lunge, l. c. S. 88, angibt, werden dazu mechanische Kühlapparate angewendet, welche aus einer endlosen Transportbahn von Eisenplatten bestehen. Letztere werden von unten gekühlt. Soviel ich weiß, wird hierzu auch die bekannte „Förderrinne" von Eugen Kreiß, Hamburg, angewendet. Die Rinne ist in diesem Falle doppelwandig und wird mit fließendem Wasser gekühlt.

Für viele Zwecke geht die Soda, so wie sie aus den Kalzinierapparaten kommt, direkt in den Handel. Häufig wird jedoch die Soda fein gemahlen verlangt. Als Mahlvorrichtungen für diesen Zweck haben sich Kugelmühlen und auch die Grusonschen Exzelsiormühlen sehr gut bewährt, letztere besonders, wenn es nicht auf sehr feine Mahlung ankommt.

Zersetzung des Bikarbonats durch Kochen in wäßriger Lösung.

Ebensogut wie durch direktes Erhitzen des Bikarbonats auf geheizten Flächen, läßt sich dasselbe auch durch Kochen in Wasser zerlegen; man erhält dann eine mehr oder weniger konzentrierte Lösung von Soda. Nach den Angaben der Lehrbücher zerfällt Natriumbikarbonat schon beim Erhitzen seiner wäßrigen Lösung auf 80°.

Es ist oben schon bei Besprechung von Solvays Verfahren die Zersetzung des Bikarbonats durch Kochen mit Dampf berührt. Jene Verfahren Solvays werden in der daselbst angegebenen Form nicht im Betrieb sein. Wie Lunge, a. a. O. S. 89, mitteilt, wird in den Solvayfabriken Bikarbonat in wäßriger Lösung zersetzt und zwar behufs

Fabrikation von Krystallsoda aus den entstehenden Laugen. Es ist auch auf anderen Fabriken in dieser Weise gearbeitet, und das Verfahren kann auch unter Umständen empfohlen werden.

Der Wärmeverbrauch bei der Zersetzung des Natriumbikarbonats durch Kochen in wäßriger Lösung ist geringer als beim Kalzinieren in Öfen, sofern nur geeignete Apparate angewendet werden.

Der Wärmeaufwand für die Vergasung der Kohlensäure ist beim Kalzinieren und beim Kochen in wäßriger Lösung gleich. Aber im Kalzinierofen muß viel Wasser verdampft werden, letzteres fällt bei der wäßrigen Zersetzung fort; man erhält jedoch nur eine Lösung von Soda.

Zur Herstellung von 100 kg Natriumkarbonat sind, wie auf S. 205 berechnet wurde, 212 kg Natriumbikarbonat erforderlich. Darin sind enthalten rund 17 kg Konstitutionswasser und rund 53 kg anhaftendes Wasser, zusammen 70 kg. Diese verlangen zur Verdampfung $650 \times 70 = 45\,500$ c., welche dem Kalzinierofen zur Last fallen, während beim Kochen in wäßriger Lösung dieser Wärmeverbrauch gespart wird. Dagegen muß allerdings bei der wäßrigen Zersetzung des Bikarbonats eine große Menge Flüssigkeit auf höhere Temperatur, ca. 130°, erhitzt werden, indes ist der dazu gehörige Wärmeaufwand kleiner als beim Verdampfen der erwähnten 70 kg Wasser. Auf 100 kg Natriumkarbonat sind rund 220 kg Wasser auf rund 110° zu erhitzen[1]), das sind $100 \times 220 = 22\,000$ c.[2]) Wir haben hier also rund 23 500 c. weniger als beim Kalzinieren.

Die Verluste, welche durch Abkühlung und Strahlung entstehen, kann man bei guter Isolierung der zur wäßrigen Zersetzung des Bikarbonats dienenden Kochgefäße nicht höher schätzen als beim Kalzinierofen.

Es ist hier übrigens ferner zu rechnen, daß man eine fertige Lösung hat, welche, nachdem man sie schwach kaustisch gemacht und geklärt hat, zur Krystallsodafabrikation fertig ist.

Die Zersetzung des Bikarbonats in wäßriger Lösung geschieht am besten in der Weise, daß man eine Reihe Kochgefäße hintereinander stellt, sodaß die aus dem ersten Kocher entweichenden Gase nach-

---

[1]) In Wirklichkeit ist weniger Wasser zu erhitzen, da ein Teil dieses Lösewassers durch den sich kondensierenden Dampf geliefert wird, welcher Wasser von ca. 100° bildet.

Die zur Erhitzung des in dem Wasser gelösten Natriumkarbonats nötige Wärmemenge soll hier außer acht gelassen werden, da diese sich deckt mit dem Wärmequantum, welches zur Erhitzung der Soda in Kalzinieröfen verlangt wird.

[2]) Die Temperatur des zum Lösen dienenden Wassers mit 10° durchschnittlich angenommen.

einander den zweiten, dritten, vierten etc. Kocher durchstreichen müssen. Eine solche Einrichtung entspricht ungefähr den Destillationsgefäßen zur Austreibung des Ammoniaks. Auch Kolonnenapparate kann man zur Zersetzung verwenden, doch tut man in diesem Falle gut, ein einfaches Gefäß mit der Kolonne zu kombinieren. Beim Kochen von konzentrierten Lösungen kann sich eine Kolonne leicht vollsetzen.

Die oben berechneten Zahlen darf man nicht als wirklich genaue Zahlen der Praxis annehmen, aber zum Vergleich sind sie sehr wohl zu benutzen.

Bei der wäßrigen Zersetzung des Bikarbonats kommen gegenüber dem Kalzinieren nach folgende Umstände in Betracht:

I. Die Anlage zur wäßrigen Zersetzung ist bedeutend billiger als Kalzinierapparate. Ein Thelen-Ofen inkl. Luftpumpe und Antriebmaschine für 10 000 kg Produktion kostet 25—30 000 M., fertig montiert, während die einfachen Kessel zur wäßrigen Zersetzung höchstens ca. 10 000 M. kosten. Eine Kolonne kostet nicht mehr.

II. Man spart bei der wäßrigen Zersetzung die Kraft für die Luftpumpe, da die Gase durch den beim Kochen entwickelten Druck in die Fällungsapparate gedrückt werden können.

III. Die Gase können bedeutend hochprozentiger erhalten werden als beim Kalzinierofen, durchschnittlich mit 90 % CO_2.

IV. Die Kraft für das Rührwerk wird gespart.

V. Es wird an Arbeit gespart.

Die Zersetzung auf wäßrigem Wege ist also billiger als das Kalzinieren, sie hat aber den großen Nachteil, daß man keine Soda in festem Zustande, sondern nur eine Lösung davon erhält. Zur Gewinnung von fester Soda müßte die Lösung also erst eingedampft werden, und dadurch würde der Vorteil völlig wieder aufgehoben[1]).

Im allgemeinen kann man das Verfahren der wäßrigen Zersetzung nur da empfehlen, wo die ganze Produktion an Soda zu Krystallen oder zu kaustischer Soda verarbeitet wird, also nur für kleinere Werke. Eventuell gilt dasselbe jedoch auch für ganz große Werke, welche einen großen Teil ihrer Produktion zu kaustischer Soda verwenden.

Für mittlere Fabriken, welche zum Teil oder der Hauptmenge

---

[1]) Wenn man übrigens die Resultate betrachtet, welche früher bei schlechten Kalzinierapparaten erreicht sind, so muß man sagen, jene Fabriken hätten besser getan, das Bikarbonat in wäßriger Lösung zu zersetzen und dann einzudampfen. Es sind Kalzinierapparate in Betrieb gewesen, die 80—100 kg Kohle pro 100 kg Soda verbraucht haben, und dazu arbeiteten sie so schlecht, daß in einem fort Stillstände vorkamen.

nach kalzinierte Soda herstellen, scheint es geeigneter, sämtliches Bikarbonat in Öfen zu kalzinieren.

Daß sich die Zerlegung des Bikarbonats in wäßriger Lösung für die Zwecke der Krystallsodafabrikation eignet, ist also außer Frage. Es gelingt übrigens nicht, wie schon erwähnt wurde, das Bikarbonat völlig zu zersetzen, das gelingt aber auch nicht in allen Kalzinierapparaten. Da sich aus Lösungen von Natriumkarbonat, welche nur ganz geringe Mengen Bikarbonat enthalten, Krystallsoda nur in kleinen spießigen oder nadelförmigen Krystallen abscheidet, muß man den Laugen etwas Ätzkalk zusetzen, um die überschüssige Kohlensäure fortzunehmen und eine schwach kaustische Reaktion herzustellen. Noch besser ist Ätznatronzusatz, da der Kalk in der konzentrierten Sodalösung schlecht wirkt. Es sei hier noch bemerkt, daß bei der Fabrikation von Krystallen aus Ammoniaksoda (einerlei wie die Lösung hergestellt ist) der konzentrierten Lösung vor dem Krystallisierenlassen zweckmäßig 3—4 % vom Gewicht der Soda an Natriumsulfat[1]) zugesetzt werden. Hierdurch erhält man härtere Krystalle.

---

[1]) cf. auch S. 192, Anmerkung.

Sechstes Kapitel.

Regenerierung oder Destillation des Ammoniaks.

Diese Operation dient dazu, das gebrauchte Ammoniak wieder zu regenerieren. Es muß zu diesem Zwecke aus den Laugen, welche von der Filtration kommen, das Ammonkarbonat verjagt, der in ihnen enthaltene Salmiak zersetzt und das dann frei werdende Ammoniak ausgetrieben werden.

Die Zersetzung des Salmiaks wird allgemein mit Ätzkalk vorgenommen, sie vollzieht sich sehr einfach nach der Formel:

$$2\,NH_4\,Cl + Ca\,(OH)_2 = 2\,NH_3 + 2\,H_2O + Ca\,Cl_2.$$

Außer dem Salmiak ist auch noch etwas Ammonsulfat zu zersetzen, welches aus den Unreinheiten des Salzes stammt, bezw. zur Ergänzung des verloren gehenden Ammoniaks an dieser Stelle zugesetzt wird.

Von den für die Destillation angewendeten Apparaten gibt es ebenso zahlreiche Formen, wie von den bei der Fällung benutzten. Die Destillation wird betrieben in Kolonnen und einfachen Gefäßen mit und ohne Rührwerk.

Im Prinzip ist die Kolonne für die Destillation des Ammoniaks der geeignetste Apparat. In der Praxis entstehen indes manche Schwierigkeiten, sodaß unter Umständen die Destillation besser in Gefäßen vollzogen wird. Das ist z. B. der Fall bei kleinen Betrieben. Einer der wichtigsten Punkte bei der Destillation ist die Regulierung des Kalkzusatzes. Wenn zu wenig Kalk gewonnen wird, so geht Ammoniak verloren, und dann leicht in solchen Mengen, daß der Verlust den Betrieb unmöglich macht. Bei der Destillation in Kolonnen ist die Regulierung des Kalkzusatzes nicht leicht.

Die Destillationsflüssigkeit befindet sich fortwährend im Fließen, indem sie aus einer Abteilung in die andere übergeht. Der Kalkzusatz muß in einem der oberen Ringe stattfinden, damit das Ammoniak an dieser Stelle frei wird. Die unteren Ringe sind dazu da, das Ammoniak auszutreiben. Man kann also, falls oben zu wenig Kalk zugesetzt war, den Fehler weiter unten in der Kolonne schlecht korrigieren. Man läuft sonst Gefahr, daß das freie Ammoniak nicht genügend ausgetrieben wird.

Es ist daher bei der Kolonnendestillation durchaus erforderlich, den Kalkzusatz sehr genau zu regulieren[1]). Die Kalkpumpe muß stets denselben Gang haben und die Kalkmilch muß von gleichmäßiger Beschaffenheit sein. Es muß eine Reservepumpe vorhanden sein, welche sofort in Betrieb tritt, wenn der arbeitenden Pumpe etwas zustößt, Verstopfung der Rohrleitung oder der Ventile eintritt. Selbstverständlich muß auch die Salmiaklauge ganz gleichmäßig in die Destillation einlaufen und dieselbe muß möglichst gleichmäßige Zusammensetzung haben. Außerdem ist eine fortwährende analytische Überwachung der Kolonnenarbeit erforderlich, um darnach den Gang der Pumpe oder den Zulauf der Mutterlauge zu regulieren. Eventuell läßt sich an einer zweiten, unterhalb des gewöhnlichen Kalkmilcheinlaufs befindlichen Stelle ein zweiter Kalkzusatz machen. Das ist natürlich nur möglich bei einer hohen Kolonne und wenn sehr schnell analysiert wird.

Um die beschriebene Regulierung von Mutterlauge und Kalkmilch durchführen zu können, sind größere, zweckmäßige Einrichtungen nötig, deren Anschaffung einen kleinen Betrieb verhältnismäßig zu stark belasten würde. Ferner erfordert die ständige Überwachung des Kolonnenbetriebes viel Arbeit und teuere chemische Hilfskräfte; auch das kann ein Kleinbetrieb nicht tragen. Die Kosten der Überwachung würden für eine Kolonne zu 10 000 kg Tagesproduktion ebenso hoch sein, wie für eine solche von 30 000—50 000 kg Produktion.

Man kann unter Umständen mit einer weniger komplizierten Einrichtung und geringeren Überwachungskosten auskommen, wenn man stets einen sehr großen Überschuß an Kalk anwendet. Dann hat man aber wieder die hohen Kosten für Kalk und man erhält um so mehr von dem unangenehmen Destillationsschlamm. Dieser bringt die Kolonnen leicht zur Verstopfung und ist außerdem häufig sehr lästig, da man ihn schwer los werden kann. Destillationsschlamm häuft sich bei manchen Werken formlich zu großen Bergen an. Nicht jede Fabrik kann den Schlamm in den Fluß jagen. Aus den genannten Gründen ist für

---

[1]) Zur Destillation des Gaswassers werden auch in kleinen Betrieben fast nur Kolonnen verwendet. Bei dieser Arbeit findet besondere Aufsicht betreffs des Kalkzusatzes zwar nicht statt und der Betrieb geht doch. Aber der Verlust an Ammoniak ist daselbst auch häufig so groß, daß eine Ammoniaksodafabrik bei relativ gleich großen Verlusten ihren Betrieb einstellen müßte.

kleinere Betriebe die Destillation des Ammoniaks in einfachen Kesseln vorzuziehen.

Für Großbetrieb ist die Kolonne jedoch dem Kessel- oder Gefäß-system bei weitem überlegen. Der einzige Nachteil, den die Kolonne gegenüber dem Gefäßsystem hat, ist der Mehrverbrauch an Kalk. Auch bei der besten Überwachung muß man bei der Kolonnendestillation den Überschuß an Kalk etwas größer nehmen, als beim Gefäßsystem. Indes wird dieser Umstand durch andere Vorteile, wie relativ größere Leistungs-fähigkeit, weniger Raumbedarf und Ersparnis von Dampf, weit über-wogen.

Man kann jedoch auch Einrichtungen treffen, wodurch es möglich wird, bei der Kolonnenarbeit nicht mehr Kalk zu gebrauchen, als beim Gefaßsystem; allerdings wird dann die Anlage teurer. Hierüber wird weiter unten Naheres mitgeteilt.

Betreffs der Auswahl einer Kolonne zur Destillation gilt hier das-selbe, was im Kapitel „Fällung des Bikarbonats" über Kolonnen im allgemeinen gesagt ist. Auch für die Destillation muß die Kolonne gut konstruiert sein, die Weite der Überfallrohre und Sieblöcher und der Durchmesser der Kolonne müssen im richtigen Verhältnisse zur Flüssig-keitsmenge und zum Gasstrome stehen.

Die Kolonne wirkt, verglichen mit den einfachen Gefäßen, bei der Destillation noch intensiver als bei der Absorption. Da die ganze Dampfmenge in jedem Ringe nur mit einem sehr kleinen Flüssigkeits-volumen in Berührung kommt, so wird ein sehr lebhaftes Sieden hervor-gerufen, welches in den unteren Ringen beinahe einem Verstäuben gleich-kommt. Gerade diese lebhafte Bewegung der Lösung bewirkt eine sehr schnelle vollstandige Austreibung des Ammoniaks.

Die Anwendung von Gefaßen bei der Destillation hat dieselben Nachteile bezw. Vorteile, wie beim Fällen des Bikarbonats. Sie nehmen mehr Raum ein, weil sie relativ größer sein mussen, und wurden, wenn in großer Anzahl vorhanden, sehr hohen Gegendruck für den Dampf bieten. Nimmt man aber weniger Gefaße, welche dann relativ größer sein mussen, so wird der Dampf schlecht ausgenutzt. Andererseits sind die Gefäße sicherer im Betriebe und zugänglicher als eine Kolonne und dann haben sie hier den schon erwahnten besonderen Vorzug, daß man die Kalkmenge genauer und leichter abmessen kann als bei der Kolonne. Da ein Gefäß 10 Stunden und länger im Betriebe steht, so hat man Zeit, mehrmals zu prufen und, wenn nötig, wieder aufs neue Kalk zu-zusetzen. Der schlechteren Ausnutzung des Dampfes kann man dadurch begegnen, daß man eine kleinere Kolonne mit in das System einfügt. Dieselbe dient zum Vorwarmen der Laugen, wobei zugleich der große Teil der Ammonkarbonate verflüchtigt wird.

Wenn bei der Destillation das Ammoniak möglichst trocken entweichen soll, damit die Sole in der Ammoniakabsorptionskolonne nicht
zu sehr verdünnt wird, so müssen die entweichenden Gase vorher gekühlt
werden[1]). Das kann geschehen dadurch, daß man oben in die Kolonnen
eine Kühlvorrichtung legt oder bei Gefäßen einen besonderen Kühler
aufstellt.

Zum Destillieren wendet man zweckmäßig den Abdampf der
Maschinen an. Man leitet den Dampf der verschiedenen Motoren in
einen Sammler und läßt ihn von hier aus durch eine mit Rückschlagventil versehene Rohrleitung in die Destillierapparate treten. Je höher
der Druck in diesen Apparaten ist, um so schwerer arbeiten die
Maschinen und um so mehr Dampf gebraucht man. Es ist daher von
Wichtigkeit, einen möglichst niedrigen Druck in der Destillation zu
haben[2]). Dieser Umstand spricht wieder für Anwendung von Kolonnen.
Um den Druck zu vermindern, hat Solvay schon 1877 angegeben, die
Destillation in der Weise auszuführen, daß eine Vakuumpumpe benutzt
wird, welche hinter der Destillation saugt. Eine derartige Vorrichtung
ist übrigens schon vor Solvay vorgeschlagen bei der Destillation
ammoniakalischer Lösungen im allgemeinen.

Bei der Besprechung der einzelnen Systeme kann man zweckmäßig
wieder beginnen mit Solvays Apparaten. Im Deutschen Patent vom
27. 11. 1877 hat Solvay zwei Dispositionen angegeben; ein reines
Kolonnensystem und ein System, kombiniert aus Gefäßen und Kolonne.

Solvay beschreibt die Apparate, wie folgt[3]):

I. Destillation des Ammoniaks. Um das in der ammoniakalischen Flüssigkeit, welche von dem gebildeten Natriumbikarbonat getrennt wurde, enthaltene Ammoniak abzudestillieren,
habe ich zwei neue Anordnungen in meinem Destillierapparat getroffen, welche in praktischer Weise die nötigen Bedingungen erfüllen. Diese sind:

1. Große Mengen von Flüssigkeiten ununterbrochen und mit
Leichtigkeit zu verarbeiten.

2. Vorerst die ganze Quantität kohlensauren Ammoniaks aus
der ammoniakalischen Flüssigkeit auszuziehen.

3. Die Verwendung von möglichst wenig Kalk, sowie er aus
dem Ofen, teilweise noch ungebrannt, mit seinen Unreinigkeiten
kommt, sowie die Vermeidung einer zu heftigen und schädlichen
Gasentwicklung infolge einer zu jähen Reaktion zwischen Kalk
und Flüssigkeit.

---

[1]) cf. Kapitel II.
[2]) Hierüber Näheres weiter unten.
[3]) cf. Deutsche Patentschrift vom 27. 11. 1877.

4. Die beste Ausnutzung der Wärme, welche beim Löschen des Kalkes und von den Ablaßdampfen der Motoren gewonnen wird.

Diese Resultate werden auf folgende Weise erhalten:

I. Disposition.

Diese ist durch die Fig. 84—86[1]) dargestellt.

Fig. 84 ist ein Vertikalschnitt,

Fig. 85 ein Horizontalschnitt,

Fig. 86 eine Draufsicht des falschen oder Zwischenbodens x der Destillierkolonnen.

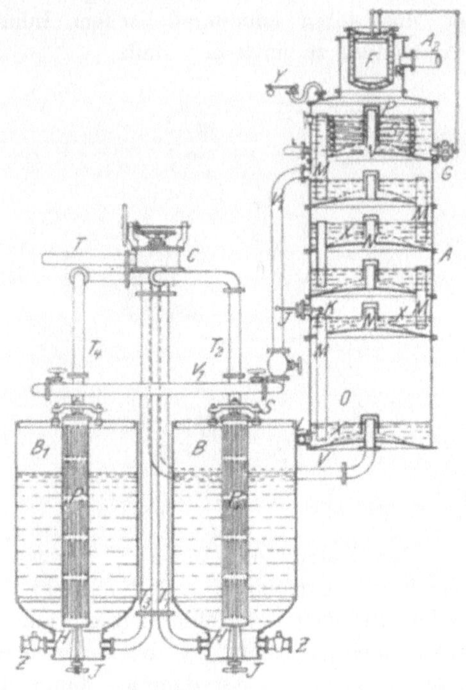

Fig. 84.

Der Apparat besteht aus der Kolonne A, welche zur Destillation der Flüssigkeit ohne Kalk dient, und aus den Destillierblasen B, B^1, B^2, B^3, welche zur Destillation der aus der Kolonne kommenden Flüssigkeit mit Kalk verwendet werden.

Die vier Blasen (es können auch mehr oder weniger sein) sind durch einen Verteilungsapparat (Distributor) C miteinander

----

1) In der Patentschrift als No. 1—3 bezeichnet.

in Verbindung, wodurch man imstande ist, die eine oder andere
Blase behufs Füllung, Entleerung oder Reinigung zu isolieren,
ohne Unterbrechung der Destillation in den anderen.

Der zur Destillation erforderliche Dampf wird direkt aus
den Motoren beim Entweichen nach geleisteter Arbeit entnommen
und gelangt in den Distributor durch das Rohr T. Er kommt
zuerst in die gefüllte Blase B durch das Rohr T^1, entweicht durch
das Rohr T^2, um in den Distributor zurückzukehren, von wo aus
er durch das Rohr T^3 in die zweite und ebenso in die dritte
Blase geht, so zwar, daß der neue Dampf in diejenige Blase
zuerst kommt, aus deren ammoniakalischem Inhalt die letzten
Spuren von Ammoniak zu entfernen sind.

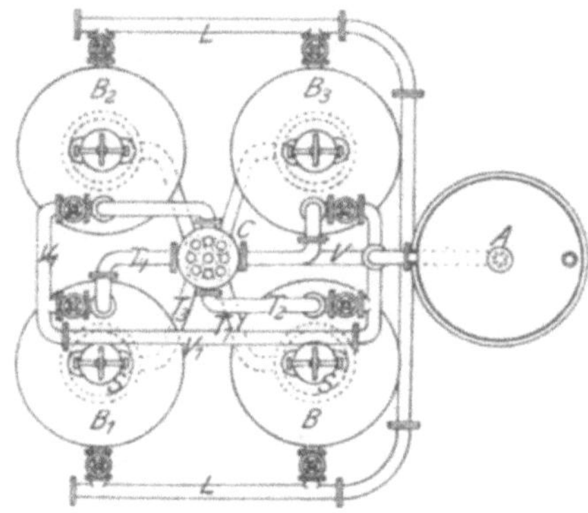

Fig. 85

Nachdem der Dampf die Blase B^2 verlassen hat, geht er
durch das Rohr V in die Kolonne A und bewirkt die Destillation
sowohl des freien als auch des kohlensauren Ammoniaks.

Die letztere obere Abteilung P der Kolonne wirkt als Kondensator der mitgerissenen Wasserdämpfe, damit das Ammoniak
allein durch das Rohr A^2 abgehen kann. Anstatt Wasser wird
zweckmäßig in dem Schlangenrohr S^1 die zu destillierende Flüssigkeit, um sie vorzuwärmen, angewendet. Über der Abteilung P
ist ein Regulator angebracht, welcher durch den Temperaturwechsel in Tätigkeit gesetzt wird.

Dieser Apparat besteht aus einem Schwimmer F in einem
Reservoir, in welches nur wenig Wasser gegeben wird. Das
während der Destillation entwickelte Gas erwärmt dieses wenige
Wasser, und wenn es hinreichend erwärmt ist, wird der Schwimmer
sinken, auf das Einflußventil G wirken, dasselbe öffnen und Wasser

oder ammoniakalische Flüssigkeit in das Schlangenrohr einlassen.
Der Regulator kann auch durch die Wirkung des Schwimmers auf
ein Papillonventil das Zuströmen des Dampfes in den Destillierapparat regeln. Jedenfalls ist die Benutzung desselben von großer
Wichtigkeit, denn die Kondensation der Wasserdämpfe in der Sole,
d. h. deren Verdünnung, muß vermieden werden.

Wenn die zu destillierende Flüssigkeit aus dem Abkühlungs-
schlangenrohr kommt, wird sie durch das Rohr l in die Kolonne
geleitet und fließt aus dieser durch das untere Rohr L in die zuvor
entleerte Blase B, deren Korb frisch mit Kalk gefüllt worden ist.

Man kann hierzu bereits gelöschten Kalk verwenden. Vor-
zugsweise eignet sich Kalk in ganzen Stücken, wie er aus dem
Ofen kommt, wobei die beim Löschen frei werdende Wärme ausgenutzt wird; man gibt denselben durch die Öffnung S in einen
zylindrischen Korb P, in welchem alle ungelösten und unreinen
Teile zurückbleiben. Bei Entleerung des Kessels entfernt man
den Rückstand im Korb durch die Tür J.

Hierdurch findet das Entweichen des Ammoniaks aus der
aufsteigenden Flüssigkeit, welche den Kalk angreift, nur allmählich
statt und kann nie gefährlich werden; denn sobald der Druck in
der zu füllenden Blase zu stark ist, kann die Flüssigkeit infolge
des inneren Druckes nicht mehr in den Apparat eindringen.

Beim Löschen des Kalkes wird Wärme und Dampf erzeugt,
welche in der Kolonne benutzt werden können und zu deren Über-
führung die Rohre V und V^1 dienen.

Weiter ist hervorzuheben die Anwendung der falschen oder
Zwischenböden X in der Absorptionskolonne Fig. 86,
welche einem umgekehrten Trichter ähnlich sind, dessen
konvexer Teil durchlöchert und an der Peripherie ge-
zahnt oder gezackt ist. Durch diese Form wird eine
vollkommene Wärmeabsorption erzielt.

Fig. 86.

Hat die unterste Abteilung O der Kolonne das erforderliche
Maß Flüssigkeit für eine Blase erhalten, so wirkt Hebel i auf
Ventil K und verhindert ein weiteres Zulaufen von Flüssigkeit;
ein seitlich angebrachtes Standglas macht den Füllungsgrad ersichtlich.

M sind Überlaufrohre, N Rohre zum Aufsteigen des Dampfes
und Ammoniaks. Y ist ein Sicherheitsventil, Z sind Ausblashähne
der Blasen oder Kessel.

Man sieht an der ganzen Disposition, daß jede Einzelheit genau
durchdacht ist, ob aber wirklich diese Apparate in allen Teilen in der
Praxis längere Zeit gearbeitet haben, scheint fraglich. Besonders gilt

das von der automatischen Regulierung des Zuflusses. Ferner glaube
ich auch nicht, daß sich die Vorrichtung zur Einführung des Kalkes in
der beschriebenen Form bewahrt hat. Von diesen Punkten abgesehen,
ist das Prinzip, welches der Disposition zu Grunde liegt, indes jedenfalls ein sehr richtiges, und dasselbe hat sich auch dauernd bewährt.
Dieses Prinzip, also Destillation mit Kalk in Gefäßen und Vorwärmung
der Laugen unter Austreibung der Ammonkarbonate in einer Kolonne,
ist vielerorts angewendet.

Die oben schon erwähnte, im Deutschen Patent von 1877 angegebene zweite Destilliervorrichtung Solvays besteht nur aus einer
Kolonne allein. cf. Fig. 87—88. Die Beschreibung dazu lautet:

Die Einrichtung dieses Apparates gestattet eine ununter-
brochene Destillation in ein und derselben Kolonne. Dieselbe
besteht aus zwei Teilen, einem oberen, A, und einem unteren, B.
Der hier aus acht Kammern bestehende obere Teil ist von gleicher
Konstruktion, wie die in Fig. 84 dargestellte Kolonne, kann aber
auch, wie der hier aus zwölf Kammern bestehende untere Teil B,
konstruiert sein, welcher zur Destillation mit Kalk benutzt wird

Die Behälter P, P^1, P^2, P^3 sind je mit einem zweiten
gitter- oder rostartigen Boden G versehen und dienen zur Aufnahme des unreinen Ätzkalkes für die Destillation. Wenn die
Behalter vom unreinen Rückstand entleert oder mit frischem Ätzkalk neu angefüllt werden sollen und zu dem Zweck außer Betrieb
gesetzt werden müssen, so werden sie mit Hilfe der Hahne r, r^1, r^2
von der Zirkulation ausgeschlossen.

Wenn die Flüssigkeit in die untere Abteilung A^8 der Kolonne
gekommen ist, d. h. nachdem das ganze darin enthaltene kohlensaure Ammoniak abdestilliert worden, so fließt sie da, wo der
Hahn r geoffnet, in den bezüglichen Behalter P, sättigt sich dort
mit Kalk und passiert durch den Hahn r^1 in die Kolonnenabteilung B, Fig. 87. Diese besteht aus einem Zylinder, der in mehrere
Kammern geteilt ist. Die diese Teilung bewirkenden Böden c
haben in der Mitte eine Öffnung t; auf ihnen ruhen nach oben
gebauchte, perforierte, an der Peripherie gezahnte Zwischenböden F.
deren Lage durch die Seitenstangen T reguliert werden kann.
Die mit Kalk gesättigte Flüssigkeit geht durch diesen Kolonnen-
teil B allmahlich herab und wird, vollkommen destilliert, durch
den Hahn R abgelassen.

Die in den Kalkbehaltern P entwickelten Gase und Wasserdämpfe entweichen durch die geöffneten Hähne r^2 und werden in
der oberen Kolonnenabteilung A zum Zweck der Destillation
benutzt. Zufolge der Hohe des Überlaufrohres q wird der auf

dem Boden G ruhende Kalk fortwährend von der ammoniakalischen Flüssigkeit gebadet und aufgelöst. Sollte aber die Einwirkung auf den Kalk eine zu lebhafte werden, sodaß das entwickelte Gas und die Dämpfe nicht mehr genügend durch die geöffneten Hähne r^2 entweichen können, so wird durch den inneren starken Druck die Flüssigkeit so weit zurückgestaut, daß nur ein kleiner Teil des Kalkes gebadet wird. Die Auflösung desselben geschieht somit automatisch.

Der im Teile B der Kolonne zur Destillation erforderliche Dampf wird durch die Öffnung X eingeleitet, und damit der Apparat regelmäßig und gut arbeite, ist es angezeigt, den Dampf intermittierend und strahlenförmig einzuführen.

Welchen Destillierapparat man auch verwendet, es ist stets vorteilhaft, das Vakuum zu benutzen, um die zur Destillation erforderliche Dampfspannung zu vermindern. Dasselbe kann auf bekannte Weise erzeugt werden, jedoch gebe ich der Wasserkolbenpumpe den Vorzug.

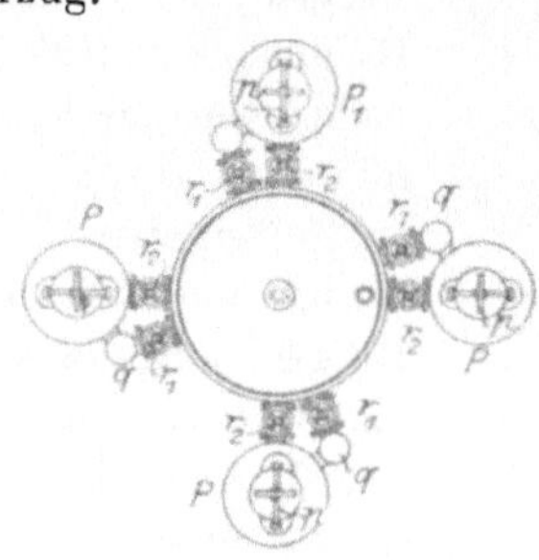

Fig. 87.   Fig 88.

Darüber, wie sich diese Kolonne in der Praxis bewährt hat, ist Näheres nicht bekannt, sie muß im allgemeinen gut gearbeitet haben. Fraglich ist, ob die Einrichtung zur Einführung des Kalkes glatt funktioniert hat. Es würde daher allerdings diejenige Wärme, welche durch Löschen des Kalkes entsteht, völlig ausgenutzt werden, indessen dürfte es sehr schwer sein, den Kalkzusatz sicher zu regulieren, da die kontinuierlich durchlaufende Lösung den Kalk kaum gleichmäßig lösen wird. Wie man aus der Abbildung sieht, ist die Konstruktion der unteren Ringe, die zur Destillation mit Kalk dienen, ungefähr dieselbe wie bei dem Solvay-Turm zur Fällung des Bikarbonates.

Wie es scheint, ist Solvay später zu einer anderen Kolonnenkonstruktion übergegangen. Fig. 89 zeigt die Abbildung einer Kolonne, welche nach Lunges Angabe[1]) in den Solvayschen Fabriken eingeführt ist. Lunge hat derartige Kolonnen bis zu der Größe von 20 m Höhe in Betrieb gesehen.

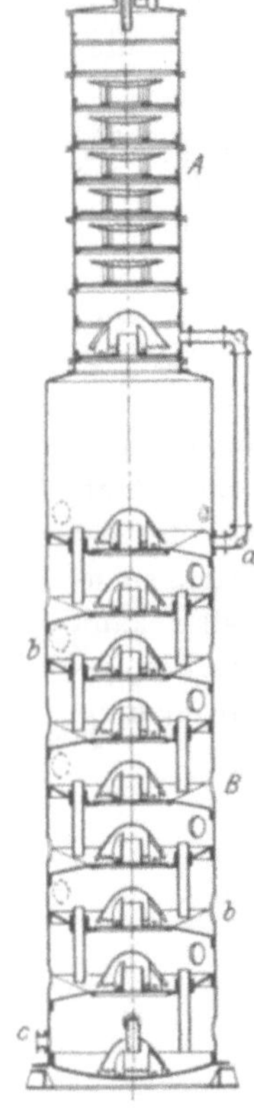

Die Einrichtung dieser Kolonne und die Art und Weise, wie sie im Betriebe geführt werden soll, ist leicht verständlich. Im oberen Teile, dessen Ringe einen kleineren Durchmesser haben, wird die Lauge vorgewärmt und alles Ammonkarbonat entfernt, wahrend im unteren Teile die Destillation mit Kalk erfolgt. Derselbe wird in Form von Kalkmilch eingepumpt.

Bradburn[2]) a. a. O. gibt an, daß in den amerikanischen, nach Solvay arbeitenden Fabriken auf 90 tons kalzinierter Soda per 24 Stunden eine Kolonne verwendet wird, welche etwa 23 m Höhe hat bei rund 2,8 m Durchmesser. Der untere Teil dieser Kolonne, welcher etwa 12 m Höhe besitzt, besteht aus 12 Ringen aus Schmiedeeisen, welche die gewöhnliche Kolonnenkonstruktion zeigen. Der Durchgang der Gase nach oben geschieht durch ein zentrales Rohr, welches mit einer Haube bedeckt ist.

Der obere Teil, welcher als Vorwärmer zum Austreiben der Ammonkarbonate dient, ist aus gußeisernen Ringen aufgebaut, welche durch eiserne Platten in Abteilungen geteilt sind. Diese Platten sind so gelagert, daß die Flüssigkeit einen Zickzackweg durchlaufen muß.

Fig. 89.

Die Kalkmilch wird in die oberste Abteilung der unteren Halfte eingepumpt.

Diese von Bradburn beschriebene Kolonne hat viel Ähnlichkeit mit der Kolonne Fig. 89.

Die Destillation des Ammoniaks in einem System von Gefäßen

---

[1]) Lunge, a. a. O. S. 100.
[2]) Zeitschrift für ang. Chemie 1898, 104.

hat Faßbender ziemlich ausführlich beschrieben[1]). Ich lasse diese Mitteilungen hier folgen.

Die mit konischem unteren Boden versehenen Destillierkessel A, Fig. 90, dienen zur Destillation der Mutterlauge mit
Kalkmilch. In Fig. 92 ist ein solcher Kessel mit seiner Armatur
und Rohrverbindung dargestellt. Jeder der 4 Kessel hat zwei
Verbindungsrohre mit dem Wechsler B, ein Rohr n für den Gas-
eintritt und ein Rohr o für den Gasaustritt. Das Gasaustritts-

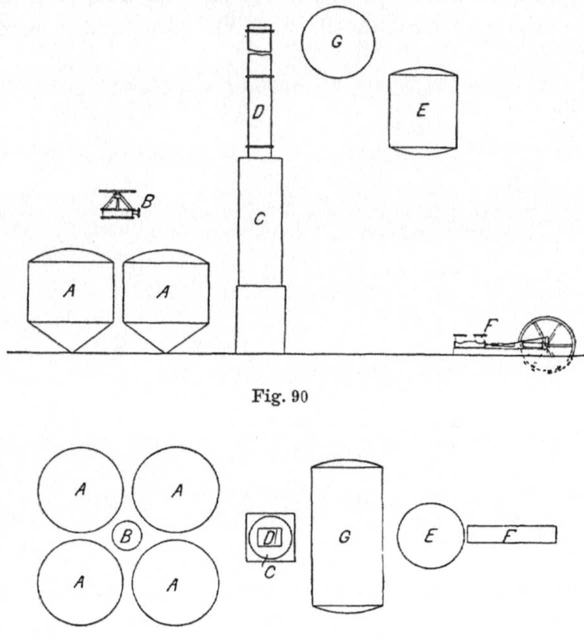

Fig. 90

Fig. 91.

rohr o mündet im oberen Boden des Kessels, das Gaseintritts-
rohr n geht durch den oberen Kesselboden senkrecht herunter und
endigt etwa 100 mm über dem tiefsten Punkt des unteren Bodens.
Etwa 500 mm über dem Rohrende befindet sich ein Sieb von
etwa 1,5 m Durchmesser. Vor dem Eintritt in den Kessel zweigt
sich von n ein Rohr p ab, welches in das Ausblaserohr r für die
abdestillierte Lauge einmündet. Dieses Rohr p ist mit einem
Glockenventile x absperrbar. Der Verschlußhahn r des Ausblase-
rohrs ist erst hinter der Einmündung von p angebracht. Das

---

[1]) Zeitschrift für ang. Chemie 1893, 167.

Ausblaserohr taucht fast ebenso tief in den Kessel wie das Dampfeintrittsrohr; es strömt deshalb während der Destillation und bei geöffnetem Glockenventil x vermittelst p Dampf durch r in den Kessel, wodurch das Ausblaserohr rein gehalten wird. Um jeden Laugen- bezw. Dampfverlust durch etwaige Undichtheiten des verpackten Ablaßhahnes mit aller Sicherheit zu vermeiden, ist hinter demselben noch eine Blindflantsche angeordnet. Die abdestillierte Lauge wird durch ein Rohr (in der Figur nicht angedeutet) aus dem Gebäude geführt, sie dient, ehe sie von dem Ammoniaksodabetrieb entlassen wird, noch zum Vorwärmen des Kesselspeisewassers.

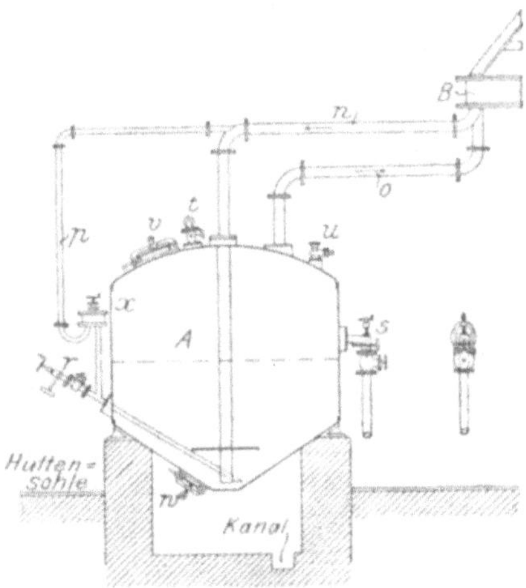

Fig. 92.

Der Destillierkessel ist ferner mit einem Durchgangsventil s fur den Eintritt der Mutterlauge versehen. Zwischen Ventil und Kessel ist ebenfalls eine Blindflantsche angeordnet.

Die 4 Destillierkessel eines Systems werden nämlich von einer Hauptleitung gespeist. Da in den in Destillation befindlichen Kesseln ein höherer Druck herrscht wie in der Mutterlaugenleitung, so würde bei Weglassung der Blindflantsche und undichtem Mutterlaugenventil Dampf in die Leitung treten und das regelmäßige Beschicken des ausgeschalteten Kessels stören.

Um die Anordnung einer solchen Blindflantsche besser zu verdeutlichen, ist sie bei s auch noch in der Vorderansicht dargestellt. Durch Nachlassen der Preßschraube wird die Blindflantsche frei und kann verstellt werden; über derselben kann sich kein Kondensat ansammeln. Im Kessel herrscht beim Arbeiten

mit der Blindflantsche Vakuum, im Mutterlaugenrohr herrscht wegen
seines Anschlusses an die Destillierkolonne stets Vakuum, darum
können beim Verstellen der Blindflantsche auch bei stark undichtem
Ventile weder Mutterlauge noch Gase ausströmen, und gewährt
dieselbe deshalb nicht nur einen unbedingt sicheren Abschluß,
sondern es ist auch das Arbeiten mit ihr reinlich und bequem.

Der Kochraum des Destillierkessels ist mit dem Kochraum
der Kolonne behufs Druckausgleichung während der Mutterlaugen-
beschickung des Kessels verbunden, und ist diese Rohrleitung
durch das Ventil t absperrbar; auch hier empfiehlt sich ein Blind-
flantschenverschluß, wenn er auch nicht in dem Maße notwendig
ist, wie bei den Ventilen r und s.

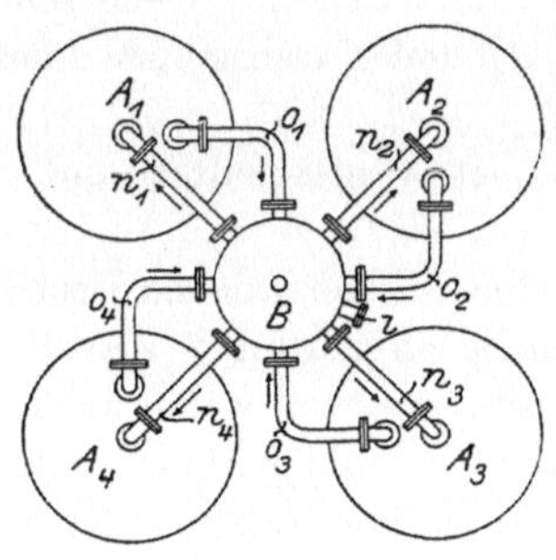

Fig. 93.

Der Hahn u dient zur Einführung der Kalkmilch; ihre Zuleitung zu den in Füllung befindlichen Kessel wird durch ein
kurzes Stück Spiralschlauch bewirkt; nach beendeter Füllung wird
der Schlauch, der für alle Kessel des Systems dient, entfernt und
die obere Hahnöffnung durch eine übergeschraubte Kappe ver-
schlossen. Der Kessel trägt am oberen Boden ein Mannloch v
von 400 mm Lichtweite, und am unteren Kegel das Putzloch w
von 250 mm Lichtweite. Er ist ferner mit einem Manometer und
mehreren kleinen Öffnungen zur Entnahme von Flüssigkeitsproben
und zur Erkennung der Standhöhe der Lauge versehen; er ruht
vermittelst 8 an den Kesselkegel angenieteter Auflagetatzen so
auf seinem Mauerwerk, daß der untere Teil des Kegels bequem
zugänglich ist.

Der Wechsler B dient zum Ausschalten eines der Destillierkessel aus dem Dampfstrom, welcher das Abdestillieren bewirkt,
und dem Hintereinanderschalten der übrigen Kessel des Systems
in diesen Dampfstrom. Die obenstehende Fig. 93 verdeutlicht
für ein System von 4 Kesseln die Arbeitsweise des Wechslers.

Es sei der Kessel A_2 ausgeschaltet und werde mit Mutterlauge und Kalkmilch beschickt. Der Dampf strömt durch Stutzen i in den Wechsler und geht durch n_3 zuerst in den Kessel A_3, dessen Inhalt beinahe ausdestilliert ist. Aus A_3 geht der Dampf durch o_3 in den Wechsler und durch diesen vermittelst n_4 in den Kessel A_4. Aus A_4 gelangt der Dampf durch o_4 in den Wechsler und durch n_1 in den Kessel A_1, der zuletzt in den Turnus eingeschaltet wurde und starke Mutterlauge enthält. Aus A_1 geht der mit Ammoniak beladene Dampf ein letztes Mal in den Wechsler, welcher ihn nun an die Destillierkolonne abgibt.

Ist der Kessel A_2 fertig beschickt, so ist bei regelmäßigem Betriebe zugleich der Kessel A_3 ausdestilliert und dessen Lauge weggeblasen. Durch Umstellen des Wechslers tritt nun der Dampf zuerst in den Kessel A_4 und durchströmt dann A_1 und A_2, worauf er zur Kolonne geht.

Der Kessel A_3 ist ausgeschaltet und steht in frischer Beschickung.

Um diese bekannte systematische Destillation durchzuführen, waren anfänglich Ventile angeordnet; dieselben verursachten aber einerseits Druckverluste, welche, wenn auch für den Betrieb mit frischem Kesseldampf ganz unbedeutend, doch für den Betrieb mit Abdampf und Vakuum schon merkbar waren, und andererseits erwiesen sie sich als schlecht haltbar, indem die im dampfhaltigen Ammoniakstrom liegende Spindel rasch abgefressen wurde und außerdem die Dichtungsflächen sehr litten, sodaß nur Gummidichtungen ganz kurze Zeit sicheren Abschluß gewährten. Um diesen lastigen Übelständen abzuhelfen, konstruierten wir den nachfolgend beschriebenen Wechsler; das Konstruktionsprinzip wurde dem allbekannten Cleggschen Wechsler, der in Gasfabriken sehr verbreitet ist bezw. war, entnommen.

Die Konstruktionsbeschreibung bezieht sich auf ein System von 4 Kesseln, es kann natürlich der Wechsler mit geringen Abweichungen für eine beliebige Zahl Kessel konstruiert werden. Fig. 94—94a stellt die Ansicht und einen Schnitt des Apparates dar. Der Stutzen i, welcher an einem niedrigen Zylinder angegossen ist, läßt den Maschinenabdampf in den Wechsler treten. Die untere Zylinderseite ist mit der aufgeschraubten Grundplatte h versehen, welche an ihrer Außenseite 9 Rohrstutzen tragt. Einer der Stutzen ist in der Mitte angeordnet; das an ihn angeschlossene Rohr fuhrt zur Destillierkolonne. Die 8 übrigen Stutzen sind gleichförmig im Kreise verteilt, und ist der Raumersparnis wegen die Hälfte der Stutzen als Krümmer konstruiert. Die mit n bezeichneten Krümmerstutzen sind mit den Gaseintrittsrohren der Kessel verbunden, die mit *o* bezeichneten geraden Stutzen schließen an die Austrittsrohre an, die beim Buchstaben stehende Nummer bezeichnet die Kesselnummer.

Innerhalb des im Grundrisse schwarz angedeuteten Zylindermantels umschließt auf der Innenseite der Grundplatte eine kreisförmige Nut sämtliche 9 Rohröffnungen; 4 systematisch zum Zentrum und aufeinander rechtwinklig angeordnete Quernuten teilen den Kreis in 9 Abteilungen, deren jede eine Stutzenöffnung

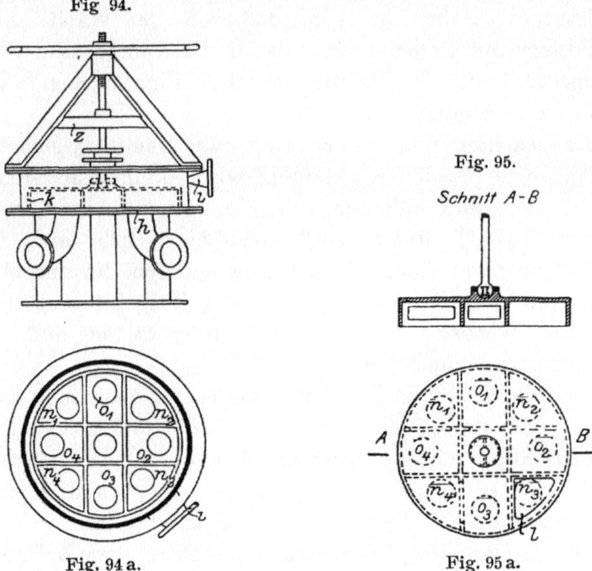

enthält. Die Nuten sind mit Kautschukstreifen von 25 mm Breite und 25 mm Dicke genau ausgelegt. In der Wärme füllt dieser Streifen unter dem Drucke des Fußes der Glocke *k* die Nut genau aus und bleibt diese Packung wegen des trapezförmigen Nutenquerschnittes beim Heben der Glocken sicher liegen. Die Glocke *k* (Fig. 94) paßt auf die Ringnute und hat 4, den Quernuten entsprechende Querwande. Wegen der symmetrischen und rechtwinkligen Lage der Quernuten kann man die Glocke, nachdem sie gehoben wurde und eine Achsendrehung von 90° gemacht hat, abermals passend in die Nuten setzen. Um den Einfluß kleiner Arbeitsfehler dabei unschädlich zu machen, sind die Wande der Glocke nur 12 mm stark konstruiert und die Glocke ist vermittelst Keil auf einer kugelförmig verdickten Achse befestigt, wie Fig. 95

zeigt. Diese Verbindung schließt jede Verdrehung von Achse gegen Glocke aus und erlaubt der Glocke, sich stets satt in ihre Nuten zu setzen, weil der Keil zwar fest in der Achse sitzt, er aber die Glockennabe, deren Keilloch schwalbenschwanzförmig gearbeitet ist, nur in 2 Schneiden berührt.

In dem Grundriß der Glocke, Fig. 95a, sind die Stutzenöffnungen angedeutet. Die Glockendecke ist bei l durchbrochen, entsprechend einem Eintritt des Admissionsdampfes durch n_3 in den Kessel $A\,3$. Es sind ferner die Scheidewände zwischen o_3 und n_4, ferner zwischen o_4 und n_1 und zwischen o_1 und dem Zentralstutzen so durchbrochen, daß von der Wand unten noch ein Dichtungssteg stehen bleibt, damit die Kautschukdichtung stets eben gepreßt wird. Der Schnitt $A\!-\!B$ in Fig. 95 zeigt zwei dieser Wanddurchbrechungen.

Es leuchtet nun sofort ein, daß Dampf, welcher durch i (Fig. 94a) dem Wechsler zugeführt wird, keinen anderen Ausweg findet als die Glockenoffnung l in Fig. 95a und die Kessel $A\,3$, 4 und 1 (cf. Fig. 91) hintereinander durchstreichen muß, indem er zum Übergang von einem Kessel zum anderen die durchbrochenen Scheidewande der Glocke benutzt. Aus Kessel 1 muß der Dampf durch den Wechsler in das Zentralrohr treten und wird der Destillierkolonne zugefuhrt.

Der Kessel $A\,2$ ist aus dem Dampfstrom ausgeschaltet. Ferner ist klar, daß durch ein Verstellen der Glocke um 90^0 in der Drehungsrichtung eines Uhrzeigers l über n_4 zu stehen kommt, wodurch nun der Dampf durch die Kessel $A\,4$, 1 und 2 zur Kolonne gelangt, während der Kessel $A\,3$ ausgeschaltet ist.

Die größte Dampfspannung herrscht in dem Zylinder außerhalb der Glocke, das heißt, der Dampf hat nicht das Bestreben, die Glocke abzuwerfen, sondern preßt sie im Gegenteil fester an. Es sind die Dichtungsflächen dem strömenden Dampf und Ammoniak vollständig entzogen; soweit sich die Dichtung durch den Schraubendruck zusammenquetscht, sammelt sich in dem oberen Teile der Nut Kondensat an, welches zur Erhaltung der Dichtung beiträgt.

Die Destillierkolonne C, Fig. 96, dient zur Erhitzung der Mutterlauge und zum Auskochen des in derselben gelösten Ammoniumkarbonates, die dazu notwendige Warme liefert der aus den Destillierkolben entlassene, Ammoniak enthaltende Dampfstrom. Da demselben ein sehr großer Teil Wasserdampf durch das Heizen der Mutterlauge entzogen wird, so dient die Kolonne zugleich zur Verstärkung dieses Gasstromes in Rücksicht auf Ammoniakgehalt.

Die Destillierkolonne hat die in Fig. 96 dargestellte allbekannte
Konstruktion, welche ohne weitere Erklärung verständlich ist.
Zum Austreiben des Bikarbonates sind 6 Abteilungen vorhanden.
Die unterste Abteilung trägt den Laugenabflußstutzen s und den
Gaseinlaßstutzen n. Die oberste Abteilung ist mit den Stutzen w,
t und t_1 versehen; vermittelst t findet die Druckausgleichung
zwischen der Kolonne und jenem Destillier-
kessel, der durch s mit Lauge beschickt
wird, statt; Stutzen t_1 vermittelt denselben
Vorgang zwischen der Kolonne und dem
Mutterlaugenbehalter. Ferner liegt in dieser
obersten Kolonnenabteilung ein Schlangenrohr p zum Vorwärmen der Mutterlauge.
Unter dem Schlangenrohr befindet sich
eine Anzahl von Steingutkugeln r, über
welche das Kondensat des Schlangenrohres
und des Kühlers fließt, wobei es durch die
emporsteigenden Dampfe seines Ammoniakgehaltes beraubt wird[1]). Durch den Stutzen
w tritt die Mutterlauge in das Schlangenrohr.

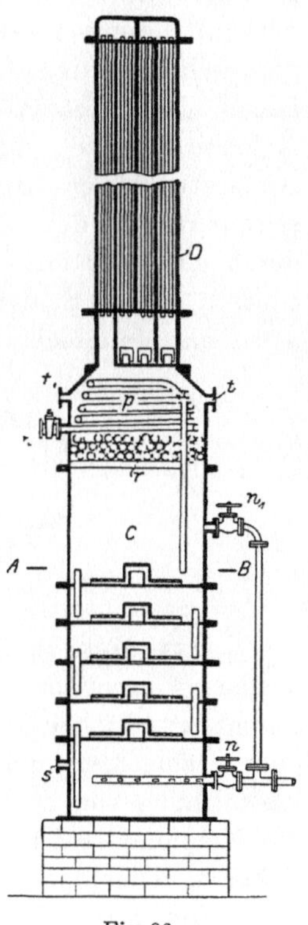

Fig. 96.

Der Kühler D, Fig. 96, bildet die
Fortsetzung der Destillierkolonne. Er ist
ein Röhrenkuhler, dessen Konstruktion
von der der gewohnlichen Röhrenkuhler
etwas abweicht. Die erforderliche Kühl-
flache ist aus 8 nebeneinander liegenden
Rohrbundeln zusammengesetzt, welche die
Gase der Reihe nach durchstreichen mussen;
verglichen mit einem gewohnlichen Rohren-
kuhler von derselben Rohrweite und Rohr-
zahl, ist demnach die Gasgeschwindigkeit
in dem Kuhler achtmal so groß.

Der Lauf des Kuhlwassers ist dem der Gase entgegengesetzt
gerichtet und muß dasselbe sich ebenfalls achtmal schneller bewegen als wie in einem gewohnlichen Röhrenkuhler von denselben
Dimensionen und demselben Kühlwasserverbrauch. Die rasche
Wasserbewegung, verbunden mit 7 maliger Umkehrung der Bewegungsrichtung, bringt alle Wasserteile häufig mit der Kuhlfläche
in Berührung, die schnelle Bewegung der Gase sowie die senk-

---

[1]) Nach unserem Wissen zuerst von Ilges in der Spiritusdestillation angewendet.

rechte Stellung der Rohre hält die Rohrwände rein von Kondensat, und durch die häufige Umkehrung der Bewegungsrichtung werden die Gase durch das Wegschleudern des Kondensats getrocknet. Alle diese angeführten Umstände wirken günstig auf die Leistungsfähigkeit des Kühlers ein.

Das Mutterlaugenbassin G, Fig. 97—97 a, ist ein hochstehender, geschlossener Behälter von zylindrischer Form, in welchen die bei der Filtrierung erhaltene Mutterlauge durch gespannte Kalkofengase gehoben wird. Der Stutzen n dient zum Eintritt der Mutterlauge. Der Stutzen t_1 ist an den gleichbezeichneten Stutzen der Kolonne, Fig. 96, durch ein Rohr angeschlossen, sodaß in beiden Apparaten gleiche Spannung herrscht, das Bassin also dis Druckschwankungen der Kolonne mitmacht. Der Abflußstutzen w ist durch ein Rohr mit dem mit einem Stopfbüchsenhahn versehenen Stutzen w des Schlangenrohres der Kolonne, Fig. 96, verbunden; m ist ein Mannloch, o sind Standzeiger.

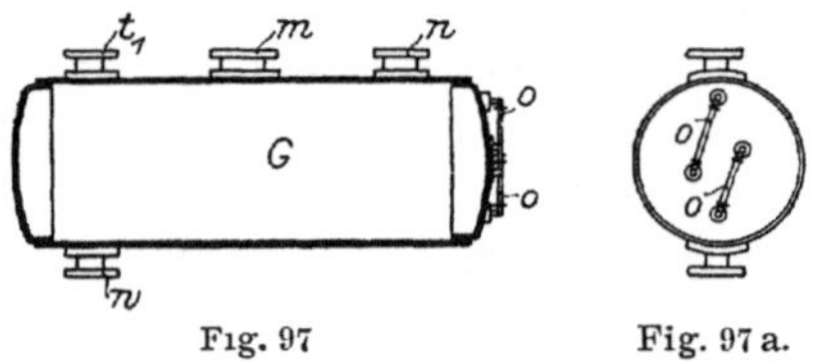

Fig. 97   Fig. 97 a.

Das Mutterlaugenbassin liegt mit seiner Unterkante mindestens 4 m höher wie [der Einlaufstutzen w der Kolonne. Dadurch bewirkt bei dem Bassindurchmesser von 2,5 m eine größere oder geringere Standhöhe der Lauge im Bassin nur eine kleine Abweichung von der mittleren Zuflußgeschwindigkeit der Lauge in die Kolonne; es ist diese gleichmäßige Kolonnenspeisung dem guten Arbeiten derselben sehr förderlich.

Die gegenseitige Lage der beschriebenen einzelnen Apparate in einem Destillationssystem verdeutlicht Fig. 90—91 und ist die Arbeit mit dem System durch die vorstehende Beschreibung der Konstruktion und des Betriebes der einzelnen Apparate leicht verständlich.

Die Mutterlauge fließt aus dem Mutterlaugenkessel durch das Rohr w ununterbrochen und gleichmäßig in das Schlangenrohr der Destillierkolonne, aus welchem sie mit einer Temperatur von 60° in den Kochraum der Kolonne tritt. Sie wird hier vom Dampfstrom rasch bis zum Sieden erhitzt und gibt, während sie kochend von Abteilung zu Abteilung herunterfließt, den größten Teil des Ammoniumkarbonates an die Dämpfe ab. Aus der

Kolonne fließt sie durch die Rohrleitung *s* in denjenigen Destillierkessel, welcher gerade in Beschickung steht; zugleich fließt in
diesen Kessel beiße Kalkmilch, wodurch das Ammoniumchlorid
der Lauge zersetzt wird. Das freiwerdende Ammoniak wird zum
Teil von der Lauge zurückgehalten; es erhöht sich dabei einesteils
die Temperatur der Lauge, andernteils erniedrigt sich ihr Siedepunkt unter den der Flüssigkeiten vor ihrer Vermischung. Deshalb gerät die Mischung bei genügend heißer Kalkmilch ins Kochen
und entbindet reichlich Ammoniak, welches durch die Leitung *t*
in den Kochraum der Kolonne entweicht. Ist die Beschickung
des Kessels beendet, so wird er in den Dampfstrom eingeschaltet,
wie bei der Beschreibung des Wechslers ausführlich auseinandergesetzt wurde, und abdestilliert. Die abdestillierte Lauge dient,
bevor man sie weglaufen läßt, noch zum Vorwärmen des Speisewassers.

Der Abdampf der Maschinen tritt in den Wechsler und
durchströmt die eingeschalteten Kessel der Reihe nach. Das
Gemisch von Dampf und Ammoniak wird vom Wechsler zur
Kolonne geleitet, wo es aus der entgegenströmenden Mutterlauge
das Ammoniumkarbonat auskocht. Bei weiterem Emporsteigen
passiert es die Lage Steingutkugeln und treibt dabei aus dem
darüber rieselnden Kondensat der Schlangenröhre und des Röhren-
kühlers das absorbierte Ammoniak wieder aus, dann erwärmt es
den Inhalt der Spiralröhre. Der größte Teil des Dampfes ist bei
den vorerwähnten Prozessen kondensiert worden.

Der Dampfrest tritt, beladen mit dem ausgetriebenen Ammoniak, in den Kühler und wird von demselben nahezu vollständig
kondensiert, während das Ammoniak, vermischt mit etwas Luft,
Kohlensaure und mitgerissenem dunstförmigen Kondensat, durch
die Leitung *a* in den Ammoniakabsorber[1]) eintritt. Das Ammoniak, die Kohlensäure und der Wasserdunst werden in diesem
Apparat von der Sole nahezu vollstandig zurückgehalten. Die
unabsorbierten Gase werden von der Vakuumpumpe durch *b* an-
gesaugt und durch einen Waschapparat und Säurebehälter ins
Freie gedrückt.

Über die Größe der Destillierkessel gibt Faßbender a. a. O.
folgendes an:

Es werden zwei Destillationssysteme, jedes zu 5 Destillierkesseln, angenommen. Jedes System hat also im Winter 78,7 cbm
Lauge taglich zu verarbeiten. Es genügt eine Turnusdauer von

---

[1]) Siehe Kapitel II, Fig. 16.

12 Stunden vollständig, um das Ammoniak bis auf ganz unbedeutende Spuren auszutreiben; jeder Kessel steht also 2,4 Stunden in Beschickung und 9,6 Stunden in Destillation, täglich macht das System 10 Chargen und jede Charge beträgt beim Ausblasen 7,87 cbm. Bei der in Fig. 98 angegebenen Größe der Destillierkessel berechnet sich die Standhöhe der Lauge wie folgt:

Der Inhalt des abgestutzten Kegels beträgt 3,8 cbm bei Abzug von Rohrinhalt und Sieb. Im zylindrischen Apparatenteil befinden sich also 7,87 — 3,80 = 4,07 cbm, welche bei einem Nettoquerschnitt von 9,6 qm eine Standhöhe von 4,07 : 9,6 = 0,424 m im zylindrischen Teil einnehmen. Die gesamte Standhöhe ist demnach 1,524 m; bei 10 cm Abstand des Einblaserohres vom Boden hat der einströmende Dampf eine Laugensäule von 1424 mm zu überwinden. Bei 1,1 spez. Gew. der Lauge entspricht dies einer Wassersäule von 1566 mm. Die vier Kessel des Systems leisten daher dem Durchgange des Dampfes einen Widerstand, entsprechend 6,264 oder rund 6,3 m Wassersäule.

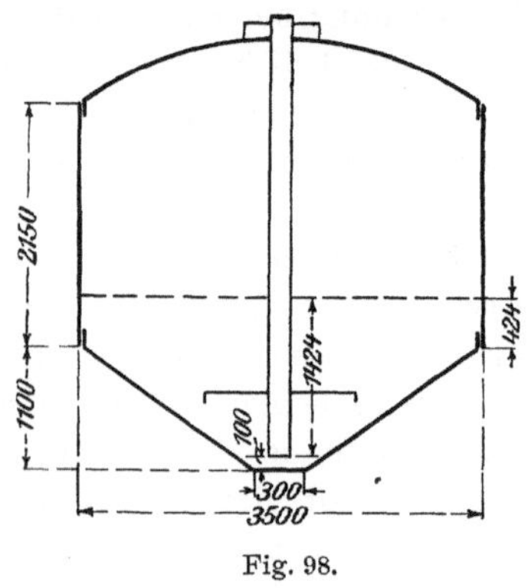

Fig. 98.

Die Dampfrohre und der Wechsler müssen im Winter stündlich 988 k Eintrittsdampf von 1,5 Atm. absolut durchlassen. Diese Dampfmenge entspricht 322 Sekundenliter. Bei einem Rohrdurchmesser von 150 mm l. W. beträgt die Dampfgeschwindigkeit 18,2 m die Sekunde. In dem Maße, wie der Dampf auf seinem Laufe von Kessel zu Kessel wegen der Abnahme des Druckes sein Volumen vergrößert, verringert sich seine Quantität durch Kondensation. Diese beiden Vorgänge halten sich in Rücksicht auf die Dampfgeschwindigkeit in den Rohren fast genau die Wage; weil aber der Dampf um so reicher an Ammoniak wird, je mehr Kessel er durchströmt hat, so vergrößert sich dadurch seine Geschwindigkeit etwas, sodaß er im Austrittsrohre seines letzten Destillierkessels eine Geschwindigkeit von etwa 21,6 m annimmt.

Für die Geschwindigkeitserteilung der Gase, sowie für die Reibung derselben in den Rohren des Destillierkesselsystems wird ein sehr reichlich bemessener Druckverlust von 0,7 m Wassersäule angenommen.

Der Gesamtwiderstand der vier miteinander verbundenen Destillierkessel beträgt also 6,3 + 0,7 = 7,0 m Wassersäule.

Der Dampf besitzt demnach beim Eintritt in die Destillierkolonne nur noch eine Spannung von 1,5 — 0,7 = 0,8 Atm. absolut.

Der ungefähre Winterdampfverbrauch sämtlicher Destillierkessel von beiden Systemen wird in Tabelle 4 entwickelt; außer den Ansätzen der Tabellen 1 und 2 muß die in der Destillierkolonne verbrauchte Dampfmenge eingesetzt werden, weil deren Kondensat ebenfalls einer Temperaturerhöhung unterliegt. Nach Tabelle 2 benötigen Destillierkessel und Kolonne im Winter 1464 k Dampf. Hiervon den unten ermittelten Verbrauch der Kessel mit 834 k abgezogen, ergibt das Kondensat der Kolonne zu stündlich 630 k Dampf.

Iu den Destillierkesseln findet eine Drucksteigerung von 0,8 Atm. abs. beim Eintritt der Laugen auf 1,5 Atm. abs. beim Ausblasen derselben statt, dieser Drucksteigerung entspricht eine Temperatursteigerung von 18°. Der stündliche Winterdampfverbrauch der Destillierkessel beider Systeme berechnet sich zu:

Tabelle 4	W.-E.	Dampf k
3375 l Mutterlauge um 18° erhitzen 3375 . 18 0 95	57 713	
345 l Kondenswasser der Kühler um 18° erhitzen		
630 l Kondenswasser der Destillierkolonne um 18° erhitzen . . . . $\rbrace$ 975 . 18	17 550	
1375 l Kalkmilch von 90° auf 116° erhitzen 1375 . 26 . 0,95	33 963	
$175,75 - \frac{4}{5} . 28,8 = 152,71$ k Ammoniak austreiben 152,71 . 500	76 355	
	185 581	
Durch das Vermischen von Mutterlauge und Kalkmilch werden nach Tabelle 1 frei 4 . 0,95 . (3375 + 1375)	18 050	
	167 531	
167 621 W.-E. erfordern an Heizdampf 167 531 : 524		320
Die 10 Destillierkessel, das Rohrsystem und der Wechsler zu 514 qm Oberfläche à 1 k Kondensdampf benötigen		514
		834

Faßbenders Angaben sind exakt und entsprechen wohl tatsächlich einem wirklichen Betriebe. Fraglich ist nur, ob der Betrieb noch zur Zeit der Veröffentlichung ebenso geführt wurde, oder ob schon vorher eine Änderung eingeführt war. Ich möchte das letztere glauben. Für eine Produktion von 10 000 kg p. 24 Stunden sind 2 Destilliersysteme mit je 5 Destillierkesseln etwas viel, meistens wird man Systeme nehmen, die mehr produzieren können, die Anlage wird dann billiger. Es ist indes ohne Frage, daß man mit derartigen Apparaten, wie sie Faßbender schildert, gut arbeiten kann.

Die Destillation mit Unterstützung einer Vakuumpumpe, wie Faßbender sie beschreibt, ist für diesen speziellen Zweck zuerst von Solvay[1]) vorgeschlagen, auch Honigmann hat sich derselben bedient. Faßbender berechnet l. c., daß durch die Vakuumpumpe 5 % der sonst gebrauchten Dampfkraft gespart werden. Das ist allerdings ein nur unbedeutender Vorteil, es hat das seinen Grund darin, daß bei dem betreffenden Betriebe ein partielles Vakuum nur in dem letzten der Destillierapparate entsteht, die übrigen Gefäße haben mehr oder weniger Überdruck, sodaß die Flüssigkeit auf 105^0 erhitzt werden muß. Es ist jedenfalls möglich, ein Vakuum in allen Teilen der Destillierapparate zu erzeugen, sodaß die Flüssigkeitstemperatur 70^0 nicht übersteigt, gleich einem Druck von 0,3 Atm. abs. Die Einrichtung einer solchen Destillation würde analog zu treffen sein den Verdampfapparaten der Zuckerfabriken. Dann muß die Ersparnis von Dampf weit größer sein. Bei einem wirklichen Vakuum entweicht das Ammoniak auch viel leichter aus einer Lösung, als wenn diese unter Druck steht.

Die von Faßbender angegebene Einrichtung zum Umstellen des Dampfes etc. ist sehr sinnreich. Dieselbe ist ähnlich von zuerst Solvay zur Ammoniaksodafabrikation[2]) angewandt, sie entspricht sonst im Prinzip dem sogenannten „Cleggschen Wechsler" der Gasanstalten. Ob sich diese Einrichtung gut in der Praxis bewährt, ist mir aus eigener Erfahrung nicht bekannt. Ich möchte glauben, daß die Einrichtung mit einzelnen Ventilen betriebssicherer ist.

Eine von M. Honigmann in Grevenberg bei Aachen angegebene Destilliervorrichtung ist in Fig. 99 abgebildet. Die Beschreibung bezw. Patentschrift vom 18. Juli 1880, D. P. No. 13 782, lautet:

„Die Destillationsblase D zeigt in ihrer zylindrischen, unten konischen Form mit gewölbtem Deckel das ursprüngliche Destillationsgefäß, welches vom Erfinder früher angewendet wurde, aber nun verbessert ist, indem demselben eine Einrichtung zur Verarbeitung von ungelöschtem Kalk beigegeben wird, auch gleichzeitig eine Vorrichtung angebracht ist, um die Salmiaklauge vorzuwärmen und das darin enthaltene kohlensaure Ammoniak zu verdampfen.

<hr>

[1]) cf. S. 212.
[2]) cf. Distributor Fig. 84 S. 213.

Zu dem Ende wird der Zylinder D oberhalb des gewölbten Deckels um ein Stück d_1 verlängert, in welches die Salmiaklauge eingepumpt wird.

Die gewölbten Deckel von D und d_1 sind durch einen Zylinder C_1 verbunden, welcher nach D zu offen ist und oben bei d einen verschließbaren Stutzen zum Einfüllen des ungelöschten Kalkes hat.

Der ungelöschte Kalk fällt in den Konus von D, nachdem dessen Inhalt entleert ist.

Das Löschen dieses Kalkes mit der erhitzten Salmiaklauge aus d' wird durch ein Rohr p bewerkstelligt, welches bis auf den Boden des Konus, also unterhalb des Kalkes, einmündet.

Der Kalk nimmt unter beträchtlicher Erhitzung sämtliches Wasser der eintretenden Salmiaklauge auf, zersetzt den Salmiak sofort zu Chlorkalzium und Ätzammoniak, welches letztere in Gasform entweichen muß.

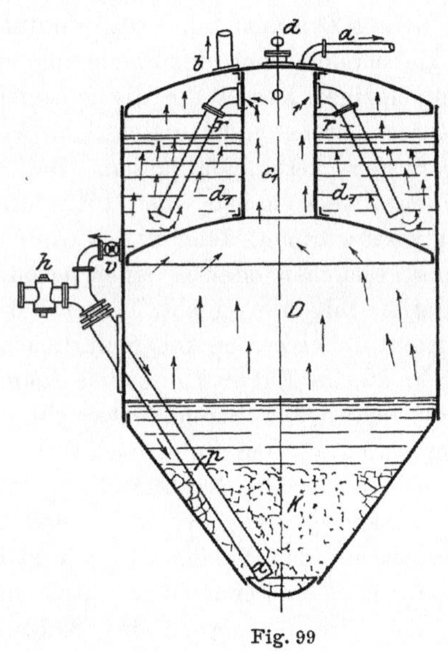

Fig. 99

Die Gasentwicklung ist eine ungeheuer stürmische, weshalb eine Vorrichtung getroffen werden muß, welche eine gefahrbringende Drucksteigerung beseitigt.

Es sind darum an dem Zylinder C_1 weite Röhren r befestigt, welche in den Kessel d' hineinragen und die stürmisch entwickelten Ammoniakgase der Salmiaklauge in d' zur Kondensation übergeben.

Diese Vorrichtung hat den weiteren Zweck, nach Ablauf der erhitzten Salmiaklauge und nach Einfüllung neuer Lauge das kohlensaure Ammoniak derselben zu entfernen dadurch, daß die aus D kommenden Dämpfe durchgeleitet werden.

Das Löschen des Kalkes durch die heiße, bei v eingefüllte Salmiaklauge geschieht deshalb von unten, weil bei Einführung von oben die Möglichkeit vorliegt, daß durch Bildung einer undurchlässigen Schicht untenliegende Kalkmengen ungelöscht bleiben, welche dann später, in Berührung mit der oberhalb stehenden Lauge gebracht, eine plötzliche, gefahrbringende Ammoniakentwicklung hervorrufen können.

Die abziehenden Gase des Kessels D können durch das Rohr a direkt zur Kondensation gehen oder bei geschlossenem Rohr a und geöffnetem Rohr b durch d' durchgeleitet werden. Diese Disposition macht es möglich, die Lauge in d' anfangs nur von außen auf 100° zu erhitzen, dann aber bei geschlossenem Rohr a die aus D kommenden Dämpfe durch die Flüssigkeit durchzuleiten".

Es scheint, nach der Zeichnung und Beschreibung zu urteilen, daß nur ein einziger Kessel für die ganze Destillation vorhanden sein soll. Es ist wenigstens nicht ersichtlich, wie sich mehrere dieser Kessel zu einem System vereinigen lassen. Sollte letzteres geschehen, dann würde es keinen Zweck haben, die Mutterlauge auf die beschriebene Art im Kessel vorzuwärmen, denn das wurde doch besser in einem Kessel des Systems geschehen oder in einer besonderen Kolonne. Ein Betrieb der Destillation mit nur einem Kessel hat jedenfalls sehr große Nachteile. Man erhält dabei keinen kontinuierlichen Gasstrom, sondern zuerst erfolgt eine sehr starke Entwicklung von Ammoniak, während zum Schluß nur ein ganz schwacher Strom entweicht. Dadurch wird die Herstellung der ammoniakalischen Sole erschwert. Das ist aber nur der geringste Schaden. Der größte Nachteil liegt darin, daß kolossal viel Dampf bei einem Einkesselsystem verschwendet wird. Sowie einmal die ganze Flüssigkeit auf den Siedepunkt erhitzt ist, geht die überschussige Wärme verloren. Die entweichenden Gase müssen künstlich gekuhlt werden, geben also ihre Warme an das Kuhlwasser ab, mit welchem dieselbe ungenutzt weggeht. Wenn auch schließlich noch ein Vorwarmer angelegt wird, so genugt derselbe doch nicht, um die Wärme völlig auszunutzen. Das einzig Rationelle ist ein System von mehreren Destillierkesseln. Jedenfalls ist Honigmann auch später dazu übergegangen.

Durch die Einfuhrung des Kalkes in festem Zustande wird wohl Wärme gespart, es erscheint jedoch die Einfüllung etwas umständlich. Der ganze Gang der Destillation wird unterbrochen, solange das Einfullen dauert. Man kann festen Kalk auf eine bessere Art einführen, wie z. B. weiter unten beschrieben ist[1]).

In dem schon erwahnten[2]) Deutschen Patent der Société anonyme des produits chimiques de l'est sind auch Destilliereinrichtungen aufgeführt, von denen eine in Fig. 100 dargestellt ist. Der Apparat ist im wesentlichen aus drei gleichen Gefäßen A, B, C und zwei anderen Gefaßen D, E zusammengesetzt.

---

[1]) S. 236. cf. auch S. 216.
[2]) D. P. No. 28 761.

In den drei ersten Gefäßen wird sämtliches Ammoniak mit der Kohlensäure ausgetrieben und in den beiden letzten die Zersetzung des Salmiaks mittels Kalkes bewirkt, durch dessen Wirkung kaustisches Ammoniak entsteht; dabei wird zur Erhitzung des Ganzen durch das Rohr V in das letzte Gefäß E Dampf in regulierbarer Menge eingeleitet. Ferner gehört zu dem Apparat ein Scheidegefäß N mit einem Sammelbehälter M und zwei Reservoire O, P, welche die Lauge zur Kondensation des Ammoniaks und der Kohlensäure enthalten. Die klare Lösung wird kontinuierlich durch Rohr t in den Apparat eingeführt, und zwar mündet dieses Rohr innerhalb der in dem Sammelgefaß M enthaltenen Flüssigkeit aus.

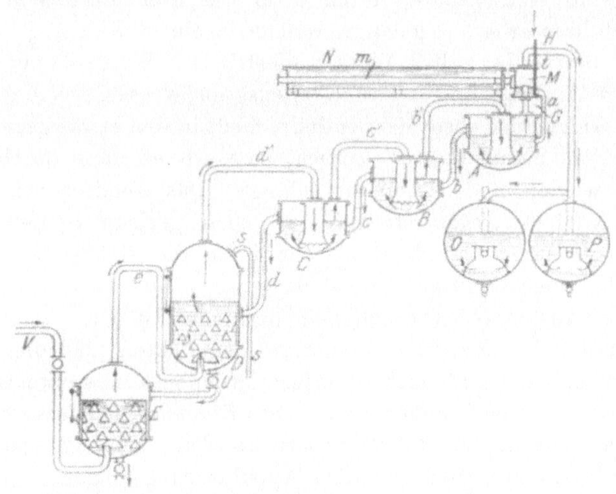

Fig. 100.

Die Lösung gelangt dann durch das Überlaufrohr a nach der Destillierblase A und ebenso durch b und c in die Blasen B und C. Die aus diesem letzteren Gefaß C in die Blase D übertretende Flüssigkeit enthält keine an Ammoniak gebundene Kohlensaure mehr, sondern nur noch Salmiak. In dieses Gefäß D wird durch eine Pumpe beständig Kalkmilch durch das Rohr S eingedruckt, welche auf die gleichzeitig ununterbrochen einströmende Lauge einwirkt und die Bildung von kaustischem Ammoniak veranlaßt.

Sobald die Lauge in der Blase D ein bestimmtes Niveau erreicht hat, laßt man durch Öffnen des Hahnes U einen Teil derselben in die Blase E überfließen, nachdem man zuvor naturlich ein entsprechendes Quantum Lauge aus letzterer abgelassen hat.

Die beiden Gefaße D und E sind mit konischen, am Rand gezackten, umgekehrten Rinnen versehen, wodurch die Ausscheidung des Ammoniaks noch begünstigt wird.

Der durch das Rohr V am Boden von E eintretende Dampf treibt hier die letzten etwa in der Flüssigkeit noch vorhandenen Spuren von Ammoniak aus und dieses strömt, mit Wasserdampf vermischt, durch das Rohr e in die Blase D über, wo es, am Boden eintretend, beim Durchstreichen der Lauge sich erheblich mit Ammoniak anreichert und nun durch das Rohr d' in den inneren Trichter des Gefäßes C tritt. Hier dringt es wiederum durch die Lauge hindurch, nimmt dabei weiteres Ammoniak und auch Kohlensäure auf, während die Wasserdämpfe größtenteils kondensiert werden u. s. w., bis es schließlich, sehr reich an Ammoniak und Kohlensäure, durch G in das Sammelgefäß M und weiter in die Rohren $m\,m\,\ldots$ gelangt, welche in einem Kühltrog liegen, durch welchen beständig kaltes Wasser fließt. Der Wasserdampf kondensiert sich größtenteils, und dieses Kondensationswasser, welches eine gewisse Menge Ammoniak absorbiert enthält, fließt in den etwas geneigten Röhren m in den Sammelkasten zurück, von wo es dann durch das Überlaufrohr a wieder in den Apparat gelangt. Das Gemisch von Ammoniak- und Kohlensäuregas strömt, nur noch geringe Spuren von Wasserdampf enthaltend, durch das Rohr H in die Gefäße O und P über, von deren Lauge es absorbiert wird.

Der Sammelkasten G ist durch Scheidewände[1]) $q\,q\,\ldots$, welche bis in die Flüssigkeit hinabreichen, derart eingerichtet, daß die Gase gezwungen werden, nach und nach sämtliche Kondensationsrohre $m\,\ldots$ zu durchströmen, während andererseits das Kondensationswasser aus jedem einzelnen Rohr in den Behälter zurückfließen kann, um von hier durch das Überlaufrohr a wieder in den Apparat zu gelangen.

Es sind außer den beschriebenen Apparaten noch eine Menge andere zur Destillation des Ammoniaks beim Ammoniaksodabetriebe vorgeschlagen. Es erscheint unnötig, hier noch näher darauf einzugehen, die typischen Apparate sind in vorstehendem aufgeführt. Gegen Destillationsapparate mit Rührwerk, welche vielfach vorgeschlagen sind, sprechen dieselben Gründe, welche bei den analogen Apparaten zur Fällung entwickelt sind. Daß Apparate mit mechanischem Rührwerk heute irgendwo in Gebrauch sind, ist mir nicht bekannt. Ich möchte es nicht glauben.

---

[1]) In der Zeichnung nicht angegeben.

Verbrauch an Kalk zur Destillation.

Die Kalkmenge, welche zur Destillation nötig ist, beträgt bei gutem Kalk rund 7500 kg pro 10 000 kg Soda[1]). Theoretisch berechnet sich das erforderliche Quantum bei Anwendung von Kalk mit 95 % CaO auf 5550 kg und bei Kalk von 90 % CaO-Gehalt auf 5860 kg. Man kommt aber selbstredend nie mit der berechneten Menge aus. Einmal geht etwas Ätzkalk durch Bildung von Karbonat verloren und ferner ist zu berechnen, daß eine gewisse Kalkmenge durch die Unreinheiten des Salzes absorbiert wird, sowie auch durch dasjenige Ammonsulfat, welches als Ersatz des unvermeidlichen Ammoniakverlustes stetig zugesetzt werden muß. Diese letzteren Mengen schwanken.

Aber auch abgesehen von diesen Punkten, muß man schon aus dem Grunde einen Überschuß nehmen, weil man völlig sicher sein muß, alles Ammonchlorid und Sulfat zu zersetzen. Man würde sonst Ammoniakverlust erleiden und da opfert man lieber den billigen Kalk als das teure Ammoniak. Es ist, wie schon oben erwähnt wurde, namentlich beim Kolonnenbetriebe schwierig, die Kalkmenge annähernd richtig zuzusetzen. Man hat früher vielfach auf 10 000 kg Soda 10—12 000 kg Kalk bei der Destillation gebraucht; in gut geleiteten Fabriken kommt man aber mit 7500 kg Kalk gut aus. Die Zahl 6500 dürfte ein Minimum darstellen.

Der Kalk kann in die Destillation auf verschiedene Art eingeführt werden, und zwar in fester und in flüssiger Form. Meistens geschieht die Einführung in Form von Kalkmilch durch eine Pumpe. Der Kalk wird auf gewöhnliche Weise gelöscht und es wird dann die entstehende Milch sofort eingepumpt, um so wenig wie möglich von der Wärme zu verlieren. Ebenso muß man darauf sehen, die Kalkmilch so konzentriert wie möglich zu verwenden. Je dünner die Milch ist, um so mehr Wasser gelangt in die Destillation. Je dünner aber die Lösung ist, um so mehr Wärme geht hier verloren. Die aus der Destillation ablaufende Flüssigkeit hat eine Temperatur von 120—130°, diese Wärme geht wohl stets verloren[2]). Jeder cbm Wasser, der unnütz in die Destillation kommt, verlangt (angenommen, daß das Wasser durchschnittlich 15° Anfangstemperatur hat) rund 110 000 c. zu seiner Erwärmung, die nachher verloren gehen. Diese Wärmemenge entspricht ungefähr 20 kg

---

[1]) cf. S. 42.

[2]) Man kann eventuell einen Teil der Wärme zur Vorwärmung von Kesselspeisewasser nutzbar machen, das ist aber nur ein relativ kleiner Teil. Faßbender, a. a. O., gibt diese Verwertung der weglaufenden Laugen an. cf S. 220.

Kohlen. Konzentrierte[1]) Kalkmilch enthält rund 300 kg gebrannten Kalk, darnach ergeben sich rund 25 cbm für die genannten 7500 kg.

Die Einrichtungen zum Löschen des Kalkes sind verschieden. Es scheint mir am praktischsten zu sein, hier ganz einfache Vorrichtungen zu nehmen. Durchaus bewährt haben sich die gewöhnlichen Holzkasten, wie sie die Maurer gebrauchen. Der Kalk wird darin durch Begießen mit Wasser gelöscht und die fertige Milch läuft nach Öffnen des Verschlußstückes in eine Grube, aus welcher die Kalkpumpe direkt saugt. Steine etc. bleiben in dem Löschkasten zurück. Die Kalkmilch in der Grube wird durch ein einfaches Rührwerk bezw. durch ein Rührgebläse in Bewegung gehalten.

Mit der Kalkmilch gelangen rund 20 cbm Wasser in die Destillation. Wenn die Milch mit 50° eingepumpt wird, so sind noch 80 c. für jedes Liter Wasser erforderlich, um die in der Destillation herrschende Temperatur zu erreichen. 20 cbm erfordern demnach $80 \times 20\,000 = 1\,600\,000$ c. $= 320$ kg Kohle. Dieses Quantum Kohlen kann man ersparen, wenn man den Kalk in festem Zustande in die Gefäße einführt, wobei dann noch der weitere Vorteil entsteht, daß sämtliche Wärme, welche der gebrannte Kalk beim Löschen abgibt, ebenfalls nutzbar gemacht wird. In der Kalkmilch wird bestenfalls nur ein Teil dieser Wärme gewonnen, häufig geht der größte Teil durch Abkühlung verloren.

Aus diesen Gründen hat auch schon Solvay im Patente vom 28. 11. 1877 den Kalk in fester Form einzuführen vorgeschlagen. Er hat sowohl bei den Destillierkesseln, Fig. 84, wie auch bei der Kolonne, Fig. 87, eine Einrichtung angegeben, um den Kalk in den Apparaten selbst zu löschen. Auch Honigmann hat dieses Verfahren angewandt, cf. Fig. 99.

Ich habe mich einer Vorrichtung bedient, welche Ähnlichkeit hat mit der Einrichtung Solvays an seiner Kolonne, Fig. 87. Dieselbe ist identisch mit der Einrichtung für die Zufuhr von Salz in die Fallkessel, cf. Fig. 52. Dieser Apparat gestattet im Betriebe Kalk zuzufuhren, ohne daß eine Unterbrechung stattfindet. Die dort gegebene Beschreibung der Vorrichtung paßt auch für die Zufuhr von Kalk. Man braucht nur anstatt Salz jedesmal „Kalk" zu lesen.

Statt durch gebrannten Kalk kann man auch den Salmiak in den Laugen durch Kochen mit Kalziumkarbonat zersetzen. Dies Verfahren soll in folgendem etwas näher besprochen werden.

Kalziumkarbonat[2]) wirkt in der Kälte auf eine Salmiaklösung

---

[1]) Es richtet sich der Gehalt allerdings nach der Beschaffenheit des Kalkes. Von manchen Kalksorten wird man nur 250 kg im cbm haben, von anderen auch bis 330 kg. 300 kg ist eine Mittelzahl.

[2]) Zeitschrift für angew. Chemie 1898, Heft 8.

kaum ein, wenn man nicht die ziemlich beträchtliche Löslichkeit des kohlensauren Kalkes bei gewöhnlicher Temperatur in Salmiak enthaltenden Lösungen als durch eine Umsetzung veranlaßt auffassen will. In der Wärme entsteht jedoch sofort eine Zersetzung nach der Formel:

$$2\,NH_4\,Cl + Ca\,CO_3 = (NH_4)_2\,CO_3 + CO\,Cl_2.$$

Kocht man beispielsweise ganz fein gepulvertes Kalziumkarbonat mit einer nicht zu verdünnten Salmiaklosung, so wird man sofort nach Eintritt des Siedens durch den Geruch das Entweichen von Ammoniak bemerken und durch Ammonoxalat eine Fallung erhalten. Bei fortgesetztem Kochen löst sich das Kalziumkarbonat sehr bald unter Bildung von Kalziumchlorid völlig klar auf, indem eine aquivalente Menge Ammonkarbonat entweicht. Wahrend in der Kälte Ammonkarbonat das Kalzium aus seinen Salzen als Karbonat fallt, kehrt also in der Wärme die Reaktion um. Man kann das sehr schön beobachten, wenn man in einer etwas Chlorkalzium enthaltenden Salmiaklösung durch Ammonkarbonat eine Fällung hervorbringt und die Flüssigkeit samt Niederschlag kocht; man erhält dann wieder klare Lösung.

Wendet man zur Zersetzung des Salmiaks gewöhnlichen Kalkstein in Stucken oder in grober Pulverform an, so geht die Umsetzung so langsam vor sich, daß man an eine technische Verwendung der Reaktion nicht denken kann.

Vor mehreren Jahren teilte mir H. de Grousilliers mit, daß die Anwesenheit einer geringen Menge Chlormagnesium die schnelle und vollige Zersetzung des Salmiaks bedeutend begunstige, und daß es auf diese Art möglich sei, die Destillation von Salmiaklösung bei der Ammoniaksodafabrikation mit kohlensaurem Kalk allein praktisch durchzufuhren. Das Verfahren sollte, wenn moglich, auf der damals vom Verfasser geleiteten Ammoniaksodafabrik durchgefuhrt werden, es sollte dabei der aus der Kaustisierung von Soda stammende Kalkschlamm Verwendung finden.

Bei einigen, infolgedessen angestellten Laboratoriumsversuchen fand ich auch, daß es moglich sei, eine Salmiaklosung mit kohlensaurem Kalk völlig zu zersetzen; die dem angewandten Salmiak entsprechende Menge Ammoniak erhielt ich quantitativ in der vorgelegten Schwefelsäure wieder.

Es wurden ferner Versuche im großen angestellt, welche auch hinsichtlich der Umsetzung an sich befriedigende Resultate lieferten, nur war die Destillationsdauer eine etwas lange. Hierzu kam noch, daß in den vorhandenen Apparaten der Schlamm sehr storend wirkte; aus diesen und anderen Grunden ist die Durchfuhrung der Destillation mit dem Kaustisierungsschlamm unterblieben.

Bei allen diesen Versuchen war stets etwa 1 % Magnesiumchlorid zugesetzt. Wenn letzteres wirklich die Umsetzung begunstigte, so konnte es nur als Vermittler der Reaktion dienen; eine derartige Wirkung ist aber theoretisch schwer zu erklären, weshalb mir der Nutzen des Zusatzes zweifelhaft erschien. Weitere Versuche ergaben denn auch, daß der Zusatz gar keinen Wert hat, da die Destillation einer bestimmten Menge Salmiak mit Kalziumkarbonat allein ebenso rasch verlief, wie bei Anwesenheit von Magnesiumchlorid.

Einen großen Einfluß auf die Schnelligkeit der Reaktion hat jedoch der Grad der Feinheit, in welchem sich das angewendete Kalziumkarbonat befindet, ferner die Konzentration der Lösung. Es erschien mir interessant genug, hierüber einige Klarheit zu erhalten, und ich habe daher eine Reihe von Versuchen angestellt, indem ich gewöhnlichen Kalkstein, Marmor und gefalltes Kalziumkarbonat mit Salmiaklösung erhitzte.

Es stellte sich dabei heraus, daß kohlensaurer Kalk in jeder Form von überschüssiger, kochender Salmiaklösung völlig zersetzt wird, daß aber der Feinheitsgrad bei der Schnelligkeit der Umsetzung eine bedeutende Rolle spielt. Es kommt ferner dabei die Struktur[1]) des Kalksteins in Betracht; gewöhnlicher Stein wirkte schneller als Marmor, wobei wohl die ausgepragtere krystallinische Beschaffenheit des letzteren die Schuld trägt. Ebenso bewirkte ganz frisch gefallter kohlensaurer Kalk eine schnellere Umsetzung als solcher, der schon länger aufbewahrt war. Letzterer geht bekanntlich in eine krystallinische Form über, während der frisch gefällte kohlensaure Kalk amorph ist.

Im folgenden gebe ich einige Versuche, aus welchen die relative Dauer der Reaktion bei den verschiedenen Arten Kalziumkarbonat zu ersehen ist. Es wurden jedesmal 5 g des Karbonates mit 200 ccm einer 10 %-igen Lösung von Salmiak gekocht und beobachtet, in welcher Zeit die völlige Zersetzung des kohlensauren Kalkes erfolgte. Durch Nachfüllen wurde dafur gesorgt, daß die Konzentration der Lösung stets dieselbe blieb. Marmor und Kalkstein waren gepulvert und durch feinste Seidengaze No. 17 abgesiebt.

Die Zahlen geben das Mittel aus je 2 Versuchen an.

	Völlige Lösung entstand nach einer Kochdauer von
5 g Kalziumkarbonat, frisch gefällt, ...	43 Minuten
5 g Kalziumkarbonat, langere Zeit aufbewahrt,	55 -
5 g gewohnlicher Kalkstein	90 -
5 g Marmor	120 -

---

[1]) Ganz ähnlich verhalten sich die Karbonate des Baryums, Strontiums und des Magnesiums. Am schnellsten wirkt Magnesium-, am langsamsten Strontiumkarbonat.

Beim Marmor blieb nur ein ganz geringer, beim Kalkstein ein etwas größerer Rückstand übrig, aus den Unreinheiten des Steines bestehend.

Die Wirkung des körnigen Kalksteines geht aus folgendem Versuch hervor. Hierbei wurden 10 g Kalkstein in linsengroßen Stücken, welche durch Absieben von allem Pulver befreit waren, mit 400 ccm einer 10 %-igen Salmiaklösung erhitzt und das entweichende Ammoniak in vorgelegter Schwefelsäure aufgefangen.

Kochdauer in Minuten	NH_3 erhalten	entsprechend zersetztem $CaCO_3$
100	1,156 g	3,400 g
120	0,867 g	2,550 g
150	0,833 g	2,450 g
370	2,856 g	8,400 g

Bei den angeführten Versuchen ist mit einem Überschuß von Salmiak gearbeitet, die ferneren Proben stellte ich an, indem ich einen großen Überschuß an Kalziumkarbonat nahm, um zu sehen, wie lange Zeit die völlige Zersetzung einer Salmiaklösung in Anspruch nimmt. Zugleich habe ich beobachtet, wie weit die Zersetzung durch die Abnahme der Konzentration der Lösung beeinflußt wird. Die Destillation geschah in der Weise, daß durch den Destillierkolben ein kräftiger Dampfstrom geleitet wurde. Unter den Kolben kam nur eine kleine Flamme, um zu verhüten, daß sich das Kalziumkarbonat an einer Stelle am Boden ablagerte. Angewandt wurden 5 g Salmiak und 7 g Kalziumkarbonat. Die Schwefelsäure zum Auffangen des Ammoniaks wurde nach und nach in der Menge von je 20 ccm Normalsäure vorgelegt und die Zeit bemerkt, in welcher dieselbe gesättigt wurde. Es sind mit jedem Karbonat stets 2 Versuche nebeneinander ausgeführt; die Zahlen stellen das Mittel aus denselben dar.

Es wurden gesättigt bei Anwendung von		Marmor	Gewohn-licher Kalkstein	Kausti-sierungs-schlamm[1]	Gefälltes Kalzium-karbonat
20 ccm Normalschwefels. entspr. 1,070 g NH_4Cl = 21,40 %		18	7	5	7
20 ccm - - 1,070 - 21,40 -	der angewendeten Menge in Minuten	23	11	5	8
20 ccm - - 1,070 - 21,40 -		31	37	27	22
20 ccm - - 1,070 - 21,40 -		64	54	32	25
13 ccm - - 0,695 - 13,91 -		88	78	55	43
93 ccm Normalschwefels. entspr. 4,975 g NH_4Cl = 99,51 % do.		224	187	124	105

----

[1] Die zuerst sehr schnell gehende Zersetzung ist dem in dem Kaustisierungsschlamm enthaltenen Ätzkalk mit zuzuschreiben.

Die Zahlen sprechen für sich selbst, denselben ist übrigens kein absoluter, sondern nur ein relativer Wert beizulegen, da eine veränderte Art der Destillation auch eine andere Dauer der Umsetzung herbeiführen wird. Da die Versuche jedoch möglichst gleichmäßig und stets doppelt ausgeführt sind, so haben sie immerhin einen Vergleichswert.

Aus den zuerst mitgeteilten Versuchen geht namentlich hervor, daß Kalziumkarbonat durch einen Überschuß von Salmiaklösung verhältnismäßig schnell und ganz vollständig zersetzt wird.

Die letztere Tabelle zeigt, daß es umgekehrt ziemlich schwierig ist, eine Salmiaklosung völlig zu zersetzen, auch wenn der kohlensaure Kalk in großem Überschuß verwendet wird. So lange die Lösung noch ziemlich viel Salmiak enthält, geht die Reaktion schnell vor sich, nimmt aber mit dem allmählichen Verschwinden desselben immer mehr ab und geht zum Schluß nur äußerst langsam weiter.

Wenn man bedenkt, daß eine Lösung von Salmiak sich um so leichter zum Teil in Ammoniak und Salzsäure spaltet, je konzentrierter sie ist, und daß ebenso die Lösungsfahigkeit derselben fur kohlensauren Kalk von der Konzentration abhängig ist, so ergibt sich, daß die erhaltenen Resultate mit der Theorie sehr gut in Einklang stehen.

Aus dem Vergleich aller Versuche ergibt sich ferner übereinstimmend, daß die physikalische Beschaffenheit des Kalziumkarbonats von großer Bedeutung für die Umsetzung ist; in je feiner verteiltem Zustande sich dasselbe befindet, um so schneller geht die Zersetzung vor sich.

Nach den erhaltenen Resultaten halte ich die technische Durchfuhrung der Destillation von Salmiaklösungen mit Kalziumkarbonat wohl für moglich, d. h. ich meine, daß man die Lösung ohne Anwendung von Ätzkalk mit fein gepulvertem Kalkstein allein völlig fertig destillieren kann.

Die Destillation mit Kalziumkarbonat bei der Ammoniaksodafabrikation wurde gegenuber der mit Ätzkalk noch den Vorteil haben, daß man statt des Ätzammoniaks direkt Ammonkarbonat erhalt. Es ware demnach nachher bei der Karbonisation nur noch 1 Mol. Kohlensaure zu decken.

Diesem Vorteil steht zunachst der Nachteil gegenuber, daß die Destillation eine bedeutend langere Zeit in Anspruch nimmt; namentlich dauert es ungemein lange, die letzten Reste Salmiak zu zersetzen. Hier ließe sich jedoch leicht abhelfen dadurch, daß man nur den größeren Teil des Salmiaks mit Kalkstein zersetzt und zum Schluß unter Zusatz von etwas Ätzkalk fertig destilliert.

Es ist aber noch ein anderer Umstand, der die Anwendung von Kalkstein zu teuer macht, und das ist die Notwendigkeit, denselben fein zu pulvern. Das würde mehr kosten, als das Brennen des Kalkes. An Stelle von 100 kg Ätzkalk sind etwa 200 kg Kalkstein nötig; rechnet man für das Mahlen desselben auch nur 20 Pfg. auf 100 kg, so sind das 40 Pfg. Das Brennen derselben Menge zu Kalk kostet aber entschieden nicht so viel.

Anders verhält es sich mit dem aus der Kaustisierung von Soda stammenden Kalkschlamm, derselbe liegt vielen Fabriken nur im Wege, sodaß seine Wegschaffung noch Kosten verursacht. Es braucht keine weitere Arbeit damit vorgenommen zu werden, er wird direkt aufgerührt und in die Destillationskessel gepumpt. Gegenüber dem Kalkstein hat er den Vorzug, daß er, ganz abgesehen von seinem Gehalt an Ätzkalk, viel schneller wirkt, da er sich in fein verteiltem Zustande befindet.

Allerdings ist zu bemerken, daß Fabriken mit ununterbrochen arbeitenden Kolonnenapparaten schlecht mit dem Kalkschlamm arbeiten können, hingegen steht seiner Verwendung in Betrieben, die in einfachen, intermittierend arbeitenden Kesseln destillieren, nichts entgegen. In solchen Kesseln mit kegelförmigem Unterteil, in welche der Dampf durch ein von oben eingehängtes Rohr eintritt, wird der Schlamm in steter Bewegung gehalten, sodaß ein einseitiges Festsetzen desselben am Boden nicht zu befürchten ist.

Berechnung der Dimensionen der Destillationsapparate für eine bestimmte Produktion.

Bei Solvay, Fig. 85, und bei Faßbender, Fig. 93, sind die vier Kessel eines Systems in den vier Ecken eines Quadrates aufgestellt. Man kann selbstverständlich auch andere Aufstellungen wählen; so z. B. die Aufstellung in einer Reihe. Ebenso kann man, wie auch Solvay angibt, fünf oder mehr Kessel zu einem System vereinigen.

Faßbender gibt für 10 000 kg Produktion zwei Systeme, jedes zu vier Kesseln, an. Man wird aber meistens für diese Größe nur ein System wählen; dann am besten aus sechs Kesseln und einer Kolonne bestehend.

Für die Produktion von 10 000 kg Soda ergeben sich die Größen der Kessel und der Kolonne aus folgenden Rechnungen.

Bei der Fabrikation von 10 000 kg Soda pro 24 Stunden entstehen rund 80 cbm Filterlauge; dazu kommen rund 25 cbm Kalkmilch, zusammen 105 cbm. Die weitere Verdünnung dieser Flüssigkeiten hängt davon ab, wie viel Dampf zur Destillation verbraucht wird. Fast sämtlicher Dampf bleibt als Wasser in der Destillation. Nur ein Teil, der je nach den Umständen verschieden groß ist, wird in der Ammoniak-

absorption kondensiert[1]). Für die folgenden Rechnungen soll angenommen werden, daß rund 100 cbm Destillierlaugen im ganzen entstehen.

Jede Charge eines Destillierkessels, also Füllung, Fertigkochen
und Entleerung kann in 12 Stunden durchgeführt werden. Bei der Verwendung von 4 Kesseln zu einem System sind somit 8 Chargen möglich,
und jede Charge muß 20 cbm verarbeiten. Man nimmt vorsichtshalber
die Kessel indes etwas größer, um für alle Fälle Reserve zu haben. Es
sollen daher 25 cbm Füllung für jeden Kessel
gerechnet werden, woraus sich folgende Dimensionen (cf. Fig. 101) ergeben:

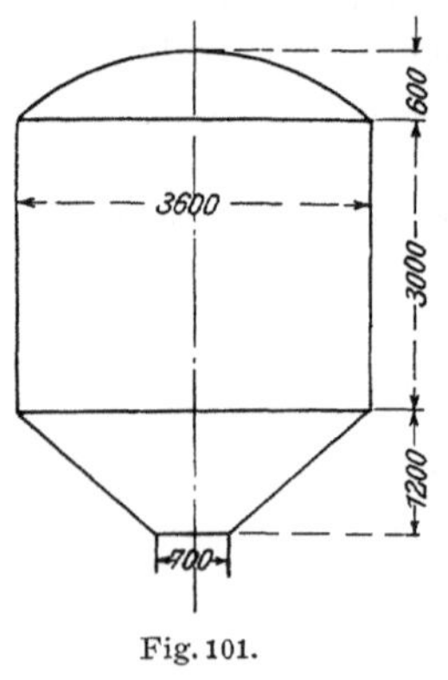
Fig. 101.

Durchmesser des zylindrischen
    Teiles . . . . = 3600 mm
Durchmesser des konischen
    Teiles unten . . . . . . = 700 -
Höhe des zylindrischen Teiles = 3000 -
  -   - konischen Teiles . = 1200 -
Wölbung des oberen Bodens = 600 -

Auf jeden Meter des zylindrischen Teiles
kommen 10,17 cbm Inhalt; bei der Füllung auf
2000 mm somit 20,34 cbm. Dazu kommt der
Inhalt des Konus mit 5,02 cbm, somit ergeben sich rund 25 cbm.

In jedem Kessel steht die Lösung insgesamt 3200 mm hoch. Das
Rohr, welches den Kochdampf einführt, endigt 200 mm über dem Boden;
diese Höhe ist bei Berechnung des Gegendrucks, den der Dampf erhält,
also abzuziehen. Es bleiben 3000 mm für jeden Kessel, für die vier
Kessel zusammen also 12 m. Das spezifische Gewicht der Lösung ist
anfangs nach Zusatz der Kalkmilch rund 1,160; wird aber dann rasch
durch den sich kondensierenden Dampf verdünnt und beträgt zum
Schluß rund 1,090. Man kann demnach durchschnittlich rund 1,125
rechnen. Die Flüssigkeitssäule von 12 m leistet also einen Widerstand
von 13,5 m = 1,35 Atm. Durch Einblasen des Dampfes und Erwärmung der Lösung steigt die Flüssigkeit in den Kesseln um ca. 500 mm.
Der Gegendruck wird indes nicht größer, da das spezifische Gewicht
der heißen, mit Dampfblasen angefüllten Lösung ein entsprechend
kleineres geworden ist. Dazu kommt für Reibung in Rohrleitung und
Ventilen 0,1 Atm., für den Gegendruck in der Destillierkolonne, Ammoniakabsorptionskolonne und Waschgefäß 0,5 Atm. Es ergibt sich also
ein Gegendruck von insgesamt 1,95 Atm. Das ist der Druck bei der

---

[1]) cf. Kapitel II.

Berechnung, welche annimmt, daß mit den 4 Kesseln nur ca. 6 Chargen in 24 Stunden ausgeführt werden. Bei Vornahme von 8 Chargen — und das ist die Regel in der Praxis[1]) — hat jeder Kessel nur 20 cbm pro Charge zu verarbeiten. Die Lösung steht dann in jedem Kessel nur 2500 mm hoch. Es gehen also von der oben auf 13,5 m berechneten Wassersäule 2 m ab. Diesen 2 m Flüssigkeitssäule entspricht ein Gegendruck von 0,22 Atm. Es würde sich also der Gesamtgegendruck in diesem Falle auf 1,71 Atm. reduzieren.

Bei einem System von sechs Kesseln kann, wie schon oben gesagt ist, der Dampf besser ausgenutzt werden.

Bei Annahme von 12 Chargen pro 24 Stunden für ein Sechskesselsystem hat jede Charge $\frac{160}{12}$ = rund 14 cbm zu verarbeiten. Rechnet man auch hier eine geringere Anzahl Chargen, also vielleicht 10 pro 24 Stunden, so ist die Füllung einer Charge = 16 cbm. Hiernach soll die Größe der Kessel gewählt werden.

Die Dimensionen (cf. Fig. 102) würden sein:

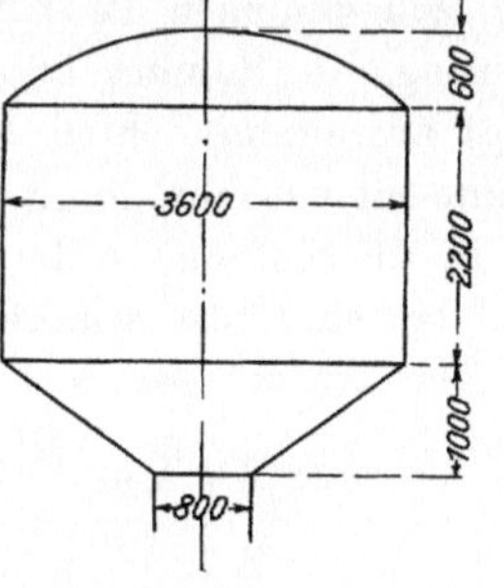

Fig. 102.

Durchmesser des zylindrischen
Teiles . . . . = 3600 mm
Durchmesser des konischen
Teiles, unten . . . . . = 800 -
Höhe des zylindrischen Teiles = 2200 -
- - konischen Teiles . = 1000 -

Der Konus faßt 4,2 cbm. Auf 1 m Höhe des zylindrischen Teiles kommen 10,17 cbm. Falls die Lösung 1200 mm hoch im zylindrischen Teile steht, ergeben sich demnach rund 12 cbm und zusammen mit dem Inhalt des Konus rund 16,2 cbm.

In jedem Kessel steht die Lösung 2200 mm hoch. Davon gehen wie im ersten Beispiel 200 mm ab, es bleibt demnach eine Höhe von 2000 mm, für 6 Kessel = 12 m. Das ist dieselbe Flüssigkeitssäule wie im ersten Beispiel, also berechnet sich auch hier derselbe Gegendruck, nämlich 1,95 Atm. Falls die Füllung nur 14 cbm für jede Charge beträgt, ist jeder Kessel nur auf 1 m im zylindrischen Teil zu füllen. Der Gegendruck berechnet sich dann um 1200 mm Flüssigkeitssäule = rund 0,13 Atm. geringer, beträgt also im ganzen 1,82 Atm.

Die Destillierkolonne mit einfachen Siebböden zum Vorwärmen

---

[1]) Ich habe in der Praxis lange Zeit hindurch mit 4 Kesseln per 24 Stunden 9—10 Chargen ausführen können.

der Salmiaklaugen und Austreiben des Ammonkarbonates, welche hinter den Kesseln und vor der Ammoniakabsorptionskolonne aufgestellt wird, soll folgende Maße haben:

$$
\begin{aligned}
&\text{Durchmesser der Ringe im Lichten} \quad . \quad . \quad = 1500 \text{ mm} \\
&1 \text{ Bodenring, Höhe} \quad . \quad . \quad . \quad . \quad . \quad . \quad = 450 \; - \\
&12 \text{ Ringe mit Siebböden, Höhe je} \quad . \quad . \quad = 250 \; - \\
&1 \text{ Kühlring, Höhe} \quad . \quad . \quad . \quad . \quad . \quad . \quad = 1000 \; - \\
&1 \text{ Deckelring, Höhe} \quad . \quad . \quad . \quad . \quad . \quad . \quad = 250 \; -
\end{aligned}
$$

Im Kühlring befinden sich 200 Rohre von 45 mm äußeren Dtr.

Bei regelrechter Arbeit steht auf den Siebböden die Lösung etwas höher, als die Höhe der Überlaufrohre (60 mm) betragt, also rund 80 mm. Indes ist keine kompakte Lösung vorhanden, sondern dieselbe ist mit ungelosten Gasblasen angefullt, sodaß man nur etwa die Halfte des Volumens als wirkliche Lösung rechnen kann. Für 12 Siebböden ergeben sich demnach $12 \times 30 = 360$ mm, dazu kommen 200 mm für den Bodenring, in Summa 560 mm. Der Inhalt des Kolonnenquerschnittes beträgt bei einem lichten Durchmesser von 1500 mm $= 1,77$ qm. Jene 560 mm entsprechen somit 1,00 cbm.

In die Kolonne sollen in 24 Stunden eintreten rund 80 cbm Filterlauge, das sind pro Stunde $= 3333$ Liter, pro Minute $= 66$ Liter.

Darnach würde die Filterlauge in der Kolonne einen Aufenthalt von $\dfrac{1000}{66} =$ rund 15 Minuten haben.

In dieser Zeit kann die Filterlauge völlig erhitzt und fast frei von Ammonkarbonaten sein, aber es ist dann erforderlich, daß ein starker Strom von heißen Gasen und Wasserdampf in die Kolonne tritt. Es ist übrigens nicht stets durchaus nötig, daß die Filterlauge von Ammonkarbonaten befreit ist, wenn sie aus der Kolonne abfließt. Man pumpt die Kalkmilch in diesem Falle erst ein, wenn der Inhalt des Destillierkessels vollständig erhitzt und das Ammonkarbonat ausgetrieben ist.

Wenn jedoch die Zeit knapp ist und daher die Kalkmilch fruher, also gleich nach Beginn eingepumpt werden soll, so muß auch die Filterlauge aus der Kolonne fast karbonatfrei in den an der Reihe befindlichen Destillierkessel einlaufen. Man hat sonst größere Verluste an Kalk durch Bildung von Kalziumkarbonat[1]). Will man ganz sicher

---

[1]) Frisch gefälltes Kalziumkarbonat zersetzt Salmiak zwar auch vollständig, aber es geht darauf längere Zeit hin. cf. S. 237. Das laßt sich nur bei besonderer Einrichtung durchführen. Bei der gewöhnlichen Art der Destillation ist alles Kalziumkarbonat, welches sich bildet, als verloren zu betrachten, weil doch Kalziumhydroxyd im Überschuß zugesetzt wird.

gehen, das Ammonkarbonat in der Kolonne völlig auszutreiben, so
wendet man besser eine Kolonnenform an, deren Ringe die Form der
in Fig. 18 abgebildeten Kolonne haben. Die Maße der Kolonne sind:

$$\begin{aligned}
\text{Durchmesser der Ringe im Lichten . .} &= 1500 \text{ mm}\\
\text{1 Bodenring, Höhe . . . .} &= 450 \text{ -}\\
\text{12 Ringe, Höhe . . . .} &= 400 \text{ -}\\
\text{1 Kühlring, Höhe . . . .} &= 600 \text{ -}\\
\text{1 Deckelring, Höhe . . . .} &= 250 \text{ -}
\end{aligned}$$

Der Inhalt des Kolonnenquerschnittes ist 1,77 qm. Davon ist abzurechnen für den mittleren Durchlaß von 300 mm Dtr. in jedem Ring
und für 2 Überlaufrohre von 65 mm äußerem Dtr. zusammen 0,078 qm.
Es bleiben also für jeden Ring rund 1,69 Fläche. Die Flüssigkeit steht
in den Ringen etwas höher als die Höhe der Überlaufrohre beträgt,
also rund 170 mm. Auch hier soll gerechnet werden, daß das Volumen
der einlaufenden Lösung durch Gasblasen und Erhitzung auf das doppelte
ausgedehnt ist. Auf jeden Ring ist daher nur eine Höhe der Flüssigkeit von 85 mm zu rechnen. Dann ergeben sich für 12 Ringe =
1020 mm und für den Bodenring 200 mm, zusammen 1220 mm. Der
Gesamtinhalt der Kolonne beträgt demnach 2,06 cbm. Da, wie schon
oben berechnet wurde, pro Minute 66 Liter Filterlauge einlaufen, kann
diese letztere $\frac{2060}{66} = 31$ Minuten in der Kolonne verweilen. Das ist
die doppelte Zeit wie in der Kolonne mit einfachen Siebböden.

Man kann sicher sein, daß in der Zeit von 30 Minuten die Filterlauge genügend von Ammonkarbonat befreit wird. Es entsteht bei
dieser längeren Dauer der Vorteil, daß der Dampf besser ausgenutzt
wird. Es gelangt dann nicht so viel Wasserdampf in den Kühlring,
sodaß man mit geringerer Kühlung auskommt.

Die Kolonne nach Fig. 18 ist auch betriebssicherer als die Kolonne
mit einfachen Siebböden. Bei der letzteren Konstruktion muß die
Stärke des Gas- und Dampfstromes dem Gesamtquerschnitt der Sieblöcher entsprechen. Ist der Strom zu schwach, so läuft die Lösung
durch die Sieblöcher ab und es bleibt keine Schicht derselben auf den
Boden stehen. Der Dampf durchdringt dann die Lösung nur zum geringen Teil, die Wirksamkeit der Kolonne leidet. Das ist bei der
Kolonne Fig. 18 nicht möglich. Bei dieser kann die Lösung nur durch
die Überlaufrohre nach unten laufen. Die Ringe bleiben stets bis zur
Höhe der Überlaufrohre gefüllt.

Wenn anderseits bei der Kolonne mit einfachen Siebböden der
Dampfstrom zu stark wird, so wird die Flüssigkeit am Herunterfließen
gehindert. Denn der Dampf, welcher nicht durch die Sieblöcher treten

kann, geht durch die Überlaufrohre nach oben und hält so die Flüssigkeit zurück. Man kann etwas vorbeugen dadurch, daß man die Überlaufrohre der Kolonne von solchem Querschnitt nimmt, daß durch dieselben bei sehr starker Dampfentwicklung zugleich Dampf nach oben steigen und Flüssigkeit nach unten laufen kann. Aber die Arbeit der Kolonne ist dann weniger wirksam.

Eine genaue Regulierung des Dampfstromes ist sehr schwierig, da die Arbeit in einem geschlossenen Apparat vor sich geht. Man kann dieselbe nicht mit dem Auge verfolgen. Es tritt dabei leicht der vorerwähnte Fehler ein, daß der Dampfstrom zu schwach wird.

Bei der Kolonne nach Fig. 18 wird allerdings ebenfalls ein zu starker Dampfstrom die Lösung nach oben treiben und aus der Kolonne hinauswerfen. Aber man kann hier besser vorbeugen, indem man für die zentralen Öffnungen, durch welche der Dampf nach oben geht, einen so großen Querschnitt wählt, daß auch selbst bei sehr starkem Dampf- und Gasstrom derselbe gut passieren kann. Dann bleiben die Überlaufrohre stets für die Flüssigkeit frei.

Um die Filterlauge in der Kolonne zu erhitzen und das Ammonkarbonat auszutreiben, ist eine große Menge Wärme erforderlich.

Es sind in 24 Stunden 80 cbm Lauge von durchschnittlich 20^0 auf durchschnittlich 100^0 zu erhitzen.

Nach Kapitel II, S. 82, sind in den 80 cbm Filterlauge 1500 kg Ammoniak fast ganz in der Form von Bikarbonat vorhanden. Diese 1500 kg Ammoniak entsprechen 6971 = rund 7000 kg Ammonbikarbonat, darin sind rund 3900 kg Kohlensäureanhydrid enthalten. Es soll der Wärmeverbrauch so gerechnet werden, als wenn 3900 kg CO_2 und 1500 kg NH_3 zu vergasen sind. Die Temperatur der entstehenden Gase soll mit rund 100^0 angenommen werden[1]). 1 kg NH_3 verlangt zur Austreibung aus wäßriger Lösung als Gas = 514,3[2]). Das Gas muß auf 100^0 erwärmt werden; nimmt man als Anfangstemperatur für das Gas die Temperatur der Lösung = 20^0 an, so sind für 1 kg des Gases zur Erwärmung auf 100^0 $80 \times 0,531 = 42,5$ erforderlich. Im ganzen verlangt demnach jedes kg NH_3 = 557 c.

Für 1 kg CO_2 sind zur Austreibung aus der Lösung als Gas 127 c.[3]) nötig, die Erwärmung auf 100^0 verlangt $80 \times 0,217 = 17,3$. Im ganzen sind für jedes kg CO_2 demnach 144 c. zu rechnen.

Zur Erwärmung von 1 Liter Filterlauge von 1,14 spezifischem Gewicht um 1^0 ist rund 1 c. zu rechnen. 1 kg Wasserdampf gibt in der

---

[1]) Auch diese Wärmeberechnung ist nicht ganz genau, sie verlangt eigentlich eine ganze Reihe von Korrekturen.

[2]) cf. Kapitel II, S. 85.

[3]) cf. S. 85.

Kolonne rund 500 c. ab, wobei sich der Dampf in Wasser von 100⁰ verwandelt.

Die in der Kolonne erforderliche Gesamtwärme ergibt sich aus folgender Aufstellung:

$$
\begin{array}{llll}
80\,000 \text{ Liter Filterlauge} & \text{à} \quad 80 \text{ c.} & = & 6\,400\,000 \text{ c.} \\
1\,500 \text{ kg } NH_3 \quad . \ . \ . & \text{à } 557 \text{ c.} & = & 835\,500 \text{ c.} \\
3\,900 \ - \ CO_2 . \ . \ . \ . & \text{à } 144 \text{ c.} & = & 561\,600 \text{ c.} \\
& \text{Summa} & = & \mathit{7\,797\,100} \text{ c.}
\end{array}
$$

Um diese Wärme zu liefern, sind $\dfrac{7\,797\,100}{500} =$ rund 15 594 kg Dampf nötig, welche 15,6 cbm Wasser bilden. Die Verluste durch Abkühlung der Apparate sind hierbei nicht gerechnet, dieselben sind weiter unten bei der Berechnung der Gesamtwarme fur die Destillation angegeben.

Berechnung der gesamten zur Destillation erforderlichen Wärmemenge.

Die Menge der zur Destillation der Filterlaugen bei der Produktion von 10 000 kg Soda pro 24 Stunden erforderlichen Wärmemenge ergibt sich aus folgenden Daten.

Es sind zu erhitzen 80 000 Liter Filterlaugen von durchschnittlich 20⁰ auf durchschnittlich 130⁰. 1 Liter verlangt zur Erhöhung der Temperatur um 1⁰ rund 1 c.

Es sind zu erhitzen 25 cbm Kalkmilch von durchschnittlich 50⁰ auf durchschnittlich 130⁰. 1 Liter verlangt zur Erhöhung der Temperatur um 1⁰ rund 1 c.

Es sind auszutreiben als Gase mit der Temperatur von rund 100⁰

4900 kg Ammoniak, 1 kg verlangt . . . . 557 c.[1])
3900 - Kohlensäureanhydrid, 1 kg verlangt 144 c.[1])

Es sind 160 cbm Flüssigkeit ständig im Sieden zu erhalten, wobei Warmeverluste durch Abkühlung der Wandungen der Kessel, Kolonne und Rohrleitungen entstehen. Es soll angenommen werden, daß jeder Quadratmeter der Oberfläche der Apparate etc. pro Stunde 300 c. an die Luft und durch Ausstrahlung abgibt, dabei ist vorausgesetzt, daß die Apparate etc. mit Wärmeschutzmasse gut isoliert sind. Die Oberfläche der Apparate und Rohrleitungen beträgt rund 400 qm. Davon

---

[1]) cf. S. 246.

ist ein Teil so gut geschützt durch Einmauerung, daß diese Wärmeabgabe sehr gering ist. Dagegen sind aber anderseits Flantschen der Rohre, Ventile, Mannlöcher etc. garnicht isoliert und verbrauchen daher relativ mehr Wärme. Man kann annehmen, daß sich beides etwa ausgleicht.

$$
\begin{array}{lr}
\text{80 000 Liter Filterlauge à 110 c. . . . . . } = & \text{8 800 000 c.} \\
\text{25 000 - Kalkmilch à 80 c. . . . . . . } = & \text{2 000 000 c.} \\
\text{4 900 kg Ammoniak à 557 c. . . . . . . } = & \text{2 729 300 c.} \\
\text{3 900 - Kohlensäureanhydrid à 144 c. . . } = & \text{561 600 c.} \\
\text{400 qm Oberfläche à 300 c. pro Stunde er-} & \\
\text{geben pro 24 Stunden . . . . . . } = & \text{2 880 000 c.} \\
\hline
\text{Summa} = & \mathit{16\,970\,900}\ \text{c.}
\end{array}
$$

Durch die Umsetzung des Salmiaks mit Kalk zu Kalziumchlorid und Ammoniak wird Warme frei; deren Menge ist jedoch so gering, daß sie außer acht gelassen werden soll.

1 kg Wasserdampf, welcher mit 2 Atm. Überdruck in die Apparate eintritt, gibt, wenn er sich zu Wasser von 130^0 kondensiert, rund 517 c. ab. Da schon in den Rohrleitungen Verluste durch Abkühlung entstehen und der Druck auch nicht immer 2 Atm. Überdruck beträgt, sollen nur rund 500 c. für 1 kg Dampf gerechnet werden. Die oben berechnete Warmemenge von 16 970 900 c. verlangt also rund 34 000 kg Dampf.

Vom Brennwert guter Kesselkohle können bei richtiger Kesselanlage und sorgfältiger Wartung derselben 80 % nutzbar gemacht werden. Eine Kohle, welche einen Brennwert von 7000 c. pro 1 kg besitzt, gibt demnach 5600 nutzbare c. ab. Bei Vorwarmung des Speisewassers auf 70 bis 80^0 (das ist bei Ammoniaksodafabriken leicht zu erreichen) verlangt 1 kg Dampf von 6 Atm. Überdruck $656 - 70 = 586$ c., folglich liefert 1 kg Kohle mit 5600 nutzbaren c. $\dfrac{5600}{586} =$ rund $9\,{}^1/_2$ fache Verdampfung. Darnach würden die obigen 34 000 kg Dampf $\dfrac{34\,000}{9,5}$ = rund 3580 kg Kohlen erfordern.

Man hat indes solche guten Verdampfungsresultate in der Praxis wohl nur ganz selten. Schon achtfache Verdampfung ist als ein gutes Resultat anzusehen, vielfach wird man nicht mehr als siebenfache Verdampfung rechnen konnen.

Legt man achtfache Verdampfung zu Grunde, so verlangen jene 34 000 kg Dampf = 4250 kg Kohlen.

Mit einer so geringen Menge Kohlen kommt indes keine Fabrik aus. Das liegt daran, daß an verschiedenen Stellen Wärme verloren geht. In erster Linie kommt der Dampf in Betracht, welcher durch die Destillierkolonne hindurch in die Absorptionskolonne geht.

In Kapitel II, S. 85, ist diese Dampfmenge mit 5000 kg angenommen; zur Erzeugung derselben sind bei achtfacher Verdampfung rund 625 kg Kohle erforderlich. Insgesamt ergeben sich somit 4250 + 625 = rund 4900 kg Kohlen für die Destillation des Ammoniaks bei der Produktion von 10 000 kg Soda.

Im Kapitel II, S. 87, ist ferner auch angegeben, daß die Menge des in der Absorptionskolonne sich kondensierenden Dampfes unter Umständen noch viel größer sein kann als 5000 kg per 10 000 kg Soda. Diese Menge kann bis 20 cbm steigen.

Es ist nicht allein die Wärme des in der Absorptionskolonne sich kondensierenden Dampfes, welche verloren geht, sondern auch in der Destillierkolonne treten Verluste ein. Die samtliche Wärme, welche in dieser Kolonne durch die Kühlvorrichtung im oberen Teil fortgenommen wird, entstammt dem Heizdampf und ist als reiner Verlust zu betrachten. Der Betrieb muß daher so geführt werden, daß die Destillierkolonne nie zu warm geht. Es liegt klar vor Augen, daß hier sonst eine große Menge Wärme verschwendet werden kann.

Im vorliegenden Beispiel ist gerechnet, daß die Endlaugen der Destillation 160 cbm betragen. Da 105 cbm fur Filterlauge und Kalkmilch gerechnet sind, bleiben noch 55 cbm kondensiertes Wasser = 55 000 kg Dampf übrig. Dazu kommen 5000 kg Dampf, welcher mit in die Ammoniakabsorptionskolonne destilliert, also ist der Dampfverbrauch in Summa mit 60 000 kg angenommen. Das entspricht bei achtfacher Verdampfung einem Kohlenverbrauch von 7500 kg.

Ein solcher Verbrauch ist normal für eine kleinere, ziemlich gut arbeitende Fabrik. Er ist niedrig im Verhaltnis zu dem Kohlenverbrauch, welcher fruher als Regel galt.

Ich habe fruher einmal das Minimum an Kohlen berechnet, mit welchem man in der Praxis bei der Destillation theoretisch auskommen kann[1]). Ich kam dabei auf 3310 kg pro 10 000 kg Soda[2]), eine Zahl, die indes auf keinem Werke erreicht wird. Jene Berechnung wurde nur gemacht, um annähernd die Grenze festzustellen, bis zu welcher man in der Praxis unter den günstigsten Umständen vielleicht gelangen kann.

Wenn die theoretische Berechnung hier stets weniger ergibt, als die Praxis in Wirklichkeit verbraucht, so liegt das an einer ganzen

---

[1]) Chem.-Ztg. 1894, XVIII, No. 99.

[2]) Bei dieser Berechnung war die durch Abkühlung und Ausstrahlung der Apparate etc. verloren gehende Wärme außerdem noch sehr hoch gerechnet.

Reihe von Ursachen. Dieselben sind im vorstehenden bereits berührt und sollen noch einmal rekapituliert werden.

1. **Beschaffenheit der Kohle.** Dieser Punkt bedarf keiner weiteren Erläuterung.

2. **Schlechte Kesselanlage.** Hierher rechne ich nicht allein die Art des Kesselsystems, sondern auch noch andere Umstände. Es ist ein großer Unterschied, ob das Speisewasser gereinigt wird oder nicht und ob es vorgewärmt wird. Man findet leider auch heute noch chemische Fabriken, welche ihr Speisewasser nicht reinigen. Daß die entstehende „Schutzkruste" von Kesselstein die Verdampfung hindert, braucht nicht weiter bewiesen zu werden.

Welchen Einfluß die Vorwärmung hat, ist aus folgender Rechnung zu ersehen. Für 10 000 kg Soda pro 24 Stunden sollen 60 cbm Speisewasser gerechnet werden. Wenn diese 60 cbm von durchschnittlich 20^0 auf 90^0 vorgewärmt werden, so sind dadurch gewonnen $60\,000 \times 70 =$ 4 200 000 c. Bei einer Kohle, von welcher pro 1 kg 5600 c. ausgenutzt werden, entspricht diese Wärmemenge $= 750$ kg Kohlen.

Daß sich das Speisewasser durch die Wärme ablaufender Destillierlaugen auf 90^0 anwärmen läßt, ist ohne Frage[1]). Durch die abziehenden Rauchgase läßt sich bei den meisten Kesselanlagen das Speisewasser bei Anschaffung eines Greenschen Economisers auf durchschnittlich 110^0 bringen, wodurch die oben berechnete Kohlenersparnis noch größer wird. Von sehr großem Einfluß ist es natürlich auch noch, ob die Kesselanlage sorgfältig überwacht wird. Ein schlechter Kesselwärter kann leicht 50 % Kohlen mehr verbrauchen als ein guter.

3. **Abkühlung und Ausstrahlung.** Wenn die Apparate, welche zur Destillation dienen, schlecht oder garnicht isoliert sind, so werden die Verluste an Wärme an dieser Stelle selbstverständlich viel größer, als in der Berechnung auf S. 248 angegeben ist. Beim Fehlen der Isolierung kann man rechnen, daß ein Quadratmeter Oberfläche pro Stunde wenigstens 900 c. abgibt gegen 300 c. bei guter Isolierung.

4. **Volumen der Filterlauge und Kalkmilch.** Welche Bedeutung das Volumen von Kalkmilch und Filterlauge hat, ist aus der Berechnung auf S. 248 zu ersehen. Tatsächlich haben Fabriken das Doppelte und mehr noch das Volumen der beiden genannten Flüssigkeiten zu destillieren gehabt. Da in solchen Fällen durch die dann nötigen großen Apparate mehr Wärme durch Abkühlung und Ausstrahlung verloren ging, ist es nicht zu verwundern, wenn jene Werke so viel Kohlen verbrauchten.

---

[1]) cf. auch S. 220.

5. **Destillationsapparate.** Falls die Destillierapparate zu klein für das zu verarbeitende Quantum sind, kann man den Dampf nicht genügend ausnutzen. Es ist dann nicht zu vermeiden, daß bei der geschilderten Anlage (Kesselsystem und Kolonne) ein Überschuß von Dampf in die Destillierkolonne geht und hier durch Kühlung fortgenommen werden muß. Hierdurch kann ein großer Wärmeverlust entstehen.

Dieselbe Erscheinung kann übrigens auch beim reinen Kolonnensystem eintreten.

6. **Betriebsführung.** Ganz dieselbe Erscheinung, welche unter No. 5 geschildert ist, kann auch bei guten und ausreichend großen Destillierapparaten vorkommen, wenn bei der Betriebsführung Fehler gemacht werden, wenn also unnötig viel Dampf in die Destillation geleitet wird. Das ist ein Umstand, der in der Praxis häufig vorgekommen ist.

Faßbender, a. a. O. S. 226, gibt an, daß bei der von ihm beschriebenen Anlage für 10000 kg Produktion der Dampfverbrauch im Winter 1976 und im Sommer 1860 kg pro Stunde anzunehmen sei. Rechnet man durchschnittlich 1900 kg pro Stunde, so macht das pro 24 Stunden 45 600 kg. Das sind 14 400 kg weniger, als in dem praktischen Beispiel angenommen wurde. cf. S. 249.

Es ist selbstverstandlich, daß derartige Rechnungen nicht übereinstimmend sein können. Die bei Faßbender geschilderte Destillation unter teilweisem Vakuum muß übrigens mit weniger Dampf auskommen.

Man kann zur Destillation entweder direkten Kesseldampf benutzen oder auch den Abdampf der Maschinen. Es läßt sich daruber streiten, welches Verfahren am vorteilhaftesten ist. Die Arbeit mit direktem Dampf ist betriebssicherer als die Destillation mit Abdampf, aber letztere spart Kohlen.

Um die Arbeit mit Maschinenabdampf durchzuführen, ist es durchaus nötig, gute und kräftige Maschinen zu haben, welche trotz des Gegendrucks, den der Dampf erfahrt, tadellos arbeiten. Ferner ist erforderlich, daß der Gegendruck in den Destillationsgefaßen nicht zu hoch ist.

2 Atm., wie oben berechnet wurde, ist ein Druck, den gute Maschinen vertragen können.

Die sonstige Einrichtung ist sehr einfach; man leitet den Abdampf zunächst in einen Receiver[1]), der zugleich das Kondenswasser abscheidet, und von hieraus direkt in die Destillationskessel oder Kolonne. Der Receiver ist mit einem Sicherheitsventil versehen fur den Fall, daß eine Verstopfung eintritt.

---

[1]) Als solcher kann ein einfacher Kessel von $^1/_2$—2 cbm Inhalt dienen.

In der Dampfleitung müssen gut funktionierende Rückschlagsventile sich befinden, damit nicht beim Stillstand der Maschinen Destillierflüssigkeit aus den Kesseln zurücksteigen und in die Maschine treten kann. Außerdem ist zur größeren Sicherheit ein Absperrventil nötig, welches beim Anhalten der Maschine sofort abgeschlossen wird.

Bei der Verwendung des Abdampfes zum Kochen wird der größte Teil der latenten Wärme des Dampfes nutzbar gemacht. 1 kg Dampf von 1 Atm. absolut enthält 636 c. Diese Wärme geht beim Auspuffen des Dampfes in die Luft völlig verloren. Wird dieser Dampf in die Destillation geleitet, so werden beim Kondensieren desselben 520—530 c. frei (je nach der Flüssigkeitswärme in den Destillierapparaten), während der Rest als Eigenwärme in dem entstehenden Kondenswasser bleibt. Es geht von der angegebenen Wärme noch ein Teil in den Leitungen verloren, sodaß man vorsichtshalber nicht mehr als 500 c. Wärmeabgabe für 1 kg Dampf rechnen kann.

Für die Benutzung des Abdampfes zum Kochen kommen folgende Momente in Betracht. Wenn eine Dampfmaschine mit Kondensation arbeitet, so gebraucht sie (eine kleinere Maschine angenommen) ca. 9 kg Dampf für Pferd und Stunde, während dieselbe Maschine beim Auspuffen des Dampfes in die Luft 15 kg Dampf für die Stundenpferdekraft verbraucht. Dieser Verbrauch steigt noch ganz bedeutend, wenn der Abdampf Gegendruck erhält, wenn derselbe also, wie im vorliegenden Falle, in die Destillierapparate gedrückt werden muß. Der Verbrauch beträgt dann 20—30 kg pro Stundenpferd. Hieraus ergibt sich, daß nicht der sämtliche Dampf, der zum Destillieren nötig ist, bei Verwendung von Abdampf rein gespart wird im Gegensatz zu dem Verfahren der Destillation mit direktem Dampf. Man kann bei der Berechnung der Ersparnis an Wärme durch den Gebrauch von Abdampf nur denjenigen Dampf rechnen, den die Maschine verbrauchen wird, wenn sie mit Kondensation arbeitet. Eine Hochdruckmaschine darf hierbei nicht zum Vergleich herangezogen werden.

Am meisten würde sich dieser Umstand fühlbar machen in dem Falle, daß eine große Betriebsmaschine sämtliche Pumpen etc. durch Transmission treibt. Eine solche Maschine würde eventuell nur 7—8 kg Dampf pro Pferd und Stunde gebrauchen. Indes wird ein solcher Fall nicht leicht vorkommen; denn es ist richtiger, wie schon früher erwähnt wurde, die größeren Kompressoren und Kalzinieröfen je durch eine besondere Dampfmaschine zu treiben. Es ist zu wichtig, den Gang dieser Motoren einzeln regulieren zu können.

Es ist unter allen Umständen zweifellos, daß die Verwendung von Abdampf zum Destillieren eine ziemlich erhebliche Ersparnis an Kohle bedeutet, vorausgesetzt, daß der Gegendruck nicht zu hoch ist. Je höher dieser Druck ist, um so mehr Dampf wird eine Maschine relativ gebrauchen und man kann dann nicht den Dampf von der ganzen Maschinenkraft verwenden, die man zur Verfügung hat.

Es sollen z. B. für die Destillation rund 50 000 kg Dampf nötig sein. Wenn nun die Maschinen rund 17 000 kg Dampf gebrauchen, falls sie mit Kondensation arbeiten, so steigt dieses letztere Quantum bei einem Gegendruck von $1\frac{1}{2}$ Atm. auf rund 50 000 kg Dampf. Es kann dann sämtlicher Maschinendampf zum Destillieren verwendet werden. Die Ersparnis gegenüber der Destillation mit Kesseldampf ist dann folgendermaßen:

Mit Kesseldampf direkt werden gebraucht
für die Destillation . . . . . = 50 000 kg Dampf
\- \- Maschinen . . . . . = 17 000 - -
Summa = 67 000 kg Dampf
Destillation mit Abdampf . . = 50 000 - -
Ersparnis = *17 000* kg.

Würde der Gegendruck aber beispielsweise so hoch gesteigert, daß dieselben Maschinen vielleicht 70 000 kg Dampf gebrauchen, so wäre kein Vorteil, sondern ein Schaden erzielt gegenüber der Destillation mit direktem Kesseldampf. Diese letztere würde erfordern

50 000 kg Dampf für die Destillation
17 000 - - - - Maschinen
Summa 67 000 kg Dampf

gegenüber 70 000 kg[1]) bei der Destillation mit Abdampf.

Ein solcher Fall wird in der Praxis indes auch nicht eintreten. Man wird die Destillation stets so einrichten, daß ein so hoher Gegendruck nicht vorkommt.

Die Verwendung von direktem Kesseldampf findet noch auf vielen Fabriken statt. Jedenfalls hat dies Verfahren mancherlei Vorteile, wenn es auch mehr Kohlen kostet. Der Destillationsbetrieb läßt sich viel sicherer führen, und die Maschinen arbeiten leichter, halten daher wohl längere Zeit. Es läßt sich betreffs der Wahl des einen oder anderen Verfahrens bei der Destillation prinzipiell nicht sagen, welches das beste

---

[1]) Die Rechnung bedarf eigentlich noch verschiedener Korrekturen. So läßt sich z. B. der Kesseldampf nicht direkt mit dem Maschinenabdampf vergleichen, da ersterer höhere Wärme besitzt. Für obiges Beispiel kommt das jedoch nicht in Betracht, dasselbe soll nur andeuten, auf welche Weise sich der Vorteil in einen Schaden verwandeln kann.

ist. Es müssen bei dem Urteil darüber die örtlichen Umstände berücksichtigt werden.

Wenn übrigens heute noch Fabriken, welche mit Kesseldampf kochen, den Abdampf der Maschinen in die Luft jagen[1]), so ist das jedenfalls zu tadeln; wenn man auch nicht jede kleine Maschine für sich mit Kondensation einrichten kann, so kann man doch den Dampf der verschiedenen Maschinen in eine Zentralkondensation leiten. Auch die Werke, welche nur mit dem Abdampf eines Teiles der Maschinen destillieren, sollten die ubrigen Maschinen an einen gemeinschaftlichen Kondensator anschließen.

---

[1]) cf. Faßbenders Mitteilung, a. a. O. S. 264.

Siebentes Kapitel

Behandlung und Verwertung der Ablaugen.

Als Abwässer bei der Ammoniaksodafabrikation entstehen, abgesehen von den Kuhlwassern, die aus der Destillation abfließenden Laugen. Bei gut arbeitenden Fabriken ist deren Zusammensetzung eine ziemlich konstante, wenigstens hinsichtlich der gelösten Teile. Die Menge der suspendierten Stoffe kann jedoch eine verschiedene sein, auch bei gutem, regelrechten Betriebe, da dieselbe beeinflußt wird durch die Beschaffenheit des Kalkes und Salzes. Je unreiner der Kalk ist, um so mehr werden sich dessen unlosliche Beimengungen wie Eisenoxyd, Tonerde, Silikate in den Destillationslaugen anhäufen und ferner werden durch den Gehalt des Salzes an Natriumsulfat wie auch an Anhydrit etc. die suspendierten Teile ebenfalls erhoht. Das ist besonders der Fall, wenn man den Schlamm, welcher beim Auflosen des Salzes entsteht, behufs Wiedergewinnung des darin enthaltenen Ammoniaks in die Destillation schickt.

Fabriken mit schlechtem Betriebe haben stets relativ große Mengen Abwasser. Je unvorteilhafter der Betrieb ist, um so weniger konzentriert sind die Abwasser hinsichtlich des Gehaltes an löslichen Salzen. Scheinbar geht also weniger Salz verloren. Die Vermehrung des Volumens der Abwasser ist in solchen Fällen indes so bedeutend, daß trotz des geringeren prozentischen Gehaltes die Gesamtmenge der Salze vermehrt ist; diese Vermehrung betrifft aber nur das Chlornatrium, nicht das Chlorkalzium.

Die Menge der Destillationslaugen unter normalen Verhältnissen beträgt, wie im 6. Kapitel schon angegeben ist, 140—170 cbm pro 10 000 kg kalzinierte Soda. Darin ist enthalten an Chlorkalzium eine 10 000 kg Soda entsprechende Quantität, das würden 10 470 kg sein. Dazu ist indes noch ein geringer Überschuß zu rechnen fur das in dem ursprünglich angewendeten Kochsalz enthaltene Chlorkalzium und Magnesium. Es sind also vorhanden ca. 10 600—11 000 kg Chlorkalzium.

In den Ablaugen ist ferner enthalten das sämtliche verloren gehende Chlornatrium, dessen Menge je nach der Höhe der Ausbeute in der betreffenden Fabrik schwankt. Unter normalen Verhältnissen werden 18—20 000 kg Salz pro 10 000 kg Soda gebraucht, darin sind bei gewöhnlichem Steinsalz rund 96 % = 17 300—19 200 kg Chlornatrium vorhanden. Von diesem Quantum werden rund 11 000 kg in Natriumkarbonat verwandelt, es gehen also rund 6300—8200 kg Natriumchlorid in das Abwasser über. Außer den beiden genannten Salzen — Chlorkalzium und Chlornatrium — sind noch geringe Mengen Gips in Lösung, etwas Ätzkalk und Spuren von anderen Salzen, ferner ganz geringe Spuren von Ammoniak.

Die Destillationslauge aus einer normal gehenden Ammoniaksodafabrik enthält an löslichen Salzen pro cbm:

$$60—75 \text{ kg } CaCl_2$$
$$50—60 \text{ - } NaCl_2$$
$$\text{ca. } 1 \text{ - } CaSO_4$$
$$\text{ca. } 1^1/_4 \text{ - } Ca(OH)_2.$$

Spuren von anderen Salzen und Ammoniak.

Bei schlechter Arbeit wird das Chlornatrium stark vermehrt, sodaß auf 10 000 kg Soda 10—15 000 kg davon verloren gehen, die sonstigen löslichen Salze ändern sich nicht. Ein Beispiel solcher Ablaugen hat Jurisch mitgeteilt, cf. 4. Kapitel S. 167.

Bei Verwendung von gutem Kalk und bei normalem Verbrauch berechnet sich die Menge der suspendierten Teile wie folgt: Auf 10 000 kg Soda werden 7500 kg gebrannter Kalk verwendet. Wenn derselbe 95 % CaO enthält, so ergeben sich rund 350 kg unlösliche Teile und 7100 kg CaO, von welchem 5300 kg in Chlorkalzium verwandelt werden. Es bleiben also 1800 kg CaO übrig, hiervon gehen ca. 200 kg in Lösung als $Ca(OH)_2$, von den übrigen 1600 kg soll angenommen werden, daß die eine Hälfte = 800 kg sich in Karbonat und Sulfat verwandelt, während die andere als $Ca(OH)_2$ suspendiert bleibt.

$$800 \text{ kg } CaO \text{ geben rund } 1500 \text{ kg } CaCO_3 + CaSO_4$$
$$800 \text{ - } CaO \text{ - } \text{ - } 1000 \text{ - } Ca(OH)_2.$$

Es ergeben sich somit an suspendierten Teilen pro 10 000 kg Soda:

rund 350 kg Tonerde, Eisen und Silikate,
- 1000 - Kalziumhydroxyd,
- 1500 - Kalziumkarbonat und Sulfat,

also zusammen rund 2850 kg suspendierte Stoffe, trocken gerechnet, das ist pro cbm der Destillationslaugen 16—20 kg.

Dieses Quantum ist für die Praxis gering und nur für sorgfältig geleiteten Betrieb gültig. Häufig wird man mehr finden, so steigt z. B. beim Verbrauch von 9—10 000 kg Kalk pro 10 000 kg Soda die Menge der suspendierten Teile auf 4—6000 kg, also 25—40 kg pro cbm Ablauge.

Man muß wohl in den meisten Fallen die Ablaugen reinigen, ehe sie in den zur Verfügung stehenden Flußlauf abziehen können. Diese Reinigung geschieht durch einfache Klärung in großen Bassins oder Teichen; die Klärung geht sehr rasch und vollständig vor sich. Der schwere Schlamm geht sehr schnell zu Boden, sodaß die ablaufende Lösung völlig blank ist. Allerdings trübt sich dieselbe bald wieder an der Luft, da sich infolge der Absorption von Kohlensäure ein Teil des gelösten Ätzkalkes als Kalziumkarbonat abscheidet.

Der Gehalt an Kalk, der ca. 800—1200 mg pro Liter (als CaO berechnet) beträgt, könnte event. Schaden anrichten, z. B. betreffs der Fischzucht. Die Forellen und ähnlich empfindliche Fische können höchstens 10 mg CaO pro Liter ertragen[1]) und es ist noch die Frage, ob sie das auf längere Zeit aushalten können. Indessen müßte schon eine sehr große Fabrik an einem kleinen Flüßchen liegen, wenn das Flußwasser jenen Gehalt an CaO erreichen soll. Ein mittlerer Fluß, z. B. die Saale, führt pro Sekunde bei Niedrigwasser 30 cbm Wasser, d. i. pro 24 Stunden rund $2^{1}/_{2}$ Millionen cbm. Wenn durch einen Zufluß diese Wassermenge einen Gehalt von 10 mg CaO pro Liter erhalten sollte, so wäre eine Zufuhr von 25 000 kg CaO erforderlich. Auf 10 000 kg Soda' gehen aber höchstens 200 kg Kalk im klaren Abwasser in Lösung, es sind also, um obiges Quantum Kalk zu liefern, die Abflüsse einer Fabrik erforderlich, welche täglich 1250 tons Soda herstellt. Eine Fabrik, die 250 tons täglich fabriziert, würde dem Flusse in diesem Beispiel nur einen Gehalt von 2 mg CaO pro Liter verleihen. Diese Berechnung versteht sich indes nur für geklärtes Abwasser. Wenn der ganze Schlamm mit in den Fluß gejagt wird, so wird sich das Quantum Ätzkalk bedeutend erhöhen.

Es sei indes noch bemerkt, daß in Wirklichkeit der eben berechnete Gehalt an Ätzkalk im Flußwasser nicht stets eintritt, weil noch andere Umstände einwirken. Jedes Flußwasser enthält mehr oder weniger Kalziumbikarbonat gelöst, mit welchem sich gelöster Ätzkalk sofort nach der Formel:

---

[1]) Ich verweise hier auf sehr sorgfältig und mustergültig durchgeführten Versuche von Weigelt, deren Resultate in den meisten Lehrbüchern über Abwässer mitgeteilt sind. cf. auch Weigelt, Vorschriften etc. Berlin 1900. Verlag des deutschen Fischereivereins.

$$Ca\underset{CO_3\,H}{\overset{CO_3\,H}{\diagup\!\!\!\diagdown}} + Ca\underset{OH}{\overset{OH}{\diagup\!\!\!\diagdown}} = 2\,Ca\,CO_3 + 2\,H_2O$$

umsetzt und unschädlich wird. Da im Flußwasser häufig 50—100 mg Kalziumkarbonat als Bikarbonat vorhanden sind, so gehört in diesen Fällen eine relativ sehr große Menge Ätzkalk dazu, um das Wasser alkalisch zu machen. Hierzu kommt, daß manche wasserfreie Kohlensäure enthalten, welche ja den Ätzkalk ebenfalls neutralisiert.

Bei der gedachten Umsetzung entsteht unlösliches Kalziumkarbonat, welches Trübungen im Flusse verursacht, jedoch nur dann, wenn die Verdünnung eine geringe ist. Ein Schaden kann hierdurch kaum entstehen, denn wenn sich wirklich in kleinen Flüssen etwas von diesem kohlensauren Kalk absetzt, so wird derselbe doch von jedem Hochwasser wieder weggespült, sodaß eine Verschlammung des Flußlaufes nicht zu befürchten ist. Indes sieht eine Trübung des Flusses schlecht aus und es wird unter Umständen von Behörden verlangt, daß das Abwasser neutral, also frei von Ätzkalk, abfließen soll. Man leitet in solchen Fällen Feuergase bezw. Kalkofengase in die Ablauge, um so das Kalkhydrat in Karbonat zu verwandeln und auszufallen.

In Deutschland werden indes Ammoniaksodafabriken mit größerem Betriebe an kleinen Flußläufen kaum konzessioniert und bei größeren Flüssen ist eine vorherige Ausfällung des Ätzkalkes aus den Ablaugen jedenfalls nicht erforderlich. Eine Klärung der Wasser genügt in diesem Falle.

Die in den Ablaugen enthaltenen Salze sind neutral, sie sind weder ätzend, noch sauer, und können also im Flusse einen Schaden nicht anrichten, höchstens könnte ein solcher' eintreten, wenn sie in gar zu großer Menge vorhanden sind. Das kann wieder nur der Fall sein, wenn eine große Fabrik an einem kleinen Flußlaufe liegt.

Fische können leicht vom Chlorkalzium wie auch vom Chlornatrium mehrere Gramm pro Liter vertragen. Rechnet man als Maximalgrenze willkürlich 1 g Chlorkalzium und 1 g Chlornatrium[1]) pro Liter, so würden bei einem Flusse, der, wie oben, $2^1/_2$ Millionen cbm Wasser pro 24 Stunden führt, 2 500 000 kg = 2500 tons pro 24 Stunden von jedem Salze erforderlich sein, um diesen Gehalt herbeizuführen. Das entspräche einer Fabrik, die in 24 Stunden rund 2400 tons Soda produziert. Soll das Flußwasser allerdings als Trinkwasser benutzt werden, so ist die Grenzzahl eine bedeutend niedrigere. Hierüber sind bestimmte Werte nicht festgesetzt, man kann vielleicht annehmen, 200 mg Chlorkalzium und 500 mg Chlornatrium. Dann würden im gewählten Beispiel

---

[1]) Diese Grenzen können in Wirklichkeit weit überschritten werden; cf. das zitierte Werk von Weigelt.

die Abwässer einer Produktion von 480 tons Soda pro 24 Stunden den Maximalgehalt an Chlorkalzium herbeiführen.

Es ist selbstverständlich für eine Ammoniaksodafabrik am günstigsten, wenn sie ihre Abwässer samt dem darin enthaltenen Kalkschlamm direkt in einen Fluß jagen darf. In dieser Lage dürften indes nur wenige Fabriken sein, und zwar meistens nur kleinere Fabriken, die an großen Flüssen liegen. Die Klarung der Abwässer ist an sich keine schwierige oder kostspielige Operation, aber der zurückbleibende Kalkschlamm macht große Beschwerden. Man hat allerdings verschiedentlich versucht, den Kalkabfall zu verwerten, es ist das indes nur vereinzelt gelungen. Nach einer Mitteilung von Aldendorf in der Chem.-Ztg.[1]) hat man in England den Kalkschlamm zur Zementfabrikation verwendet. Daß dies Beispiel in Deutschland Anklang gefunden hat, ist mir bislang nicht bekannt geworden. Es ist wohl ohne Zweifel, daß sich der Abfall gut dazu eignet, indes wird es zur rentabeln Verarbeitung erforderlich sein, daß sich die betreffende Zementfabrik in der Nahe der Sodafabrik befindet, denn Fracht kann der Abfall wohl nur sehr wenig tragen.

Der Destillationsschlamm läßt sich auch jedenfalls als Dünger auf kalkarmem und schwerem Boden verwenden, es ist indes nötig, daß der Schlamm dann durch Auswaschen vom größten Teil des Chlorkalziums und Chlornatriums befreit wird. In gewaschenem und getrocknetem Zustande ist der Schlamm auch für Glashütten zu gebrauchen.

Jedenfalls ist meistens keine Verwendung für den Destillationsrückstand gefunden, das sieht man an den Bergen, die sich in der Nähe von Ammoniaksodafabriken angehauft haben. Am glücklichsten sind die Fabriken, welche eigene Kalksteinbrüche in der Nähe des Werkes haben und den Kalkschlamm dann zur Ausfüllung der alten Bruchstellen benutzen können.

Einerseits durch die Übelstände, welche mit der nötigen Ableitung der Endlaugen in die Flüsse verbunden sind, anderseits durch den Umstand, daß die in den Laugen enthaltenen Salze ungenutzt weglaufen, ist bewirkt, daß eine Menge Vorschlage zur Verarbeitung der Ablaugen gemacht sind. Indes ist der Erfolg bisher, das sei hier gleich bemerkt, nur ein geringer gewesen. Es wird nur ein ganz verschwindend kleiner Teil der Ablaugen bis jetzt verarbeitet.

Die meisten Vorschlage laufen darauf hinaus, das Chlorkalzium zu zersetzen, um so Kalziumoxyd und Chlor bezw. Salzsäure zu gewinnen. Das erstere soll dann wieder in den Betrieb der Ammoniaksodafabrikation gehen, während Chlor und Salzsäure anderweit verwertet werden. Da bei diesen Verfahren das Chlorkalzium durch Ein-

---

[1]) Chem.-Ztg. 1891.

dampfen gewonnen werden muß, so würde auch naturgemäß das Kochsalz der Laugen mit gewonnen werden. Es ginge also gar kein Material verloren, es läge somit ein auf das höchste vervollkommnetes Fabrikationsverfahren vor. Es könnten jedoch, wenn die Lösung des Problems gelänge, andere Übelstände eintreten. Große Sodafabriken würden bei der stetigen Regenerierung des Kalkes die größten Schwierigkeiten haben, denjenigen Kalk loszuwerden, den sie zur Gewinnung der Kohlensäure für die Fällung des Bikarbonates brennen. Ferner ist für derartig kolossale Massen Chlor und Salzsäure, wie sie bei Verarbeitung der sämtlichen Ammoniaksodaablaugen entstehen, keine Verwendung zu finden.

Allerdings gilt das nur für die heutigen Verhältnisse, möglich ist ja eine Vermehrung des Konsums an Salzsäure, Chlor und Chlorpräparaten immerhin, besonders wenn diese billiger werden. Daß ein Preissturz für Salzsäure und Chlorpräparate eintreten muß, wenn es gelingt, diese Produkte beim Ammoniaksodaprozeß herzustellen, ist wohl sicher. Daher muß auch die Herstellung der genannten Stoffe weit billiger sein, als es den heute gültigen Preisen entspricht.

Um das Chlorkalzium verarbeiten zu können, muß dasselbe in festem Zustande hergestellt werden, das ist beim gewöhnlichen Verfahren nur durch Eindampfen der Laugen zu erreichen. Dieses Eindampfen ist an sich eine ziemlich kostspielige Sache, auch wenn man dabei das sonst verloren gehende Kochsalz mit gewinnt, denn dieses hat meistens nur wenig Wert. Die Laugen sind, wie oben mitgeteilt ist, ziemlich dünn, der Gehalt ist 10—12 % Salze pro cbm.

Am günstigsten stellt sich das Eindampfen, wenn am Fabrikationsorte die Kohlen sehr billig sind und das Kochsalz relativ hoch im Preise steht. Wenn eine Fabrik die Laugen eindampfen will, so muß sie schon vorher darauf arbeiten, möglichst konzentrierte Laugen zu erhalten. Die Eindampfkosten sind es jedoch nicht hauptsächlich, welche die Verarbeitung des Chlorkalziums auf Chlor bis jetzt verhindert haben; der Schwerpunkt liegt in der schwierigen Zersetzung des Chlorkalziums. Theoretisch betrachtet und nach den Laboratoriumsversuchen zu urteilen, müßte die Zersetzung eine leichte sein, die berechneten Wärmemengen sind nicht so hoch, daß der Prozeß daran scheitern müßte. In der Praxis sieht die Sache jedoch recht schlecht aus.

Solvay[1]) hat auch auf diesem Gebiete eine große Zahl Patente genommen, die sich teils auf die Art des Verfahrens, teils auf die dazu konstruierten Apparate beziehen. Die verschiedenen Verfahren beruhen hauptsächlich auf folgenden Gleichungen:

---

[1]) cf. Caro, Darstellung von Chlor und Salzsäure, unabhängig von der Leblanc-Sodaindustrie. Berlin 1893. Robert Oppenheim.

$$\text{I.} \quad CaCl_2 + SiO_2 + H_2O = CaSiO_3 + 2HCl$$

oder

$$CaCl_2 + SiO_2 + O = CaSiO_3 + Cl_2.$$

$$\text{II.} \quad CaCl + MgSO_4 + H_2O = MgO\,CaSO_4 + 2HCl.$$

Bei diesen beiden Verfahren würde kein Kalk für die Wieder-
benutzung im Betriebe regeneriert werden, sondern nur Salzsäure oder
Chlor gewonnen.

Andere Vorschläge zielen auf die Gewinnung von Kalk hin, der
dann wieder in der Destillation Verwendung findet. Es soll überhitzter
Wasserdampf bezw. Luft über das oder durch das geschmolzene Chlorkalzium geleitet werden. Das Ergebnis wird durch die Gleichungen III
und IV ausgedrückt.

$$\text{III.} \quad CaCl_2 + H_2O = CaO + 2HCl.$$

$$\text{IV.} \quad CaCl_2 + O = CaO + Cl_2.$$

Außer diesen Vorschlägen sind noch eine Menge andere Modifikationen versucht worden, von einem wirklichen Erfolg im großen hat
man jedoch nichts gehört.

Es hat sich herausgestellt, daß das Kalziumchlorid bedeutend
schwieriger zu zersetzen ist als Magnesiumchlorid; auch verbraucht die
Spaltung des letzteren Salzes bedeutend weniger Wärme. Daher ist
vielfach versucht, diese letztere Verbindung nach einer der obigen
Gleichungen zu verarbeiten. Das Chlormagnesium kann auf verschiedene
Weisen beim Ammoniaksodaprozeß erhalten werden; am einfachsten
wäre es, anstatt des Kalkes die Salmiaklaugen mit Magnesia zu destillieren. Wenn diese stets regeneriert wird, so kann dies Verfahren nicht
sehr teuer kommen; denn wenn auch Magnesia teurer ist als Kalk, so
gebraucht man in diesem Falle doch nicht mehr davon, als nötig ist,
um den unvermeidlichen Verlust zu decken. Und das würde der Betrieb
tragen können.

Die Gewinnung von Salzsäure und Chlor aus Magnesiumchlorid
ist ein Problem, welches schon seit langen Jahren die Staßfurter Kaliindustrie beschäftigt. Bei der Verarbeitung der Kalisalze entstehen sehr
große Mengen von Laugen, welche viel Chlormagnesium enthalten[1]), und

---

[1]) Nach Kraut, Der Staßfurter-Magdeburger Laugenkanal, Darmstadt 1888,
haben die Endlaugen der Staßfurter Chlorkaliumfabriken eine sehr konstante Zusammensetzung, sie enthalten in 100 Teilen neben $5\frac{1}{2}$ Teilen anderer Salze rund
28 Teile Chlormagnesium. Aus diesen Lösungen ist das Chlormagnesium natürlich viel billiger zu gewinnen, als aus den dünneren Endlaugen des Ammoniaksodaprozesses. In Staßfurt laufen ca. 30 000 Doppelcentner Chlormagnesium
täglich fort.

da diese Lösungen beim Ablauf in die Flußläufe viel Beschwerden verursachen, so lag auch hier der Gedanke einer nutzbaren Verarbeitung nahe. Indes ist auch hier ein größerer Erfolg bisher nicht zu erreichen gewesen, obwohl viel Geld und Mühe angewandt ist. Den Staßfurter Werken steht das Chlormagnesium jedenfalls viel billiger zu Gebote, als den Ammoniaksodafabriken. Ehe man in Staßfurt nicht so weit gekommen ist, die Fabrikation von Chlor und Salzsäure aus Chlormagnesium in großem Maßstabe durchzuführen, wird man auch wohl in der Ammoniaksodafabrikation nicht dahin gelangen. Es sind allerdings verschiedene Mitteilungen in der Fachliteratur erschienen, nach welchen die Verarbeitung an verschiedenen Stellen geglückt sein soll, indes hat es sich meist wohl nur um größere Versuche gehandelt und nicht um wirkliche Fabrikation. Dahin gehört die Verarbeitung von Chlormagnesium nach Péchiney zu Salindres[1]) in Frankreich und auf der Fabrik in Sczcakowa in Galizien.

Wenn wirklich, wie behauptet wird, das Verfahren an diesen Orten rentabel ist, so versteht man nicht, weshalb dasselbe sich nicht weiter verbreitet hat. Die Sache muß doch wohl noch einen Haken haben. In Sczcakowa wird übrigens nur chlorsaures Kali mit dem gewonnenen Chlor hergestellt. Dieses Salz steht wohl relativ hoch im Preise, sodaß dadurch die Rentabilität in dem kleinen Maßstabe von 400 kg pro Tag möglich wird.

Nach dem Verfahren von Péchiney oder richtiger (Weldon-Péchiney) muß das Chlorkalzium der Ammoniaksodalaugen zuerst mit Magnesia und Kohlensäure in Kalziumkarbonat und Chlormagnesium umgewandelt werden. Letzteres wird dann durch Eindampfen gewonnen und weiter auf Chlor verarbeitet. Das ist eine so teure Gewinnung des Chlormagnesiums, daß dieselbe gewiß nicht im Ernstfalle mit der Verarbeitung des Staßfurter Chlormagnesiums konkurrieren könnte.

Es kann auf die verschiedenen Verfahren zur Gewinnung von Chlor und Salzsäure beim Ammoniaksodaprozeß hier nicht näher eingegangen werden, da der Umfang dieses Buches es verbietet. Ich verweise dieserhalb auf die Werke von Caro[2]) und Lunge[3]). Von letzterem ist dieser Gegenstand ausgezeichnet behandelt. Sehr wertvoll sind auch die von Ferd. Fischer[4]) ausgeführten Berechnungen der Wärmemengen, welche

---

[1]) Nach Lunge a a. O., S. 527, soll das Verfahren in Salindres wieder aufgegeben sein.

[2]) Caro, Darstellung von Chlor und Salzsäure, unabhängig vom Leblanc Sodaprozeß. Berlin 1893.

[3]) Lunge, Handbuch der Sodaindustrie 1896, Bd. III.

[4]) Zeitschrift für angewandte Chemie 1888, S. 548.

theoretisch zum Péchiney-Weldon-Verfahren erforderlich sind. Weiter sind zu nennen die Arbeiten von Eschellmann[1]) und Kosmann[2]).

In den letzten Jahren sind außer den Vorschlägen zur Zersetzung der Chloride auf rein chemischem Wege auch eine Menge Verfahren aufgetaucht, welche auf elektrochemischem Wege die Zersetzung anstreben. Man sollte aber glauben, daß beim Gelingen derartiger Methoden nicht erst Soda auf dem Wege des Ammoniakverfahrens gewonnen und aus den Ablaugen das Chlor hergestellt werden wird; sondern man wird dann Soda und Chlor direkt aus dem Natriumchlorid gewinnen. Bis jetzt scheinen indes die elektrolytischen Verfahren für Sodaherstellung noch keinen großen praktischen Erfolg zu haben.

Im vorstehenden ist nur diejenige Verwertung des Chlorkalziums berührt, welche auf der Gewinnung von Chlor etc. beruht. Es wäre nun zu untersuchen, wie weit eine direkte Verwertung des Chlorkalziums möglich ist. Bis jetzt ist die Anwendung dieses Salzes in der Industrie etc. nur gering. Chlorkalzium wird verwendet als Zusatz zu Schlichte in Webereien und Spinnereien, ferner in Lösung als Füllung für Gasuhren und als Medium der Kälteübertragung. Ich möchte glauben, daß das Chlorkalzium in viel größerem Maßstabe als bisher verbraucht werden wird, wenn sich sein Preis billiger stellt. Man findet den Preis heute bei kleineren Partien zu M. 25—30 in den Preislisten, bei größeren Posten ist es vielleicht möglich, daß derselbe auf M. 7—8 herabgesetzt wird; jedoch auch das ist noch verhaltnismäßig hoch. Wenn dieser Preis sich bedeutend niedriger stellt, was jedenfalls moglich ist, so würde sich das Chlorkalzium beispielsweise sehr gut zum Zwecke der direkten Kälteerzeugung verwenden lassen, auf welchen Punkt ich bereits früher in der Chemiker-Zeitung[3]) hingewiesen habe.

Diese Anwendung des Chlorkalziums beruht darauf, daß das krystallisierte Salz, also die Verbindung $\underline{Ca\,Cl_2 . 6\,aq.}$, beim Auflösen in Wasser eine ziemlich bedeutende Temperaturerniedrigung hervorruft. 250 Teile krystallisiertes Chlorkalzium, mit 100 Teilen Wasser gemischt, bewirken nach Rüdorff ein Sinken der Temperatur von $+ 10,8^0$ auf $— 12,4^0$, die Temperatur sinkt also um $23,2^0$. Darauf läßt sich eine Verwendung des Chlorkalziums in Eisschränken, Flaschenkühlern etc. sehr gut basieren.

Vergleicht man nun das Chlorkalzium mit Eis hinsichtlich der Wirkung, so ergibt sich allerdings, daß das Eis eine spezifisch weit höhere Wirkung ausübt. 1 kg Eis absorbiert schmelzend 80 c., während

---

[1]) Chem. Ind. 1889, S. 30.

[2]) Veröffentlichungen des Vereins für Gewerbefleiß 1891, S. 25.

[3]) Chem.-Ztg. 1895, XIX, 1182.

1 kg krystallisiertes Chlorkalzium bei der Auflösung in Wasser nur
23 c. bindet. Darnach könnte es fast scheinen, als wenn Chlorkalzium
mit Eis nicht in eine ernsthafte Konkurrenz treten könnte, es müßte
denn sehr billig, zu 50—60 Pf. pro 100 kg, käuflich sein. Indes ist
ein derartiger direkter Vergleich nicht zulässig, das Chlorkalzium hat
eine Eigenschaft, wodurch die geringere Wirkung gegenüber dem Eise
in vielen Fällen völlig ausgeglichen wird, unter Umständen wird auch
der Effekt des Eises überholt: das ist die Haltbarkeit des Chlorkalziums
selbst bei heißer Witterung. Man kann dasselbe in geschlossenen Gefäßen
beliebig lange aufbewahren, ohne daß es seine Eigenschaft, Kälte zu
erzeugen, verliert; wie schlecht sich dagegen Eis hält, ist bekannt. In
guten Eiskellern kann Eis allerdings relativ lange erhalten werden, aber
sowie es in kleinen Mengen aufbewahrt werden soll, treten sehr starke
Verluste ein. Es ist ohne Zweifel, daß von dem Eis, welches in kleineren
Mengen gekauft wird, bei warmer Witterung nur $^1/_3$ und noch weniger
zur Wirkung kommt. Die Verluste treten ein, ehe das Eis überhaupt
zur Verwendung gelangt. Hier sind die Vorzüge des Chlorkalziums so
groß, daß ein höherer Preis gar nicht in Frage kommt. Es gilt dies
für die nördlichen Länder im Sommer, für die heißen Länder fast immer.
Es ist eben möglich, im Chlorkalzium ein Kühlmittel im Hause zu
haben, welches ohne besondere Vorrichtungen aufbewahrt werden kann
und dennoch seine kühlende Wirkung stets behält. In Betracht kommt
der Gebrauch im Haushalt, in Restaurationen, Schlächtereien etc. Die
Verwendung wird eine um so größere sein können, je weniger bequem
Eis an dem Orte zu haben ist. Ich mache ferner aufmerksam auf die
Benutzung des Chlorkalziums auf Reisen, besonders auf See, bei Manövern
und in Kriegsfällen.

Die Chlorkalziumkühlung hat einen weiteren Vorteil vor der Eiskühlung, das ist der Umstand, daß man bei ersterer eine sehr kalte
Flüssigkeit erhält, deren Temperatur event. ziemlich weit unter 0^0 liegt,
während schmelzendes Eis nur Wasser von etwas mehr als 0^0 ergibt.
Mit einer kalten Lösung kann man in vielen Fällen die Kälte bedeutend
besser übertragen, als mit stückigem Eise. Ich habe in Eisschränken
bei vielen Versuchen eine viel schnellere Abkühlung erzielt, als bei
Anwendung von Eis. Es lassen sich auch durch die Anwendung einer
kalten Lösung, die in Röhren oder in dünnen Schichten zwischen flachen
Wandungen zirkulieren kann, sehr einfache Kühlapparate konstruieren,
welche bei Eiskühlung nicht anwendber sind. Schließlich mache ich
noch darauf aufmerksam, daß die Chlorkalziumlösung in hygienischer
Hinsicht einen großen Vorteil bietet. Das Chlorkalzium ist jedenfalls
stets bakterienfrei, event. können nur durch das Lösungswasser Bazillen
hineingelangen, die aber dann in der konzentrierten Lösung wohl bald

absterben. Daß Eis sehr häufig stark keimhaltig ist, haben die Untersuchungen in den letzten Jahren bewiesen; und es ist daher von den bedeutendsten Hygienikern vor dem Gebrauch von keimhaltigem Eise gewarnt. Eine Kontrolle ist aber in solchen Fällen sehr schwierig.

Hiergegen könnte man einwenden, wie es Caro[1]) getan hat, daß nur dasjenige Eis gesundheitsschädlich sei, welches direkt mit den Speisen oder Getränken in Berührung kommt, wie z. B. Eisstückchen, die in Getränke geworfen werden, und in diesem Falle könne Chlorkalzium keinen Ersatz bieten. Es sei bei verdächtigem Eis also genügend, wenn man es nur nicht mit Speisen in Berührung bringe oder es genieße. Bei indirekter Kühlung sei also keine Gefahr vorhanden. Dabei ist aber außer acht gelassen, daß Eis auch in der Weise schädlich wirken kann, daß das aus dem Eis entstandene Wasser, welches die Bakterien enthält, in der Wohnung verspritzt wird und so die Krankheitskeime verbreitet. Auch kann das in Weinkühlern enthaltene Eiswasser direkt auf der Tafel auf die Speisen gespritzt werden. Jedenfalls verlangen hervorragende Hygieniker, wie Pettenkofer, daß keimhaltiges Eis garnicht in menschliche Wohnungen kommen soll. Von Liebreich ist ferner die Anwendung von Ammoniumnitrat zur Kälteerzeugung vorgeschlagen, um eben die Gefahren des keimhaltigen Eises zu vermeiden. Chlorkalzium ist aber jedenfalls viel billiger als Ammonnitrat und daher dem letzteren vorzuziehen.

An sich hat das Chlorkalzium in den abfließenden Laugen der Sodafabriken absolut keinen Wert. Kosten entstehen nur durch die Gewinnung, dieselben lassen sich ziffernmäßig feststellen. Bei normalem Betriebe enthalten die abfließenden Laugen der Ammoniaksodafabrikation im Kubikmeter rund 60 kg Kochsalz und 60 kg Chlorkalzium $CaCl_2$ = rund 120 kg $\underline{CaCl_2 + 6H_2O}$. Es sind pro 1 cbm demnach rund 900 kg Wasser zu verdampfen. Bei gewöhnlicher Verdampfung kann man rechnen, daß 1 kg Kohle mittlerer Qualität 7 kg Wasser verdampft; es würden also pro 1 cbm rund 130 kg Kohle erforderlich sein. Aus 1 cbm Ablauge sind zu erhalten unter Anrechnung von Verlusten = 110 kg $\underline{CaCl_2 + 6H_2O}$ und 55 kg $NaCl$.

Die Gesamtkosten hierfür stellen sich, wie folgt:

---

[1]) Chem.-Ztg. 1895, XIX.

Kohle zur Verdampfung, kg 130 à M. 1,50 = M. 1,95
  -   für Maschinenkraft - 10 à - 1,50[1]) = - 0,15
Arbeit . . . . = - 0,30
Reparaturen . . . . = - 0,15
Verzinsung und Amortisation . . . . . = - 0,20
                                    M. 2,75

Die Kosten des Chlorkalziums allein hat man, wenn man von dieser Summe den Wert des Chlornatriums abzieht. Dieser ist verschieden; wird das Kochsalz als Speisesalz verwertet, so kann man M. 1—1,50 annehmen. In einem solchen Falle würden aber die Herstellungskosten ebenfalls etwas höher gerechnet werden müssen. Nimmt man an, daß das Salz wieder in den Betrieb der Ammoniaksodafabrikation zurückgeht, so ist der Wert für einige Werke, wie in der Staßfurter Gegend, ein sehr geringer: 10—30 Pf. pro 100 kg, für andere ist er jedoch ziemlich hoch, so für die rheinischen Fabriken, welche ca. M. 1,30 pro 100 kg zahlen müssen. Unter Berücksichtigung dieser Daten wurde der Herstellungspreis für 100 kg krystallisiertes Chlorkalzium M. 1,50—2,20 sein. Nun läßt sich die Darstellung aber bestimmt verbilligen, wenn das Eindampfen in Vakuumapparaten, die sich bereits ausgezeichnet zu derartigen Zwecken bewährt haben, vorgenommen wird. Man kann in diesem Falle mit etwa der Halfte der oben berechneten Kohlen auskommen, die Herstellungskosten sind dann ca. M. 1—1,50 pro 100 kg. Es erscheint demnach gut möglich, daß das Chlorkalzium zu einem Preise, der M. 2 pro 100 kg nicht weit übersteigt, in kleinen Mengen verkauft werden kann[2]).

Bei diesem Preise kann es in vielen Fällen mit dem Eise konkurrieren.

Wenn ich den Kern der vorstehenden Ausführungen wiederhole, so komme ich zu dem Schlusse, daß das Chlorkalzium als Kühlmittel einer sehr großen Anwendung fahig ist, und daß eine solche Verwendung auch eintreten wird, wenn nur der Preis billig genug ist. Daß es zu einem genügend billigen Preise geliefert werden kann, steht auch fest. Ich nehme nicht an, daß Chlorkalzium das Eis verdrangen soll, das kann nicht erwartet werden, so viel Chlorkalzium kann auch garnicht als

---

[1]) Ich rechne die Kohlen zu einem Durchschnittspreise, die meisten deutschen Ammoniaksodafabriken haben dieselben wohl billiger.

[2]) Bedeutend billiger wird die Darstellung, wenn nach dem von mir vorgeschlagenen Verfahren in der Darstellung der Ammoniaksoda gearbeitet wird; man erhält alsdann eine reine Lösung von Chlorkalzium in konzentriertem Zustande, sodaß die Eindampfungskosten sehr gering sein werden, ca. 50 Pf. pro 100 kg Chlorkalzium.

Nebenprodukt gewonnen werden; ich glaube aber, daß es sich neben dem Eise einen Platz erobern kann und wird.

Eine Verwertung der Ablaugen, die allerdings keine allgemeine Bedeutung hat, ist vom Verfasser auf einer früher von ihm geleiteten Ammoniaksodafabrik durchgeführt[1]). Es betrifft das die Verarbeitung der Chlorkalziumlaugen auf gefällten schwefelsauren Kalk (Annaline, Pearl hardening). Diese Verarbeitung war dadurch möglich, daß die betreffende Sodafabrik verbunden war mit einem großen Werke, welches sowohl den gefällten schwefelsauren Kalk wie auch die bei der Herstellung desselben entstehende dünne Salzsäure verwenden konnte. Es

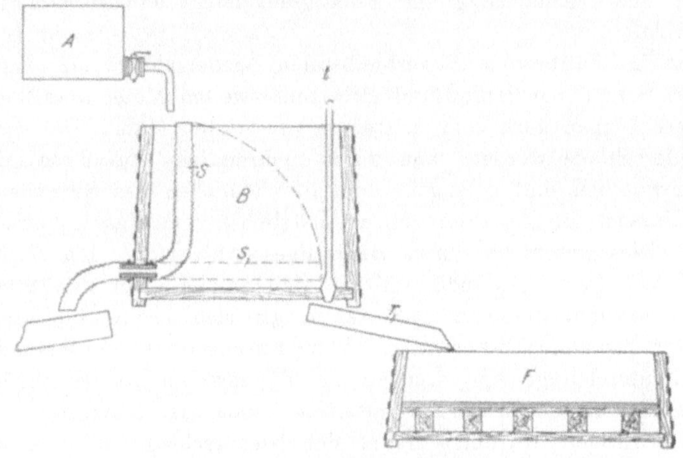

Fig. 103.

waren also besondere Umstände vereinigt, die nicht überall vorkommen. Das gefällte Kalziumsulfat läßt sich wohl stets unterbringen und zwar in großen Massen, da es sich vorzüglich zum Anstreichen von Rohpappen eignet und auch ein ausgezeichneter Füllstoff für Papier ist; die dünne Salzsäure läßt sich jedoch nur ganz vereinzelt verwenden und Fracht kann dieselbe nicht tragen. Das Kalziumsulfat steht zu niedrig im Preise, um allein die Kosten des Verfahrens decken zu können.

Das Verfahren der Verarbeitung ist sehr einfach. In beistehender Skizze (Fig. 103) ist die ganze Einrichtung schematisch dargestellt. A ist ein mit Blei ausgeschlagener Holzkasten, welcher die zum Ausfällen benutzte Lösung — Schwefelsäure oder saures Natriumsulfat — aufnimmt. Im Holzbottich B wird die Fällung vorgenommen. Man füllt den Bottich bis zu einer bestimmten Höhe mit der Chlorkalzium enthaltenden Ablauge und läßt dann unter Umruhren aus A ein abgemessenes

---

[1]) Chem.-Ztg. 1890, XIV, 494 und XVI, 1836.

Quantum der Lösung zufließen. Wenn sich der entstandene Niederschlag genügend abgesetzt hat, zieht man die darüber stehende klare Lösung ab; dies kann stets nach 2—3 Stunden geschehen. Zum Abziehen von Lösungen, die über einem Niederschlage stehen, wird in der chemischen Technik vielfach ein sog. Ellbogenrohr angewendet. Da ich es hier mit sauren Lösungen zu tun hatte, so konnte ich ein derartiges Rohr aus Metall nicht anwenden. Ich habe daher das Rohr durch einen Spiralschlauch aus Gummi ersetzt, wie dies aus der Zeichnung ersichtlich ist. Die Öffnung des Schlauches S läßt sich vermittelst einer damit verbundenen Holzstange in jeder Höhe des Bottichs B feststellen, wodurch die Trennung von Niederschlag und Flüssigkeit leicht und vollständig ermöglicht wird.

Zu dem im Fällbottich B verbleibenden Niederschlage läßt man wieder Chlorkalziumlauge laufen und fällt zum zweiten Male; dies Verfahren wiederholt man noch zum dritten bezw. vierten Male. Die vereinigten Niederschläge werden dann durch mehrmaliges Aufrühren mit Wasser ausgewaschen und gelangen dann durch Ziehen des Stöpsels t vermittelst Rinne r auf das Filter F, um möglichst vom Wasser befreit zu werden. Dies geschieht durch freiwilliges Abtropfen. Ich hatte zuerst ein Nutschfilter angewandt, welches sich jedoch nicht bewährte. Je höher das Vakuum stieg, um so fester saugte sich der Niederschlag auf dem Filter zusammen, während die klare Lösung oben darauf stand, aber nicht hindurchging; eine Erscheinung, die man im kleinen häufig bei gewissen Niederschlägen im Laboratorium beobachten kann.

Beim freiwilligen Abtropfen trennt sich Niederschlag und Flüssigkeit recht gut, nur muß dies unterstützt werden durch wiederholtes Schlagen der festen Masse mit flachen Holzschaufeln. Man erhält das Annaline auf diese Weise mit nicht mehr Feuchtigkeitsgehalt, als beim Zentrifugieren; derselbe beträgt ca. 25 %. Auf mechanischem Wege wird man den Wassergehalt vielleicht durch Pressen etwas erniedrigen können, sonst muß man zum Trocknen durch Wärme schreiten.

Der durch Fällung hergestellte Gips befindet sich in einem fein krystallinischen Zustande, wodurch er zu vielen Verwendungen vorzüglich geeignet ist. Die Größe der Krystalle richtet sich etwas nach der Art, wie man die Fällung vornimmt. Läßt man das Fällungsmittel lnngsam in die Chlorkalziumlösung einlaufen, und ruhrt nur wenig, so wird der Niederschlag mehr grobkrystallinisch; bei starkem Rühren und raschem Zulauf der Säure erhält man eine feinere Masse. Die Konzentration der Lösungen hat auch viel Einfluß auf die Beschaffenheit des Niederschlages, bei Verarbeitung der Laugen aus der Ammoniaksodafabrikation hat man indes nicht viel Auswahl. Da sich ein Eindampfen nicht lohnen würde, muß man dieselben anwenden, wie sie sind.

Statt der Schwefelsäure kann man natürlich auch schwefelsaure Salze zur Fällung des Kalziumsulfates anwenden. Nimmt man Magnesiumsulfat (Kieserit), so erhält man in der Lösung Magnesiumchlorid. Diese Darstellung des letzteren Salzes erscheint mir jedenfalls billiger, als die Umwandlung des Chlorkalziums durch Kohlensäure und Magnesia. Bei Anwendung von Natriumsulfat entsteht eine fast reine Lösung von Chlornatrium, welche event. direkt wieder in den Ammoniaksodabetrieb zurückgehen kann. Um dies Verfahren auszuführen, müßte allerdings Natriumsulfat sehr billig sein.

Verarbeitung des Salmiaks auf Salzsäure oder Chlor.

Während die meisten Verfahren, bei denen es sich um Gewinnung von Salzsäure und Chlor beim Ammoniaksodaprozesse handelt, darauf hinauslaufen, daß zuerst der Salmiak durch Kalk oder Magnesia zersetzt und aus dem erhaltenen Kalzium- oder Magnesiumchlorid dann Chlor und Salzsäure hergestellt werden soll, wollen andere den Salmiak direkt auf die letzteren Stoffe verarbeiten. So hat Witt ein Patent[1]) erhalten auf die Zersetzung des Salmiaks mittels Phosphorsäure durch Erhitzen, wobei Salzsäure erhalten wird. Wenn alle Salzsäure ausgetrieben ist, wird die Hitze gesteigert. Das Ammoniumphosphat zerfällt dann in entweichendes Ammoniak, welches in den Betrieb zurückgeht und Phosphorsäure, welche zu einer neuen Operation verwendet wird. Das Verfahren soll sich nicht bewährt haben, namentlich aus dem Grunde, weil kein Material für die Gefäße zur Vornahme des Zersetzungsprozesses gefunden werden konnte, welches der schmelzenden Phosphorsäure Stand hielt[2]). Vielleicht ist auch die Zersetzung nicht so glatt vor sich gegangen, es dürfte wohl mit der Salzsäure schon viel Ammoniak überdestilliert sein.

Das Verfahren würde, wenn durchführbar, eine der elegantesten Operationen im Ammoniaksodaprozeß darstellen.

Sehr viel Aufsehen haben die Vorschläge erregt, welche L. Mond zur Zersetzung des Salmiaks aus den Filterlaugen des Ammoniaksodaprozesses gemacht hat. Diese sind niedergelegt in verschiedenen Patentschriften, z. B. Engl. Patent No. 65, 66, 1049, 3238 vom Jahre 1886, D.R.P. No. 40685 und 40686.

Eine genauere Beschreibung des Verfahrens hat Quincke[3]) geliefert, ich entnehme derselben die folgenden Angaben:

---

[1]) D.P. 34395 vom 22. 5. 1885.
[2]) Jurisch, Polyt. Journal 267, 424.
[3]) Chem. Ind. 1893.

Der Prozeß verläuft in 5 Phasen:

1. Darstellung des Salmiaks durch Ausfrieren aus den Abfalllaugen der Ammoniaksoda.
2. Vergasen des Salmiaks in antimonbelegten Gefäßen durch Einbringen desselben in geschmolzenes Zinkchlorid.
3. Abscheidung des Chlors aus den Salmiakdämpfen bei 4—500⁰ durch kaolinhaltige Magnesiakugeln in ausgemauerten Gefäßen, wobei das Ammoniak fortgeht.
4. Zersetzung der entstandenen Chlorverbindung in denselben Gefäßen durch Einleiten von 800—1000⁰ heißer Luft unter Erzeugung 7—10 %igen Chlors.
5. Abkühlen der Magnesiakugeln durch kalte Luft auf 400⁰, worauf von neuem Salmiakdämpfe aufgeleitet werden.

Über den ersten Teil des Prozesses, das Ausfrieren des Salmiaks[1]), läßt sich, da Einzelheiten nicht bekannt sind, nur sagen, daß die Temperatur, um allen Salmiak auszuscheiden, jedenfalls bedeutend unter 0⁰ liegen muß und daß der Salmiak noch durch Ammoniumbikarbonat, Kochsalz und Natriumbikarbonat verunreinigt sein wird. Die weitere Verwendung werden diese Beimengungen kaum beeinträchtigen; das Trocknen wird, da Spuren von Feuchtigkeit im zweiten und dritten Teil des Prozesses kaum schaden können, keine besonderen Schwierigkeiten bieten.

Was die Verdampfung des Salmiaks anbelangt, so hat dieselbe vielfache Umänderung erfahren: Mischen mit Oxyden, wie Nickeloxyd, Magnesiumoxyd, Einleiten indifferenten Gases, Aufsetzen eines Vakuums, sollten in den verschiedenen Patenten die Gefahr der Überhitzung der Gefaßwände beseitigen und eine regelmäßige Vergasung bewirken, bis man zum kontinuierlichen oder chargenweisen Einbringen des Salmiaks in geschmolzenes Zinkchlorid, das unverändert den feuerumspülten Boden der Verdampfungsretorte bedeckt, kam. Auch so hielten aber eiserne Gefaße dem Salmiak nicht stand, was zu dem Gedanken, sie mit unangreifbarem Material, erst Kohle, Gips, Ton, Nickel, jetzt Antimon oder Antimonlegierung auszufüttern, führte.

Wie der obere Teil der Retorten müssen natürlich auch die Leitungen für die Salmiakdämpfe auf 350⁰ gehalten werden und ebenso mit Antimon oder Ziegel ausgeschlagen sein.

Die Hauptapparate, in die nun die Dämpfe eintreten, sind mit geglühten Magnesiakugeln aus 100 Teilen Magnesia, 75 Kaolin und 6 ungelöschtem Kalk gefüllt; die Masse wird vor dem Formen

---

[1]) cf. Kapitel III, S. 154.

mit Chlorkaliumlösung vom spez. Gew. 1,1 angerieben. Diese Kugeln bilden jetzt die umsetzende Substanz des Prozesses, nachdem die Versuche, Nickel-, Kobalt-, Eisen-, Mangan-Oxyde oder Salze mit nicht flüchtigen Säuren, wie Kiesel-, Bor-, Wolfram-Säure, zu verwenden, fehlgeschlagen sind. Das Zersetzungsmaterial muß stets bei niederer Temperatur das Chlor binden, hei hoher es abgeben; um die Gefäße, in denen es sich befindet, an dem Temperaturwechsel nicht teilnehmen zu lassen, hat Mond auch verschiedene heiße, übereinander liegende Zylinder anwenden und das Material mechanisch von einem in den anderen befördern wollen. Jetzt werden die Magnesiakugeln 2 Meter hoch in ausgemauerten, eisernen Zylindern aufgeschichtet, deren Mauerung (aus Ziegelsteinen) Zwischenlager von Magnesia in konzentrischen Ringen zur Wärmeisolation enthält; die Gase treten stets oben ein, unten aus. Die Anlage ist so, daß die Retorten von außen mit Producergasen geheizt werden können, in der Regel scheinen sie aber von innen mit in Cowper-Öfen erhitzter Luft auf die nötige Temperatur gebracht zu werden.

Bei 350—550⁰ wird der Salmiakdampf eingeleitet und dessen Chlor aufgenommen, während Ammoniak und Wasser fortgehen; ist eine genügende Quantität durchgeführt, so wird der Salmiakdampf abgestellt und durch heißes, mit Schwefelsäure getrocknetes inertes Gas (Kalkofengas, Producergas, Austrittsgase der Absorptionsapparate der Ammoniaksodadarstellung) der Rest des Ammoniaks ausgetrieben, das in den Sodaapparaten verwendet oder sonst geeignet kondensiert wird. Gegen Ende der Operation tritt Salzsäure auf, die ebenfalls kondensiert wird. Wenn die Entwicklung dieser aufgehört hat, wird in Cowper-Öfen auf 800—1000⁰ erhitzte und durch Schwefelsäure getrocknete Luft eingeleitet, die das in der Magnesia aufgenommene Chlor entbindet und, mit einem Gehalt von 7—10 Volumprozent Chlor entweichend, in großen, mechanischen Apparaten mit mehreren ineinander greifenden Schrauben nach Langers Patent[1]) Chlorkalk erzeugt.

Wird das Gas schwächer, so geht es nach Passieren eines neuen Cowper-Ofens in einen anderen Zersetzer, um dort weiteres Chlor zu entbinden; sobald die Chlorentwicklung aufhört, wird der Apparat mit kalter Luft auf 400⁰ abgekühlt und dann von neuem den Salmiakdampfen ausgesetzt. Die dadurch erwärmte Luft wird in Cowperöfen weiter erhitzt, um in anderen Zersetzern wieder Chlor frei zu machen.

---

[1]) D.P. 39 661, 1886. Chemische Industrie 1885, S. 496.

Es ist klar, daß dieser Prozeß mit dem vielfachen Umsetzen der Gase äußerst aufmerksame und geschickte Arbeiter, häufige Gas- und wohl auch Temperaturbestimmungen erfordert und bei dem Wechsel der Temperaturen in denselben Apparaten stets Wärmeverluste und damit gesteigerten Verbrauch an Brennmaterial mit sich bringen muß. Daß die Wärmezufuhr an und für sich schon, der aufzubringenden Kalorien wegen, sehr hoch sein muß, darauf hat besonders Eschellmann[1]) in seiner ausführlichen Arbeit über Chlormagnesiumumsetzungen hingewiesen.

Die technischen Schwierigkeiten des komplizierten Prozesses, der stets gasdichte Retorten und Leitungen bei Temperaturen von 350—1000⁰ verlangt, sind natürlich ganz hervorragend: die Anlagekosten müssen sehr hoch sein, Reparaturen zweifellos sehr häufig notwendig werden.

Das Zinkchlorid, in dem der Salmiak vergast wird, wird ziemlich lange seinem Zweck dienen können; die Magnesiakugeln werden vermutlieh öfters zu ersetzen sein; ob sie wirklich alles Chlor des Salmiaks aufnehmen, ob sich die Salzsäurebildung sehr einschränken lassen wird, ob vor allem das Chlor ganz salzsäurefrei ist oder erst noch gewaschen werden muß, sind Fragen, die sich ohne Kenntnis des Betriebes nicht entscheiden lassen.

So wenig also auch vom chemischen Standpunkte gegen das Verfahren einzuwenden ist, und so sehr wir den Techniker bewundern müssen, der einen derartig verwickelten Prozeß in Betrieb zu bringen vermochte, — ebensowenig kann man doch bis jetzt eine Gefahr für die bestehenden Chlorprozesse sehen, da es kaum glaublich ist, daß das neue Verfahren Anlage- und Betriebskosten decken wird.

Nach anderen Berichten sollen täglich ca. 6 tons Chlorkalk auf der Fabrik Monds in Winnington nach obigem Verfahren hergestellt werden. Von Vergrößerungen hat man indes nichts gehört.

---

[1]) G. Eschellmann, Chemische Industrie 1889, S. 9.

Achtes Kapitel.

Berechnung des Verbrauchs an Kraft für die einzelnen Teile des Ammoniaksodaprozesses bei Herstellung von 10000 kg Soda per 24 Stunden.

Es sind an Maschinen bezw. an Kraft erforderlich:

I. **Kalkofen.** 1 Aufzug oder Elevator für Steine und Kokes, wofür ca. 5 HP. anzurechnen sind.

II. **Herstellung der ammoniakalischen Sole.** 1 Solepumpe für die Leistung von 200 Liter per Minute. Das zu fördernde Quantum beträgt nur höchstens 80 cbm per 24 Stunden, also ca. 60 Liter per Minute. Es ist jedoch nötig, zuweilen mehr zu pumpen, als dem ausgerechneten Durchschnitt entspricht. Die Pumpe beansprucht im Maximum ca. 2 HP.

Wenn bei der Sodabereitung Salz in hochstehende Gefäße geworfen werden muß, so ist dafür ein Elevator zu nehmen, der höchstens 1 HP. verlangt.

III. **Fällung.** a) 1 Kompressor für die Leistung von 8 cbm angesaugte Luft per Minute, welche auf rund $1^1/_2$ Atm. Überdruck zu pressen ist. Der Kompressor hat die Kalkofengase anzusaugen und durch die Fällapparate zu drücken. Die Preßluft wird zugleich verwendet, um die Montejus, welche die Filterlauge enthalten, abzudrücken, event. auch um die ammoniakalische Sole aus Montejus in die Absorber zu heben.

Der Kompressor soll zu 35 HP. gerechnet werden, gebraucht diese aber nicht stets voll.

b) 1 Kompressor, um die Gase des Kalzinierofens anzusaugen und durch die Absorber zu drücken. Derselbe muß 4 cbm angesaugte Luft per Minute auf rund 2 Atm. komprimieren, hierfür ergeben sich rund 15 HP.

IV. Filtration. 1 Vakuumpumpe zum Absaugen der Filter, die Größe muß 2 cbm angesaugter Luft per Minute entsprechen. Diese Pumpe gebraucht durchschnittlich 4 HP.

V. Kalzinierofen. Die Kraft für das Rührwerk eines Thelen-Ofens ist durchschnittlich mit 6 HP. zu veranschlagen. Der Kompressor, welcher die Luft ansaugt, ist schon bei der Fällung berechnet.

VI. Destillation. 1 Pumpe für Kalkmilch, Leistung = 200 Liter per Minute. Die Pumpe muß relativ eine große Leistung haben, damit die Kalkmilch schnell eingeführt wird. Für diese Pumpe und für ein Rührwerk zum Aufrühren der Kalkmilch sind 3 HP. zu rechnen.

VII. 1 Kugelmühle zum Mahlen der Soda = 6 HP.

VIII. 1 Wasserpumpe, welche 1 cbm Wasser per Minute auf 15 m Höhe liefern kann = maximal = 10 HP.

Zusammenstellung.

I. Kalkofen	= 5	Pferdekräfte
II. Ammoniakalische Sole . .	= 3	-
III. Fällung	= 50	-
IV. Filtration	= 4	-
V. Kalzinierofen	= 6	-
VI. Destillation	= 3	-
VII. Kugelmühle	= 6	-
VIII. Wasserpumpe	= 10	-
IX. Diverse kleine Elevatoren für Bikarbonat und Soda .	= 1	-

88 Pferdekräfte.

Die Luftpumpen für den Kalkofen und Kalzinierapparat sowie für die Filtration sollen als Dampfkompressoren montiert sein, ebenso erhält der Thelen-Ofen seinen Antrieb durch eine besondere kleine Dampfmaschine. Die übrige Kraft wird durch eine Betriebsdampfmaschine besorgt, an deren Transmission die verschiedenen Pumpen, Elevatoren und die Mühle hängen. Für den Verlust durch Transmissionsreibung können im ganzen 12 Pferde gerechnet werden, sodaß der ganze Kraftverbrauch rund[1]) 100 Pferde beträgt. Davon entfallen auf die verschiedenen Motoren 60 und auf die Betriebsmaschine 40 Pferdekräfte.

---

[1]) In einer Publikation (Chem.-Ztg. 1894, S. 1950) habe ich geringere Kraft angegeben. Das erklärt sich so, daß ich in jener Arbeit theoretisch berechnet habe, welchen äußersten Grad der Vervollkommnung man beim gewöhnlichen Ammoniaksodaverfahren erreichen kann. Die Zahlen bezogen sich also auf eine ideale Fabrik, die obigen Angaben sind Zahlen der wirklichen Praxis.

Faßbender a. a. O. gibt für Maschinen und Kraftverbrauch bei einer Produktion von 10 000 kg Soda per 24 Stunden folgendes an:

a) 1 Kohlensäurekompressor für die Leistung von 11,86 cbm per Minute angesaugte Luft, welche auf $2^1/_2$ Atm. Überdruck komprimiert werden soll. Diese Arbeit verlangt 56,6 Pferdekräfte.

b) 1 Vakuumpumpe für die Destillation. Der Kolben soll pro Minute einen Raum von 11 cbm durchlaufen, wobei im Saugrohr der Pumpe eine Spannung von 0,5 Atm. absolut herrscht.

Es wird dafür berechnet an Kraft = 18 Pferde.

c) 1 Vakuumpumpe für die Filtration. Der Kolben soll einen Raum von $3^1/_2$ cbm per Minute durchlaufen, wobei die Saugspannung 0,666 Atm. absolut beträgt, während die Druckspannung = 1,2 Atm. absolut ist. Als effektive Arbeit an der Welle werden 5 Pferdekräfte gerechnet.

d) 1 Vakuumpumpe für die Kalzination. Die Leistung derselben soll 2,25 cbm angesaugte Luft per Minute betragen. Im Druckrohr herrscht eine Spannung von $2^1/_2$ Atm. Überdruck, im Saugrohr 0,666 Atm. absolut. Als effektive Arbeit an der Welle werden 10 Pferdekräfte gerechnet.

e) 1 Solepumpe für die Lieferung von 60 Liter Sole per Minute, wofür 0,5 Pferde angesetzt sind.

f) 1 Wasserpumpe für die Leistung: 600 Liter per Minute gegen einen Widerstand von 28 m zu heben. Hierin sind Saug- und Druckhöhe, Rohrreibung und Ventilwiderstand mit gerechnet. Die Pumpe soll rund $6^1/_2$ Pferde erfordern.

g) 1 Maschine für den Kalksteinaufzug, deren Kraftverbrauch nicht angegeben ist. Dieselbe soll stündlich 10 kg Dampf verbrauchen, das würde etwa 1 Pferdekraft gleich kommen.

h) Für einen Dampfstrahlelevator und ein Rührgebläse sind ferner 160 kg Dampfverbrauch stündlich angesetzt.

i) Diverse Maschinen. Zum Betriebe einer Mühle zum Sodamahlen, ferner einer Zentrifuge, sowie zur Überwindung von Transmissionsreibung werden 16 effektive Pferde angerechnet. Die Betriebsmaschine, welche Mühle und Zentrifuge antreibt, hat außerdem noch die Vakuumpumpe der Filtration und Kalzination, sowie die Solepumpe zu treiben. Für diese Maschine sind 40 Pferde angerechnet inkl. der vorhin genannten 16 Pferde.

Zum Schluß seiner Veröffentlichung gibt Faßbender folgende Zusammenstellung[1]):

Nachdem der Dampfverbrauch und die Leistung der einzelnen Maschinen ermittelt wurde, kann nunmehr die Zusammen-

---

[1]) Zeitschrift für angewandte Chemie 1893, S. 263.

18*

stellung des gesamten Dampfverbrauches für die Maschinen und
des für die Destillation disponiblen Abdampfquantums erfolgen.
Diese Zusammenstellung ist für die beiden Betriebsarten der Destillation (entweder mit Vakuum oder ohne dasselbe) getrennt vorgenommen worden.

T a b e l l e.

Post	Benennung	Indikator-Pferde	Destillationsbetrieb			
			mit Vakuum		ohne Vakuum	
			der Maschinen		der Maschinen	
			Dampf-verbr. k	Dampf-abgabe k	Dampf-verbr. k	Dampf-abgabe k
1	Kohlensäure-Kompressor . . .	56,6	1244	853	1538	1096
2	Destillations-Vakuumpumpe . .	18,0	500	322	—	—
3	Betriebsmaschine	40,0	814	610	1013	783
4	Wasserpumpe	6,4	192	138	236	171
5	Steinaufzug, Kalkmilchelevator und Rührgebläse	—	170	—	170	—
6	Kondensat in den Dampfröhren und übergekochtes Kessel- wasser, etwa 8 %	—	250	—	250	—
		121,0	3170	1923	3207	2050

Die Maschinen Post 1 und 4 geben ihren Abdampf bei dem
Betriebe mit Vakuum gemeinschaftlich in das erste Destillationssystem, sie liefern stündlich 991 k Abdampf; die beiden Maschinen
Post 2 und 3 versorgen ebenso das zweite Destillationssystem mit
stündlich 932 k Abdampf.

Bei der Destillation wurde ausgeführt, daß man bei zwei
Systemen, à vier Destillierkessel, im Sommer stündlich 1860 k
Abdampf und im Winter 1976 k Abdampf, d. h. 930 k bezw.
988,0 k pro System benötigt; da ein mit 5 Kesseln ausgerüstetes
Destillationssystem weniger Dampf beansprucht, so wird, um ganz
sicher zu rechnen, der Winterbedarf der Fünfkesselanlage gleich
dem Sommerbedarf der Vierkesselanlage, d. h. zu 930 k pro System
und Stunde gesetzt, also im Vergleich zur Vierkesselanlage nur
um 58 k = 6 % ermäßigt.

Es ist deshalb für den Betrieb mit Vakuum nicht nur immer
die nötige Menge Dampf vorhanden, sondern es bleibt bei den
Maschinen No. 1 und 4 ein mäßiger Dampfüberschuß, den man

zum Heißhalten des Kesselspeisewassers verwenden kann. Schickt man diesen kleinen Dampfüberschuß in die Destillation, so beschleunigt man das Austreiben des Ammoniaks etwas, ohne im übrigen schädlich zu wirken; denn sobald das dem Kühler zuströmende Gasgemisch reicher an Wasserdampf wird, wächst auch der Wärmetransmissionskoeffizient der Kühlflächen, sodaß nur der kleinste Teil des mehr zugeleiteten Dampfes den Kühler unkondensiert verläßt.

Bei dem Destillationsbetrieb ohne Vakuum läuft die abdestillierte Lauge unter höherem Druck und dementsprechend höherer Temperatur fort, wie bei dem Betriebe mit Vakuum, es ergibt die Rechnung dafür einen Mehraufwand von reichlich 100 k Heizdampf die Stunde; d. h. von total 1038 k Dampfverbrauch pro System für den Winter.

Der Kohlensäurekompressor kann mit seinen 1096 k Abdampf allein ein System versorgen und noch Dampf zu anderweitigen Zwecken abgeben, während die Betriebsmaschine und Wasserpumpe vereint den Bedarf des zweiten Systems nur schwach decken. Abgesehen von dieser ungleichen Dampfversorgung der beiden Systeme müssen die Dampfkessel auch eine kleine Quantität Dampf, etwa 37 k stündlich, mehr erzeugen. Der Bau der Anlage ist jedoch einfacher und billiger, weil die Vakuumpumpe der Destillation entfällt, wodurch der geringe Mehrverbrauch an Dampf aufgewogen wird. Bloß vom Standpunkte des Dampfverbrauches und der Anlagekosten aus beurteilt, sind demnach beide Betriebsarten ziemlich gleichwertig, das Arbeiten mit Vakuum ist jedoch betriebsbequemer und wirkt auf Verminderung des Ammoniakverlustes hin, deshalb verdient es den Vorzug.

Verwendung einer Zentraldampfmaschine. Durch Verwendung einer Zentraldampfmaschine ließe sich beim Destillationsbetrieb mit Abdampf und Vakuum noch eine kleine Dampfersparnis erzielen, in der Praxis wird jedoch diese Betriebsart wegen der leichteren Möglichkeit von Betriebsstörungen niemals angewendet; zum mindesten wird stets die Kohlensäurepumpe mit einem eigenen Dampfzylinder versehen.

Betrieb der Destillation mit frischem Kesseldampf. Verzichtet man auf die Verwendung des Abdampfes, betreibt also die Destillation mit frischem Kesseldampf, so geschieht dies fast immer ohne Anwendung des Vakuums, weil man den Flüssigkeitswiderstand der Apparate leicht überwinden kann. Von der Einrichtung einer Zentraldampfmaschine mit Kondensation, welche Einrichtung nicht betriebssicher genug ist, abgesehen, ist der

Gesamtdampfverbrauch erheblich größer, wie bei der Verwendung von Abdampf. Trotzdem lassen noch manche Fabriken die Maschinen in die Luft auspuffen und betreiben die Destillation mit frischem Kesseldampf; es ist dies einfacher, ebenso betriebssicher, aber nicht so betriebsbequem wie die Verwendung des Abdampfes mit Vakuum.

Die Dampfmaschinen der Posten 1, 3 und 4 der Tabelle (S. 276) erhalten, den verminderten Ausströmungsspannungen entsprechend, kleinere Füllungen, und brauchen diese Maschinen bei denselben Kolbengeschwindigkeiten nun durchschnittlich fast genau 20 k Dampf pro Indikatorpferd und Stunde.

Die Post 5 der Tabelle bleibt ungeändert, die Post 2, Vakuumpumpe, entfällt, es ist jedoch nun der Winterdampfverbrauch der Destillation besonders in Rechnung zu stellen. Derselbe wird mit 1860 k angesetzt, gleiche Gewichte von Abdampf und frischem Kesseldampf werden also in Rücksicht auf ihre Wirkung in der Destillation gleich hoch bewertet. Es wäre diesbezüglich zu bemerken: der frische Kesseldampf kann die Lauge mehr lockern wie der Abdampf, und befördert dadurch das Austreiben des Ammoniaks, ähnlich so wie ein rasch gehendes, die Lauge peitschendes Rührwerk; dagegen bedingt die Abwesenheit des Vakuums das Abblasen der ausdestillierten Lauge unter höherem Druck und demgemäß höherer Temperatur und bewirkt dieser Umstand einen Mehrverbrauch von reichlich 100 k Dampf stündlich. Es wird nun angenommen, daß dieser Mehrverbrauch durch die bessere Destillationswirkung des Kesseldampfes ausgeglichen wird. Der Dampfverbrauch beträgt demnach stündlich:

<pre>
  I. 103 Pferde à 20 k Dampf . . . . . 2060 k
 II. Steinaufzug, Kalkmilchelevator und Rühr-
     gebläse . . . .   170 k
III. Destillationsverbrauch im Winter . . . 1860 k
 IV. Kondensat in den Dampfröhren und über-
     gekochtes Kesselwasser, etwa 8 % . .   350 k
                                            ───────
                                            4440 k.
</pre>

Es ergibt sich also ein Mehraufwand von $4440 - 3170 = 1270$ k Dampf die Stunde zu Ungunsten dieses Betriebes im Vergleich mit Abdampf und Vakuum.

Diesen starken Dampfverbrauch könnte man durch Umwandlung der Kohlensäurepumpe und der Betriebsmaschine in Kondensationsmaschinen etwas vermindern, wäre aber nun leichter Betriebsstörungen ausgesetzt, wie bei der Anwendung einer Vakuum-

pumpe für die Destillation und der Verwendung des Maschinen-
abdampfes, ohne jedoch so dampfsparend arbeiten zu können.

Es erweist sich demnach der Betrieb der Destillation mit
dem Abdampf der Maschinen unter Zuhilfenahme des Vakuums
als der am meisten empfehlenswerte.

Dieser Ansicht möchte ich mich anschließen, doch meine ich, daß
man ein stärkeres Vakuum erzielen muß, als das von Faßbender beschriebene. Wenn es z. B. gelingt, bei einem Druck von 0,4 Atm. absolut
zu destillieren, und das muß sich in geeigneten Apparaten erzielen lassen,
so wird die Lösung nur auf rund 75° erwärmt, ebenso die Gase; ferner
werden die Verluste durch Abkühlung und Strahlung kleiner.

Eine Rechnung, analog ausgeführt derjenigen in Kapitel VII,
erzielt dann:

80 000 Liter Filterlauge von 20° auf 75° erwärmen
    = per Liter 55 c. . . . . = 4 400 000 c.
25 000 Liter Kalkmilch von 50° auf 75° erwärmen
    = per Liter 25 c. . . . . = 625 000 c.
4 900 k Ammoniak als Gas von 76° austreiben, per k
    544 c. . . . . = 2 665 000 c.
3 900 k Kohlensäureanhydrid als Gas von 75° austreiben,
    per k 140 c. . . . . = 546 000 c.
400 Quadratmeter Oberfläche à 200 c. per Stunde ergeben
    pro 24 Stunden . . . . = 1 920 000 c.
5000 Liter Wasser verdampfen à 630 c. . . . . = 3 150 000 c.

Summa 13 306 000 c.

Wenn gerechnet wird, daß 1 k Dampf 5000 c. abgibt, so würden
zur Lieferung der 13 306 000 c. 26 612 k Dampf und bei achtfacher
Verdampfung demnach 3327 k Kohlen erforderlich, gegenüber 4250 k
Kohlen bei der Destillation unter Druck. Von der Ersparnis geht jedoch
diejenige Menge Kohlen wieder ab, welche zum Betriebe der Vakuum-
luftpumpe erforderlich ist.

Zwischen den von mir angegebenen Zahlen und denen Faßbenders
ergibt sich eine Differenz von 21 HP., welche Faßbender mehr verbraucht, abgesehen davon, daß er Steinaufzug und Rührgebläse nicht
mit eingerechnet hat, während in meiner Rechnung diese Arbeit mit in
den 100 HP. enthalten ist. Diese Differenz erklärt sich einmal durch
die Anwendung einer Vakuumpumpe von 18 HP. für die Destillation
bei Faßbender, und dann ist auch hier wieder zu beachten, daß derartige Berechnungen nie übereinstimmen. Es treten Verschiedenheiten
auf durch die Beschaffenheit der Maschinen und auch durch die Art

des Betriebes. Der Betrieb, den ich zu Grunde gelegt habe, ist von Faßbenders Betrieb verschieden.

Außerdem ist nicht zu vergessen, daß man die wirkliche Kraft der Maschinen nie genau messen kann, schon deshalb nicht, weil die Kraft eine wechselnde ist. Solche Berechnungen haben immer nur einen relativen Wert. Das Einzige, was man wirklich genau weiß, ist der Kohlenverbrauch. Der Dampfverbrauch ist schon in den allermeisten Fällen nicht genau bekannt, denn so genau wird die Dampfkesselanlage wohl nie kontrolliert, daß man die wirkliche Verdampfung kennt. Am wenigsten genau ist der Kraftverbrauch der einzelnen Maschinen bekannt. Indikatormessungen geben doch nur ein annäherndes Bild und, wie schon erwähnt, schwankt der Kraftbedarf ja häufig, namentlich bei Maschinen, deren Abdampf Gegendruck erhält.

Materialienverbrauch und Herstellungskosten der Ammoniaksoda.

Die Angaben in der Literatur über die Fabrikationskosten der Ammoniaksoda weichen sehr stark voneinander ab. Das ist auch gar nicht anders zu erwarten und erklärt sich leicht. Teils liegt es daran, daß die Angaben verschiedenen Zeiten entstammen. Es ist daher nur natürlich, wenn die neueren Angaben, den gemachten Fortschritten entsprechend, günstigere Zahlen aufweisen. Ferner hat selbstverständlich die Größe der Fabrikation, die Fabrikationsmethode und die Qualität der Materialien einen großen Einfluß.

Wenn man ein klares Bild haben will, so darf man beim Vergleich der verschiedenen Kosten nicht bloß die Endsummen in Betracht ziehen, sondern man muß den Verbrauch an Materialien, Arbeitskraft und Amortisation im einzelnen mit einander vergleichen. Ebenso muß die Qualität und der Preis der Materialien berücksichtigt werden. Bei zwei ganz gleich arbeitenden Fabriken, welche dieselben Mengen an Materialien und Arbeitskraft verbrauchen, wird der Herstellungspreis verschieden sein, wenn die Preise für Materialien und Löhne verschieden sind. Einer gut arbeitenden Fabrik, welche ungünstig liegt, kostet die Soda mehr, als einem mittelmäßig eingerichteten Werke, welches billige Materialien hat. Das ist so selbstverständlich, daß es eigentlich nicht gesagt zu werden braucht, aber es wird eben häufig nicht beachtet.

Die Preise der Roh- und Hilfsmaterialien fallen für die Rentabilität einer Fabrik am stärksten ins Gewicht. Eine ungünstig gelegene Fabrik, die auf ihre Rohmaterialien noch hohe Fracht zahlen muß, kann unter den heutigen Verhältnissen nicht mehr mitkommen. Allerdings haben sich die Preise für Soda seit der Begründung des Sodakartells 1890 stark gehoben, aber in dem dieser Kartellbildung vorausgegangenen Konkurrenzkampfe sind wohl die meisten der ungünstig situierten Fabriken eingegangen. Es existieren wohl noch Ammoniaksodafabriken, welche nicht auf der Höhe stehen, oder an ungünstigen Punkten liegen; diese haben indes durch andere Produkte, Schwefelsäure, Salzsäure, Sulfat etc., an denen sie gut verdienen, eine Stütze.

Selbstverständlich haben seit der Einführung des Ammoniaksodaprozesses nach und nach bedeutende Verbesserungen des Verfahrens stattgefunden. In der ersten Zeit des Auftretens der Ammoniaksoda, also am Ende der sechziger Jahre, stand die Soda noch sehr hoch im Preise, ca. 25—30 M. per 100 kg, sodaß auch bei relativ schlechtem Betriebe, also bei starkem Materialienverbrauch, eine Rentabilität möglich war. Auch bis zum Anfang der achtziger Jahre waren die Preise noch ziemlich gut, sie betrugen 13—16 M. per 100 kg. Von dieser Zeit begann jedoch die Konkurrenz der Solvay-Fabriken sehr stark aufzutreten, und zwar in mehreren Ländern. Die Folge davon war ein starker Preisdruck, sodaß viele Fabriken zusetzen mußten, während andere ganz eingingen. Die Preise gingen nach und nach auf 11,— M. im Jahre 1884—85, bis zu 6,— M.[1] im Jahre 1886—88 herunter. Dieser Konkurrenzkampf hatte natürlich veranlaßt, daß die Werke, welche nicht eingingen, so billig wie möglich zu arbeiten suchten und daher ihre Fabrikationsmethoden verbesserten. So ist es denn gekommen, daß im allgemeinen die Ammoniaksodafabrikation auf einer hohen Stufe steht. Solvay stand jedenfalls bis Anfang der achtziger Jahre hinsichtlich des guten Betriebes obenan, später haben jedoch mehrere Fabriken mindestens ebenso gute Betriebsresultate erreicht. Wie schon in dem ersten Kapitel gesagt ist, ist Solvay indes den meisten anderen Fabriken darin überlegen, daß seine Fabriken ungemein günstig bezüglich der Rohmaterialien und des Absatzgebietes liegen. Hierin kommt ihm in Deutschland keine andere Fabrik gleich.

Zu den ältesten Angaben über Gestehungskosten von Ammoniaksoda gehören die von Schlösing und Rolland, diese wollen in ihrer Fabrik zu Puteaux verbraucht haben auf 100 kg Soda von 99 %[2]

167   kg Na Cl = 180 kg rohem Salz oder 557 Liter gesättigte Sole,
68,5 - Ca O = 122 - Kalkstein = 135 mit 10 % Wasser,
32,0 - NH$_3$ mit Verlust von 1 kg,
128,3 - Steinkohle für die Destillationsapparate und Dampfmaschinen,
72,0 - Kokes für den Kalkofen und Bikarbonat-Erhitzungsapparat.

---

[1] Hier ist stets der Preis für größere Abschlüsse zu verstehen. Bei einzelnen Posten waren die Preise höher.

[2] L. Mond, Journ. Soc. Chem. Ind. 1885, 4, 527. Lunge a. a. O, S. 8.

Dazu Arbeitslohn von 1,40 Frcs. und Generalkosten (einschließlich 6 % Zinsen), je nach Umfang der Produktion 8,70—9,67 Frcs. Diese Gestehungskosten würden nach einem Anschlage von Scheurer-Kestner (Bulletin Soc. Chim. 1886, 45, 307) bei Anwendung von Siedesalz einem Gesamtbetrag von 21 Frcs., bei Salzsole einem solchen von 20 Frcs. pro 100 kg Soda entsprechen. Da zu jener Zeit (1855) die Soda in Frankreich 65—75 Frcs. kostete, so hätte die Fabrik von Schlösing und Rolland gut rentieren müssen, trotz der Salzsteuer, die 18 Frcs. auf 100 kg Soda betrug. Die Fabrik ging jedoch ein, die Angabe, daß dies wegen „fiskalischer Schwierigkeiten" geschehen sei, weist Mond[1] als unrichtig nach.

Lunge a. a. O., S. 121, hat verschiedene Mitteilungen über die Gestehungskosten der Ammoniaksoda mitgeteilt, so sind nach ihm von Solvay für eine Jahresproduktion von 3000 tons folgende Zahlen angegeben:

1942	kg Steinsalz	zu 21	Frcs. pro Tonne	== 40,78	Frcs.
87,5	- schwefels. Ammoniak	- 350	- - -	= 30,60	-
2155	- Kalkstein	- 2,50	- - -	= 5,39	-
1698	- Steinkohlen	- 23	- - -	= 39,05	-
258	- Kokes	- 40	- - -	= 10,32	-
Arbeitslohn				15,00	-
Reparaturen				11,00	-
Generalkosten und Amortisation				15,00	-
Verpackung in Fasser				13,42	-
				180,56	Frcs.
Patent-Lizenzgebühr				30,00	-
				210,56	Frcs.

Dieser Verbrauch ist, abgesehen vom Salz, bedeutend höher als heute, namentlich ist der Ammoniakverlust und der Brennmaterialverbrauch sehr hoch. Wahrscheinlich war diese Kalkulation, wie Lunge a. a. O sagt, außerdem noch zu günstig. Das wird aber nicht viel gewesen sein. Die Fabrikation muß bei einem nur 10 % höheren Preise sich dennoch rentiert haben. Der Sodapreis war damals ca. 30 Frcs.

Über Honigmann macht Lunge a. a. O. folgende Angaben:

Nach (früheren) Zeitungsanzeigen von Honigmann sollte das Anlagekapital[2] einer Fabrik, welche täglich fünf Tonnen kalzinierte Soda von 90 % liefert, 90 000 M. betragen; zu 100 Ztr. Soda sollten erforderlich sein a) nach seinen früheren Zeitungs-

---

[1] Chem. Ind. 1886, S. 10.
[2] cf. Lunge a. a. O., S. 122.

anzeigen für 90 %ige Soda, b) nach späteren für 95 %ige Soda, in beiden Fällen als Maximum, c) als wirklicher Durchschnitt für 98 %ige Soda, d) und e) nach E. Kopp (Wurtz, Dictionn. de Chimie 4, 1562), f) nach direkt von Herrn Honigmann im April 1878 erhaltenen Angaben:

	a.	b.	c.	d.	e.	f.	
Steinsalz	200	190	175	180	200	250	Ztr.
Steinkohle	200	175	150	129	250	250	-
Koks	—	—	—	72	50	45	-
Kalkstein	150	140	130	135	100	140	-
Schwefelsaure von 50° B. .	10	8	6	—	10	—	-
Salmiak	5	4	3	3,5	4—4,5	5	-
Arbeiter	—	20	—	—	—	—	-

Die Arbeiter verteilen sich wie folgt: je ein Arbeiter bei Tag und bei Nacht am Apparate, ebenso viel an den Maschinen, ebenso viel an den Dampfkesseln, je zwei an den Zentrifugen, ebenso viel an zwei Kalzinierofen, drei bei Tage und einer bei Nacht an dem Kalkofen, einer bei Tage für das Kalklöschen. In Summa elf Arbeiter bei Tage und acht bei der Nacht. Das Heran- und Fortschaffen der Materialien besorgt ein Unternehmer mit neun Arbeitern.

Die Dampfkesselanlage für die damalige Produktion von fünf Tonnen pro Tag hat 180 qm Heizfläche. Die Wiedergewinnung des Ammoniaks geschieht durch den Abdampf der Maschinen.

Zuverlässige Angaben darüber, ob diese Zahlen damals wirklich erreicht wurden, sind nicht bekannt geworden. So weit ich erfahren konnte, sind auf Fabriken, die zuerst nach Honigmanns Verfahren eingerichtet, nachher aber umgebaut waren, folgende Zahlen erhalten:

per 100 kg Soda
220—250 kg Salz,
200—250 - Steinkohle,
35— 50 - Kokes,
180—220 - Kalksteine,
6— 8 - Ammonsulfat,
ca. 6 - Schwefelsäure,
Reparaturen 80—120 Pf.
Arbeit . . 150—180 -

Diese Zahlen sollen Ende der siebziger Jahre erhalten sein bezw. anfangs der achtziger Jahre. Bei billigen Materialpreisen konnte vielleicht damals eine Fabrik mit obigem Maximalverbrauch bei den damaligen hohen Sodapreisen noch eben existieren. Jene Werke sollen jedoch damals zugesetzt haben, da sie teils Kohlen, teils Kalkstein und Salz sehr teuer bezahlen mußten.

Die neu angelegten Fabriken haben zuerst wohl sämtlich schlecht gearbeitet[1]), infolge dessen sie umbauen mußten und zwar wiederholt. Es sind in mehreren deutschen Fabriken sehr teuere Umbauten vorgenommen, sodaß dadurch die ganze Anlage ungemein belastet wurde, auch dann noch, nachdem der Betrieb in guten Gang gekommen war. Diese Werke hatten mit unverhältnismäßig hohen Amortisations- und Verzinsungskosten zu rechnen, da infolge des wiederholten Umbauens die ganze Anlage doppelt und dreifach so hoch sich gestellt hatte, als die wirklichen Kosten betragen durften. Der so häufig nötig gewordene Umbau erklärt sich aus folgenden Gründen.

Bei der Ammoniaksodafabrikation hängen alle Teile des Gesamtbetriebes eng miteinander zusammen, sodaß, falls ein Teil stockt, gleich der ganze Betrieb zum Stillstand kommt, wenn nicht sehr große Reservoirs vorhanden sind. Wenn bei einer Neuanlage z. B. die Destillation nicht arbeiten wollte, so konnte man auch nicht konstatieren, ob die Fällapparate richtig gingen, da man nicht genügend ammoniakalische Lauge herstellen konnte, um den Fällbetrieb regelrecht durchzuführen. Wurden nun die Destillierapparate verändert, so fand man dann erst, daß die Fällung nicht richtig arbeitete, und man konnte nun wieder die Destillation noch nicht völlig durchprobieren, da die Fällung nicht Laugen genug lieferte. So kam es denn, daß nach Veränderung der Fällapparate sich wieder bei den Destillierapparaten Fehler zeigten, wodurch man wieder zu einer Änderung gezwungen war. Dann traten auch noch Schwierigkeiten auf bei Herstellung der ammoniakalischen Sole, Filtration und Kalzinieröfen. So erklärt es sich, daß Fabriken längere Jahre gebraucht haben, ehe sie in richtigen Betrieb kamen.

Für denjenigen, welcher die Fabrikation in allen Teilen aus der Praxis kennt, ist es natürlich leicht, die Fehler einer Anlage gleich sämtlich zu erkennen und durch einen Umbau die völlige Besserung zu schaffen. Die Erbauer von mehreren der in den siebziger und achtziger Jahren neu angelegten Werke kannten jedoch die Praxis der Ammoniaksodafabrikation in größerem Umfange nicht und hatten daher zuerst sehr schlechte Erfolge. Es ist jedenfalls eine der schwierigsten Aufgaben, eine Fabrikation, die man nur theoretisch kennt, in praktischen Betrieb zu bringen, besonders wenn es sich um eine so schwierige Fabri-

---

[1]) Das gilt auch für Solvays erste Fabrik. Die Werke, die er anlegte, nachdem sein Verfahren völlig durchgebildet war, arbeiteten natürlich gleich von Anfang gut.

kation handelt, wie Ammoniaksoda.   Der Verfasser hat das aus eigener Erfahrung kennen gelernt.

Die Schwierigkeiten bei der Fabrikation haben zum großen Teil an den unvollkommenen Apparaten gelegen und waren daher eigentlich nur durch das Experiment im großen zu überwinden.   Daß aber häufig auch der chemische Teil stark vernachlässigt ist, habe ich im Kapitel IV geschildert.

Nachdem es den Fabriken gelungen war, ihren Betrieb insofern in guten Gang zu bringen, daß die mechanischen Schwierigkeiten überwunden waren, legte man sich mehr auf die Verbesserung des inneren Betriebes, um Materialien zu sparen.   Gegen Mitte der achtziger Jahre konnte man wohl für eine einigermaßen gut arbeitende Fabrik folgende Zahlen rechnen:

per 100 kg Soda

200 kg Salz,
180 - Kalkstein,
160 - Kohlen und Koks,
4 - Ammonsulfat.

Dieser Verbrauch ist noch immer ein hoher zu nennen, namentlich in Betreff der Kohlen und des Ammonsulfats.   Es sind auch zu jener Zeit schon Fabriken mit 120 kg Kohlen und Koks und 2 % Ammonsulfat ausgekommen, und man ist seitdem noch weiter fortgeschritten.

In der Chemiker-Zeitung[1]) habe ich Berechnungen veröffentlicht über die Grenze des Verbrauchs an Materialien.   Die Zahlen habe ich in der Weise berechnet, daß ich zu den theoretisch erhaltenen Werten so viel zurechnete, wie man bei besten Apparaten und genauester Kontrolle als Verlust betrachten muß.   Diese Resultate führe ich in folgendem an, mit einem Vergleich, aus der Praxis zusammengestellt.

		Berechnet	Praxis
kg Koks . . . . . . pro 100 kg Kalkstein		6,5	8
- Kalkstein . . . . - 100 - Soda		120	170
- Kalk . . . . - 100 - -		60	85
- Salz . . . . . . - 100 - -		170	180
- Kohlen . . . . . - 100 - -		50	90
- Ammoniumsulfat . . - 100 - -		0,75	0,75
cbm Kalkofengas . . - 100 - -		90	140
- ammoniakalische Sole - 100 - -		0,62	0,82
- ablaufende Endlauge aus der Destillation		1,20	1,70
Pferdestärken		0,7	1,0

---

[1]) Chem.-Ztg. 1894, XVIII, 1951.

Bezüglich der Zahlen aus der Praxis ist zu bemerken, daß dieselben die besten Resultate sind, die mir bekannt wurden. Es wird indes nicht vorkommen, daß dieselben sämtlich auf einem Werke erreicht werden, man wird immer finden, daß in ein und derselben Fabrik einzelne Einrichtungen gut, andere schlechter arbeiten.

Eine Kalkulation auf Grund obiger Zahlen ergibt, unter Annahme von Mittelpreisen, folgende Resultate.

Auf 100 kg Soda von 98/100 % werden verlangt:

Berechnete Resultate.

Salz	170 kg, pro 100 kg 0,40 M.	0,68 M.
Kalkstein 120 -	- 100 - 0,20 -	0,24 -
Koks	8 - - 100 - 1,80 -	0,15 -
Kohle	50 - - 100 - 1,30 -	0,65 -
Ammoniumsulfat ³/₄ kg, pro 100 kg 22 M.	0,17 -
Arbeit und Aufsicht	0,70 -
Reparaturen	0,40 -
Diverse	0,30 -
Amortisation	0,60 -
Verwaltungskosten	0,50 -
Packung[1])	0,15 -
		4,54 M.

Praxis.

Salz	180 kg, pro 100 kg 0,40 M.	0,72 M.
Kalkstein 170 -	- 100 - 0,20 -	0,34 -
Koks	14 - - 100 - 1,80 -	0,25 -
Kohle	90 - - 100 - 1,30 -	1,17 -
Ammoniumsulfat ³/₄ kg, pro 100 kg 22 M.	0,17 -
Arbeit und Aufsicht	0,80 -
Reparaturen	0,40 -
Diverse	0,30 -
Amortisation	0,90 -
Verwaltungskosten	0,50 -
Packung	0,15 -
		5,70 M.

An den Materialienmengen kann also jedenfalls nicht viel mehr gespart werden, denn die theoretisch berechneten Minimalmengen, denen man schon ziemlich nahe gekommen ist, wird man wohl nie erreichen.

---

[1]) Hier ist nur die Abnutzung der Säcke gerechnet.

Von größtem Einfluß auf eine rentable Produktion sind, wie schon im Kapitel I hervorgehoben ist, die Preise der Roh- und Hilfsmaterialien. Eine Fabrik, welche mit den oben berechneten Minimalmengen auskommt, würde dennoch bei hohen Materialpreisen kaum konkurrieren können mit einer relativ schlecht arbeitenden Fabrik, welche billige Materialien hat. Folgende Kalkulationen zeigen das.

a) Kalkulation beim Verbrauch von Minimalmengen bei teueren Materialpreisen.

Salz	170 kg,	pro 100 kg 1,20 M.	. . . . .	2,04 M.
Kalkstein	120 -	- 100 - 0,50 -	. . . . .	0,60 -
Koks	8 -	- 100 - 1,50 -	. . . . .	0,12 -
Kohlen	50 -	- 100 - 1,20 -	. . . . .	0,60 -
Ammonsulfat $^3/_4$ -	- 100 - 22,00 -	. . . . .	0,17 -
Arbeit, Reparaturen, Generalkosten	. . . . .	2,95 -

$$6,48 \text{ M.}$$

b) Kalkulation beim Verbrauch von großen Materialmengen bei billigen Preisen.

Salz	250 kg,	pro 100 kg 0,10 M.	. . . . .	0,25 M.
Kalkstein	220 -	- 100 - 0,12 -	. . . . .	0,27 -
Koks	25 -	- 100 - 1,50 -	. . . . .	0,38 -
Braunkohle	600 -	- 100 - 0,22 -	. . . . .	1,32 -
Ammonsulfat	3 -	- 100 - 22,00 -	. . . . .	0,66 -
Arbeit, Reparatur etc., wie oben	. . . . .	2,95 -

$$5,83 \text{ M.}$$

Die in beiden Kalkulationen genannten Preise sind solche, wie sie tatsächlich an verschiedenen Fabrikationspunkten vorgekommen sind, bezw. noch bestehen. Die Preise unter a) treffen für den Unterrhein zu, während diejenigen unter b) für die Staßfurter Gegend gelten, beim Besitz eigener Salz-, Kalkstein- und Kohlengewinnung. Man sieht aus einer derartigen Zusammenstellung am deutlichsten, wie richtig Solvays Anlage in Bernburg war gegenuber der Lage der zuerst erbauten deutschen Ammoniaksodafabriken in Rheinland und Westfalen. Wäre allerdings die Arbeit so gewesen, wie oben angenommen ist, so hätten sich die deutschen Fabriken besser gegen Solvay wehren können. Indes lag die Sache damals gerade umgekehrt. Solvay kam bei billigen Preisen mit relativ wenig Material aus, während die Werke, welche mit teuren Materialien arbeiten mußten, relativ große Mengen davon verbrauchten.

Die Kenntnis der wirklichen Herstellungskosten einer einzelnen Fabrik gibt kein Bild der heutigen allgemeinen Lage. Gut arbeitende Werke haben annähernd folgende Herstellungskosten[1]).

a) Westliches Deutschland.

Salz	200 kg, pro 100 kg 1,20 M.	. . . .	2,40 M.
Kalkstein	170 - - 100 - 0,50 -	. . . .	0,85 -
Koks	16 - - 100 - 1,20 -	. . . .	0,19 -
Kohlen	90 - - 100 - 0,70 -	. . . .	0,63 -
Ammonsulfat	1 - - 100 - 0,20 -	. . . .	0,20 -
Arbeit und Aufsicht			0,80 -
Reparaturen			0,40 -
Diverse			0,30 -
Amortisation und Verzinsung			0,90 -
Verwaltungskosten			0,50 -
Packung, Säcke, für Abnutzung zu rechnen . . .			0,15 -
			7,32 M.

b) Preise in der Staßfurter Gegend.

Salz	200 kg, pro 100 kg 0,40 M.	. . . .	0,80 M.
Kalkstein	170 - - 100 - 0,30 -	. . . .	0,51 -
Koks	16 - - 100 - 1,80 -	. . . .	0,29 -
Braunkohle	270 - - 100 - 0,30 -	. . . .	0,81 -
Ammonsulfat	1 - - 100 - 0,20 -	. . . .	0,20 -
Arbeit und Aufsicht			0,80 -
Reparaturen			0,40 -
Diverse			0,30 -
Amortisation und Verzinsung			0,90 -
Verwaltungskosten			0,50 -
Packung wie oben			0,15 -
			5,66 M.

Beide Kalkulationen gelten für den Fall, daß alle Materialien gekauft werden. Wenn eine Fabrik im Besitz eines eigenen Kalksteinbruches und eines Bohrloches zur Solegewinnung ist, so sinken die Preise von Kalkstein und Salz auf ca. 10 Pf. pro 100 kg. Die Kalkulation für 100 kg Soda fällt dann ganz bedeutend. Ganz ähnlich sind die Verhältnisse in Österreich, Frankreich und England. In allen diesen Ländern

---

[1]) Es ist bei diesen Kalkulationen zu berücksichtigen, daß die Posten für Verwaltung, Amortisation und Reparaturen auf den verschiedenen Fabriken stark schwanken.

werden in gut arbeitenden und gut gelegenen Fabriken die Herstellungskosten der Soda $4\frac{1}{2}-5\frac{1}{2}$ M. betragen. Die Schwankung richtet sich
besonders nach der Größe der Fabrik und der Höhe der Amortisation.
Falls ein Werk ganz abgeschrieben ist, kann es möglich sein, daß die
Herstellungskosten noch niedriger sind, als oben angegeben ist, daß dieselben also 4 M. nur wenig übersteigen.

Lage der Ammoniaksodaindustrie.

Die Lage der Ammoniaksoda-Industrie ist heute eine vorzüglich
gute. Es mag allerdings einzelne kleinere Fabriken geben, deren Renta-
bilitat keine besondere ist, die große Mehrzahl der Werke erzielt jedenfalls bedeutenden Gewinn. Dieser Umstand ist namentlich erreicht durch
die Gründung des Sodakartells, welches die Preise auf einem relativ
hohen Stande hält. Es ist schon oben erwähnt, daß die Preise infolge
des Konkurrenzkampfes in den achtziger Jahren stark gedrückt waren.
Englische Soda wurde in jener Zeit mit 8—9 M. pro 100 kg, verzollt,
frei deutsche Seehäfen verkauft; das entspricht einem Preise von höchstens
5—6 M. ab englischer Fabrik. In Deutschland wurde in größeren Abschlüssen zu 6 M. ab Fabrik verkauft, in einzelnen Fällen wohl noch
billiger[1]). Jedenfalls haben viele relativ ungünstig arbeitende Werke
— Ammoniaksoda- sowohl wie Leblanc-Fabriken — damals zugesetzt,
sie hielten sich nur noch durch ihre sonstigen Produkte, wie Sulfat,
Mineralsäuren, Chlorkalk etc. Verursacht war der Konkurrenzkampf
hauptsächlich durch das kolossale Wachstum der Fabriken, welche die
Gesellschaft Solvay in den verschiedenen Ländern ins Leben rief. Die
Bestrebungen zur Bildung eines Kartells, welche in der Mitte der achtziger
Jahre auftraten, hatten zunächst keinen Erfolg. Besonders scheiterte
die Kartellbildung an den Forderungen Solvays, der z. B. für Deutsch-
land die Halfte der Gesamtproduktion allein für sich forderte. Im
Jahre 1887[2]) schloß ein Teil der deutschen Fabriken[3]) eine Konvention
mit den Solvay-Werken, und 1891, als auch die übrigen deutschen
Fabriken mürbe geworden waren, kam das deutsche Syndikat zustande[4]).
Ungefähr zur selben Zeit entstanden auch Konventionen in Österreich[5]),
Frankreich und Belgien. Am meisten Widerstand leistete wohl England,

---

[1]) Der niedrigste, mir bekannt gewordene Preis war 5,50 M. pro 100 kg
ab Fabrik.

[2]) Chem.-Ztg. 1887, XI, 954.

[3]) Es waren das namentlich die östlichen Fabriken.

[4]) cf. Chem.-Ztg. 1891, XV, 1245.

[5]) Chem.-Ztg. 1891, XV, 73.

wo die nach dem alten Leblanc-System arbeitenden Werke auf einer viel höheren Stufe der Ausbildung standen, als in den anderen Ländern. Indessen konnten auch diese Werke der Konkurrenz der Ammoniaksoda nicht widerstehen. Nachdem sich im Jahre 1890 [1]) die sämtlichen englischen Leblanc-Fabriken zu einer großen Aktiengesellschaft vereinigt hatten, war eine Verständigung dieser Gesellschaft mit den übrigen Werken leicht. Unter letzteren war die größte Fabrik diejenige von Brunner, Mond & Co. in Northwich, welche allein rund 170 000 tons Soda von 98 % pro Jahr produzierte. Diese Fabrik ist sehr eng liiert mit der Gesellschaft Solvay. Letztere Gesellschaft dominiert in den Kartellen der verschiedenen Länder und beherrscht somit tatsächlich die Sodaindustrie der ganzen Welt.

Seit der Bildung des allgemeinen Sodakartells sind einige neue Fabriken entstanden, größere namentlich in England und Österreich. Es wurden durch die neuen Fabriken die Preise zeitweilig etwas gedrückt, indes sind die Werke später meist dem allgemeinen Kartell beigetreten und die Preise gingen dann wieder in die Höhe.

In Deutschland sind nur zwei kleinere Fabriken von je ca. 3000 bis 4000 tons Jahresproduktion neu gebaut, von denen die eine fast ganz für den eigenen Bedarf arbeitet. Es ist in Deutschland ungemein schwierig, ein neues Werk zu gründen, da es dem Sodakartell gelungen ist, mit dem deutschen Salinenkartell einen Vertrag zu schließen, wonach die Mitglieder des letzteren an eine neue Fabrik kein Salz abgeben dürfen. Sogar die staatlichen Salinen sind diesem Vertrage beigetreten. In Deutschland hat daher das Sodakartell förmlich ein Monopol.

Die Preisbewegung der Soda in den letzten 20 Jahren war etwa die folgende:

Preise fur 98/99 % ige kalzinierte Soda pro 100 kg frei Empfangsstation.

1880	14,00 M.		1895	11,75 M.
1882	13,00 -		1896	12,50 -
1884	11,00 -		1897	11,80 -
1886	9,00 -		1898	10,50 -
1888	7,00 -		1899	10,50 -
1889	8,00 -		1900	11,75 -
1890	11,00 -		1901	11,50 -
1891	13,00 -		1902	10,75 -
1892	12,75 -		1903	10,50 -
1893	12,75 -		1904	10,75 -
1894	11,50 -			

---

[1]) Chem.-Ztg. 1890, XIV, 1592.

Die Preise für kaustische Soda 125/127 % waren im Anfang der
achtziger Jahre durchschnittlich 28—30 M. pro 100 kg frei Empfänger.
Die weitere Bewegung zeigt folgende Tabelle:

1885	25,50 M.		1895	21,75 M.
1886	23,50 -		1896	21,25 -
1887	20,25 -		1897	21,25 -
1888	19,25 -		1898	21,25 -
1889	18,50 -		1899	21,25 -
1890	23,50 -		1900	23,50 -
1891	24,50 -		1901	24,00 -
1892	24,25 -		1902	23,00 -
1893	23,25 -		1903	22,00 -
1894	22,00 -		1904	21,75 -

Es sind das Preise, welche von Fabriken in Deutschland wirklich
bei Abschlüssen gezahlt sind. Den Weltmarktspreis[1]) hat man annähernd,
wenn, abgesehen von den Jahren 1886—1889, bei kalzinierter Soda 2,50 M.,
bei kaustischer Soda 4 M. für Zoll von diesen Zahlen abgesetzt werden.
Man muß übrigens dabei stets berücksichtigen, daß ganz einheitliche
Preise nie bestanden haben. Seit Abschluß des Kartells sind dieselben
allerdings fester als sonst, indes schwanken sie nach Größe des Ab-
schlusses[2]). Bis zum Kartellschluß waren die Preise auch in den verschiedenen Gegenden ganz verschieden, sie differierten z. B. im östlichen
und westlichen Deutschland um $1\frac{1}{2}$ bis 2 M. pro 100 kg 98 % iger Soda.

Die obige Tabelle läßt genau erkennen, wie durch das Auftreten der
Solvay-Werke 1886 die Preise gedruckt wurden. Im Jahre 1888 wurde
der tiefste Stand erreicht, dann hob sich der Preis nach Abschluß der
ersten Konvention langsam, während im Jahre 1891 nach Abschluß des
Syndikats (welches allerdings formell erst am 1. Januar 1892 in Kraft
trat) der Preis von 1882 wieder erreicht wurde. In den Jahren 1894
bis 99 ist der Einfluß der neu aufgetretenen Konkurrenz zu spüren,
welcher auch heute noch etwas andauert.

Bei Goldstein[3]), S. 99, sind Preise für kalzinierte Soda mitgeteilt,
welche teils beträchtlich höher sind als die oben aufgeführten, nämlich
13,75 bezw. 14,50 M. für die Jahre 1892 bezw. 1893, wozu noch 2,50 M.
Zoll kommen. Diese Preise sind indes Marktberichten entnommen und

---

[1]) Als solcher gilt der englische Marktpreis

[2]) Es ist selbstverständlich, daß ein Werk, welches mehrere Tausend tons
Soda pro Jahr gebraucht, billigere Preise erhält, als ein Abnehmer von nur
100—200 tons.

[3]) Deutschlands Sodaindustrie. 1896. Stuttgart, Cottas Verlag.

treffen wohl nur für kleinere Quantitäten zu. Derartige Preise sind immer höher als wirklich gezahlte Preise bei Abschlüssen. Bei einem Vergleich darf man nur Zahlen gleicher Herkunft benutzen.

Sehr instruktiv sind die Preise der kalzinierten Soda in Liverpool, welche Lunge a. a. O., S. 649, angibt, es läßt sich daraus die Entwicklung der Sodaindustrie erkennen.

Preis pro ton.

	Pfd. Sterling	Sh.				
1830	26	10	= 53,00 M. pro 100 kg
1839—40 . . .	15	—	= 30,00 -	- 100 -
1878 . . . . . {	5 bis	10	= 11,00 -	- 100 -
	6	10	= 13,00 -	- 100 -
1886	4	—	= 8,00 -	- 100 -
1891	4	15	= 9,50 -	- 100 -

Der durchschnittliche Verkaufspreis der kalzinierten 98 %igen Soda bei Abschlüssen kann für die Jahre seit der Gründung des Kartells zu *9,50* M. ab Fabrik angenommen werden, abgesehen von England, wo der Preis um $1^1/_2$ M. niedriger angesetzt werden muß. Bei einem durchschnittlichen Herstellungspreise von 6 M. ist also die Fabrikation der Ammoniaksoda eine sehr rentable. Die englische Gesellschaft Brunner, Mond & Co. gab im Jahre

1892	100 %	Dividende,
1893	50 %	-
1894	30 %	-

Auch dieser letztere Gewinn darf wohl als ein guter angesehen werden.

Wie schon erwähnt wurde, beherrscht die Gesellschaft Solvay im Verein mit ihr nahestehenden Fabriken, wie Brunner, Mond & Co., die Soda-Industrie der Welt.

Nach einer Mitteilung über die Ausstellung in Antwerpen 1894[1]) betrug die Gesamtproduktion an Soda auf der ganzen Erde damals mehr als 1 000 000 tons, wovon etwa die Hälfte Ammoniaksoda. Der bei weitem größte Teil der letzteren wird nach Solvays Verfahren hergestellt; auch Brunner, Mond & Co. arbeiten nach demselben. Die Gesellschaft Solvay besitzt allein zwölf sehr große Werke in den Hauptländern der Erde. Dieselben beschäftigen 6500 Arbeiter und haben Maschinen mit 9500 HP. Solvay hat jedenfalls Riesenerfolge erzielt

---

[1]) Chem.-Ztg. 1894, 18, 1208.

und sich ein sehr großes Verdienst um die Sodafabrikation erworben. Wenn jedoch a. a. O. gesagt wird, daß die Herabsetzung des Sodapreises auf $\frac{1}{3}$ des Preises vom Jahre 1864 allein das Verdienst Solvays sei, so dürfte das zu weit gehen. Man kann doch nicht annehmen, daß ohne Solvays Auftreten die Sodafabrikation ganz und gar stehen geblieben wäre. Übrigens war andererseits die Erhöhung der Sodapreise anfangs der neunziger Jahre von 7 M. auf 13 M. wesentlich ein Werk der Solvay-Werke. Seitdem ist der Preis wieder herunter gegangen auf ca. 11 M., wie oben mitgeteilt wurde.

An Ammoniaksodafabriken existieren in Deutschland die Werke in:

Dieuze,
Deutsche Solvaywerke Bernburg[1]),
-        -   Saaralben,
-        -   Wyhlen in Baden,
-        -   Montwy bei Inowrazlaw,
-        -   Château Salins,
Chemische Fabrik Buckau in Staßfurt,
Engelke & Krause, Trotha bei Halle,
Verein chemischer Fabriken in Mannheim, Heilbronn,
Matthes & Weber, Duisburg a. Rh.,
Moritz Honigmann, Grevenberg bei Aachen,
Vorster & Grüneberg, Kalk bei Cöln,
Hoffmanns Stärkefabriken, Salzuflen[2]).

Die ersten drei Werke Solvays sind anfangs der achtziger Jahre erbaut. Die Saline und Sodafabrik von Château Salins C. Tillement & Cie. wurde im Jahre 1900 von den Deutschen Solvaywerken Aktien-Gesellschaft Bernburg erworben und ebenso 1901 6 Millionen (von insgesamt 8 Millionen) Aktien des Steinsalzbergwerks Inowrazlaw; zu letzterem Werke gehört die Sodafabrik Montwy.

Die Fabrik in Salzuflen arbeitet fast nur für den eigenen Bedarf; Kalk bei Cöln steht außerhalb des Kartells.

Die Produktion der deutschen Fabriken wird auf ca. 250 000 tons pro Jahr geschätzt, davon entfällt auf die Solvaywerke über die Hälfte.

---

[1]) Der Hauptsitz der Deutschen Solvaywerke ist in Bernburg. Nach einer Notiz in der Frankf. Zeitung vom 10. 9. 1904 soll das Aktienkapital jetzt auf 40 Millionen erhöht werden. Der Reservefonds betrug 1903 34,75 Millionen Mark, der Reingewinn 6,23 Millionen, die Anlagen stehen mit 34,29 Millionen Mark zu Buche. Der Gesellschaft gehören außer den Sodafabriken auch Salinen und Kalibergwerke. Den Hauptgewinn liefert aber jedenfalls die Soda.

[2]) Vielleicht bedarf diese Liste noch der Korrektur; es hält sehr schwer ganz zuverlässige Angaben zu erhalten.

Österreich hat folgende Ammoniaksodafabriken: Ebensee, Sczcakowa, Dolny-Tusla, Nagy-Bocsko, Hruschau in Mähren, Hrastnigg in Steiermark. Diese sollen zusammen produzieren ca. 80 000 tons Soda 98/99 %.

Es ist in den letzten Jahren viel die Rede davon gewesen, daß die neu aufgekommenen Verfahren zur Herstellung von Soda auf elektrolytischem Wege sowohl die Leblanc- wie auch die Ammoniaksodafabrikation verdrángen würden. Mehrfach ist der nahe Untergang der heutigen Soda-Industrie in Aussicht gestellt. Es haben sich bis jetzt alle derartigen Befürchtungen als unrichtig erwiesen, die elektrische Soda ist noch nicht merkbar im Handel aufgetreten[1]). Der Grund scheint zu sein, daß das elektrolytische Verfahren noch immer zu teuer ist. Wenn es nun auch gelingt, diese Darstellung zu verbilligen, so hängt jedenfalls die Rentabilität immer davon ab, daß auch die Chlorverbindungen, welche zugleich mit Soda bei der Elektrolyse von Kochsalz erhalten werden, gut verwertet werden können. Es ist aber vor der Hand wenigstens ganz unmöglich, solche kolossalen Mengen Chlorprodukte unterzubringen, wie sie erhalten werden, wenn auch nur die Hälfte der Soda, welche zur Zeit konsumiert wird, auf elektrolytischem Wege hergestellt wird.

Wenn man dies bedenkt und ferner erwägt, daß das elektrolytische Verfahren bei dem heutigen hohen Preise der Soda und Chlorprodukte nicht konkurrieren kann, daß aber die Ammoniaksoda-Industrie auch noch gut bei bedeutend niedrigeren Preisen existenzfáhig ist, so kommt man zu dem Schlusse, daß die Ammoniaksoda-Industrie vorläufig noch keinerlei Veranlassung hat, sich zu beunruhigen.

---

[1]) Dagegen bereitet die auf elektrolytischem Wege hergestellte Kalilauge den alten Pottaschefabriken erhebliche Konkurrenz.

Zehntes Kapitel.

Betriebsaufsicht.

I. Kalkofen.

Proben der Kalkofengase werden im laufenden Betriebe jede halbe Stunde untersucht, in der Regel nur auf Kohlensäureanhydrid, zuweilen jedoch auch auf Kohlenoxyd und Sauerstoff.

Zur Regelung des Betriebes ist zuerst erforderlich, möglichst genau festzustellen, was der vorliegende Ofen leisten kann. Zu diesem Zwecke müssen eine Reihe Versuche gemacht werden mit verschiedenen Mengen von Brennmaterial und Kalkstein, und es muß außerdem hierbei ermittelt werden, in welchen Zwischenräumen am besten gezogen werden kann. Eine allgemeine Regel, die für jeden Ofen von vornherein aufgestellt werden kann, gibt es nicht, ebensowenig lassen sich Kalksteine und Brennmaterial vorher genau beurteilen.

Bei diesen Versuchen müssen etwa viertelstündlich Bestimmungen der Gase ausgeführt werden; die Zusammensetzung der Gase ist entscheidend dafür, ob unter den gegebenen Verhältnissen der Betrieb gut geht.

Ein hoher Gehalt an Kohlenoxyd (über 1 $\%$) weist darauf hin, daß es an Luft fehlt, während reichlicher Sauerstoffgehalt (mehr als 1 bis 2 $\%$) den Eintritt von zu viel Luft anzeigt.

Aus dem Gehalt der Gase an Stickstoff kann berechnet werden, wieviel des vorhandenen Kohlensäureanhydrids aus dem Kalkstein und wieviel aus dem Brennmaterial stammt. Dies ist auch von Ferd. Fischer[1] betont. Wenn die Analyse z. B. ergab:

$$
\begin{aligned}
\text{Kohlensäureanhydrid} &= 33{,}5\ \% \\
\text{Sauerstoff} &= 1{,}5\ \text{-} \\
\text{Stickstoff} &= 65{,}0\ \text{-}
\end{aligned}
$$

---

[1] Ferd. Fischer, Taschenbuch für Feuerungstechniker, V. Aufl., S. 154, Stuttgart 1904, Arnold Berg.

so entsprechen die 65 % Stickstoff 17,1 % Sauerstoff. Davon lieferten
(17,1 — 1,5) = 15,6 % ebenso viel Kohlensäureanhydrid, demnach der
Kalkstein 33,5 — 15,6 = 17,9 %.

Wenn die Arbeit des Ofens einmal festgestellt ist, wenn also die
Menge des Brennmaterials im Verhältnis zum Kalkstein bestimmt ist
und angeordnet wurde, in welchen Pausen zu chargieren ist und welche
Mengen gezogen werden sollen, und wenn man ferner weiß, mit welchem
CO_2-Gehalt der Ofen die Gase liefern kann, so muß durch die Beobach-
tung der halbstündlich erhaltenen Zahlen kontrolliert werden, ob keine
Nachlässigkeit oder Unregelmäßigkeit im Betriebe vorkommt. Besonders
muß die Zeit vor und nach dem Chargieren beachtet werden. Zu starke
Schwankungen des CO_2-Gehaltes zeigen an, daß entweder zu viel Kalk
auf einmal gezogen ist, oder daß die Pausen zu lang waren.

Eine Beobachtung der Ofenarbeit durch die Schaulöcher ist zuweilen erforderlich. Die Zone, in welcher der Kalk weißglühend wird,
darf sich bei regelmäßiger Arbeit nicht zu sehr verschieben. Ob der
Kalk gar gebrannt ist, erkennt der erfahrene Fachmann zuweilen schon
am Aussehen der Stücke und an dem spezifischen Gewicht (nur durch
Aufheben der Stücke zu bestimmen). Den genaueren Nachweis findet
man in der Menge der beim Kalklöschen verbleibenden Rückstände.

Den Scrubber zum Waschen der Gase stellt man zweckmäßig so
auf, daß man den Strahl des ablaufenden Waschwassers sehen kann.
Man erkennt dann, ob der Strahl genügend stark läuft, ob also nicht
in der Leitung oder im Scrubber eine Verstopfung oder Unregelmäßigkeit
vorliegt.

Auch eine Prüfung der Temperatur der gewaschenen Gase (durch
Befühlen der Leitung mit der Hand) zeigt an, ob das Waschen genügend war.

Die Prüfung der Materialien, Kalkstein und Koks, geschieht nach
den bekannten Analysenmethoden.

Beobachteter Gehalt der Kalkofengase bei einem kleineren Ofen von
rund 8000 kg gebranntem Kalk pro 24 Stunden.

Volumprozente CO_2:

I	II
30,5	30,0
29,0	29,0
30,0	32,5
25,5	32,0
30,0	30,0
29,0	29,0
29,0	28,5

Volumprozente CO_2:

I.	II.
28,0	28,4
29,0	29,0
27,5	29,5
29,0	32,0
28,0	31,5
29,0	31,2
27,0	30,5
30,0	27,2
31,0	28,5
30,5	29,1
28,5	31,5
27,0	33,4
32,0	32,0
31,5	31,4
30,0	29,4
29,0	

Die Ziffern stellen die Ergebnisse von 2 Tagen hintereinander dar. Die Proben sind stündlich entnommen.

II. Herstellung der ammoniakalischen Sole.

Die Prüfung der Sole, einerlei ob nun natürliche oder künstliche Sole vorliegt, erfolgt in einfachster Weise durch Bestimmung des spezifischen Gewichts mittels Aräometer; meist üblich ist das Aräometer nach Beaumé.

Falls die Sole nach der Sättigung mit Ammoniak später noch mit Salz angereichert werden soll, kommt es für Betriebszwecke nicht so genau darauf an, ob die Sole ganz konzentriert in den Betrieb eintritt; im gegenteiligen Falle muß hierauf genau gesehen werden.

Wenn die Sole durch Ammonzusatz gereinigt wird und dann erst in den Betrieb tritt — das ist wohl die Regel — so ändert sich das spezifische Gewicht durch das Auftreten der verschiedenen Ammonverbindungen, zuweilen ist auch freies Ammoniak vorhanden. Man kann auf solche gereinigten Solen nicht das spezifische Gewicht der reinen Kochsalzlösung (nach den Tabellen) anwenden, sondern muß auf jeder Fabrik auf Grund von langeren Feststellungen Korrekturen anbringen.

Wenn die Fabrik Sole kauft, so ist es durchaus nötig, das Volumen festzustellen; derartige Messungen sind aber auch sonst zu empfehlen. Die Messungen geschehen sehr praktisch durch Anwendung eines Systems von Kippkästen. Der eine der Kästen, deren Inhalt genau bekannt ist, füllt sich, während sich der andere entleert. Die Zahl der Entleerungen wird durch Hebelwirkung auf ein Zählwerk übertragen. Diese Vorrichtung hat sich sehr gut bewährt, sie ist den gewöhnlichen Wassermessern vorzuziehen, welche auch meist dem Angriff der Sole nicht widerstehen. Bestimmt ist das der Fall, wenn es sich um gereinigte Sole mit einem Gehalt von Ammonverbindungen handelt, letztere greifen die Messingteile der Wassermesser stark an.

Die gereinigte Sole muß eventuell geprüft werden, ob die fremden Verbindungen genügend ausgefällt sind, meistens erhält allerdings die Sole einen solchen Überschuß von Ammoniak, daß man in dieser Hinsicht auch ohne weitere Prüfung ganz sicher gehen kann.

Aus den Salzlösekästen (Fig. 9—11) müssen Proben an den verschiedenen Abteilungen genommen werden, um zu sehen, wie die einzelnen Abteilungen arbeiten. Den Stand der Flüssigkeit erkennt man durch

Fig. 104.

Wasserstandsgläser oder auch vermittelst kleiner amerikanischer Probierventile. Von letzteren müssen dann stets mehrere übereinander angebracht sein.

Diese Ventile (cf. Fig. 104) sind für den Betrieb der Ammoniaksodafabrikation sehr zu empfehlen. Ihr Verschluß kann nicht einrosten[1]), wie es bei den Küken der gewöhnlichen Hahne — auch bei den Wasserstandshahnen — der Fall ist. Setzt sich die Öffnung nach innen zu, so kann man dieselbe sehr leicht mit einem Draht durchstoßen.

Die Leitung, durch welche Wasser oder dünne Sole in die Salzlösegefäße einlauft, bringt man möglichst so an, daß man den Strahl der einlaufenden Flüssigkeit vor Augen hat. Das ist der Kontrolle wegen sehr angenehm.

Der Schlamm, welcher in den Salzlösegefäßen zum Absatz kommt, muß ausgewaschen werden, um möglichst wenig Salz zu verlieren.

Es ist regelmäßig zu prüfen, ob der Schlamm genügend gewaschen ist.

Beim Ammoniakabsorber ist es erforderlich, an mehreren Ringen in verschiedener Höhe der Kolonne Proben nehmen zu können. Man

---

[1]) Eisen rostet in Berührung salzhaltiger Lösungen sehr leicht, namentlich bei Vorhandensein von Salmiak. Messing, Rotguß etc. kann man bei ammonhaltigen Lösungen nicht nehmen, da Kupfer gelöst wird. Nickel hat sich einigermaßen bewährt, ist aber recht teuer.

kann nur so beurteilen, ob die Arbeit regelmäßig geht. Die Haupt-
prüfung muß im untersten Ring stattfinden, wo jede halbe Stunde eine
Probe genommen werden muß. Die Proben sind zu prüfen auf spezifisches Gewicht und Ammoniak, zuweilen auch auf den Gehalt an Kohlensäure. Unter Umständen muß auch auf den Gehalt an Kochsalz und
Salmiak geprüft werden. Meistens wird man aus dem Gehalt an Ammoniak und dem spezifischen Gewicht genügend sehen, wie die Arbeit
im Absorber vor sich geht. Man weiß, welcher Gehalt an den betreffenden Stellen in der Lösung vorhanden sein muß[1]), und erkennt aus
den Zahlen leicht, wie die Arbeit steht.

Der Ammoniakgehalt wird durch Titrieren mit $^1/_1$ SO_3 bestimmt,
man nimmt Tropäolin als Indikator, das spezifische Gewicht, verglichen
mit dem Ammongehalt, läßt Schlüsse auf den Salzgehalt zu; oder wenn
man mit Wasser im Ammoniakabsorber arbeitet, auf den Gehalt an
Ammonkarbonat. Unter Umstanden muß man allerdings auch die Kohlensaure bestimmen, da Kochsalz und Ammonkarbonat beide das spezifische
Gewicht erhöhen.

Ein größerer Gehalt an Salmiak würde darauf hinweisen, daß aus
der Destillierkolonne Salmiaklauge mit den Gasen fortgerissen wird.

Auf die Temperatur in dem Absorber muß besonders geachtet
werden. Man bringt entweder Thermometer an verschiedenen Stellen
an — das ist das Richtigste — oder man mißt sofort nach Entnahme
der Proben deren Temperatur.

Vielfach begnugt man sich damit, die Temperatur des Absorbers
nur durch Befuhlen mit der Hand zu kontrollieren. Das ist auch fur
Geübte meistens genügend, kann aber Unerfahrene täuschen.

Das Kühlwasser, welches aus den Kühleinrichtungen der Ammoniakabsorption abfließt, muß häufig durch Messung der Temperatur geprüft werden, meist genugt hier auch wohl Befuhlen der Leitung; besser
ist es aber, Thermometer fest anzubringen.

Aus den erhaltenen Zahlen ergibt sich, wo man im Betriebe ein-
zugreifen hat. Ist der Ammongehalt zu niedrig, so geht die Destillation
des Ammoniaks zu schwach oder die Sole bezw. das Wasser läuft zu
stark in die Kolonne ein.

Zu hohe Temperatur kann ihre Ursache in zu schlechter Kühlung
oder in zu heißem Gange der Destillierkolonne haben, aber auch im
Einlauf von zu wenig Sole oder Wasser in den Ammoniakabsorber.
Letzteres findet man durch Vergleich mit dem Ammongehalt.

Um zu kontrollieren, ob die Leitungen des Kuhlwassers in der

---

[1]) Genaue Regeln, die allgemein gelten, gibt es hier nicht. Das muß auf
jeder Fabrik besonders festgestellt werden.

20./12.

Datum und Zeit	Temperatur	° B.	NH₃ in Grammen pro 100 ccm
morgs.			
7	20	5	10,9
	20	6	11,8
8	22	8	9,4
	26	8	8,2
9	26	7	8,1
	25	6	8,4
10	22	7	8,8
	23	6	10,9
11	25	5	11,1
	37	4	11,9
mittags			
12	32	3	11,8
	30	0	8,3
1	29	0	8,1
	26	0	7,9
2	26	3	7,8
	22	3	6,4
3	21	3	5,8
	21	5	8,1
4	19	6	10,4
	19	1	10,8
5	19	3	10,3
	20	3	8,9
6	20	3	9,1
	21	3	8,9
7	22	4	7,1
	22	6	6,9
8	22	6	7,1
	20	5	6,9
9	19	4	8,4
	20	4	8,9
10	20	4	10,1
	22	2	6,7
11	24	2	5,8
	26	2	5,4
nachts			
12	28	3	5,8
	27	3	5,6
1	21	0	6,8
	21	0	7,1
2	19	3	7,0
	19	3	9,2
3	17	2	7,3
	16	2	7,1
4	16	2	6,4
	17	3	6,1
5	17	4	8,4
	16	0	7,8
6	18	0	9,1
	18	0	10,4

14./11.

Datum und Zeit	Temperatur	° B.	NH₃ in Grammen pro 100 ccm
morgs.			
6½	20	5	10,2
	30	6	10,9
7	30	5	11,2
	32	6	9,8
8	30	5	9,6
	30	5	10,8
9	30	6	10,9
	29	5	11,5
10	28	6	10,9
	29	5	10,4
11	29	5	11,0
	28	5	10,6
mittags			
12	29	5	10,4
	28	6	8,2
	29	5	7,9
1	30	6	7,0
	30	5	8,1
2	31	6	9,8
	30	5	10,4
3	22	6	10,5
	23	7	11,1
4	23	6	10,4
	23	4	9,8
5	23	5	9,7
	30	5	11,3
6	34	4	11,1
	35	6	11,0
7	33	8	10,1
	32	9	8,7
8	29	8	10,4
	29	7	12,1
9	29	7	11,9
	31	7	11,2
10	34	7	10,4
	35	8	8,8
11	33	10	8,2
	34	10	8,1
nachts			
12	32	8	10,1
	30	5	10,6
1	32	6	12,4
	33	6	10,8
2	27	5	8,9
	23	4	8,3
3	25	5	8,2
	26	6	8,4
4	27	9	8,3
5	29	7	10,4
6	29	7	10,6

1./4.

Datum und Zeit	Temperatur	° B.	NH₃ in Grammen pro 100 ccm
morgs.			
6½	23	3	8,5
7	23	2	9,1
	23	2	10,9
8	23	3	11,8
	23	0	11,7
9	23	0	11,9
	—	—	—
10	23	3	10,4
	24	3	10,6
11	23	3	10,2
	23	0	10,9
mittags			
12	22	0	10,2
	22	2	10,4
1	23	0	10,7
	23	0	9,3
2	23	0	8,6
	23	0	8,8
3	24	4	8,1
	24	4	8,9
4	24	4	10,2
	24	4	10,4
5	24	0	8,9
	24	0	8,5
6	24	0	8,4
	24	0	8,5
7	24	2	9,1
	24	2	10,1
8	24	0	10,2
	25	0	10,1
9	24	0	10,3
	24	0	8,9
10	25	2	10,4
	24	1	12,0
11	24	0	12,9
	24	0	10,8
nachts			
12	24	0	10,2
	24	0	8,9
1	24	0	8,7
	24	0	8,6
2	24	0	8,9
	24	0	8,2
3	24	0	
	23	0	
4	24	0	
	24	0	
5	24	0	
	24	0	
6	24	0	
	24	0	

Ammoniakabsorption dicht sind, ist es erforderlich, regelmäßig das ablaufende Wasser mit Nesslers Reagens auf Ammongehalt zu prüfen.

Wenn im Innern der Absorptionsapparate ein höherer Druck herrscht als in der Kühlwasserleitung, so kann hier bei undichter Leitung viel ammoniakalische Sole verloren gehen.

Ist der Druck im Ammoniakabsorber kleiner als in der Kühlwasserleitung, so wird die ammoniakalische Sole durch Eintritt von Kühlwasser verdünnt. Das erkennt man an der Beschaffenheit der Proben, aber wohl nur dann, wenn größere Mengen Kühlwasser in das Innere der Apparate treten.

Vorstehende Tabelle (S. 301) zeigt als Beispiel die Zusammensetzung der ammoniakalischen Sole, wie dieselbe aus dem Ammoniakabsorber an drei Tagen ablief.

Der Inhalt des Solereservoirs bezw. der Gefäße, in welchen die ammoniakalische Sole mit Salz angereichert wird, muß regelmäßig untersucht werden, und zwar auf spezifisches Gewicht, freies Ammoniak und Temperatur. Unter Umständen füllt man die Fällkessel durch Mischen des Inhalts zweier Reservoirs, nämlich dann, wenn diese sehr verschiedenen Ammongehalt haben.

Behufs Probenahme bringt man hier ebenfalls an verschiedenen Stellen die oben genannten amerikanischen Probierventile an.

Aus folgender Tabelle (S. 303) ist ersichtlich, wie die Flüssigkeit des Solereservoirs in einer Fabrik an zwei verschiedenen Tagen zusammengesetzt war.

III. Fällung des Bikarbonats.

An den Fällkesseln müssen Probierventile in bestimmten Abständen übereinander angebracht sein, um beim Füllen prüfen zu können, wie hoch die einlaufende Lösung im Kessel steht.

Wasserstandsgläser haben sich nicht bewahrt. Ich habe in einem Falle Wasserstandshähne und -gläser von 50 mm Dtr. gehabt, indessen trat doch Verstopfung durch das Bikarbonat ein. Man bringt an jedem Kessel 4—5 Probierventile in Abständen von je 200 mm an, und zwar das mittlere in der Höhe, bis zu welcher die Durchschnittsfüllung reicht. Man ist dann in der Lage, verschiedene Füllungen des Kessels kontrollieren zu können.

Die Probierventile dienen auch zur regelmäßigen Entnahme von Proben, um das Fortschreiten der Sättigung zu konstatieren. Es genügt bei dem Gefäßsystem, wenn diese Proben in Zwischenräumen von 1 bis 2 Stunden genommen werden.

Tabelle über den Gehalt des Inhalts der Solereservoirs.

1./4. 1900		10./11. 1901	
° B.	NH$_3$ in Grammen à 100 ccm	° B.	NH$_3$ in Grammen à 100 ccm
23	6,9	24	6,4
23	6,8	24	6,6
23	7,1	24	6,7
22	7,4	25	8,5
24	7,2	25	8,4
23	6,8	25	8,5
23	7,3	25	6,9
23	7,1	26	7,1
25	7,3	25	7,3
26	7,6	24	6,6
25	7,1	24	6,2
26	7,0	24	6,4
23	7,1	25	7,4
23	7,2	25	7,1
25	7,1	25	7,1
26	7,5	24	6,4
25	7,5	24	6,3
21	8,5	24	6,4
25	7,4	24	6,2
25	8,1	24	6,5
25	8,1	25	6,7
25	7,5		
25	7,5		
22	8,8		
20	8,5		
	6,9		
24	7,5		
24	7,1		
24	7,1		

Bei Kolonnen trifft man die Einrichtung, aus jedem Ring Proben nehmen zu können. Allerdings ist es nicht erforderlich, den Inhalt der oberen Ringe häufig zu untersuchen, dagegen muß eine Kontrolle des unteren Ringes fortwährend stattfinden, da der Ablauf kontinuierlich vor sich geht.

Bei der Kolonnenarbeit kann man aus der Beschaffenheit des Inhalts bestimmter Ringe im oberen Teil schon darauf schließen, wie die Sättigung weiter unten sein wird. Der Inhalt eines jeden Ringes muß annähernd immer dieselbe Zusammensetzung zeigen.

Untersucht werden die Proben stets auf spezifisches Gewicht und freies Ammoniak, letzteres nur durch Titrierung mit $^1/_1$ SO_3 (also eigentlich Bestimmung der Alkalinität). Zuweilen muß auch das Gesamtammoniak, die Kohlensäure und der Chlorgehalt bestimmt werden. Zur Untersuchung wird stets nur die klare Lösung verwendet, welche sich nach kurzem Stehen der Proben über dem sich rasch niederschlagenden Bikarbonat abscheidet.

Die ammoniakalische Sole, welche je nach dem Gehalt an Ammoniak und Kohlensäure mit einem spezifischen Gewicht von 23—25° B. in die Kolonnen oder Fällkessel einläuft und einen Gehalt an freiem Alkali besitzt, welcher meistens (als NH_3 berechnet) 6—7 %[1]) beträgt, verändert sich bald durch die Aufnahme der Kohlensäure. Das spezifische Gewicht steigt bis auf etwa 27° B., während der Gehalt, das freie Alkali, unverändert bleibt.

Sobald sich Natriumbikarbonat abscheidet, sinkt sowohl das spezifische Gewicht, wie auch der Gehalt an Alkali, bis schließlich die Grenze erreicht wird, bei welcher kein Bikarbonat mehr ausfällt. Diese Grenze ist je nach der Konzentration verschieden. Ich verweise dieserhalb auf Kapitel III.

In untenstehender Tabelle gebe ich die Zahlen aus der Praxis einer Fabrik, welche mit einfachen Fällkesseln arbeitete. Es sind die Resultate von verschiedenen Tagen genommen, an welchen auch die Dauer der Sättigung eine verschiedene war.

No. 1.

Z e i t	Temperatur	° B.	NH_3 in Grammen pro 100 ccm
11 Uhr morgens	25	27	7,1
2 - nachm.	28	26	6,5
4 - -	26	25	4,6
7 - -	22	24	3,5
9 - -	16	20	2,6
12 - nachts	15	18	1,9
1 - morgens	15	$17^1/_2$	1,8

Dann abgeblasen auf die Filter.

---

[1]) d. h. auf 100 ccm = 6—7 g NH_3.

No. 2.

Z e i t	Temperatur	⁰ B.	NH₃ in Grammen pro 100 ccm
2 Uhr nachts	20	25	7,4
4 - morgens	24	24	7,1
6 - -	26	24	7,0
9 - -	29	25	6,3
11 - -	27	25	5,9
12 - mittags	31	23	5,1
2 - nachm.	30	21	4,3
4 - -	31	20	3,4
5 - -	26	19	2,8
6 - -	22	18	2,5

Dann abgeblasen auf die Filter.

No. 3.

11 Uhr nachts	20	25	6,8
12 - -	30	25	6,7
2 - morgens	29	25	6,1
4 - -	27	24	6,0
8 - -	28	21	3,8
9 - -	30	21	3,2
11 - -	24	21	2,9
1 - mittags	15	20	2,2
2 - -	14	20	1,9
2¹/₂ -	14	19	1,9

Dann abgeblasen auf die Filter.

No. 4.

3 Uhr nachm.	19	25	6,9
5 - -	23	25	6,7
8 - abends	31	27	6,3
10 - nachts	36	26	5,4
12 - -	38	24	3,9
2 - morgens	28	23	3,3
5 - -	21	20	1,9
7 - -	17	18	1,5
9 - -	16	18	1,5

Dann auf die Filter.

Über die Arbeit eines Solvay-Turmes hat Bradburn Angaben gemacht[1]), die ich hier folgen lasse. Die Tabelle illustriert die Arbeitsleistung eines Turmes für die Produktion von 44 Tonnen kalz. Soda im Tag.

Im Ring No.	Eingepumpte Flüssigkeit					
	Temperatur	Direkter Test	Total Test	Am Cl	Na Cl	CO_2 g im Liter
	34°	85	89	10,7	248,8	67
18	40	81,2	89,2	21,4	242,4	77,2
17	44	77,4	89	31,03	231	76
16	47	71,4	88,3	45,20	221	73,3
15	48.5	66	88,6	60,45	210	69,1
14	50,5	62,5	89	70,88	191	65,5
13	50,5	58,2	89	82,39	188,2	63
12	49	53	89,3	96,83	170	59,3
11	48	50	89,2	104,86	162,2	57
10	47	46 8	89	112,88	150,6	54
9	46	44	89	120,37	139,4	52
8	44,5	40	89	131,07	131	49
7	42	36,5	89,2	140,97	123	47,1
6	40	33,3	89,6	150,59	115	45
5	37	30	89,6	159,42	105,8	43,3
4	33,5	27	89,3	167,85	99,7	41,8
3	31	24,7	89,8	174,14	94	40,6
2	28,5	23	90	179,22	88	40
1	29	23	89,8	178,69	88,3	40

In vorstehendem zählen 2 kurze Ringe als ein großer.

Wie man sieht, ist die Kühlung in dem Beispiel von Bradburn zum Schluß nicht besonders stark gewesen, da die fertige Lösung noch eine Temperatur von 29° zeigt. In der Regel dürfte bei den Solvay-Türmen die Kühlung besser vollzogen werden.

In der Kolonne wird die Kühlung stets überein gehalten, da stets in denselben Ringen dieselben Verhältnisse herrschen sollen. Bei den Fällkesseln kühlt man anfangs gar nicht oder nur schwach, je nach der Temperatur der eingelaufenen Flüssigkeit, man läßt bis auf 40° steigen und stellt die Kühlung erst dann regelmäßig an, wenn Bikarbonat anfangt stärker auszufallen. Man kühlt ganz langsam, der Zweck dabei ist, möglichst große Bikarbonatkrystalle zu erhalten.

---

[1]) Zsch. anal. Chem. 1898, 82.

IV. Filtration.

Es ist darauf zu achten, daß das Bikarbonat gut ausgewaschen und möglichst vom anhängenden Wasser befreit wird. Wenigstens muß letzteres geschehen, wenn das Bikarbonat direkt in die Kalzinierapparate kommt. Bei Anwendung von Zentrifugen zum Trocknen des Bikarbonats ist eine so weitgehende Trocknung auf dem Filter nicht nötig.

Wenn sich das Bikarbonat schlecht auswaschen läßt, so ist die Ursache stets in der Fällung zu suchen, welche ein zu fein krystallinisches Bikarbonat geliefert hat.

Ehe ein Filter entleert wird, müssen Proben auf den Chlorgehalt untersucht werden, um die genügende Reinheit festzustellen. Man nimmt die Proben von mehreren Stellen, besonders auch dicht über dem Boden des Filters.

Es ist nicht erforderlich, das Chlor jedesmal quantitativ durch Titrieren oder Gewichtsanalyse zu bestimmen. Man stellt dünne Lösungen von bestimmtem Gehalt und prüft mit Silberlösung. Die Stärke der Trübung gibt genügenden Aufschluß.

Ab und an sind auch Bestimmungen, welche die Gesamtzusammensetzung des Bikarbonats betreffen: Gesamtalkali, Ammoniak, Chlor und Feuchtigkeit.

Beim Filterbetriebe ist besonders darauf zu achten, daß wahrend des Absaugens die in der Masse sich bildenden Risse im Bikarbonat zugeschlagen werden, daß das Waschwasser gleichmäßig auf die ganze Flache verteilt wird und daß nicht zu viel Wasser genommen wird. Die Filtrierschicht, sei es nun Flanell oder ein anderer Zeugstoff oder Kalkstein und Sand, ist zuweilen zu prufen, ob Löcher oder verstopfte Stellen vorhanden sind. Letzteres erkennt man auch an der ungleichmaßigen Beschaffenheit der untersuchten Bikarbonatproben.

V. Kalzinieren.

Es muß darauf gesehen werden, daß die Feuerung gleichmäßig im Stande gehalten wird, daß die Öfen nicht zu heiß werden, und daß das Bikarbonat gleichmaßig einfällt. Ist letzteres nicht der Fall, so entstehen leicht Storungen. Stark feuchtes Bikarbonat kann bei Apparaten, wie dem Thelen-Ofen, sehr leicht Verstopfungen hervorrufen, wodurch Stillstände entstehen.

Es ist darauf zu achten, daß die Tourenzahl des Thelen-Ofens reguliert wird je nach der Menge des Bikarbonates, welche hineinkommt.

Man ist unter Umständen gezwungen, mit der Menge des zu kalzinierenden Bikarbonates zu wechseln.

Die Luftpumpe, welche die Gase absaugt, muß reguliert werden, damit einerseits nicht zu viel falsche Luft in den Ofen kommt, anderseits auch keine ammonhaltigen Gase aus dem Ofen entweichen.

Die Gase des Kompressors sind regelmäßig auf Kohlensäure zu untersuchen, man nimmt die Proben hinter dem Scrubber. An dem Gehalt der Gase kann man die Arbeit des Ofens erkennen.

Die Gase aus den Kalzinieröfen müssen bei guter Einrichtung einen hohen Gehalt an CO_2 haben. Bei einem kleinen Ofen kann der Gehalt bis auf 50 % sinken, bei großen Öfen soll er nicht unter 60 % kommen. Bradburns für große Öfen geltende Angabe a. a. O., S. 150, welcher 60—80 % CO_2 als die Grenzen nennt, kann ich nur bestätigen.

Die aus dem Ofen herausfallende kalzinierte Soda muß auf Gehalt an Natriumkarbonat und Chlor regelmäßig geprüft werden; mitunter ist auch auf den Bikarbonatgehalt zu untersuchen.

VI. Destillation.

Im Betriebe ist darauf zu achten, daß die Salmiaklauge aus der Filtration möglichst gleichmäßig in die Vorwärmerkolonne einlauft. Einrichtungen dazu sind in Kapitel VI beschrieben. Besonders dann, wenn die Destillation völlig in den Kolonnen geschieht, darf der Zulauf der Salmiaklauge keine Schwankungen zeigen, da der Kalkzusatz danach reguliert wird.

Beim Betriebe mit einfachen Kesseln setzt man den Kalk in der Regel erst dann zu, wenn der Kessel völlig gefüllt ist.

In jedem gut geleiteten Betriebe ist der Gehalt·der Salmiaklaugen ziemlich konstant, man kann, da das Volumen der Füllung mit Salmiaklauge feststeht, auch die nötige Menge Kalk für eine Füllung ein für allemal feststellen. Immerhin ist stets nach geschehenem Kalkzusatze eine Prüfung erforderlich, um zu sehen, ob der Zusatz genügend war, sämtlichen Salmiak zu zersetzen. Ist die Probe befriedigend ausgefallen, so ist eine weitere Prüfung für die betreffende Charge nicht mehr nötig.

Beim reinen Kolonnenbetriebe muß ständig kontrolliert werden, ob genügend Kalk zugesetzt ist, und zwar mindestens in Pausen von fünf Minuten. Kalkmilch und Salmiaklauge fließen kontinuierlich ein, es kann somit durch irgend eine kleine Störung jederzeit eine Änderung der Verhältnisse eintreten; daher muß auch die Prüfung kontinuierlich vorgenommen werden. Zur Prüfung des Inhalts eines Destillierkessels darauf, ob das freie Ammoniak genügend abdestilliert ist, reicht die einfache Geruchsprobe völlig aus. Die noch heißen Proben dürfen einen

Ammoniakgeruch gar nicht oder doch nur ganz schwach zeigen. Früher soll der Kessel nicht abgeblasen werden. Wenn es unverhältnismäßig lange dauert, bis der Inhalt eines Kessels fertig wird, so ist das fast immer ein Zeichen, daß zu wenig Kalk zugesetzt war. Es ist dann noch unzersetzter Salmiak vorhanden, welcher durch das Kalziumkarbonat zersetzt wird, aber nur relativ langsam. Daher kommt es, daß der Ammongeruch nicht so schnell verschwindet, wie bei Vorhandensein von Ätzkalk im Überschuß.

In den Kesseln zeigt die Flüssigkeit nach dem Zusatz von Kalk zuerst einen ziemlich hohen Ammongehalt, welcher aber sehr schnell heruntergeht. Die Hauptmenge des Ammoniaks zu verjagen, dauert bei reichlicher Dampfzufuhr nicht lange, dagegen geht viel Zeit darauf hin, die letzten Reste völlig auszutreiben.

Die Arbeit einer Solvayschen Kolonne beschreibt Bradburn a. a. O., S. 105, und gibt folgende Tabelle:

	g im Liter			
	Total-Ammon	Alkal. Ammon	Fixes Ammon	CO_2
Eingepumpte Flussigkeit	67,2	15,0	52,2	39,3
Abteilung No. 21	83,4	39,0	44,4	26,2
20	74,0	30,7	43,3	9,0
19	66,0	23,1	42,9	3,8
18	62,8	20,4	42,4	2,0
17	60,5	18,5	42,0	1,2
16	57,7	16,2	41,5	0,71
15	55,0	13,8	41,2	0,38
14	53,0	12,1	40,9	0,20
13	52,6	12,1	40,5	—
Hier tritt die Kalkmilch ein.				
12	39,0	39,0	—	—
11	9,7	9,7	—	—
10	4,0	4,0	—	—
9	1,9	1,9	—	—
8	1,0	1,0	—	—
7	0,6	0,6	—	—
6	0,33	0,33	—	—
5	0,20	0,20	—	—
4	0,13	0,13	—	—
3	0,05	0,05	—	—
2	0,03	0,03	—	—
1	0,017	0,017	—	—

Man sieht hier sehr deutlich, wie schnell nach Eintritt der Kalkmilch die Hauptmenge des frei gewordenen Ammons verschwindet, und auch, wie relativ lange es dauert, den Rest zu verjagen.

Die aus den Destillationsapparaten ablaufende Endlauge soll nur Spuren von Ammoniak enthalten. Das mir vorliegende Journal einer Fabrik, welche mit einem System einfacher Kessel arbeitete, zeigt innerhalb zweier Jahre die Zahlen 0,0015—0,006 % NH_3 oder 15—70 mg im Liter. Der Durchschnitt betrug ca. 20 mg pro Liter.

Beim Abblasen der Kessel eines Gefäßsystems muß darauf geachtet werden, ob auch der Inhalt während des Ablaufens gleichmäßigen Gehalt an Ammoniak zeigt. Wenn zum Schluß des Ablaufens der Ammongehalt stärker wird, so ist das ein Anzeichen, daß im Kessel größere Ablagerungen von Schlamm stattgefunden haben. Solche Ablagerungen schließen, da sie sich anfangs der Destillation bilden, Flüssigkeit ein, welche relativ hohen Ammongehalt besitzt. Beim Ablauf der letzten Lösung fällt die Ablagerung zusammen und läuft dabei mit ab; der in ihr enthaltene Ammongehalt kommt dann zum Vorschein.

Es ist in solchen Fällen erforderlich, Einrichtungen zu treffen, welche ein gutes Aufrühren des Schlammes gewährleisten.

Anhang.

Beschreibung der Tafeln.

Die anhangenden Tafeln zeigen die Pläne einiger Sodafabriken nach dem Ammoniakverfahren in verschiedener Große und nach verschiedenem System.

Tafel I gibt den Grundriß und zwei Längsschnitte einer Anlage für die Herstellung von 10 000 kg Soda in 24 Stunden.

Es ist angenommen, daß die Fabrik nur mit festem Salz arbeitet.

Die Fällung sowohl wie die Destillation geschieht in einfachen Kesseln mit konischem Unterteil, es ist nur eine Kolonne zum Vorwärmen der Salmiaklaugen und eine Kolonne zur Absorption des Ammoniaks vorhanden.

Das feste Salz wird in die Salzkessel $S-S_5$ geworfen, in diese Kessel fließt durch n aus der Absorptionskolonne AK waßrige Ammon- bezw. Ammonkarbonatlösung und sättigt sich mit Salz völlig an. Die fertige ammoniakalische Salzlosung wird durch die Leitung $s-s$ in die Fallkessel $F-F_5$ abgedrückt; zum Abdrücken wird die Druckluft aus dem Kalkofenkompressor entnommen.

Der Kalkofenkompressor KK saugt die Gase des Kalkofens durch die Leitung a an, wobei dieselben den Scrubber Sc passieren, und drückt die Gase dann durch Leitung b und Scrubber Sc_1 in die Fällapparate, welche sie der Reihe nach passieren, wie im Kapitel III S. 129 naher beschrieben ist, w ist die Wechselleitung für die kohlensauren Gase, durch welche dieselben von einem Kessel in den anderen treten. Die ausgenutzten Gase gehen dann aus dem jeweilig letzten Fallkessel durch Leitung c in die Absorptionskolonne, um hier noch weiter gewaschen zu werden. Aus der Kolonne gehen sie dann durch d in den Säurescrubber Sc_4, welcher ihnen das letzte Ammoniak entzieht.

Der Kalzinierofenkompressor CK saugt die Gase des Thelenofens durch die Leitung t an, unter Passieren des Scrubbers bezw. Kuhlers Sc_2, und preßt sie ebenfalls in die Fällkessel. Diese Gase nehmen dann denselben Weg wie die Kalkofengase, mit welchen sie sich mischen.

Der fertig karbonisierte Inhalt der Fällkessel geht durch eine nicht gezeichnete Leitung auf die Filter $Fi-Fi_5$. Hier geht die Trennung von Bikarbonat und Salmiakkochsalzlauge vor sich. Ersteres kommt in den Thelenofen Th, die Lauge sammelt sich in den Montejus $M-M_2$ an und wird von hier aus in die Vorwärmekolonne VK gedrückt. In dieser Kolonne wird der Lauge Kohlensäure und Ammoniak entzogen. Sie fließt dann in die Destillierkessel $D\!-\!D_5$, in welchen sie unter Zusatz von Kalk fertig destilliert wird. Die ammoniakalischen Gase treten aus der Vorwärmekolonne durch g in die Absorptionskolonne, um hier das Ammoniak bezw. Ammonkarbonat an das von oben ihnen entgegenfließende Wasser abzugeben. cf. Kapitel II.

Der Retourdampf der Kompressoren $K K$ und $C K$ und ebenso der Dampf anderer nicht auf der Zeichnung angegebener Maschinen sammelt sich im Receiver Sc_3 und geht von hier aus durch Leitung e in die Destillierkessel.

$P\!-\!P_4$ sind Pumpen für Sole und Salmiaklösung. $K P$ ist die Pumpe für Kalkmilch, welche durch k in die Destillierkessel geht. $K L$, $K L$ sind die Vorrichtungen zum Bereiten der Kalkmilch, G ist die Pumpgrube.

W ist ein Wasserbassin zum Speisen der Kühlvorrichtungen, $Kü$ ein Kühler für die aus der Absorptionskolonne ablaufende Lösung

Tafel II zeigt eine Fabrik fur die Produktion von 40 000 kg Ammoniaksoda pro 24 Stunden. Es sind drei Fällsysteme vorgesehen, jedes aus 4 Kesseln bestehend, zu jedem System gehort eine Absorptionskolonne. Die Kalkofenkohlensáure kommt aus 2 Öfen, jedes System erhalt die Kohlensáure durch einen besonderen Kompressor Ebenso wird in jedes System die Kohlensaure aus einem **Thelen**ofen durch einen besonderen Dampfkompressor gedrückt.

Die Salmiaklauge passiert zuerst eine Vorwärmerkolonne, in welcher Kohlensaure und freies Ammoniak ausgetrieben werden, und läuft dann in eine der beiden Destillierhauptkolonnen, in welcher der Kalkzusatz erfolgt. Eine der beiden Kolonnen dient als Reserve.

Es ist angenommen, daß mit festem Salz gearbeitet wird, zur Auflösung sind zwei Lösekästen vorhanden.

Die Art der Arbeit wird durch die auf der Tafel abgedruckte Erklärung der Zeichen leicht verständlich.

Tafel III zeigt eine Anlage zur Herstellung von 25 000 kg Ammoniaksoda pro 24 Stunden. Die Arbeit soll nach demselben System geschehen wie bei der Anlage auf Tafel II, indes ist hier die Aufstellung eine andere, auch sind die Gebaude etwas detaillierter ausgeführt.

Aus den in der Zeichnung eingeschriebenen Angaben ist die Art der Apparate und der Zusammenhang derselben leicht zu ersehen.

Additional material from *Die Fabrikation der Soda nach dem Ammoniakverfahren*
ISBN 978-3-642-90376-2, is available at http://extras.springer.com